场地规划与设计 中

要素·工具

Site Planning and Design Ⅱ

Site Components

[美] 盖里·哈克（Gary Hack） 梁思思 著
梁思思 译

中国建筑工业出版社

著作权合同登记图字：01-2019-3690号

图书在版编目（CIP）数据

场地规划与设计．中，要素·工具 = Site Planning and Design Ⅱ Site Components /（美）盖里·哈克（Gary Hack），梁思思著；梁思思译．— 北京：中国建筑工业出版社，2022.5

书名原文：Site Planning International Practice

ISBN 978-7-112-26868-9

Ⅰ. ①场… Ⅱ. ①盖… ②梁… Ⅲ. ①场地选择－建筑设计 Ⅳ. ①TU733

中国版本图书馆CIP数据核字（2021）第247231号

Site Planning International Practice
Gary Hack

ISBN 978-0-262-53485-7
Published by The MIT Press

责任编辑：戚琳琳　徐　冉　孙书妍
责任校对：王　烨

场地规划与设计　中　要素·工具
Site Planning and Design Ⅱ Site Components
［美］盖里·哈克（Gary Hack）　梁思思　著
梁思思　译
*
中国建筑工业出版社出版、发行（北京海淀三里河路9号）
各地新华书店、建筑书店经销
北京锋尚制版有限公司制版
天津图文方嘉印刷有限公司印刷
*
开本：787毫米×1092毫米　1/16　印张：20　字数：358千字
2022年10月第一版　　2022年10月第一次印刷
定价：199.00元
ISBN 978-7-112-26868-9
（38648）

建筑、场地及其所在的街区构成了城市建成环境的基本单元。场地规划和设计正是在土地之上开展设计的学科/专业。英文版《场地规划与设计：国际实践》(*Site Planning: International Practice*)为建筑师、规划师、城市设计师、景观设计师和工程师提供了一个全面、最新的场地规划设计指南。该英文版的前身是凯文・林奇(Kevin Lynch)和盖里・哈克(Gary Hack)在20世纪60～80年代先后撰写的多个版本(英文版书名为*Site Planning*，中文版书名为《总体设计》)，在继承经典的基础上，本书进一步扩展了场地规划与设计的内涵和外延，并融入了信息革命浪潮下涌现的新技术、新方法和结合全球尺度下多样化的文化语境的思考。

英文版《场地规划与设计：国际实践》分为5个部分共计40章，为了便于更好的阅读和学习，我们将其中文版分为上、中、下三卷。其中，上卷《场地规划与设计 上 认知・方法》深入阐述了对场地规划与设计内涵的理解，全面剖析场地空间的各个要素，并涵盖了场地规划设计的方法、步骤和过程。中卷《场地规划与设计 中 要素・工具》围绕可持续发展理念，逐一剖析场地的各项基础设施——多样化交通、能源管网、电力设施、给水排水、供热制冷、通信系统、景观等方面。下卷《场地规划与设计 下 类型・实践》结合优秀实践案例，分类阐述了场地规划设计的范式和原型。

《场地规划与设计 上 认知・方法》

第1部分 场地规划与设计的艺术

第2部分 认知场地

第3部分 规划场地

《场地规划与设计 中 要素・工具》

第4部分 场地的基础设施

《场地规划与设计 下 类型・实践》

第5部分 场地规划与设计类型

中文版序

盖里·哈克教授是享有知名国际声誉的城市规划大师和著名学者，20世纪80年代起担任美国麻省理工学院城市研究和规划系主任，后又任美国宾夕法尼亚大学设计学院院长近十年。他曾师从西方城市设计领军人物凯文·林奇，担任林奇设计事务所的负责人。2015年盖里·哈克教授访问清华大学，彼时我正担任清华大学建筑学院院长，我们就中国的城市设计、场地规划和建筑设计的教育及实践展开深入的交谈，在谈话中，他也给我展示了一份极厚的书稿，语气颇为欣慰地提到这是最新一版书稿，不同于前三版（与凯文·林奇合著的《总体设计》）的是，新版本采用了更加国际和多维的视角来阐述场地规划与设计的内涵及其实践。三年后，英文版*Site Planning: International Practice*出版问世，在赠书的同时，他提及正启动中文版的撰写工作，并邀请我为中文版作序，我欣然应允。

盖里与中国、与清华大学有着深厚的渊源。1983年他作为美国麻省理工学院城市研究和规划系主任第一次访问清华大学建筑学院，在其与清华大学的共同推动下，1985年成功举办了第一届清华—MIT联合工作坊，这也是美国麻省理工学院与清华大学长达三十多年紧密合作的开端，并持续至今。在美国麻省理工学院和宾夕法尼亚大学任职期间，盖里着力推动两国在规划设计专业上的交流合作，支持了大批优秀教师和学生的访问、研究和学习。在从宾夕法尼亚大学设计学院院长卸任后，2011年，盖里又受聘为清华大学荣誉教授，十年来十数次访问中国，深度参与清华大学建筑学院的教学和研究工作，也受邀访问中国多个规划院校，并多次担任中国重要城市设计项目的评审专家。

盖里·哈克教授在城市设计与场地规划方面的教育和实践均具极高的见识和造诣。本书可以说是他最为知名的代表作。如果说前三版的《总体设计》（*Site Planning*）是自20世纪60年代以来的经典之作，第四版的《场地规划与设计：国际实践》（*Site Planning: International Practice*）则是一部全新的著作——跳出美国本土视野的局限，从国际视角围绕认知与方法、要素与工具、类型与实践等多个层面和维度系统梳理场地规划与设计工作。更为重要的是，该书也从物质空间维度的“场地”这一维度中衍生出更加丰厚的内涵，从人、空间、场地、经济、策划、设计等多方面阐述场所营造的要义。

本书在我国的引进出版恰逢其时，具有重要意义。当前，为了满足“人民日益增长的美好生活需要”，高品质的城市空间营造已经成为推动城市高质量发展的重要推动力之一。场地不仅是在规划设计流程上承接向下传导的城市设计和建筑实体的重要环节，同时也是在空间尺度上彰显城市影响力、公共形象、地区开发和城市活力的“最后一公里”的关键单元。改革开放近四十年来，我国为适应大规模快速建设活动而逐步建立起来的城乡建设方式，面对当前向精细化、高品质的转型，已经显示出越来越多的不适应性，亟需理论范式与优秀设计策略的指导。

值此之际，《场地规划与设计》中文版三卷的面世具有承前启后的意义。中文版的合作者为清华大学建筑学院的青年教师梁思思副教授，她曾获国家公派前往宾夕法尼亚大学设计学院学习，师从盖里·哈克教授，并出色地完成博士学业。学成回国后，她长期从事城市设计、场地规划设计等研究和实践工作，成绩喜人。在她的协助下，该书中文版本不仅有详实的翻译，还有更多切身结合中国当前大量城市建设研究和实践需求的响应和指南，这对于城市设计和场地规划层面的基础研究来说，不仅具有重要的理论价值，而且对于目前我国城乡建设中不断增长和涌现的多元设计建设实践建立起科学完善的范式体系，具有极强的借鉴意义。

我相信并期望《场地规划与设计》中文版三卷能够引发更多学者和规划设计人员的讨论，共同为我国的美好人居环境建设作出积极贡献。

庄惟敏
中国工程院院士
清华大学建筑学院教授
清华大学建筑设计研究院院长、总建筑师

2021年8月

英文版前言

《场地规划与设计：国际实践》（*Site Planning: International Practice*）一书是原《总体设计》（*Site Planning*）的国际版，延续了前几版《总体设计》一贯的传统，汇编了城市规划与设计的优秀案例和成功经验，旨在为规划设计相关专业的学生和从业人员提供参考。本书重点强调了可持续性、文化和新兴技术的重要性，这些因素对于应对当今社会发展面临的诸多挑战至关重要。场地本身，以及人们在场地内的居住和生活方式，共同滋养着我们必须留存和延续的本土主义精神。

在《城市规划：街道与场地设计参考》（*City Planning, with Special Reference to the Planning of Streets and Lots*）一书（美国第一本场地规划教科书）的前言中，查尔斯·马尔福德·罗宾逊（Charles Mulford Robinson）这样写道：

> 关于场地规划的书一定不会提供一种完美的理论。相反，它必须具备高度的实用性，才能得到广泛应用。（场地规划的知识）必须源于许多国家和城市的经验，以及众多规划设计者的思考；它的内容也必须反映出长期积累的实地调查、文献和记录。相比起反思式的研究，它更偏向于对城市建设实践者的研究。（罗宾逊，1916）

作为美国高校的第一位城市设计教授，罗宾逊从其城市设计半个多世纪的实践中汲取经验——从奥姆斯特德（Olmsted）1859年所设计的伊利诺伊州滨河地区，到美国中西部城市郊区随处可见的普通社区，都是他的研究素材。跟现在一样，那时也只有专业的咨询师掌握着土地规划知识；仅奥姆斯特德一家事务所就为美国各地做了50多处住区设计。《城市规划：街道与场地设计参考》以及罗宾逊更早些时候出版的《街道宽度与布局》（*The Width and Arrangement of Streets*）（1911）共同提供了一些最优秀的城市规划案例，这些案例也成为街道、场地、公园和各类中心的设计指南。此后，随着城市规划、景观设计、建筑学和土木工程从业人员数量的不断增长，这两本书也成为这些相关专业的教科书。

20世纪早期，欧洲的一些相关书籍在美国也得到了广泛参考，如雷蒙德·昂温（Raymond Unwin）基于田园城市理论和实践经验撰写的《实践中的城镇规划：城市与郊区设计概论》（*Town Planning in Practice: An Introduction to the Design of Cities and Suburbs*）一书等。紧跟罗宾逊的奠基之作，美国相继涌现出众多场地规划与设计方面的文献，极大地推动了城市规划设计行业的发展。F. 朗斯特莱斯·汤普森（F. Longstreth Thompson）的《实践中的场地规划》（*Site Planning in Practice*）（1923）总结了住宅开发建设中的突出问题，昂温曾为本书作序。这是第一本在标题中使用"场地规划"（site planning）一词的书，书的内容涵盖了地形要素、街道类型和规模、住区的形式与美学，以及场地基础设施等方面。

《住宅区设计》（*The Design of Residential Areas*）（1934）一书的作者托马斯·亚当斯（Thomas Adams）也是田园城市运动的实践者，他在书中也提及相似的要素内容，并介绍了加拿大和美国的案例，案例中包括他本人所做的新斯科舍省哈利法克斯市（Halifax，Nova Scotia）1917年大爆炸后的重建项目等。亚当斯还为麻省理工学院设计了新的城市规划课程大纲。20世纪30年代，"场地规划"被纳入美国大部分高校的建筑学和城市规划类专业必修课程，罗宾逊和亚当斯的著作是最受欢迎的教科书。1939年，美国政府也参与了《廉租房项目设计：场地规划》（*Design of Low-Rent Housing Projects: Planning the Site*）一书的编纂工作，并由美国住房管理部门出版，该书是一本极具影响力的参考书。

1949年，凯文·林奇作为青年教师到麻省理工学院任教，不久后，他就开始教授"场地规划"这门课程，并常与在哈佛大学教授相似课程的佐佐木英夫（Hideo Sasaki）交流。此外，林奇也深入研究并继承了德里沃·本德（Draveaux Bender）在场地基础设施规划方面多年积累的资料与经验。在此基础上，林奇在"场地规划"课程的教授中还逐渐融入了他本人对场地艺术价值的认知以及他对人文感知体验的持续关注。他的《总体设计》（*Site Planning*）一书第一版于1962年由麻省理工学院出版社出版，该书既充满了林奇致力于城市设计研究的感性和热情，同时也充分展现了场地规划的分析技法、经验准则，以及场地规划实践必备的技术细节等方面。1972年该书再版。而我则有幸协助他修订在1984年出版的第三版。在第三版中，我们希望本书能够拓展场地规划的知识体系。因为除场地本身的物质要素之外，场地规划还需要考虑经济因素、建造物流，以及社会公众参与等议题。第三版《总体设计》被翻译成多国语言，在其他国家得到广泛推广。然而，该书的一大遗憾在于，其内容主要根植于北美实践，并未考虑不同国家和城市之间的文化差异。因此，我希望能在该书的国际版中弥补这一遗憾，并对相关问题做出改进。

自《总体设计》（第三版）（英文版）问世至今，现实情况已经发生了很大变化。例如，当前气候变化带来的威胁日渐凸显，可持续性问题的重要性不言而喻；我们正在学习如何预测并尽可能减少场地建设带来的环境影响，减少能源、材料和水等不可再生资源的使用，这些已经成为场地建设和维护所面临的迫切问题；基础设施技术的显著提升大大减少了对大型公共系统的依赖。再如，我们对于人们对公共空间的使用和行为认知有了更深入的认识，也对影响公共场所活动的文化差异有了更准确的把握。在场地策划中，公众参与已成惯例，并且对场地影响的预评价也十分重要。此外，当前全球各地很多城市人口密度过高，人们也越来越倾向于工作、生活、购物和休闲等功能的混合使用。所有这些新趋势都需要我们重新思考场地建设。目前，在亚洲和南半球涌现出若干极具创新性的场地规划实践项目，这些城市地区的发展速度大大超过了西方一些传统的大城市。此外，如今规划者的工作方式也发生了变化，如数字化工具的运用、基于网络的资源搜索、信息化的合作方式，以及从场地数据采集到概念生成再到详细规划之间的无缝衔接等。很多30年前需要人工完成的任务如今已经可以通过应用软件进行操作，并在数秒之内显示结果。

因此，本书的体例设计也是对当前日新月异的场地规划实践的一种回应。英文版全书（*Site Planning: International Practice*）主要分成5个部分，包括场地规划的原则与目标、场地分析方法、场地规划流程、场地要素和场地规划类型；涵盖40章，每一章对应一个独立的主题。在这种模块化的编写方式下，将来的电子版和再版版本将能够不断加入新的信息和案例。我希望可以借鉴汽车模型的改进方式，使本书成为一本能够持续优化的场地规划指南。

英文版的出版得益于很多人的帮助和贡献。凯文·林奇将我引入场地规划这个领域，并教会我如何去教授这门课程，他毕生探索场地和城市设计意义及潜力的不懈努力至今仍深深激励着我前行。我在加拿大政府下属的住房和城市建设部门工作期间的另一位导师威廉·塔隆（William Teron）则教会了我不断创新和发展。在职业生涯中，我的合作伙伴斯蒂芬·卡尔（Stephen Carr）和詹姆斯·桑德尔（James Sandell）与我倾力合作了许多公共空间品质提升的项目，很多案例也被收录在本书中。多年来，在麻省理工学院和宾夕法尼亚大学与我共同教授场地规划、案例研究和规划设计等相关课程的同事们也为“场地规划”这门学科的发展作出了巨大贡献，他们是瑞克·兰姆（Rick Lamb）、史蒂夫·厄文（Steve Ervin）、丹尼斯·弗兰茨曼（Dennis Frenchman）、金基奈（Jinai Kim）、玛莎·兰普金-韦伯恩（Martha Lampkin-Welborne）、瓦尔特·拉斯科（Walter Rask）、汤姆·坎帕奈拉（Tom Campanella）、格雷格·海温斯（Greg Havens）、钟庆伟（Tsing-Wei Chung）、皮特·布朗（Peter Brown）、哈利德·塔拉比（Khaled Tarabieh）、林中杰（Zhongjie Lin）、梅丽莎·桑德斯（Melissa Saunders）、保罗·凯特伯恩（Paul Kelterborn）、梁思思，以及更早时期的各位老师们。宾夕法尼亚大学2010年“场地规划”课程的师生还将可持续基础设施技术和相关的应用技术编纂成指南手册，这也是英文版书中场地基础设施部分的内容原型。

本书的出版离不开场地规划与设计的先驱学者们在这一领域的不懈耕耘，书中引用并诠释了他们的研究成果。丹尼斯·皮埃普利兹（Dennis Pieprz）在Sasaki事务所做的设计极大地影响了本书，我也曾参与该事务所的很多项目。他的同事弗雷德·迈瑞尔（Fred Merrill）和玛丽·安娜·欧坎珀（Mary Anne Ocampo）也给予了我很多帮助。Stantec事务所的乔·盖勒（Joe Geller）、Perkins Eastman事务所的L. 布拉德福德·珀金斯（L. Bradford Perkins），以及这两家事务所的同仁们提供了大量纽布里奇项目的图纸，有助于我更好地理解和分析该案例。SOM事务所的爱伦·罗（Ellen Lou）、钟庆伟，以及瑞安房地产公司的陈建邦（Albert Chan Kain Bon）和熊树鹏（Michael Hsiung Shu Pon）为我收集了上海太平桥项目的宝贵资料。此外，还有数百名规划设计师们授权我出版他们的设计图纸。在收集数据的过程中，没有任何一家公司或事务所拒绝我的请求。设计师们慷慨地允许我使用他们的照片，很多甚至没有收取任何费用。亚当·泰克扎（Adam Tecza）为本书绘制了精美的图表，这大大增强了文字的说服力。

在场地规划涉及的相关领域，我有幸邀请到更专业的人士阅读了有关章节的内容，并提出了很多建议。马丁·古尔德（Martin Gold）和约翰·基恩（John Keene）帮我理解国际土地制度；苏珊·范恩（Susan Fine）提供了土地管理方面的很多帮助；Stantec事务所的查克·隆斯波里（Chuck Lounsberry）和乔·盖勒（Joe Geller）拓展了我对如今在场地规划中广泛使用的数字技术的认识，他们提供了本书中的很多图片；彼时在EDAW事务所工作的芭芭拉·法伽（Barbara Faga）向我介绍了他们的工作方式，丰富了本书内容；Stantec事务所的唐娜·沃克维奇（Donna Walcavage）启发我去思考如何精简景观设计这个主题，集中关注选址问题；史蒂夫·提埃斯戴尔（Steve Tiesdell）和大卫·亚当斯（David Adams）为我和林娜·萨加林（Lynne Sagalyn）提供了宝贵机会，使我们得以探索城市设计导则和场地价值之间的关系，这部分研究成果被收录在他们2011年出版的《城市设计与房地产开发过程》（*Urban Design and the Real Estate Development Process*）一书中，本书第17章也收录了这项研究。

最后，要感谢麻省理工学院出版社的罗杰·康诺弗（Roger Conover）和维多利亚·欣德利（Victoria Hindley）所带领的卓越团队使这本书最终出版。我的编辑马修·艾倍特（Matthew Abbate）先生在我整理本书观点的过程中提供了宝贵帮助，并将本书内容精巧地组织起来。玛丽·莱利（Mary Reilly）负责插图工作，设计师艾米丽·谷森斯（Emily Gutheinz）为本书的图片和文字排版提供了创意。我深深感谢他们每一个人。此外，还有很多其他为本书出版提供帮助的人，囿于篇幅所限，在此无法一一列举。

在这样一本书的背后，是多年积累的资料和数据调查。在历经多年的实地考察、无数次与场地设计师的面谈，深入了解他们设计灵感的来源以及如何设计出具有长远价值的项目之后，本书最终得以完成。我深深感谢我的家人，在很多次旅行途中，我都特地绕道去实地考察各个项目，而他们对此都表示理解和宽容。大部分的旅途都是我的妻子兼学术伙伴林娜·萨加林陪我一同前往，向我解释项目背后潜在的经济因素，并耐心地和我沟通对于美学和物质环境的思考，正是她的鼓励让我终于完成本书。

最后，再次深深感谢每一位支持我的朋友。

Gary Hack

盖里·哈克（Gary Hack）

2017年6月于大沃斯岛（Great Wass Island）

中文版前言

1　缘起

尽管一直以来我的求学专业是建筑设计和城市规划，但真正和场地规划深入接触却是缘起于我在美国宾夕法尼亚大学设计学院（如今的威兹曼设计学院）攻读博士期间，首次担任“场地规划”这门课程的助教——课程的主讲人正是我的博士生导师、时任宾夕法尼亚大学设计学院院长盖里·哈克教授。美国设计类院校的课程通常呈现三种类型：讲授（lecture）、研讨（seminar）和工作坊/设计指导（workshop/studio）。这门课程巧妙而用心地将这三种类型融合在一起：一个学期下来，约有2/5的讲授、2/5的设计指导和1/5的研讨汇报，并且各有侧重：讲授课提供基础理念和范式要点；设计指导以某特定类型街区和场地为实例，逐步推进规划设计方法；研讨汇报侧重研究专题。在我任助教的那两年中，课程中师生们共同聚焦的专题为“可持续场地规划与设计”，这也成为本书再版和改版的最大亮点之一。

四年在美跟随导师求学的经历，收获颇丰；幸运的是，这份缘分并没有随着我毕业回国之后而中断，相反，随着盖里被聘任为清华大学荣誉教授，几乎无缝衔接地，我们继续在中国进行着科研和教学的合作与探讨，至今已有十数年。在两校持续至今的紧密合作中，我也有幸参与其中，受到熏陶，开阔视野，也由此进一步坚定了研究和从事城市设计、场地设计、建筑设计的信心。

亦师亦友的缘分在本书中文版的编纂过程中得到进一步延续。正如盖里在英文版前言中所提及，近半个世纪以来，英文版的前三版*Site Planning*（中文版书名为《总体设计》）是西方场地规划领域的权威教材，首先由城市设计学界泰斗凯文·林奇教授所著，后盖里加入其中，接棒编写再版。随着城市化和全球化的推进，盖里日感场地规划不应局限于原书中聚焦的美国本土实践，因此倾尽全力，对素材进行重新收集整理，对图文进行重新撰写和修订，在其晚年完成了第四版，也即国际版《场地规划与设计：国际实践》（*Site Planning: International Practice*），从篇幅上看，几乎是增加了三倍有余。我也有幸再次受邀，成为中文版的合作者，让更多的中文读者可以一窥此书。

2　深意

前三版经典著作*Site Planning*（第一版，凯文・林奇，1962；第二版，凯文・林奇，1971；第三版，凯文・林奇和盖里・哈克，1984）以精炼简明的语言展现了在美国从事场地规划与设计所需要的理念、要素和步骤。其中第三版也由我国城市设计泰斗黄富厢先生等翻译引进至我国。在第三版中，黄先生将书名“Site Planning”翻译为“总体设计”一词，正是恰当而精准地概括出前几版书中主要聚焦的重点，即以开发为导向，在产权地块红线或一定数量产权地块集合所形成的范围内，对场地空间各要素进行规划组织，对功能展开布局设计，仍然局限于特定工程设计领域。这一工作是衔接了街区尺度的城市设计与具体地块的建筑设计的重要环节，严格来看，与我国注册建筑师考试大纲中所涵盖的“总图设计”相似度更高，因此黄先生所译的“总体设计”不可谓不精准。而本书之所以重又将“Site Planning”用中文的“场地规划与设计”进行替代，是由于第四版（国际版）的内容有着以下的创新和发展。

本书进一步扩展了场地规划与设计的空间整体性。当前我国现行城市规划建设中的“场地”层面规划设计工作的空间范围种类多，既有产权红线内的地块开发，也包括街道、公园、广场等中微尺度公共空间。在城市更新语境下，复杂的城市既有建成环境往往存在上述两种类型交织复合出现的场地规划工作，涉及多个公共部门以及私人开发主体。因此，对于场地规划设计工作的理解，已不能停留在狭义的工程设计领域的场地层面上，必须结合新型城镇化背景下城市更新对场地规划设计的客观要求，从实施和全局的角度，对场地规划设计的实施路径进行整体谋划。本书展现了场地规划和设计跨越多类空间尺度的工作要素，1300多张照片、图表和实践案例涵盖了场地规划设计法规、标准、理念、原则、技术、方法、范式、案例等各个方面，力图为读者提供对于场所营造的全景式阐述和解读。

本书进一步深化了场地规划与设计的价值内涵。在20世纪上半叶，场地规划与设计主要以“视觉艺术”为导向，重视城市空间的视觉质量和审美形式，倡导“按照艺术原则进行城市设计”。伴随着20世纪中叶以来全世界范围内社会运动的蓬勃发展，人们开始转而关注人在公共空间中的状态，将其视为承载人们日常生活和交往的“容器”，典型的城市空间研究开始观察在广场上的人群行为，场地规划也逐渐开始从“社会使用”这一导向来思考公共空间。而实际的场所营造过程中，“物”和“人”往往密不可分，互为关联。本书在上卷开篇即对“场地”（Site）一词的价值内涵进行了阐述——既需要重视涵盖地形、方位、土壤、气候等物质属性的“风土”（terroir），也需要重视打造人在其中的“场所感”（sense of place）。中卷则围绕“可持续性”（sustainability），对各类基础设施要素和空间元素展开分析的同时，注重使用者的反馈、需求和感受。在下卷的多样化实践中，秉持“以人为本的美好空间场所营造”作为选取案例的标准，旨在分析物质空间的形体塑造和功能要素组织的设计技能基础上，深化场地规划与设计“为人”和“永续”的价值内涵。

本书进一步将案例和资料的视野从美国扩展至全球。场地规划与设计涉及的内容及要素广泛，其建成环境不仅包括室外场地上的公共空间，还包括了建筑本体、地下管网设施；不仅是土地细分后若干产权地块的合集，还涵盖了城市道路、景观环境、公共服务设施等多样空间。与前三版聚焦美国本土实践不同，在这一版中，我们将视野从美国扩展至全球，既有南美洲、非洲、东南亚若干发展中国家的实践，也有欧洲、北美洲、日韩等发达国家的案例。由于场地规划设计具有鲜明的本土性和在地性特征，案例尽可能覆盖了从热带、温带到寒带气候地区，并力求讲述“空间背后的故事”，结合城市和地区的人口、种族、生活方式、日常习惯等多方面，共同勾勒场所营造的全球优秀实践（Best Practice）。

本书进一步展现了场地规划与设计组织工作的多元化与多样化。在第四代工业革命浪潮的影响下，随着专业化分工和数字信息技术的迅猛发展，场地规划与设计也在不断拓展新的可能性，并且不断筛选最佳的解决路径。本书初看是一本面向规划师和设计师的专业指南，但同时也考虑了更广义上的受众和读者——例如，在中卷里，分析了各类设计竞赛的组织形式、各类组织分别适用的不同项目开发情况，以及投资方需要考量的要素等，以期为开发商、投资者、建造者等提供一定借鉴。此外，书中融入了空间策划、建筑策划、经济测算等方面，将场地规划与设计的外延扩展到更广泛的交叉学科。正如美国权威城市设计学家亚历山大·加文（Alexander Garvin）所评价，此书可被视为“每个设计师、开发商和积极参与改善城市的公民的图书馆”。

3 顿首

恩师于我的影响，不仅在于言传，更多来自身教。美好的城市空间需要用脚实地丈量，用心充分感受。在编写此书时，盖里教授已逾七十高龄，但他仍然几乎亲历了书中提到的每一处场所，拍摄下每一张场景照片，用随身携带的笔记本，记录下关于空间的所见、所闻、所感及其相关的信息和数据。教授以身作则地阐明了他严谨治学的态度，也让本书不仅是一个经典案例资料的编纂，更是通过深入的分析，挖掘出了场地规划与设计更加丰富的内涵。

城市是来自众人的创作，而非独行侠的狂欢。好的空间，一定离不开策划者、规划者、设计者、组织者、投资者、建造者、运维者、使用者等方方面面主体的共同参与和共同营造。盖里教授已在英文版前言中一一致谢了所有给予过帮助的人们，这里我再次向为中文版付梓提供了帮助的各位专家致谢，他们既有来自国内一线规划设计机构，如中国城市规划设计研究院、北京市城市规划设计研究院、清华同衡规划设计研究院等的专家，也有来自国内高校建筑学院，如清华大学、北京大学、同济大学、东南大学、天津大学、重庆大学、哈尔滨工业大学、华南理工大学、西安建筑科技大学等的老师学者。最后，中国建筑工业出版社的诸位同仁，为本书英文版权的引进及中文版的翻译、编写、校对付出了大量心力，在此深表感谢！

美好的场所应是为人的空间，在当下和未来日益重视“以人为中心”的城市建设和追求“日益增长的对美好生活的需要”的时代，我们由衷期盼，本书成为一本能够持续优化的场地规划指南，能够助力于美好场所营造和城市公共空间品质的有效提升。

梁思思

梁思思

中文版合著者

2021年11月于清华大学

目录

中文版序
英文版前言
中文版前言

场地的基础设施 / 001

第1章　基础设施系统 / 003
第2章　机动车交通 / 015
第3章　公共交通 / 066
第4章　自行车 / 095
第5章　步行 / 108
第6章　地表水 / 134
第7章　供水 / 154
第8章　排污系统 / 165
第9章　固体废弃物 / 180

第10章　电力能源 / 194
第11章　地区供热和制冷 / 215
第12章　通信系统 / 228
第13章　场地景观 / 239

场地规划与设计术语表 / 265

参考文献 / 280

场地的
基础设施

有了基础设施，场地才能够适合居住。基础设施提供了出入口及路径、必要的公共服务，并提供清除垃圾的服务。“基础设施”（infrastructure）一词最初指的是军用永久设施，今天，这个词已经涵盖一个定居点的全部有形和无形服务，从地下管线、管道到公路、交通系统、交通管制设施，再到手机基站甚至卫星下行链路，无所不至。凯恩斯主义经济学使“基础设施”这个词语得到普及，该经济学把“基础设施”定义为“支持私有生产的公共资产”，但近年来，公共产品与私有产品之间的界限变得模糊不清，公共服务往往由公共机构授牌和监管的私营组织提供，或由公私合营企业提供，共同分担风险和回报。

基础设施规划有严格的标准规范，并且需要具备在安装和维护设备等技术方面的丰富经验，因此这项工作往往由工程师负责完成。但是这样做的后果是，许多基础设施设计过度，成本高昂且缺乏吸引力，并影响了在场地上进行其他开发建设的可能。例如，过宽的道路使人们更愿意开车出行，而不愿步行、骑自行车或乘坐其他交通工具出行；雨洪排泄系统采用成本高昂的地下管道系统，这些管道大部分时间都处于空置状态，当强风暴到来时，又没有充分的排水能力；电气和通信电缆在道路下方的地下铺设，一旦需要适应新需求或新技术，就需要不断刨开路面。因此，我们需要从政策制定的层面来考虑基础设施选择，例如，如何兼顾机动车出行顺畅和行人安全，是分散处理废弃物还是将其运输到中心处理厂，是依赖集中能源生产还是依赖当地生产等。

近年来，基础设施系统及其经济发展都取得了显著进展，特别是在实时监控、按需供应、设施分散化和小型化以及闭环回收等方面。这些创新技术的应用往往需要统筹协调基础设施规划与场地规划和建筑设计。此外，还需要制定新的资金预算，并且重新划定开发商、建造商、所有者及地方政府之间的权责界限和内容。

不同于专业咨询顾问，场地规划师基于自身的专业性，通常能够识别出许多被忽略的基础设施规划的潜在可能性。基础设施规划既需要创新，也需要依托传统方法作为基础，这也是本书重点阐述的内容。

第1章

基础设施系统

通常情况下，场地开发需要在其边界内外同时安装基础设施。在未开发的场地上，道路、排污管和水管以及通信设施可能需要延伸到场地外，并且还需要调整场地排水以汇集地表径流。如果场地规模较大，可针对场地本身创建独立运行基础设施系统，但小规模场地则需要依赖所在地的整体公共系统。创造性的场地设计能够减少径流和回收再利用水资源，保持道路最小尺寸，并通过本地植被的利用降低场地维护成本，从而最大限度地减少对基础设施的需求。通常地方工程标准已有施工作业的相关规定，遇到特殊情况则需要另行协商。

基础设施投资

基础设施的安装成本是一笔巨大的资金投入，其费用常等于甚至超过地价本身。基础设施建设费用的支付方则因地方而异。许多地方要求开发商在出售土地给使用者之前必须按政府标准安装好所有基础设施，有的地方则由地方政府安装给水排水管、道路、公园和开放空间等基本服务，建设资金来自向开发商收取的费用，地方政府筹集的债券资金，抑或从税收或使用费中抵扣。在某些地区，电力和电话通信电缆线路由当地服务公司安装，费用由开发商承担，或者作为公用设施费的一部分进行收缴。至于像污水处理设施、水处理厂或主干道一类的基础设施可能需要在场地外建设，通常地方政府或公用事业机构会向开发商收取额外成本。一般开发商会在计划中预估到场地外开发的成本，因此通常会以早期投资中的合理份额的形式提供给政府作为资金补偿。

无论谁支付基础设施建设费用，成本都可分为两大类：建造或安装的直接资金成本，以及在使用周期内的长期运行维护成本。我们往往需要

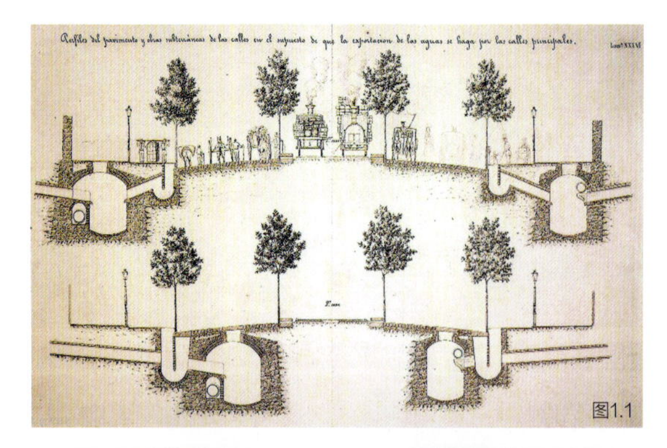

图1.1 伊尔德方索·塞尔达（Ildefons Cerdà）在1865年为巴塞罗那扩建区规划地下污水管道，这是在开发前规划基础设施的最早案例之一（Ildefons Cerdà）

图1.2 里约热内卢的山坡棚户区安装的污水管道、水管线路、排水系统和人行道

在二者之间进行权衡，如架空电线的成本会比电线入地的安装成本要低得多，但是其维护和更换成本会更高，特别是在有大风和冻雨的地区，并且，安装地下电缆可减少架空电线和电线杆的数量，无形中也增加了美观度。再如，在道路两侧设置排水沟的成本会比采用大型雨洪管道的成本低，但前者可能需要占用更多路权并需要定期维护。因此，在方案选择时，应该从全生命周期的角度进行成本分析：

$$LCC = IC + PV(AM) + PV(RC)$$

式中

LCC = 全生命周期成本；

IC = 初始成本；

PV = 将未来的一笔钱按照某种利率（折现率）折合为现值；

AM = 年度维护成本；

RC = 更换成本。

全生命周期的时长应该等同于基础设施预期会使用的最长年限。就实际情况而言，未来50～75年所需的费用支出折算而成的现值是非常小的［详见《场地规划与设计 上 认知·方法》（以下简称“上卷”）第17章］。

在发展中国家的快速城市化地区，可用资源往往非常有限，则需要在资源储备允许的情况下，随着时间的推移逐渐增设基础设施，而不是在规划初期一次性建立所有基础设施。例如，第一步可以只在场地内划出相应的路权空间，然后逐渐安装架空电线，再之后逐渐增加其他基础设施。大多数北美城市都是通过这样的方式建设的：19世纪大多数城市都在住宅区开辟了砾石路沟渠、木质人行道、架空电线和电话线以及少量地下水管道，这些基础设施后来逐渐被硬质铺设街道、地下雨洪管道、混凝土人行道以及带有消防栓的大口径水管所取代，有时还会将架空电线入地。这种逐渐升级的过程在今天许多贫民窟和棚户区十分常见，这种方法的实用性在于既提供了服务，又避免了将低收入人群排除在城市之外。

基础设施的路权

在被赋予相关地役权的前提下，基础设施有可能安装在私人地块之内，但通常而言，基础设施都是位于公共路权（right-of-way）的范围内（通常是街道）（详见上卷第6章）。由于各种类型的基础设施共享路权，因此需要对其地上、地面和地下的位置进行仔细的统筹规划，并对需要定期维护的基础设施系统进行标记。多数城市都已形成基础设施系统选位的惯例，如水管通常位于装有电气线路和通信线路的街道的另一侧，以避免水管破裂时对这些线路造成损坏。雨水和生活排污管道通常是最大和最昂贵的系统，一般位于街道中心，以便从道路两边开口。由于树根容易损坏地下管线，二者通常应保持一定距离。基础设施规划应遵循相关标准，并根据街道具体情况进行设计，以便紧急情况下救援人员能够快速定位需要修理的管线。

快速城市化国家的街道通常采用更低成本的基础设施系统。许多城市安装了低廉的合流排水系统，将污水收集在人行道下方或建筑物边缘的排

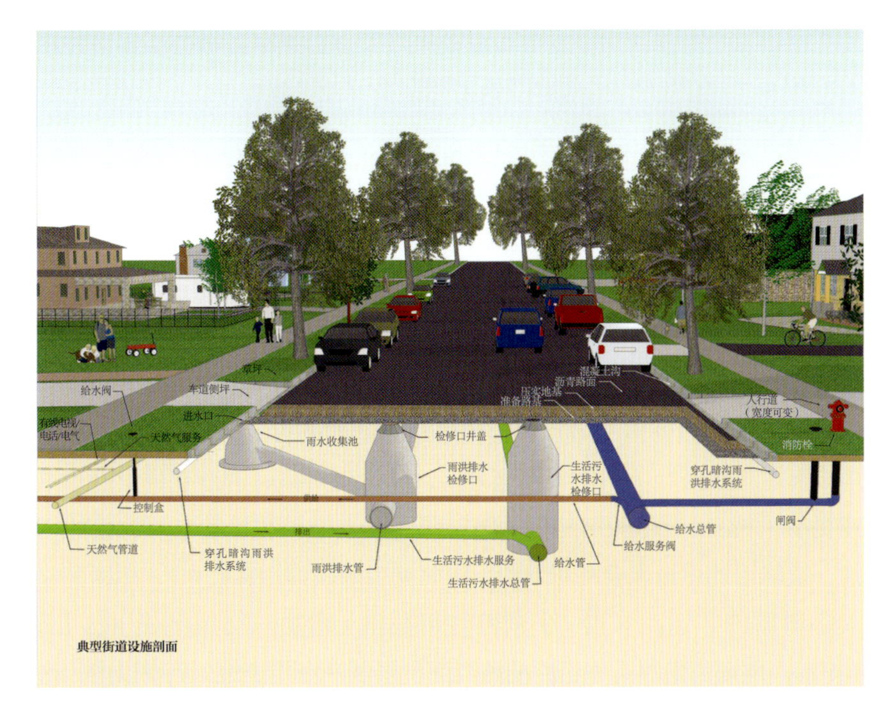

图1.3　低密度郊区安装了传统基础设施的典型街道剖面（Bolton & Menk, Inc.提供）

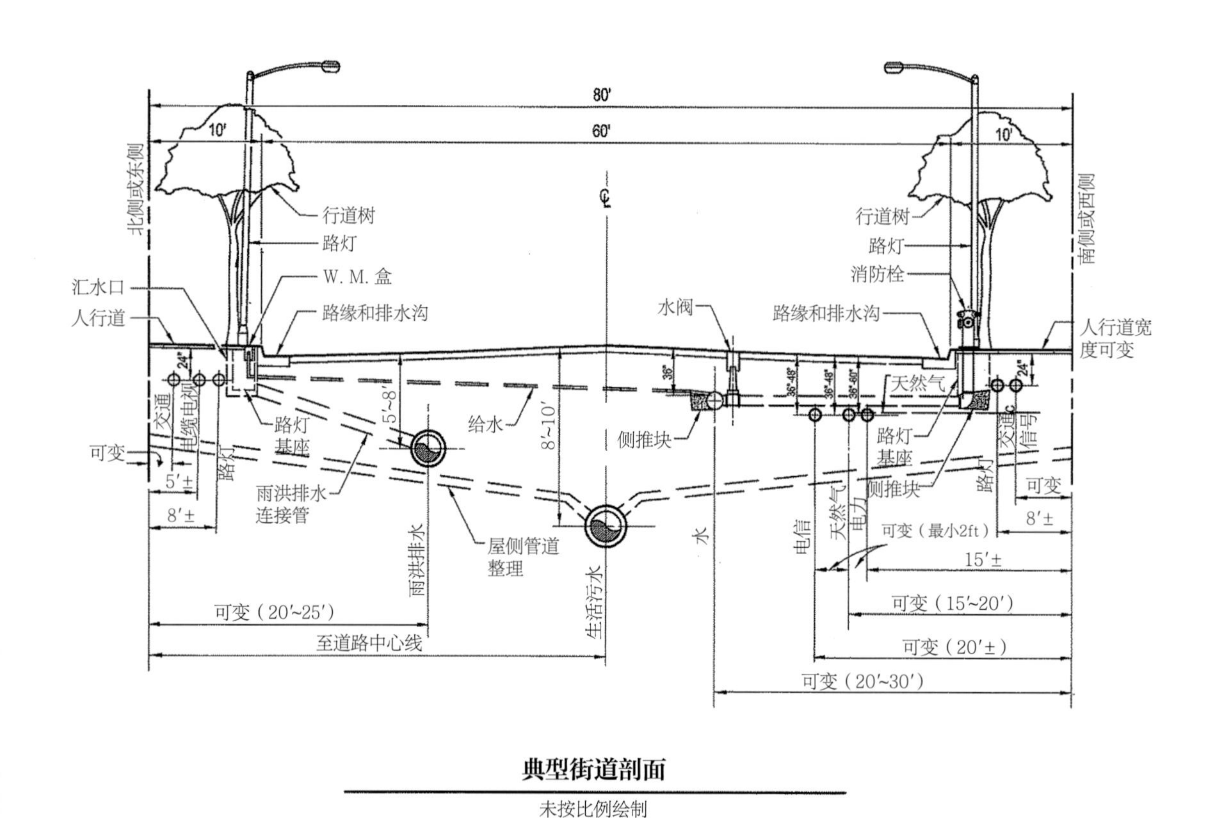

图1.4 美国加利福尼亚州圣莫尼卡市基础设施的标准剖面（City of Santa Monica）

水沟中，而不是为每栋建筑增设排污管道，而雨洪排泄系统则仅限于道路路面的汇水径流。

历史上，街道路面的宽度主要由机动车通行和停车所需的车道数决定，但也受到其他因素的影响。吸收径流的景观、遮阴或美观等要素都可以增加街道的宽度，在人口密集的城市地区，也需要更加宽敞的人行道。在一些高密度城市地区，为避免混乱地挖掘街道，往往需要安装共同管沟箱或沟槽，它们有时位于人行道下方，也有的会占据部分路面宽度。加宽道路有利于应对未来灵活的变化，如可能沿街增加公交专用道，或者根据交通量增长而扩建行车道等。但是这些都需要周密的论证和研究，以避免过宽的街道妨碍了可步行性和浪费稀缺的土地资源。

美国和欧洲各国的城市里，街道路面通常占据20%～30%的城市用地；而在亚洲城市人口密集的老城区，其比例可能只占欧美数量的一半或更少（Vasconcellos 2001）。随着国民收入增长和机动车保有量的增加，道路用地总量也会相应增加。有研究表明该弹性系数为1，即国民收入每增加1%，道路长度（和道路占用面积）增加1%（Ingram and Liu 1997）。但理想情况是将道路的路权面积限制在可用土地的20%以内，这

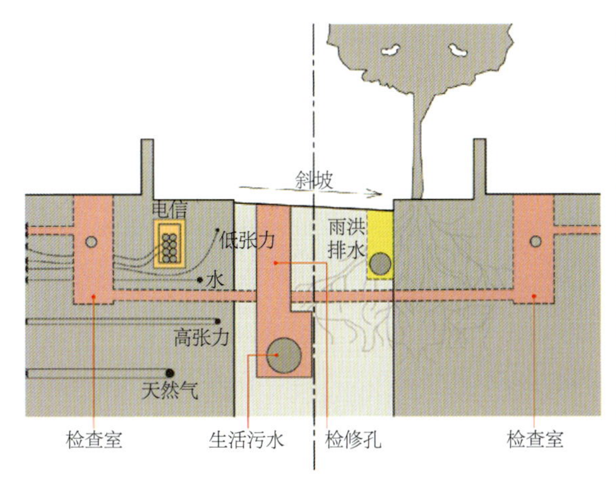

图1.5　印度典型的街道剖面，依靠管沟坑道收集废水（Environmental Planning Collaborative/Institute for Transport and Development Policy提供）

图1.6　铺设共同管沟以应对多样和持续更新的通信技术管线，以此减少更替的成本

需要充分发挥场地规划的创造性。

由于道路布局是场地规划首先考虑的要点，因此规划师往往容易加大路面的宽度，而实际上这并不是必要的。以曼哈顿岛为例，大部分地区东西向街道路面宽约60ft（18m），南北向大街和重要干道宽约100ft（30m），100多年来，曼哈顿岛上的建筑从原来的联排房屋演变到现在高密度的超高层公寓，仍然和这样的路网和谐相处，据统计，纽约市的街道路面约占总用地的26%。与费城许多只有30ft（9m）宽的美丽的背街小巷形成鲜明对比的，是中国的城市新区。其主干道路面通常宽度达80～150m，哪怕地区级道路也有18m宽的行车道。对于目前的机动车数量而言，这样的街道显然过于宽阔，而规划师通常是用未来交通量和车辆保有量来反推这些街道路网宽度的合理性，可是这些预测是否能够实现仍未可知。美国居住区内的街道通常有60ft（18m）宽，即使在人口密度最低的地区也是如此，这也远远超出了实际的需求。

完整街道和情境式设计

大部分基础设施都建在街道上，我们通常也从这里开始进行场地规划。街道路权的布局严格来说是工程问题，即需要有效地组织基础设施建设以最大限度地降低成本和运营问题。在可用的路面范围内，需要对每个元素都进行优化，针对这一点，不同类型的街道均有其特定的惯例和做法。但在这之前，一个更好的方法是首先制定一个正在构建的通道需要服

务的人员需求的列表，包括：

行驶中的机动车、公共汽车和卡车；

儿童游乐空间；

建筑出入口；

行人步行空间；

机动车停车位；

为行人遮阳；

安全骑行道；

安全的穿行路口；

安全的行人过街通道；

饮用水；

物流；

消防用水；

观赏景观；

管道天然气；

吸收大部分径流用以灌溉景观；

电力；

排放雨洪径流；

有线电视和电话；

除雪和储存；

安全的公共汽车停靠站；

街道清扫；

步行安全的照明。

现实中，特别是在人口密集的城市环境中，路面宽度有限，各类需求往往存在矛盾，所以上述这些行为需求通常无法同时全部满足。因此，需要明确这些行为需求的优先顺序以便下一步权衡。纽约市公布了其城市街道路权的优先顺序：①行人；②骑自行车者；③公共汽车乘客；④驾车者（纽约市交通局 2009）。其他规定主要涉及

图1.7 曼哈顿岛联排别墅区的街道宽60ft（18m）
图1.8 曼哈顿岛高密度办公区的街道宽60ft（18m）
图1.9 费城小巷路面宽30ft（9m）
图1.10 哈尔滨群力新城主干道宽80m

安全问题，如在排污管和给水管之间，或燃气管道与电力线路之间需要有一定的间隔距离。遗憾的是，一些美学和使用方面的考量往往让位于工程施工决策，如树木种植的位置，以及十字路口加宽人行道的需求等。

为了重新平衡街道的使用，“完整街道”（complete streets）运动应运而生，呼吁街道设计兼顾不同人群的需求。这一倡议源于对公共健康的重视，人们逐渐认识到不宜居的街道一定程度上导致了步行和骑行的减少（Seskin & McCann 2012；Seskin等 2012）。简单来说，完整街道的目标是“确保满足所有使用者的安全性和便利性，这些人包括行人、骑行者、公共交通乘客、残障人士、老人、司机、物流员、应急救援人员和两侧的商户住户等”（Bloomington，Indiana，MPO 2009）。大多数完整街道项目只涉及街道路面，即机动车道和停车区、步行道、人行横道、安全岛和景观区。广义的完整街道还应包括街道地下的情况。

完整街道鼓励安全步行和骑行，虽然这样做会降低车辆通行能力或车速，也可能会需要减少沿街停车。美国大都市地区近一半的通行路程小于3mi（约4.83km），其中20%的行程在1mi（约1.6km）以内，但绝大多数人的出行方式仍是机动车（美国联邦公路管理局 2008）。若选择步行或骑行作为短途出行方式，或者选择公交作为长途出行方式，可以大大腾出更多道路路面面积专用于行人、自行车或公共汽车，这带来的益处远超出可能会多花的一些通行时间。良好的步行友好设施也能更好地保障出行安全：据统计，40%以上的行人死亡事故发生在没有人行横道的道路上，其中一半以上发生在高速行车的主干道上（Ernst & Shoup 2009）。老人、儿童和残障人士等群体最为弱势，因为他们无法选择出行方式。欧洲国家通常采用更均衡的方式分配街道路权，对比研究表明，德国和荷兰的每公

图1.11　美国华盛顿州雷德蒙德市（Redmond）的完整街道规划，平衡了机动车、公共交通、行人、骑行者和两侧商家的需求（Crandall Arambula PC提供）

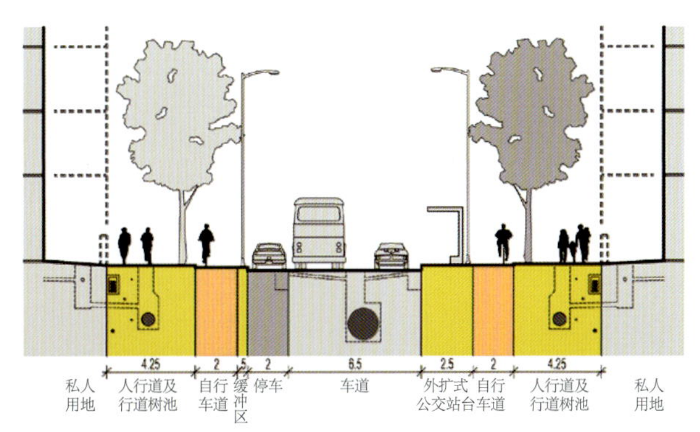

图1.12　印度拟建24m宽的完整街道（Environmental Planning Collaborative/Institute for Transport and Development Policy提供）

里行人死亡率通常为美国的一半到1/6（Jacobsen 2003）。

欧洲城市率先提出了许多完整街道方案，集中在将安全骑行道和步行道、专用或共享公交路线，以及机动车道相整合。上百座美国城市均规划实施了完整街道战略，对现有街道进行改造，并修改新路权的标准和布局。这些战略的共同点是根据街道不同需求灵活调整标准。交通规划师发展出一种情景式解决策略（context-sensitive solutions），可根据不同城市调整相应设计标准（美国交通工程师协会 2006），后面的章节会陆续介绍一些相关方法。

相比之下，地下基础设施的改动较少。增加新线路、更换老线路，或者修复破损线路等都仍需挖掘街道路面。特别是通信技术的发展需要挖掘路面以安装新的电缆、光纤和其他数据管道。尽管可弯曲管道和连续管道的使用已经减少不少问题，但地下的各类管道还是经常发生堵塞。此外，地下基础设施还会由于树根、高水位、开挖计划不周和其他问题等而不断受到破坏。这些问题都需要通过地下基础设施的智能统筹来解决。

对各类基础设施管道采用共同管沟（common trenches）方式能够有效减少上述混乱情况。在新规划的场地中，共同管沟通常位于行车道与建筑红线之间，享有公共设施地役权（utility easement），一般至少0.5m宽和1.4m深。在管沟内需要仔细规划六类线路，以便后续升级和修理方便出入。管沟中通常填埋了细沙一类材料，这类材料耐磨损，并易于挖掘。管沟内的线路通常包括燃气管道、有线电视、光纤光缆、电话线路、一次和二次电路以及街道照明电缆的组合。还有一些城市要求在燃气管道、生活

图1.13 加拿大新不伦瑞克（New Brunswick）的圣约翰市威廉王子街的共同管沟，组合了所有电气和通信管道（A. J. Good/Streetscape Canada提供）

污水管道、雨水管道和供水管道之间预留至少1m的水平间距，这也限制了共同管沟的容量。

在高密度城区或快速发展地区，可以在地下建造一条连续的综合管廊隧道，在不挖掘街道路面的情况下组织和使用基础设施。这一方式还需要建设地下的大型拱顶，以便为公用设施隧道的开关、电话连接和变压器供电。除了传统基础设施外，综合管廊隧道内还可贯穿有蒸汽、热水和冷水管道。医疗建筑和大学建筑经常扩建综合管廊隧道，使其兼作建筑服务的地下通道（如用于清除废弃物和运输货物），甚至作为患者和专业人员的内部通道，但这些内部通道具体的位置需要经过事先规划。

图1.14

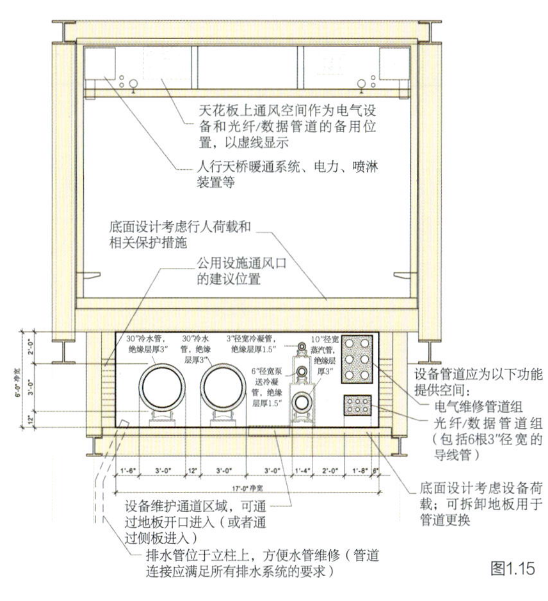

图1.15

绿色基础设施

电线、管道、机动车道、照明和人行道等是我们日常熟悉的一些基础设施。而自然环境可以用某些形式替代其中的一些基础设施，如可以通过雨水花园（rain gardens）或雨水滞留池（rainwater detention areas）在场地中汇集和吸收径流，而非简单采用大型雨洪管道将其排走；太阳能电池板（solar panels）或风力发电机（wind turbines）可发电并为建筑物或路灯供电，而不再需要大量远程供电；在场地堆肥（composting）和再循环（recycling）可以减少废弃物运输；较大场地的废弃物还可作为能源发电的原材料；地段内使用的水可以回收并作为中水（gray water）用于景观灌溉，也可净化后再利用；树木和其他景观元素可以吸收温室气体，为空气加湿并调节气候，从而减少对空调的依赖。所有这些都可被视为绿色基础设施（green infrastructure），顾名思义，是用以弥补或替代

图1.14　印度古吉拉特邦（Gujarat）国际金融科技城（GIFT）的设施管廊有充足的空间用于城市扩建（Atul Tegar/Wikimedia Commons）

图1.15　美国休斯敦得克萨斯医疗中心拟建的人行天桥与设备（Skidmore，Owings and Merrill/Texas Medical Center提供）

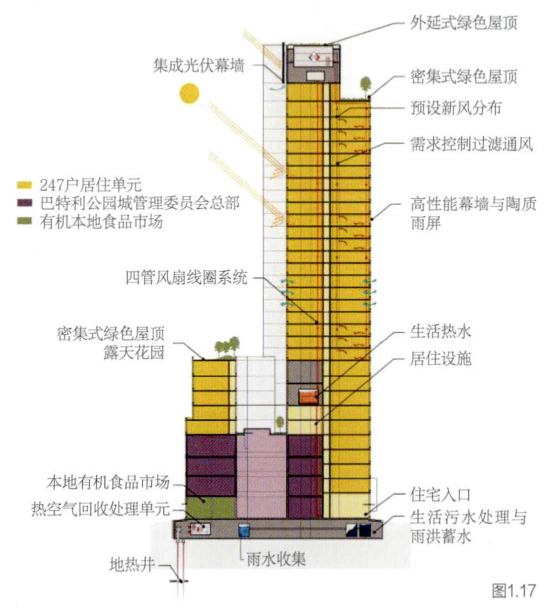

图1.16 美国纽约巴特利公园城的远见高层公寓，一个高性能住宅（©Jeff Goldberg/Esto）
图1.17 美国纽约巴特利公园城的远见高层公寓内的可持续性系统（The Albanese Organization/Pelli Clarke Pelli）

场地对灰色基础设施（gray infrastructure）的需求。

绿色基础设施规划的内涵是建立场地内的闭环（closed loops）。通过对场地所消耗的资源进行重复利用或恢复至可用状态，可以最大限度地减少对更大环境的影响。位于斯德哥尔摩的哈默比湖城（Hammarby Sjöstad）是一个整合一系列绿色环境系统模型的最佳案例［详见《场地规划与设计 下 类型·实践》（以下简称“下卷”）第8章］。其基本循环包括：

水循环（Water loops）——生活用水，废水，暴雨径流、灌溉，生产用水和室外空调用水；

能量循环（Energy loops）——用于供暖和制冷，场地内外交通，照明和生产；

碳循环（Carbon loops）——资源消耗，碳排放、碳吸收和储存；

材料循环（Materials loops）——用于家庭和企业的产品，回收及再利用过程。

哈默比湖城将绿色技术和最新机械系统相结合，为社区居民、企业和工业生产提供服务，并通过持续监控来实时调整操作和解决问题。

在闭环系统中，水循环最为简单，并几乎可以在任何场地安装。在大多数地方，水资源十分宝贵，因此不能仅使用一次，需要兼顾水源保护和水循环利用。长期以来的做法包括收集雨水用于景观造景，处理再利用，或作为休憩、喷泉等用水。如今，我们还要考虑碳循环，如重视过程中的低碳策略，以及减少碳排放。绿色基础设施通常具有多种意义，如大片树林可以改善水循环和碳循环，改善局部地区气候，同时还能创造更有吸引力的宜居场所，并提供娱乐、休憩的场所。

绿色基础设施可以在从整个社区到单个场地的各种尺度上发挥作用。以纽约巴特利公园城的远见高层公寓（Visionaire）为代表的高性能建筑可通过在建筑物本体内产生大量的能量、收集雨水、回收大部分生活用水，通过建筑的表皮和系统减少能耗，从而减少对公共基础设施的依赖。在人口密度较低的地区，回收场地上的所有雨水可以不需要另设大型雨水管线，还可以极大地节约基础设施成本，而这些节约的成本的受益者还可以是地段外的更多人。向业主和场地开发商收取雨水管道排放费能有效激励其关注上述种种可持续型基础设施。

智能基础设施

基础设施技术在过去的一个世纪里变化较为缓慢，当今地面上的许多系统与几十年前相比只是略有改进，现在的道路与半个世纪前相比也只是稍有不同。尽管当前的雨水管道技术可使用预制元件而非黏土或钢管等材料，但仍是改进甚微。其原因主要在于相关制度规范阻碍了基础设施创新，且各国政府几乎没有动力去尝试那些可能失败的新方案。但新技术和材料还是为城市地区的公共服务提供了智能化的可能性。这些创新包括新传感和控制设备、自适应系统、机器人维护设备、实时信息系统、无线通信系统、GPS技术、新传输方式、管道材料以及高级人机系统接口。新软件的增加也给硬件改变带来可能：

下面逐一概括了场地基础设施各组成部分的一些创新潜力。总体上看，它们均具有以下一些共同目标：

更高效地利用固定资源（More effective use of fixed resources）——通过改善车流量、故障时绕道行驶、改善公共设施调度、根据公交需求设置路线、管理分布式停车位和汽车共享系统等策略，更好地利用道路；

负荷平衡（Load balancing）——平衡网络内的能源负荷，调整区域供暖源，管理雨洪降水并降低其影响；

高效预测故障（Better predictions of failure）——系统监控检测潜在的故障区域，并绕过该故障区域重新规划路线；

提高安全性（Improving safety）——采用防撞系统、自动驾驶车辆和监视系统预防违章行为和事故；

改进个人决策信息（Improving information for personal decisions）——远程视频取代长途通勤、实时交通信息系统、定位报告和个人设备上的出行路线规划；

降低运维成本（Reducing maintenance and operating costs）——仪

图1.18 新兴智能城市要素（Ministry of Urban Development, India）

图1.19 巴西里约热内卢城市运营中心

表自动读数、检测废弃物排放需求和机器人操作系统。

智能环境需要有线或无线通信设备将显示器与传感器相连，并采用复杂的软硬件存储数据及进行分析预测。每个系统公司都根据自身的特点和优势，采用了相应的设备和程序来构想和架构智慧城市的场景。对于智能城市，有数千种不同的场景解决方案已在不同层面展开，但尚未出台指导智能城市建设的相关标准。下面将更详细地讨论智能基础设施的一些实施细节。

大多数智能基础设施系统需要改变居民的日常生活方式。例如，共享汽车可以大大减少停车位，增强道路通行能力，但同时也需要个人改变用车习惯。又如，在屋顶上采用排布太阳能电池板的分布式能源发电系统，需要业主对该系统进行维护。尽管如此，智能系统仍然利大于弊，基础设施也在不同程度上为技术发展提供了大量空间。

第2章

机动车交通

在过去的一个世纪里，机动车交通在场地规划议程中一直占据主导地位。尽管我们努力平衡公共交通、步行和自行车的使用，但很大程度上，我们的居住方式是由汽车、货车和其他机动车决定的。这些机动车决定了道路的宽度、周围环境布局以及交通模式。此外，如何安置车辆在很大程度上也影响了公共场所的空间特征。车行道和停车区占据了很大一部分城市用地，并影响着本地气候和径流模式，此外，机动车交通规划在创新方面具有很大潜力。

机动车交通规划的传统主导因素包括惯例、标准和模拟技术等方面，近年来逐渐发展成一门专门的学科，并在交通规划的几乎每一个方面都已经开展了详细研究。通常而言，在真正施工建造时，需要确保道路的精细度，但在最初规划阶段，我们可以使用相对简化的工具和经验法则进行规划。在每套现行的标准背后都是一系列假设、判断和政策决策，而规划师则需要确定这些决策是否适合当前的相关形势。

机动车交通的基础设施需要实现一系列目标的平衡：

- 进入方式尽可能直接；
- 可选择多种出行方式；
- 尽量缩短出行时间；

图2.1 美国纽约哥伦布圆环（Columbus Circle）的多功能街道（纽约市交通局）

- 避免交通堵塞；
- 保障出行安全；
- 尽量减少机动车占用的土地面积；
- 尽量降低基础设施的全生命周期成本；
- 营造舒适的公共场所；
- 可用作路侧停车或区域停车；
- 尽量减少对场地生态的影响；
- 修建基础设施时，考虑其在未来使用时的灵活性。

上述种种目标之间往往存在相互冲突，因此规划师需要进行平衡和抉择。例如，为了减少高峰时段的交通堵塞，是否应该花费更高的成本增加额外的车行道，却给行人过街增加困难？又如，是应该为了确保步行和骑行的安全从而设计弯曲的道路线形使得车速降低，还是应该保证汽车畅通行驶？再如，停车场是应该设计成方便停车，还是应出于生态考虑尽量减少不渗水的硬质铺地面积？诸如此类的每个选择都必须从更广的场地价值角度进行考量，而不是仅仅考虑交通和运输的单一层面。

交通需求

这里需要指出的是，所有的交通活动都属于一种诱发性行为（induced activity），即它们是空间活动布局的产物。我们能够通过诸如混合使用、职住相邻等土地利用规划来有效减少出行需求。除了休闲型交通以外，大多数人认为交通出行时间是一种浪费。因此，道路设计需要满足两个目标：一是尽量缩短出行时间；二是在必要时使出行成为一种愉快的体验。但自相矛盾的是，一些公路和过境路线往往是为了缩短出行时间而新建，却会反过来让各种活动和功能进一步分散，从而促使更多人出行。此外，我们还需要兼顾土地利用的功能规划和路线规划。

在道路选型和设计之前，需要估算在将来可能的用途下产生的出行次数。多数城市都已有这方面的经验数据，通常表示为每户的出行数，或每100m^{2}商业面积的出行。比一天出行总数更重要的是出行高峰期的行程数，高峰期通常指的是工作日早晨或下午傍晚时分。例如，美国郊区典型的独栋住宅在24h内产生9.6次交通出行，其中平均8%或0.8次出行发生在早高峰（07:00～09:00中的1h），其中10.7%或1次出行发生在下午高峰期（16:00～18:00中的1h）（Martin and McGuckin 1998）。因此，通

表 2.1　美国和加拿大城市中不同类型场地的平均出行生成率

土地用途	每日出行数	单位	每日总出行量百分比		ITE 法规
			上午高峰期	下午高峰期	
居住区					
独户住宅	9.55	住宅单元	8.0	10.7	210
公寓	6.47	住宅单元	8.6	10.7	220
联排别墅	5.86	住宅单元	7.5	9.2	230
房车型公园	4.81	已占住宅单元	8.9	12.1	240
规划单元开发	7.44	住宅单元	7.8	9.7	270
零售（商业中心）[1]					
1 万 m^2 以下	70.7	100m^2 建筑面积	2.3	9.2	820
1 万～5 万 m^2	38.7	100m^2 建筑面积	2.1	9.5	820
5 万～10 万 m^2	32.1	100m^2 建筑面积	2.0	9.3	820
10 万 m^2 以上	28.6	100m^2 建筑面积	1.8	9.1	820
办公写字楼					
一般[2]	11.85	100m^2 建筑面积	13.8	13.1	710
医疗	34.17	100m^2 建筑面积	10.0	13.0	720
办公园区	11.42	100m^2 建筑面积	16.1	13.2	750
研发中心	7.70	100m^2 建筑面积	16.0	13.9	760
产业园	14.37	100m^2 建筑面积	11.3	10.3	770
餐厅[3]					
高级餐厅	96.51	100m^2 建筑面积	6.6	10.1	831
快餐店（店内就座）	205.36	100m^2 建筑面积	8.7	15.5	832
快餐店（非开车取餐）	786.22	100m^2 建筑面积	9.7	13.7	833
快餐店（开车取餐）	632.12	100m^2 建筑面积	9.5	7.3	834
银行					
普通银行	140.61	100m^2 建筑面积	13.7	0.4	911
免下车银行	265.21	100m^2 建筑面积	13.3	19.3	912
酒店 / 汽车旅馆					
酒店	8.7	占用房间	7.5	8.7	310
汽车旅馆	10.9	占用房间	6.7	7.0	320
公园和休闲娱乐场所					
游艇停靠区	2.96	泊位	5.7	7.1	420
高尔夫球场	37.59	洞数	8.6	8.9	430
城市公园	2.23	ac	不适用	不适用	411
郊区公园	2.99	ac	不适用	不适用	412
国家公园	0.50	ac	不适用	不适用	413
医院					
一般	11.77	床位	10.0	11.6	610

续表

土地用途	每日出行数	单位	每日总出行量百分比		ITE 法规
			上午高峰期	下午高峰期	
疗养院	2.6	占用床位	7.7	10.0	620
门诊部	23.79	100m² 建筑面积	不适用	不适用	630
教育机构					
小学	10.72	100m² 建筑面积	25.6	23.2	520
高中	10.90	100m² 建筑面积	21.5	17.8	530
专科学校 / 社区学院	12.57	100m² 建筑面积	17.2	8.2	540
大学 / 学院	2.37	学生数	8.4	10.1	550
机场					
商务班机	104.73	日均航班数	7.8	6.6	021
通用航空	2.59	日均航班数	10.4	12.7	022
工业					
一般轻工业	6.97	100m² 建筑面积	14.5	15.5	110
一般重工业	1.50	100m² 建筑面积	34.0	45.3	120
仓库	4.88	100m² 建筑面积	11.7	12.3	150
制造业	3.85	100m² 建筑面积	20.3	19.5	140
产业园	6.97	100m² 建筑面积	11.8	12.3	130

资料来源：Martin and McGuckin（1998）
1：这里的出行比率选取的是上限值。但需要指明的是，这里给出的是商业中心日常出行生成率，而其周末出行生成率与此有显著不同
2：这里指的是建筑面积为 2 万 m² 左右的办公楼
3：比率主要根据餐厅座位数而定

过下午高峰期数字可以预估出入道路需要容纳的最大容积。许多国家的该类数据来自政府或地方调查数据。美国和加拿大的数据来源于美国交通工程师协会的“出行生成”（Trip Generation）手册，该手册基于众多城市的出行产生率调查数据研发，每10年更新一次，并广泛地平均了很多城市的出行产生率（美国交通工程师协会 2017）。

在使用全国平均数据预估出行需求时，有几个方面需要注意。研究发现，不同城市之间，偏远地区和市中心之间，甚至在同一座城市的不同收入群体中，出行行为存在很大差异。导致该差异的一个重要的变量是开车出行者的比例，而不是步行或乘坐公交车的人数比例。对于住宅单元，家庭成员数量和出行次数相关。城市规模也会影响出行需求：在美国，大于100万人口的城市居民出行次数比20万人口以下的城市居民少8%。城市空间格局也会对出行方式产生影响。对传统社区规划（traditional

表 2.2　不同城市规模和户数下的日均个人出行数据

汽车拥有量	家庭人数					加权平均值
	1	2	3	4	≥ 5	
人口数为 50000 ~ 199999 的城市地区						
0	2.6	4.8	7.4	9.2	11.2	3.9
1	4.0	6.7	9.2	11.5	13.7	6.3
2	4.0	8.1	10.6	13.3	16.7	10.6
≥ 3	4.0	8.4	11.9	15.1	18.0	13.2
加权平均值	3.7	7.6	10.6	13.6	16.6	9.2
人口数为 200000 ~ 499999 的城市地区						
0	2.1	4.0	6.0	7.0	8.0	3.1
1	4.3	6.3	8.8	11.2	13.2	6.2
2	4.3	7.5	10.6	13.0	15.4	10.1
≥ 3	4.3	7.5	13.0	15.3	18.3	13.5
加权平均值	3.7	7.1	10.8	13.4	15.9	9.0
人口数为 500000 ~ 999999 的城市地区						
0	2.5	4.4	5.6	6.9	8.2	3.4
1	4.6	6.7	8.8	11.0	12.8	6.4
2	4.6	7.8	10.4	13.0	15.4	10.3
≥ 3	4.6	7.8	12.1	14.6	17.2	12.9
加权平均值	4.0	7.3	10.2	13.0	15.4	8.7
人口数大于 1000000 的城市地区						
0	3.1	4.9	6.6	7.8	9.4	4.1
1	4.6	6.7	8.2	10.5	12.5	6.3
2	4.6	7.8	9.3	11.8	14.7	9.7
≥ 3	4.6	7.8	10.5	13.3	16.2	11.8
加权平均值	4.2	7.3	9.3	12.0	14.8	8.5

资料来源：Martin and McGuckin（1998）

neighborhood development）的研究发现，家庭平均日出行次数比其他一般社区少1.5次，与其他类型的社区居民相比减少了16%，而且在社区内乘车出行次数也显著减少（Khattak and Stone 2004）。可见对场地出行数量的估测而言，本地调查数据更为可靠。国家平均出行次数可能有助于初次估算，但是最终需要根据本地的相关数据进行具体的道路规划。

表 2.3 各国家和地区的机动车出行数据比较

	中国内地（上海、北京、广州）	印度（孟买）	拉丁美洲	非洲	中东	东欧	西欧	新加坡、中国香港	澳大利亚、新西兰	美国	加拿大
所有交通出行方式的比例（%）											
非机动车	40**	64**	31	42	27	26	31	28	16	8	10
公共交通工具	33*	32**	34	26	18	47	19	30	5	3	9
私家车	27**	5*	35	32	56	27	50	42	79	89	81
私家车出行											
每千人拥有小汽车数	140**	68**	202	135	134	332	451*	78*	647*	640*	522*
每千人拥有摩托车数	22**	123**	14	5	19	21	32	88	13	13	9
每千人拥有机动车数[1]	146**	112**	205	136	139	337	459*	99*	650*	643*	524*
私人交通流动性											
人均小汽车行驶公里数	3017**	3021*	2862	2652	3262	2907	5130*	1334*	12447*	18703*	8495*
人均摩托车行驶公里数	289	684	104	57	129	19	119	357	81	45	21
基础设施											
人均高速公路长度（m/千人）	6**	<1	3	18	53	31	89*	27*	83*	156*	157*
每千个 CBD 就业岗位的停车位数	17	77	90	252	532	75	241*	121*	298*	487*	319*
土地利用											
城市密度（人/hm^2）	133**	314**	75	60	119	53	42.5*	217*	15.4*	25.8*	14.0*
CBD 就业岗位数比例（%）	51	17	29	15	13	20	18*	9.2*	12.7	8.2*	15.0*

资料来源：Kenworthy and Townsend（2002）（1995 年数据）；Kenworthy（2013）（2006 年数据）；Kenworthy（2015）（2012 年数据）
注：除星号标注外，其他数据均来自 1995 年数据，*：2006 年数据；**：2012 年数据
1：机动车拥有量 = 小汽车数 +（每千人拥有摩托车数 ×0.25）

在预估车辆出行需求时，我们需要对小汽车、公共交通、自行车和步行之间的模式划分做出假设，这也是地区间差异的最大来源。曼哈顿下城区仅有8%的人选择私家车出行（当然，其他出行方式也包括出租车和公共汽车），而在许多没有其他交通工具可供选择的郊区，90%以上的出行方式是小汽车。不同国家和地区乘车出行的方式和次数存在很大差异。表2.3比较了不同国家和地区的城市交通方式的划分。在中国大陆和一些亚洲低收入国家，私家车出行量占总出行量的16%～35%；相比之下，西

欧和一些亚洲高收入城市，私家车出行的比例为42%～50%；而澳大利亚、新西兰和北美国家的比例为79%～89%。

基于出行产成率和交通方式比例的相关数据，场地规划可以预估出未来方案在高峰期可能的交通量。那么接下来的问题就是，采用哪个高峰期作为“设计峰值”。如果道路设计的容量是满足一年中最高峰时段的运量，如在美国通常是圣诞节前的采购日，那么道路在一年中绝大多数时间可能将处于空置状态。美国城市通常采用的高峰运量标准是自上而下第50位高峰时段运量，少部分地区和国家如得克萨斯州、内布拉斯加州以及亚洲国家等采用的是第30位高峰时段运量，而佛罗里达州采用的是第100位高峰时段运量。然后，需要根据不同的人流、车流方向来分配运量，并预测人们到达和离开的路线。在确定了进出运量后，就可以进一步分配场地上各支路的交通量。最后，场地规划师可以规划和设定需要容纳的车辆类型，并据此规划所需道路的规模。

所需的道路

在将估算的出行交通需求量转换成场地内道路规模和对场地外既有道路影响的过程中，需要做出若干假设判断。判断之一就是道路上机动车的类型组合。很显然，货车和公共汽车最占据道路空间，加之它们在路口启动较慢，且转弯半径较大，因此限制了道路的通行能力。亚洲许多城市的车辆多为摩托车和类似的电动车（如三轮小摩的、电动人力车和三轮运货车等），尺寸较小，机动性强，因此对道路的要求也更少。在一些国家，自行车、人力车甚至马车等非机动车辆也会影响交通。因此，预估的交通出行量可以通过标准车当量（passenger car equivalents，PCE）进行折算，该系数也称为当量交通量（passenger

表 2.4　标准车当量系数

机动车类型	标准车当量系数（美国）	标准车当量系数（亚洲）
小汽车	1.00	1.00
摩托车	0.33	0.50
轻型 / 中型卡车	1.75	1.00
小型公共汽车	1.00	1.00
重型货车	2.25	3.00
大型公交车	2.25	2.00

资料来源：Transportation Research Board（2000）; Adnan（2014）

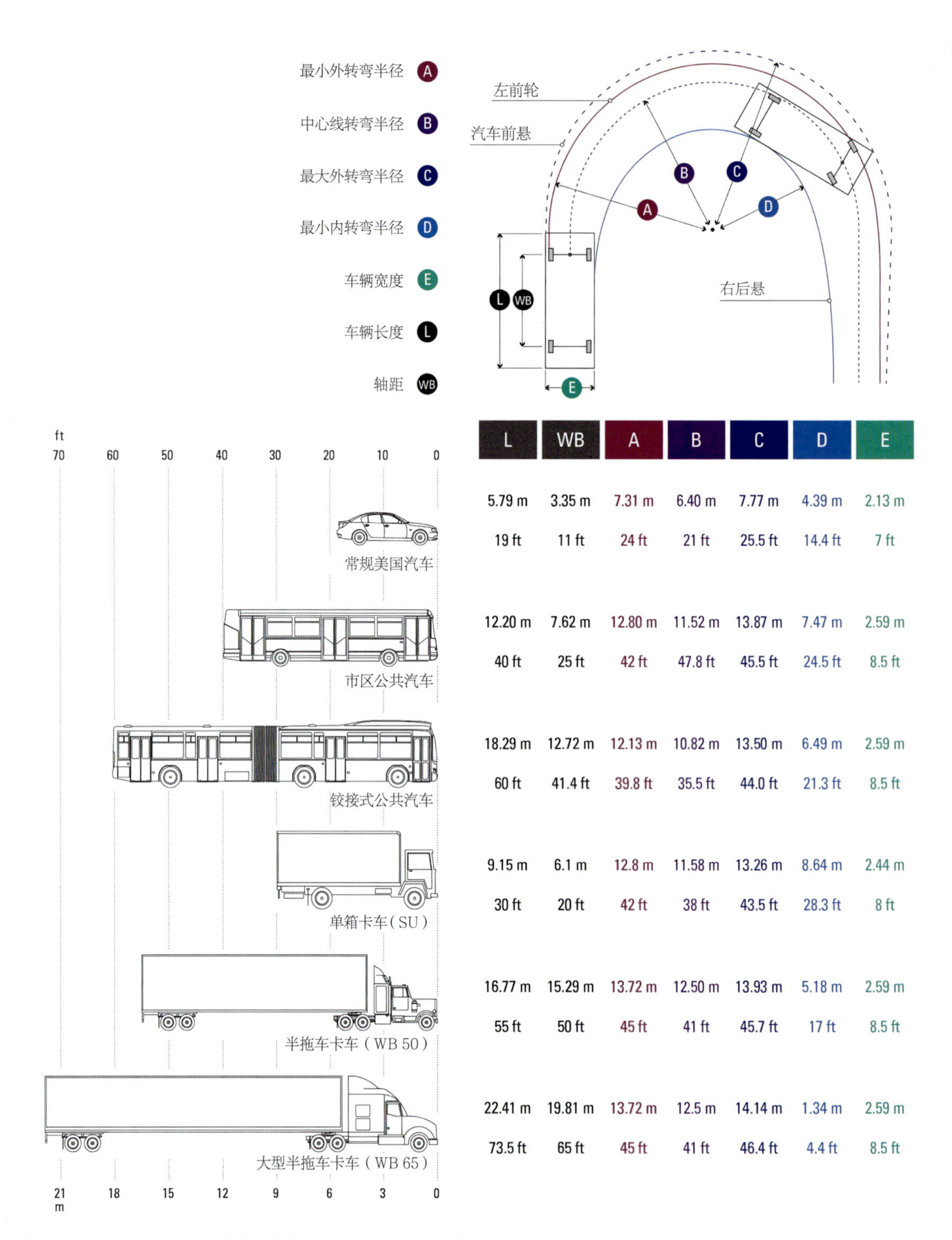

车型	L	WB	A	B	C	D	E
常规美国汽车	5.79 m	3.35 m	7.31 m	6.40 m	7.77 m	4.39 m	2.13 m
	19 ft	11 ft	24 ft	21 ft	25.5 ft	14.4 ft	7 ft
市区公共汽车	12.20 m	7.62 m	12.80 m	11.52 m	13.87 m	7.47 m	2.59 m
	40 ft	25 ft	42 ft	47.8 ft	45.5 ft	24.5 ft	8.5 ft
铰接式公共汽车	18.29 m	12.72 m	12.13 m	10.82 m	13.50 m	6.49 m	2.59 m
	60 ft	41.4 ft	39.8 ft	35.5 ft	44.0 ft	21.3 ft	8.5 ft
单箱卡车（SU）	9.15 m	6.1 m	12.8 m	11.58 m	13.26 m	8.64 m	2.44 m
	30 ft	20 ft	42 ft	38 ft	43.5 ft	28.3 ft	8 ft
半拖车卡车（WB 50）	16.77 m	15.29 m	13.72 m	12.50 m	13.93 m	5.18 m	2.59 m
	55 ft	50 ft	45 ft	41 ft	45.7 ft	17 ft	8.5 ft
大型半拖车卡车（WB 65）	22.41 m	19.81 m	13.72 m	12.5 m	14.14 m	1.34 m	2.59 m
	73.5 ft	65 ft	45 ft	41 ft	46.4 ft	4.4 ft	8.5 ft

图2.2 典型城市机动车的尺寸和转弯半径（Adam Tecza/AASHTO 2004）

图2.3　在孟加拉的达卡等快速发展的城市，街道需要容纳各式各样的车辆及其上下客的需求（BDNews24.com）

car units，PCU）。表2.4列举了美国和亚洲国家常用的标准车当量系数。根据美国的系数计算可得，当道路高峰期有400辆汽车、10辆摩托车、20辆轻型卡车、10辆重型货车和6辆公共汽车，其标准车当量为475辆/h，而实际车辆数为446辆。

第二个重要判断就是设计车辆（design vehicle）的类型，这一因素将影响道路的几何形状、转弯半径、曲率、速度等要素。上面的例子中，小客车是最常用的车辆，而大型车辆的数量比较有限。但是在货运量大的工业区或商业区，大型半挂式货车可能是主要车辆；在主干道上，公共汽车和卡车则决定了道路的设计标准。图2.2列举了几种典型车辆的尺寸。设计车辆的类型还直接影响到车行道的数量和宽度。尽管各地标准各异，但通常以汽车为主的城市道路的车道为3m。然而在有大量货车或公共汽车通行的情况下，首选的车道宽度为3.4m，快速路和封闭式高速公路的典型车道宽度为3.7m。

影响道路设计的第三个判断是在高峰期人们可承受的交通量密度，反过来说，则是人们可容忍的交通堵塞程度。这一判断因城市文化而异，不同地方的人们对交通堵塞的态度大相径庭。但交通工程师已将交通量密度降为单个可衡量的指标，即道路的服务水平（level of service，LOS），可通过比较车辆数量和道路的通行能力来确定：

$$LOS = V/C$$

式中　V =标准车当量（PCE）；

　　C =道路通行能力。

如表2.5所示，道路的服务水平（LOS）从非常小的交通量到稍有减速的大交通量可分为A到E不同等级。F等级表示道路低效，交通拥堵、减速甚至停滞。在道路设计中需要重视道路服务水平，许多地方的道路设计致力于达到D级及以上。这一衡量要素能够基本确保道路不会发生交通堵塞，因此较为可行。但是，以汽车为主的小城市有时会规定B级道路服务水平，这反过来会导致道路过多。通常来说，现有的城市密集区可能仅能够保持在E级及以上水平。

在城市地区，车辆通过交叉口的效率是道路通行能力的决定因素之一。道路通行能力随交通信号变化状况和其他障碍物情况而变化。假设路口信号灯面向各方向时长一致，由于车辆启动和减速会造成一些时间损失，每条车道可承载的交通量将减至理论值的45%左右。如果信号灯的时长不同，则根据各方向的交通量反推该方向可用的绿灯时间。此外，道路通行能力还会受到一系列因素的影响，如待转弯车辆、阻碍交通的拥挤人流、出租车或机动车乘客下车、车辆故障、车辆并排停放、机动车侧方停车等。其中的一些情况可以通过道路设计中的左转或右转车道、公交车停靠港湾、加宽停车车道宽度以避免停车阻塞交通、设置卸货区、分阶段信号灯计时以便让交叉口内的车辆先行驶离开等办法进行缓解。但是，有些提高道路通行效率的做法往往会影响过街行人，如红灯允许右转的规定会给行人带来很大风险。

基于城市地区的各种可能的意外情况，交通工程师们通常采用基于点对点行驶所需时间来确定道路服务水平的方法作为简单的替代方式。时长可被转换为速度，进而推测出相应的道路服务水平，并可以预测新的开发建设对现有道路的新增影响。最终的交通影响评估需要精确的数据用于分析，但是在场地规划阶段，可以参考表2.5来确定道路尺寸。

例如，假设预测新道路上高峰期同方向的标准车当量为1000辆，并要

表 2.5 城市机动车道路服务水平（LOS）

服务水平	*V/C* 值	平均行驶速度（km/h）[1]	交通流量（人 / 车道 /h）[2]	交叉口延误时间（s）	描述
A	0.00 ~ 0.35	>56		<10	非常小的交通流量，自由通行
B	0.35 ~ 0.58	<45		10 ~ 20	小交通流量
C	0.58 ~ 0.75	>35	275	20 ~ 35	中等交通流量
D	0.75 ~ 0.90	>27	700	35 ~ 55	中到大交通流量，无明显减速
E	0.90 ~ 1.00	>21	850	55 ~ 80	大交通流量，稍有减速
F	>1.00	<21	>850	>80	交通拥堵，包括停滞和减速

根据多种资料汇编而成
1：基于二级干道或支路
2：基于有信号灯控制交叉路口的街道

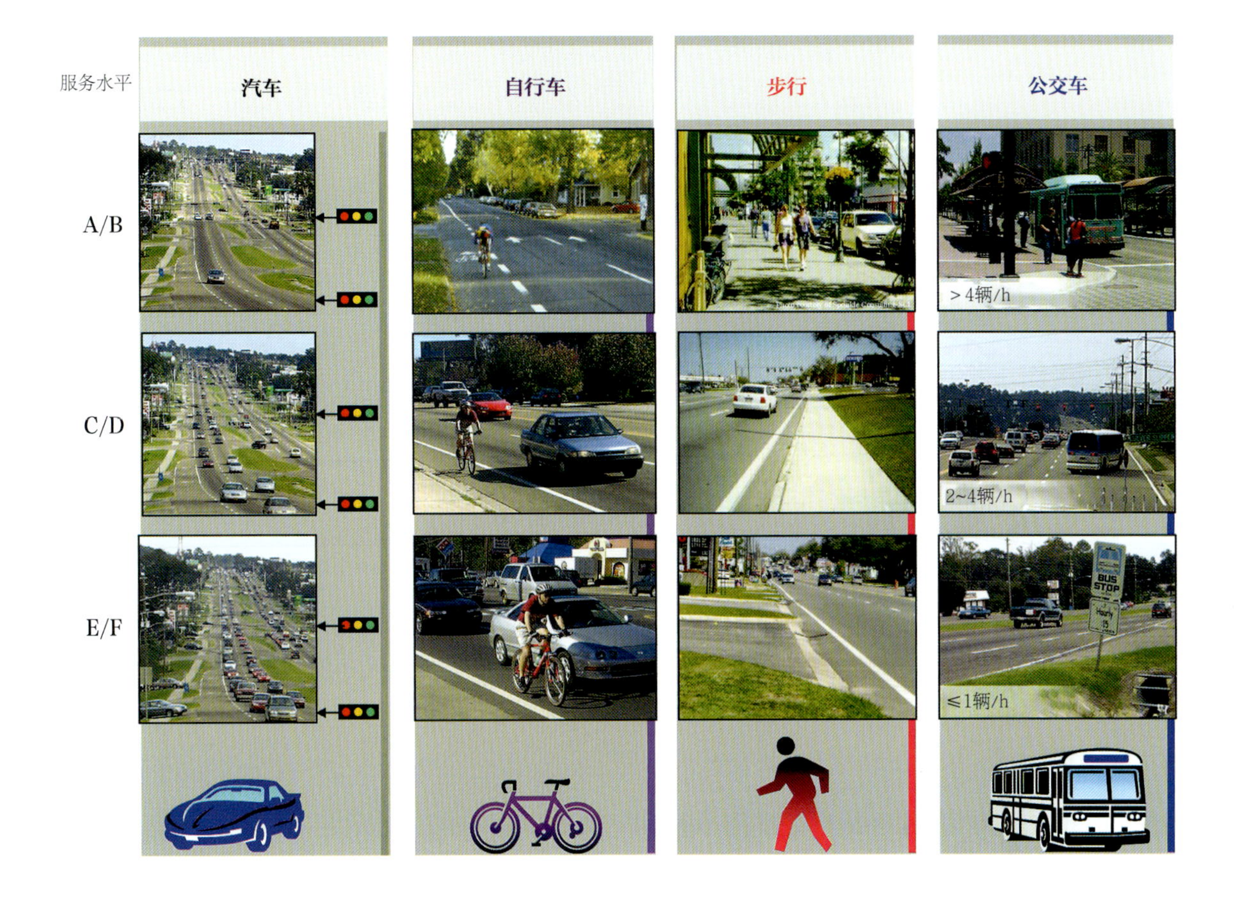

图2.4 汽车、自行车、步行和公交车的服务水平比较（Florida Department of Transportation）

求至少维持D级道路服务水平，参考表2.5可得，可采用双车道来维持道路服务水平在C与D之间，并可为将来出行量增加或新项目开发建设留有余地。

道路通行能力最终取决于一系列因素的集合，如车道宽度、路面情况、道路线形、坡度、边界条件，以及包括车辆、速度和驾驶者技术在内的交通特性。而理论上的通行能力则需要根据这些因素进行上下调整。我们可以通过计算机模型输入所有因素条件，得出相对精确的道路服务水平数值，但这在早期场地规划阶段可能还用不上。许多规划师往往用的是经验法，即城市道路的单条车道每小时能够承载大约600辆车（约等于C和D级之间的道路服务水平），后续阶段再进行更精确的计算。

道路服务水平关注的是机动车行驶，对步行、骑行和公共交通则并未涉及。当前，人们已针对骑行、步行和公交开发了相应的道路服务水平计算模型，并尝试开发综合指数。但是这一尝试困难重重，因为综合指数的计算很大程度上取决于规划师如何评价每种类型的交通方式，并且权重缺少统一的标准和规则。我们能做的更多是寻求多种交通方式之间的平衡之道。

道路标准

道路设计通常以驾驶者的兴趣为出发点，其目标是为交通行驶规划安全、方便和高效的道路。这一目标要和其他原则进行权衡和平衡，其他原则包括：尽量减少路面面积，减少对行人的危害，以及避免过宽干道造成的街道两侧和街区之间的隔离。通常，需要通过与地方政府、开发商和地段内居民进行协商讨论，进而得出相对精确的标准指导后续设计。

车行道和道路宽度

不同国家和城市之间不同的道路和车行道宽度标准反映了不同车辆的尺寸、组合、道路使用方式（如路边公交停靠和卸货港湾）以及气候差异（如需要除雪的情况）等。表2.6比较了国际上不同的道路车道宽度标准。尽管许多交通工程师都力图修建尽可能宽的车道，但是车道并不一定越宽越好。车道过宽会给驾驶者加速的机会，这使得穿过交叉口更加困难，与此同时，过宽的车道也给了摩托车骑手在车流中危险地穿进、穿出的机会。

设计速度

道路的设计速度（design speed）决定了道路的曲率和基于视距的车道位置等各方面，是一项重要的选择。大多数研究表明，在没有交通堵塞的情况下，驾驶者经常超速开车。因此，在道路设计中需要留出安全富余度。但有时候如果设计出的道路可用于更高速的行驶，可能反而会起到鼓励高速行驶的反作用。因此，对于高速公路而言，安全富余度是有必要的，对于城市道路则并非那么重要。

设计速度需要与道路上的限速牌相关。但像德国等许多地方高速公路没有速度标牌；在交通拥堵的地方，限速并不会实现；此外，在其他一些地方如新西兰和荷兰等国家，电子指示牌上的速度会根据雨、雪、大风和事故等道路条件而发生变化。尽管如此，确定设计速度对道路布局十分重要。通常会采用第85百分位速度，即85%的驾驶者不会超过的车速，来确定设计速度。美国和欧洲的典型设计速度如表2.7所示。通常，随着道路与行人路线及两侧建筑的关系不同，设计速度也会随之变化（美国交通工程师协会 1999；美国联邦公路管理局 2001）。

据充分被证实的数据显示，当车速超过40km/h时，行人重伤率大幅度增加；当车辆以37km/h、50km/h、63km/h和74km/h的行驶速度撞击行人时，行人平均重伤风险分别为25%、50%、75%和90%。此外，速

表 2.6 建议道路宽度

道路类型	美国		德国		澳大利亚		日本		加拿大	
	ft	m	m	ft	m	ft	m	ft	m	ft
封闭式高速公路	12	3.66	3.75	12.3	3.50	11.5	3.50 ~ 3.75	11.5 ~ 12.3	3.50 ~ 3.75	11.5 ~ 12.3
城市主干道	11	3.55	3.50	11.5	3.30 ~ 3.50	10.8 ~ 11.5	3.50	11.5	3.75	12.3
城市次干道	10	3.05	3.25	10.7	3.00 ~ 3.30	9.8 ~ 10.8	3.25	10.7	3.50	11.5
本地级道路	10	3.05	2.75	9	3.00	9/8	3.25	10.7	3.50	11.5

根据多种资料汇编而成

表 2.7 典型城市道路的设计速度

道路类型	美国	欧洲
	km/h	km/h
支路	32 ~ 48	30 ~ 60
次干道	48 ~ 64	30 ~ 60
主干道	48 ~ 80	50 ~ 80
封闭性高速公路	80 ~ 113	100 ~ 120

资料来源：Institute of Transportation Engineers（1999）; Federal Highway Administration（2001）

度越快，刹车所需时间就越长，因而常常导致更多事故（Telft 2011）。以行人安全为先的“零伤亡愿景”（Vision Zero）计划倡导降低限速。纽约市已将除了限制通行的公园大道之外所有道路的限速降至40km/h（New York City 2017）。

坡度

车辆的行驶速度和安全性受到道路坡度的影响，反之亦然，车速也影响了车辆可爬升坡度和停车性能。普通小汽车在连续坡度超过7%的道路上行驶已较为困难，而大货车更是在超过3%的坡度就必须减速行驶，17%的持续坡度是大多数货车低速爬坡能力的极限。大部分地区将支路坡度限制在7%～8%，主干道坡度不超过5%，如果路段是用于短距离的缓慢行驶，则坡度偶尔可以略超出这一限制。如果驾驶者不习惯冬季驾驶，那么3%～4%的坡度都可能导致滑车。

尽管如此，许多城市里的街道都是陡坡，包括旧金山的榛子街（Filbert Street）和第22大道（31.5%），以及西雅图的东罗伊街（East Roy Street）（21%）全部为长街道；匹兹堡的多恩布什街（Dornbush Street）（32%）和坎顿大道（Canton Avenue）（37%）、洛杉矶的巴克斯特街与法戈街（Baxter and Fargo Streets）（32%）、新西兰达尼丁（Dunedin）的鲍德温街（Baldwin Street）（35%）等是较短的街道。后

者这些短街道使用的人就较少，因此当西雅图重新规划山丘开辟宜居社区时，便采用了20%的坡度限制，而许多街道逼近该极限坡度。旧金山的九曲花街（Lombard Street）则通过蜿蜒迂回的路线沿山坡单向延展，使得车辆可以慢慢行驶到最高处。通常来说，山地城市需要采用各种打破常规的创新做法。

线形

道路规划中的中心线定位需要保障行车驾驶的安全、舒适以及尽可能减少转向和曲折。线形（alignment）必须在水平和垂直方向上均满足规范要求。在这种情况下，道路线形通常由直线段组成，并通过抛物线或圆曲线相连接。

为避免道路危险，垂直线形需要确保足够的前视距离以便预留充足的停车时间。越过山坡时，还需要避免速度过快而带来不舒适的失重感。垂直线形通常由一系列剖面组成，或者是沿中心线以大比例尺绘制连续剖面，并沿中心线横向展开。按照惯例画法，如果坡度上升，则显示为正百分数；而如果坡度下降，则显示为负百分数。

道路剖面设计既是一门科学，也是一门艺术。笔直的斜坡与山谷的抛物线相连，形成一条令人感到流畅和连续的道路。抛物线的长度随着速度的增加而增长，以确保视线通畅。山坡曲线的最小长度如表2.8所示。研究发现，驾驶者在山顶和凹陷路段，尤其是在弯道过短的路段都会减速，这也是造成高速公路拥堵的主要原因。交叉口处的坡度也非常重要。在理想情况下，驾驶者遇到交叉口之前，至少应有12m长的平缓区，以便他们能够发现迎面驶来的车辆，并也被对方看到。

道路规划的水平线形也包括直线和曲线路

图2.5 美国旧金山坡度为32%的榛子街（Robbie Sell）
图2.6 美国旧金山九曲花街

表 2.8　道路线形标准和设计速度

设计速度	最小水平曲线半径	每改变 1% 坡度时的最小垂直方向曲线长度	最小前视距离	最大坡度（%）
km/h	m	m	m	
20	25	2.75	40	12
30	30	3	45	12
40	50	5	55	11
50	80	6.5	65	10
60	120	9	75	9
70	170	15	95	8
80	230	22	115	7
90	290	30	135	6
100	370	45	160	5
110	460	60	180	4

根据多种资料汇编而成

段，但是与垂直方向线形的影响因素有所不同。在正常行驶的街道上，道路出现曲线是提示驾驶者减速的警告，但一般来说不宜设置急弯，否则车辆会有倾斜的危险。表2.8还列出了最小水平曲线半径的参数。此外，水平曲线最好是圆形的，以便驾驶者可一次性调整车轮方向从直线过渡到曲线。道路规划应避免断背曲线（Broken-back curves），即相互通视的同向曲线之间插以短直线连接，大量事实证明断背曲线危险极大。如果水平方向的弯道半径无法满足要求，可以用提高外侧路面高度的方法作为解决方案，超高的坡度可以是4%，且需要在道路外侧筑保护堤。在有宽阔曲线弯道的高速公路上，超高是所有弯道必需的设置，且最高可达6%。

当然，车辆行驶中必须同时考虑水平和垂直方向的道路线形，而且必须以驾驶者视野的高度来观察水平和垂直线形。微小的道路起伏会导致人们行车时难以辨别道路走向，而且在曲线之前下落可能会令人迷失方向。为了安全起见，应该

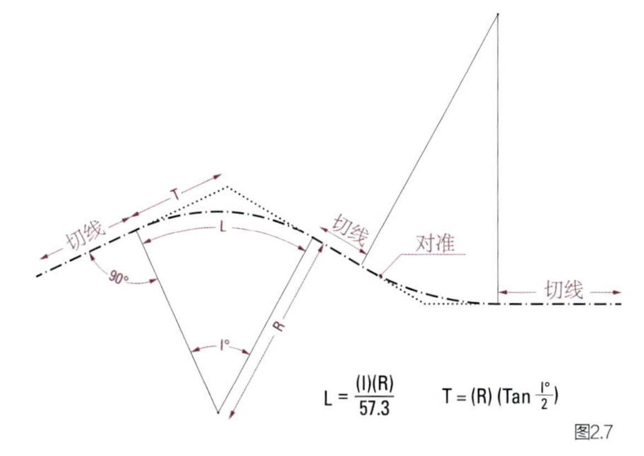

图2.7

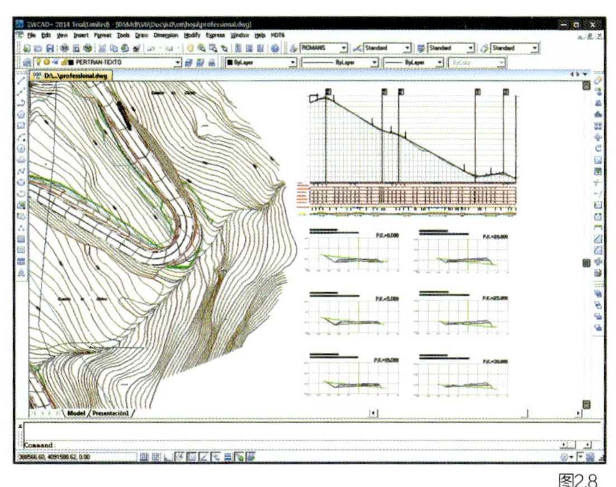

图2.8

图2.7　道路曲线要素（Adam Tecza/Gary Hack）
图2.8　计算机绘制的水平和垂直曲率（ZWCAD）

避免在高峰、深谷或陡坡脚下出现急弯；在地下通道或隧道入口处，驾驶者通常会调整车灯照明，这时也要避免弯道。简而言之，当驾驶者在进入交通路口或者风景路段容易注意其他因素时，通常要避免转弯。

当前，规划师已可以用很多实用的软件程序进行道路设计，包括很容易地将草图转换为横、纵道路断面。这些程序可以计算适应地形和设计速度的曲率，并计算挖方和填方之间的平衡以尽量减少土方工程。但是，人们应该谨慎对待该程序的内置“黑箱”假设，因为这些假设通常是理论性的。有经验的道路设计师具备良好的道路设计直觉，这使得他们能够发现计算机例行程序中存在假设过于保守的情况。而且程序软件也无法体验道路行驶的真实感受。不过，仿真模拟软件还是可以对道路进行模拟驾驶，从而协助设计师测试道路体验。

道路类型

无论道路呈现怎样的几何形状，我们都需要将其进行等级结构划分，涵盖最小的本地街道到大运量的高速公路。通常来说，一个地段内很少包括所有的道路类型，除非它非常大。但是在规划每条道路时都必须考虑该道路在整个路网系统中的定位和作用。每种类型的道路都兼具优劣，既能带来大量行人和公交系统等发展机遇，也会随之带来噪声、扬尘和安全隐患等问题，因此需要基于道路用途进行更合理的规划。此外，道路等级（roadway hierarchy）还与土地利用等级密切相关。

大多数城市都有其独特的路网体系，彼此之间略有不同（Jacobs 1993；美国联邦公路管理局 2013a）。一般来说，道路等级包括本地级道路（local access streets）、次干道（collector streets）、主干道（arterials）和封闭式高速公路（limited-access highways）。每种类型道路日均交通量（average daily traffic，ADT）如表2.9所示。实际生活中，ADT的范围可能会重叠，而其中的关键因素是高峰期交通量，这将决定道路的安全性和效率。每种道路的设计重点、设计方案都各不相同。

本地级道路

本地级道路的形式多样，包括网格道路（grid streets）、环路（loops）、尽端路（cul-de-sacs）、小巷（alleys）、小街（mews）、车行道（auto courts）及位于住宅、机构、开放空间前方的支路，以及低运

表 2.9　美国城市道路等级的典型要素

道路类型	道路日均交通量（车辆 /24h）	出入口	典型车道宽度，ft（m）
州际高速公路	35000 ~ 129000	完全受控	12（3.66）
其他高速公路	13000 ~ 55000	部分 / 完全受控	11 ~ 12（3.35 ~ 3.66）
大型主干道	7000 ~ 27000	部分受控 / 不受控	11 ~ 12（3.35 ~ 3.66）
小型主干道	3000 ~ 14000	不受控	10 ~ 12（3.05 ~ 3.66）
次干道	300 ~ 2600	不受控	10 ~ 12（3.05 ~ 3.66）
本地级道路	80 ~ 700	不受控	8 ~ 10（2.44 ~ 3.05）

资料来源：美国联邦公路管理局（2013a）

量道路的辅路等各种形式。根据地方习惯而言，在小街和小巷，行人与车辆可以共用道路。停车位通常在更小的道路上，设置与支路平行或者车头向里的垂直停车位。必要时可以设置路缘石，但是在高密度城区交通频繁的道路两旁的路缘石反而会阻碍沿街停车。如果两侧的房屋进深窄于9m，它们通常配有后巷，以便直接驶入后院的停车场。

本地级道路的宽度可以小至2.4 ~ 3.0m，如费城的小巷；或可宽到12m，并在每侧设有两条车行道和停车位。但是，12m宽的道路可能会造成社会隔离，并可能造成超速驾驶，因此通常需要进行交通稳静化设计。传统住宅区的街道通常宽8 ~ 9m（Kulash 2001），在路边有停车时，两车相向行驶会较为不便。但在交通量很低的住宅区，这类道路是维持住宅区规模和提供出入道路之间的合理折中方案。如果限制仅在单侧停车，那么道路可以窄到6.7m。如果设置单行道，并限制仅在单侧停车，则6m宽已足够。路面的最终宽度通常由消防车等应急车辆的需要决定。但是，规划师必须仔细审查相关规范要求，而非一味照搬。根据车道的数量和人行道的宽度，支路路面通常需要9 ~ 18m宽，一些地方性规范标准也规定了路面的最小宽度。

交通稳静化措施（traffic calming measures）指的是采用多种装置来改变驾驶者对道路宽度的感知进而减速的设计。地形和气候也在支路设计中发挥作用，如在陡峭的边坡上，需要通过景观隔离带的设计，在不同的海拔高度指明交通方向。在降雪量大的地区，可能需要加宽部分道路以便堆积积雪直至被运走，道路还需要进行适当的设计以便雪堆不限制排水。融冰用盐也会限制道路附近可种植的植被类型，并将影响排水系统的位置和类型。

为了将交通量保持在允许范围内，需要限制支路的长度，并使支路与高运量交通干道直接联系。环形车道的最大总长度通常约为500m，而尽

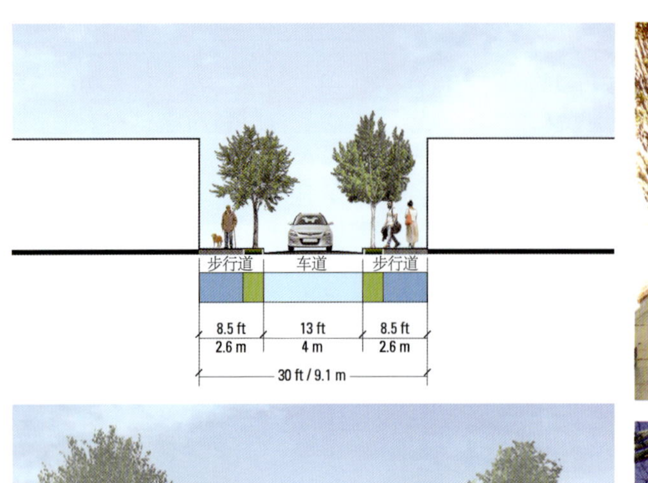

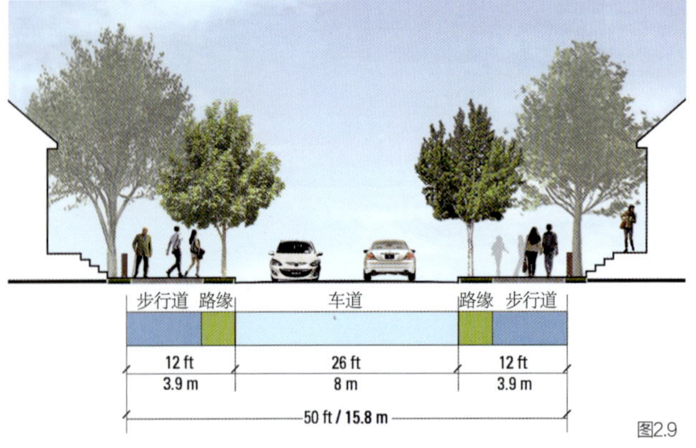

图2.9 本地级道路（支路）横断面（Adam Tecza/Gary Hack）
图2.10 费城里滕豪斯广场（Rittenhouse Square）附近的小巷，路面宽12ft（3.7m），道路整体宽30ft（9.1m）
图2.11 费城栗树山社区（Chestnut Hill）的道路，路面宽30ft（9.1m），道路整体宽50ft（15.2m）

端路的最大长度约为150m。地块的最大长度可设为500m。这些标准都基于同样的原理，即随着地块、环形路和尽端路长度的增加，交通变得更迂回，行驶时间更长，紧急路线也更易迷失。这些规则在多数时候得到广泛应用，但在特殊场地上，如狭窄的半岛、山脊或小块土地上，已经由于地形或其他原因让交通容易拥堵，则不再适用上述标准。

在尽端路尽头的最小转弯外半径应该为12m，并且不能停车，以便消防车辆可以通行。这需要设计很大的圆形车道，并且可能会破坏小型尽端路的经济效益和视觉用途。在非常短的尽端路中，可采用T形端头或倒车道进行倒车转弯。但是，车辆在倒车时存在视线盲区，容易撞到孩童。在倒车道的翼部两边，至少应该有一辆车的长度（不包括街道宽度在内），并且至少宽3m（不包括停车位），而且内侧路缘半径至少6m。只要满足这些转弯要求且没有障碍物，小而短的居住区尽端路就无须严格地设计成固定形状，而是可以采用优美的自由形式的停车位和入口广场。

本地级道路不应被视为仅用于车辆行驶和停放的道路。车流量很少或没有车辆穿过的路段还可以作为主要的硬质地面用作运动场所，进行篮球、街头曲棍球、棒球或触身式橄榄球等开放式运动，还可以作为街头集市、社区野餐会或广场舞场所。通过设置路障限制车速，而当车辆以行人的速度行驶时并不会造成危险，因此街道可以有更多用途。在荷兰，“庭院式道路”（woonerf）一词，即意为生活式庭院，证明了街道的多功能性。在其他国家，这些多功能街道也被称为生活性街道（living streets）或家庭区域（home zones），他们与居住区和商业区紧密关联。

次干道

比本地级道路高一等级的是次干道。次干道有多种用途：在居住区，次干道汇集本地级道路上的交通车流，并将其引导至主干道上；次干道两侧还分布着当地主要的商店、服务设施、高密度居住区、中学及休闲中心等机构。次干道上通常有路侧停车位，临街开设出入口，并通常是社区邻里公交线路的停靠点。次干道在办公区、商业区以及城市的其他地区也很重要，这些地区的交通类型既有通勤车辆也有服务车辆。

次干道通常会设置为双向各有1～2条车道以及路侧停车，因此路面宽11～17m，道路红线内宽18～24m。24m宽的道路可以在每个方向提供一条车道，另一条3m宽的车道兼做路边停车位和公交站停靠港湾，并且足够宽，可以保障骑行安全，并留出适当的中央隔离带和人行道。尽管每个方向单车道通常足够，但是如果大型公交车造成公共交通拥堵，则可能需要增加第二条车道和公交落客区。另外一种做法是将轻轨、有轨电车或者大运量公共汽车布置在道路中央，并取代原有的隔离带。次干道规划通常会有意控制出入口的位置，以免干扰次干道上的车流。所有的重要交叉口都会设置交通信号灯，并在本地级道路上设有通往次干道

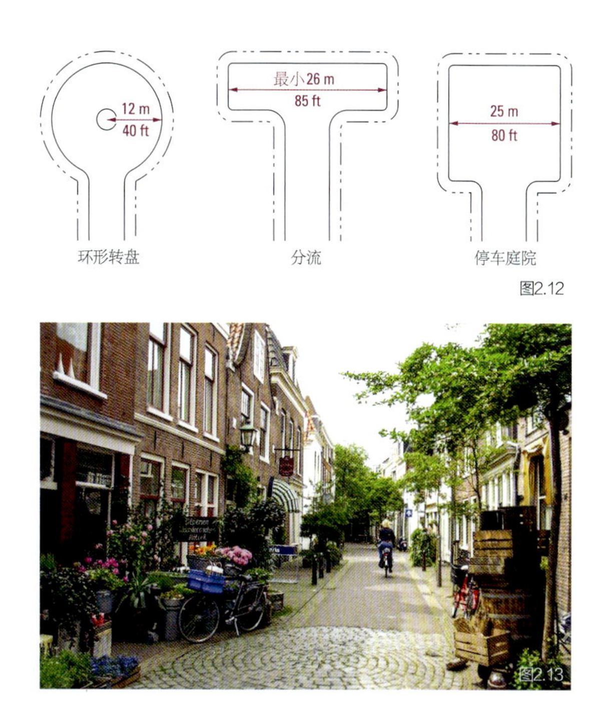

图2.12　尽端路的端头倒车方式（Adam Tecza/Gary Hack）
图2.13　荷兰传统的庭院式道路，汽车速度减至与步行及骑行一致（Canin Associates提供）

图2.14 居住区道路设计成庭院式道路以降低车速，并将街道用作社会性空间（Blockholt Landscape Architecture提供）

图2.15 英国普利茅斯（Plymouth）莫里斯镇（Morice Town）夏洛特街改建为生活性街道（Adrian Trim/Plymouth City Council提供）

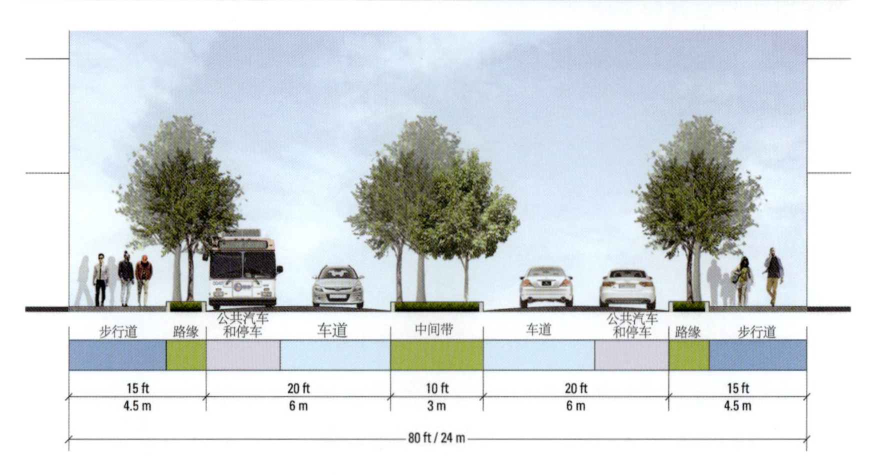

图2.16 次干道横断面（Adam Tecza/Gary Hack）

的标识。控制车速和保证行人可以安全横穿道路是道路规划设计的一项重大挑战。

取消路边停车是减少道路路面面积的一种做法，但是并非最佳策略，因为仅有行车道的次干道会引导人们高速行驶。路侧停车能将行人和行驶中的车辆隔开，并往往会让驾驶者为避免与路侧停车发生剐蹭而降低车速。在行人穿越道路时，次干道的中央绿化带可以作为停留场所。此外，尽管中央绿化带的设置加宽了整体道路宽度，但是在视觉上却让人感觉道路没有那么宽。中央绿化带需要避免被转弯车道侵占，通常次干道上不会设置专门的转弯车道。最后，间隔设置凹入式停车位，而非将其设计成连续的停车带可以有效减少十字路口的穿行距离。

在居住区，次干道通常占整个街道路网长度的5%～10%。通常居住区距离次干道的距离不得超过0.5mi（0.8km）。在美国，这也是人们愿意乘坐公共交通工具的最远步行距离。居住区内的次干道还具有场所特质，应该在景观设计时重视打造其场所精神，以便让本地居民有共同的场所识别性和归属感。次干道象征着目的地，是通往学校和商业区的必经之路，因此即使在低密度地区也有可能出现大的人流量。对于骑自行车的人来说，次干道也是需要牢记在心的关键路线（详见第4章）。

主干道

如果说次干道构建了地区居民的场所特质，那么主干道则对整座城市的形象至关重要。主干道可以有多种形式：主干道（arterial streets）、公园大道（parkways）、复合型林荫大道（multiway boulevard）以及大马路（grand avenues）。它们平衡了多重作用，如

图2.17　加拿大亚伯达（Alberta）卡尔加里（Calgary）盖瑞森伍茨（Garrison Woods）的社区次干道
图2.18　美国弗吉尼亚州雷斯顿（Reston）的城镇中心次干道，无中央隔离带，以尽量减小建筑物之间的距离
图2.19　荷兰阿姆斯特丹次干道，中央设有公交轨道和公交车道（Charles Siegel提供）

保障过境交通顺畅，为附近地块提供入口等。主干道构成了城市意象的主要结构骨架，并是城市形象最直观的标识和展示。但是许多次干道是通过扩宽本地级道路不断发展起来的，并且没有经过精细设计，而大型购物中心、汽车经销商店等许多商店为了显眼而纷纷向主干道开口，造成大量无序而难看的商业街。这些都需要进行改善。

主干道历史可以追溯到19世纪，那时欧洲城市开始尝试处理交通堵塞和社会混乱的问题。巴黎的林荫大道、伦敦的摄政街以及华盛顿的放射状道路，都证明了交通繁忙的街道依然可以优雅且富有个性。维也纳的环城大道取代了原来的城墙，公交线路也沿大道行驶，沿途聚集了该城市许多重要的文化机构。美国的纽约、布法罗、堪萨斯城、休斯敦等许多城市的公园大道都是城市美化运动的产物，这是一种在快速建设发展过程中创造公共空间的方式。公园大道开辟了新的交通线路，同时也为沿途社区提供了休憩空间。芝加哥的林荫大道蜿蜒穿过城市，为社区提供了线性休闲廊道，同时也缓解了网格状支路系统上的交通量。上述这些都成为主干道

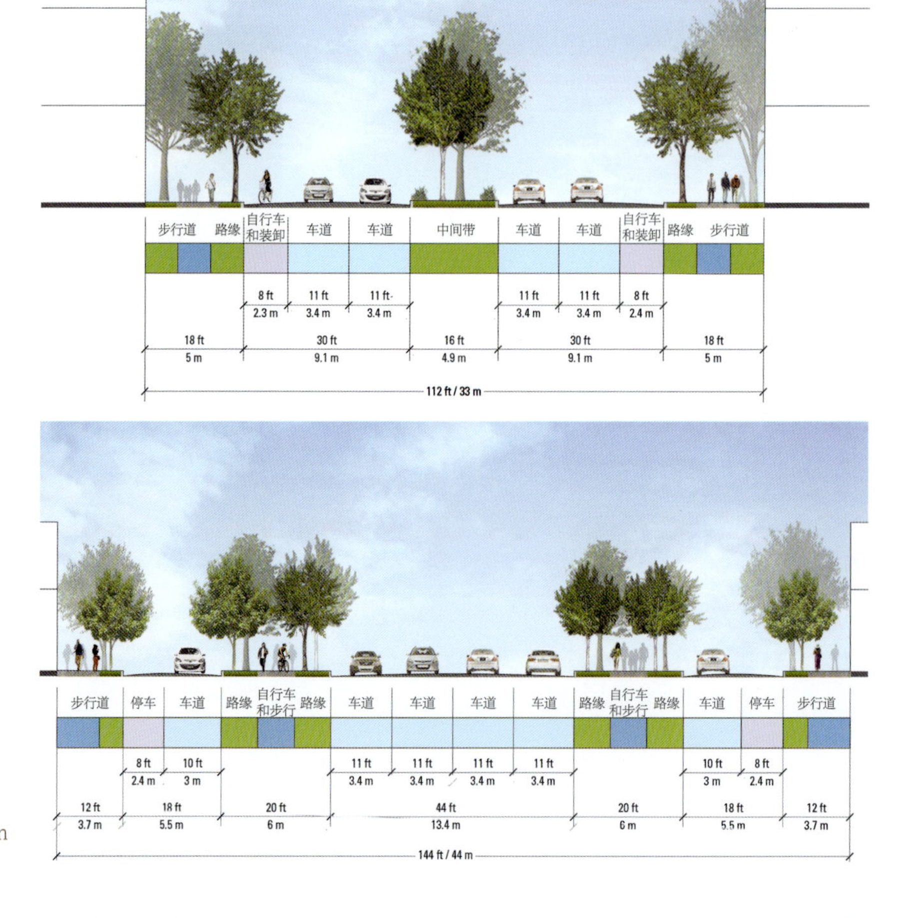

图2.20 主干道横断面（Adam Tecza/Gary Hack）

的原型。

主干道通常在每个方向有两到三条车道，再要加宽就比较困难了。行人一般会比较抗拒穿越在单方向有两条以上车道的道路，在单向车道增加到三条及以上时，需要设置中央绿化带作为行人停留区。路侧停车也可以在一定程度上将人行道和车行道进行分隔。但是由于停车位往往妨碍了外车道的行驶，交通工程师不太愿意这么设计。对此，一个解决办法是设置3m宽的停车道以供灵活机动，但此举的隐患是将来很可能被转用作车行道。此外，还需要在路边设置公交停靠港湾，现在许多主干道都预留了公交专用道。一条具有六车道、路侧停车以及中央隔离带的主干道的红线宽度通常至少为30m。

为了减少或避免行驶冲突，需要限制甚至禁止车辆从主干道直接进入相邻地块，但这通常存在很大压力。有证据表明，驾驶者在两侧有商业区的主干道上行驶容易被分散注意力，交通事故发生的概率随之增加（McMonagle 1952）。限制通行通常意味着居住区要远离主干道，在商业区则需要设置平行的辅路，商店标牌也会受到相应限制。这一做法带来的后果是街道行人减少，并且拉远了和活动场所的距离。我们需要反思这一做法，因为没有活力的街道实际上很可能会让车辆加速行驶，这反而加剧了步行和骑行的危险。其实，道路出入口的精细化设计与保障顺畅通行之间并不矛盾。但的确需要对出入口进行仔细控制，并规划邻近地块布局，确保驾驶者的视线不被阻挡，并避免机动车倒车至道路上的情况发生。

复合型林荫大道既能够解决大运量交通，又创造了积极的沿街界面（Jacobs、Macdonald and Rofe 2002）。复合型林荫大道由一条中

图2.21　加拿大不列颠哥伦比亚省素里市（Surrey）典型的封闭式郊区主干道（City of Surrey, British Columbia）

图2.22　美国纽约市哈得逊河大道（Hudson River Boulevard）取代了高架公路，并承载了曼哈顿岛西侧的主要交通量

图2.23　美国波士顿联邦大道是一条城市主干道，公共交通在中间带运行（Phil Goff提供）

图2.24 戴高乐大道是巴黎的一条林荫大道（cocoparisienne/pixabay）
图2.25 美国旧金山奥克塔维亚大道（Octavia Street）是一条新的复合型林荫大道，原计划为高速公路（Steve Boland/flickr/Creative Commons）
图2.26 美国华盛顿特区的石溪和波拖马可公园大道（Rock Creek and Potomac Parkway）（AgnosticPreachersKid/Wikimedia Commons）

央道路和两侧支路共同组成，中央道路主要用于车辆通行，两侧小路提供沿街可使用的出入口（见图2.20）。这种道路最早形成于19世纪，以巴黎的蒙田大道（Avenue Montaigne）、玛索大道（Avenue Marceau）和戴高乐大道（Avenue Charles de Gaulle）及巴塞罗那的格拉西亚大道（Passeig de Gràcia）和罗马的协和大道（Via della Conciliazione）为典型代表。香榭丽舍大道（Champs-Élysées）曾经是复合型林荫大道的典范，但是近年来为了建设更广阔的行人区，取消了行车道，大道也随之发生了变化。美国的许多城市也有复合型林荫大道，包括费城的本杰明·富兰克林公园大道（Benjamin Franklin Parkway）、波士顿联邦大道的一部分、华盛顿的K街、布鲁克林的海洋与东部公园大道（Ocean and Eastern Parkways）以及加利福尼亚州奇科市（Chico）的滨海大道（Esplanade）。其他国家城市的类似例子还有曼谷的拍喃五路（Ratchadamnoen Klang）、中国台北的南京东路和墨尔本的圣基尔达路（St Kilda Road）。这些主干道可作为列队游行的路线，沿途串联起城市或国家的重要地标。复合型林荫大道通过为行人和车辆分别创造不同的通行环境，并通过绿树成荫的中央绿化带分隔交通，从而实现主干道多种彼此冲突的用途之间的平衡。

但是，尽管复合型林荫大道有很多成功的案例，仍经常受到交通工程师和其他人的反对，他们认为在交叉口的路线过于复杂，非常危险，并且复合型林荫大道的道路过宽。但是有研究表明，这些道路并没有比其他类型的主干道危险，而且驾驶者往往会意识到交叉口的复杂性，从而在驾驶时更加注意。此外，在许多传统的主干道宽度范围内（约36.6m），也可以设置林荫道，其优势在于，在街道两侧可以设置零售商店，而且宽度适中的道路也适宜行人穿越。

第三种主干道类型是公园大道（Parkways），主要为交通行驶而设置。经典的美国公园大道是由若干条行车道组成的，通过较宽的开放空间将其与周边地块相隔离。公园大道宽度不一，但平均可达200ft（约61m），并通常与单侧或双侧的公园融为一体。典型例子有波士顿的斯多若车道（Storrow Drive）、纪念大道（Memorial Drive）和菲尔斯路（Fellsway），以及休斯敦的艾伦公园大道（Allen Parkway）、渥太华的科洛内尔大街（Colonel By Drive）、华盛顿特区的石溪公园大道和克利夫兰的马丁·路德·金大道。

公园大道最初是作为游乐路线设计的，早先用于马车游览，后改为汽车。通常公园大道每个方向只有一条或两条车道，道路线形蜿蜒，并根据场地地形设计线形。如果有必要，还会分流相向车道以保护树木或岩石等重要场地。此外，道路及障碍物、标志、照明、桥梁和人行道等附属设施都要融入景观设计。通常每英里有一或两个交叉口。如果行人需频繁穿越道路，则会设置人行天桥。随着交通流量的增加，许多公园大道被大大拓宽，并增设了许多地下人行通道，道路上十分拥挤。当前，一些公园大道继续禁止货运交通，并尝试在周末恢复其原来的休闲游览功能。

封闭式高速公路

当前，许多公园大道已转变为封闭式高速公路，即第四类城市道路。其中，两个典型例子是渥太华的渥太华河公园大道（Ottawa River Parkway）和曼哈顿滨河大道（Riverside Drive），这些道路具有公园大道的特性，但同时作为长距离封闭式道路使用。大多数高速公路（expressways，或freeways，或motorways）对于驾驶者和附近居民而言不太友好。随着交通流量增大、车速增加，以及火车、公共汽车和其他大型车辆的增多，噪声、空气污染、扬尘、光线和有害物质等都会波及邻近地区。

城市高速公路最好与附近地区隔离开，或置于坡地下方，有的加以遮盖或用隔声屏隔离，抑或将其并入斜坡或置于建筑下方，建筑物可以跨越该道路。如果该公路位于坡地上，保持一定的距离便使其与周围地段相隔离，并用树木将其遮挡住，但是降低噪声则需要采用护墙等方式。从驾驶者的角度来看，高架路可以减轻围墙带来的消极感受（如果护栏不太高的

图2.27 美国亚利桑那州凤凰城的高速公路下沉，地上是连接两侧居住区的公园（©Tim Roberts Aerial/ Dreamstime. com）

话），但是高架路往往更加远离功能区域。高架路最好位于地面上方35ft（约10.7m）或以上，以免破坏下方的沿街景观，并允许人们更好地使用底层空间。许多城市利用高速公路下方区域作为停车场，而在东京，可以看到高速公路和高架铁轨下方设置了多种零售用途，并与邻近商业区紧密联系。

将高速公路融入城市肌理的难点在于如何合理规划交叉口、进出匝道、服务道路以及收费区等区域，这些区域占地空间大，并且会破坏城市肌理。通常情况下，高速公路会借鉴开阔郊野的道路设计结构，并同步考虑周边土地开发的可能性。此外，规划师还采用了多种策略来减少高速公路对城市的干扰。人们甚至质疑畅通无阻的高速公路存在的必要性，特别是在繁华的市中心以及一些交通要塞之处。例如，旧金山取消了一条原本打算横贯城市的高速公路，转而让位于滨河码头和林荫大道（Embarcadero）。纽约市也将西侧的高速公路改为哈得逊河大道（见图2.22），在几乎没有损失道路通行能力的前提下，大大改善了环境。如果高速公路必须穿越市区，防滑坡道可最大限度地减少车行道的土地需求，直通式三层立交桥需要的土地少于苜蓿叶式立交桥，交织型出入匝道可以在最小空间维度上提供车辆频繁出入的通道，高速公路下方或上方的转盘还可以高效地提供多向通道。今后，电子技术的使用还可避免多数收费区的拥堵。

城市高速公路需要作为市政基础设施进行设计，将其桥梁、坡道、挡土墙、隔声屏等设施考虑为城市景观中的重要要素。目前这些要素通常按标准原型选取，很少根据周围环境进行专门设计。但是如果高速公路或桥梁具有附近地区的标识，或者自身成为可识别的地标，则会有助于驾车者确定方向。中央隔离带和高速公路两侧的植被可以缓解恶劣的道路环境，路灯照明可安装挡光板，以最大限度地减少光线射向周围建筑物和街道。隔声屏可以设计为透明，并最大限度地缩小尺寸，或者可以与相邻建筑物结合。简而言之，设计师需要关注行驶感受和居住在高速公路旁的居民的体验。

道路交叉口

道路交叉口的形状和布局极大地影响了场地上的交通流量和驾驶者的方向感。为了安全地通过交叉口，驾驶者必须能够看到迎面驶来的车辆，进入交叉口的车辆需要清晰的三角区视野，其视野尺寸与交叉口通行速度相关。在理想情况下，道路应呈90°角，如有需要，可以在垂直方向的20°范围内适当弯曲以改善角度。

T形交叉口（T-intersections）有助于明确优先行驶的方向，并自然地区分主要和次要道路。有证据表明，此类路口安全性较高，交通碰撞事故较少，因此成为几代道路设计师的最爱，常见于美国郊区的曲线路网规划。交叉口需要至少间隔50m，以避免交通危险。在本地级道路与次干道交会的地方，最好设计为T形交叉口。

十字交叉口（four-way intersections）常见于本地级道路网规划。如果两条街道中有一条的交通流量更大，则应该在相反方向设置标牌，以便驾驶者在进入路口前发现对向来车并及时停车。也可以设置双向“停”字标牌，但是可能会由于人们只是缓慢行驶而非完全停车，或者无视交通标志牌等情况，反而失效。如果道路高峰期的交通流量为100～150辆/h，则需考虑安装交通信号灯（美国联邦公路管理局 2003）。信号灯还可以确保行人穿过人行横道时的安全。

当交叉路口有四个以上行驶方向时，可考虑环形交叉口（也称为环岛或交通环岛）（roundabout，traffic circle，rotary）。交通环岛能够兼顾高交通流量和转弯便利。它们通常还可以作为道路上的重要节点，标识着路段的出发和到达等信息，并且是许多欧洲城镇入口处高速公路与支路系统之间最常用的过渡方式。但美国却较为排斥交通环岛，尽管这些年来交通环岛设计逐渐兴起。人们发现环岛比信号灯交叉口更安全，同一路口转

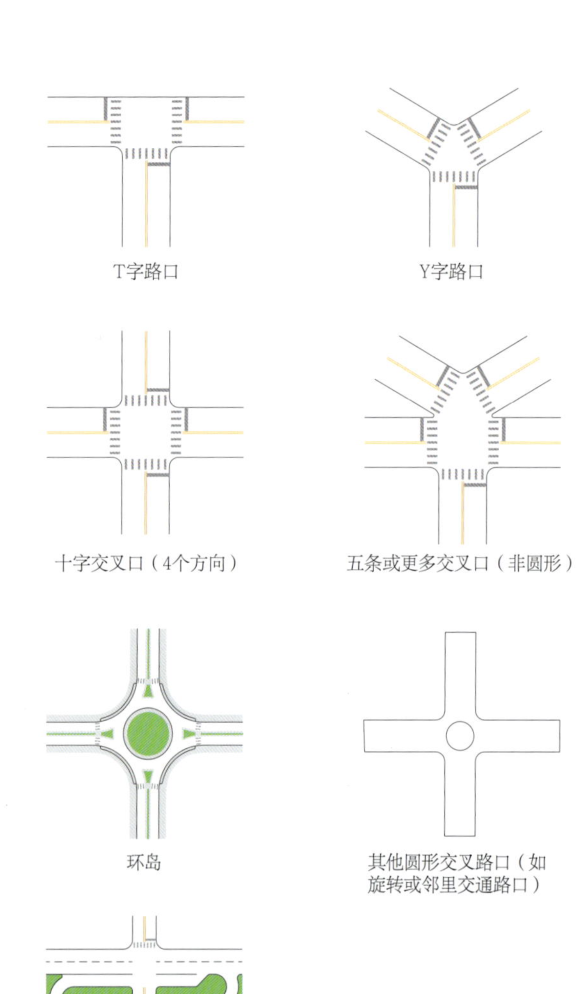

图2.28 本地级道路交叉口的类型（Adam Tecza/美国联邦公路管理局）
图2.29 美国明尼苏达州森林湖市（Forest Lake）的交通环岛，可以容纳主干道上的大交通流量和行人（Washington County, Minnesota）

换为环岛时，撞车和伤害事故概率减少约30%（美国联邦公路管理局 2000），而且环岛的占地远小于等效的立交路口。

表2.10列举了交通环岛的最小尺寸等若干重要特征。但需要承认的是，尽管交通环岛使行驶通畅，却给行人带来绕行的不便。为了使车辆有序进入行车道，人行横道通常必须离环岛较远，并远离快速驶出该路口的车辆。因此，为使行人可在交通繁忙时安全通行，需要设立行人安全岛。目前可以借助各类高级仿真模拟技术来设计有效的交通环岛（美国联邦公路管理局 2000）。

当通过式车流量远大于转弯车流量时，可为前者专门建立地下通道或立交桥，并通过环岛与其他车道相结合。华盛顿即采用了这一方式，其弊端在于长距离上坡或下坡导致道路过长。但是，交通环岛还是比苜蓿叶式立交等其他主干道与支路间交接的形式更加节地和高效。

如何将城市高速公路的立交融入城市肌理是交叉口设计中的一大难点。大多数设计都是将居住区与其相隔离，并无法让当地的机动车和行人穿行。现在许多城市重新设计苜蓿叶式交叉口，用滑行坡道替代宽阔的减速弯道以及交织型辅路。图2.30罗列出几种城市高速公路交叉口类型，显示了它们不同的占地规模。最佳的立交方式是没有交叉，即当高速公路穿越市区时，可将高速公路下沉到地面以下；或者如果通过式车流量很大，可采用地下隧道的方式，使其与地面之间的连接最小化。

表 2.10　交通环岛的尺寸和交通量

	小型环岛	紧凑型城市	城市单车道	城市双车道	郊区单车道	郊区双车道
推荐入口设计时速（km/h）	25	25	35	40	40	50
每个入口的最大进出车道数	1	1	1	2	1	2
典型内切圆直径（m）[1]	13 ~ 25	25 ~ 30	30 ~ 40	45 ~ 55	35 ~ 40	55 ~ 60
十字路口的典型交通量	10000	15000	20000	取决于运行情况	20000	取决于运行情况

资料来源：美国联邦公路管理局（2000）
1：根据环道外缘测量

道路网络

本地居住区的道路是整个社区路网的一部分，而社区的街道又是城市路网的一部分，因而将道路纳入整体网络进行考虑十分必要。道路网络需要满足多方面要求，如是否清晰明了便于辨别路线和方位，是否合理分配交通避免拥堵？如果发生交通事故等事件，是否有额外路线或方案？是否可以尽量减少重要节点之间的通勤距离和时间，是否提供了步行、骑行、开车和乘坐公共交通工具等不同模式的选择？实践中，这些标准难以全部满足，因此需要根据实际情况进行权衡。道路网络的设计既是一项目标定位的决策挑战，也是一项寻求最优解的技术任务。

统一模式布局的道路网络最易于识别。基于道路路网结构的大量研究，人们归纳出若干类道路类型（Marshall 2005），主要集中在四种通用模式：网格状、放射状、分支型和线性网络。这些模式代表了当前较为常见的几种类型，且各有利弊。

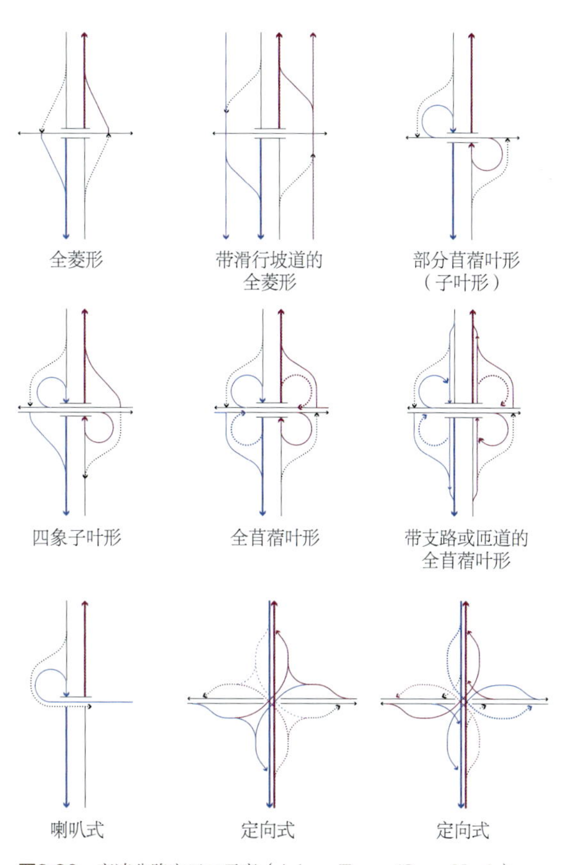

图2.30　高速公路交叉口示意（Adam Tecza/Gary Hack）

网格状路网

均匀的网格规划（gridiron plan或grid）是最常用的路网模式，它可有效分散交通流，并适用于各种规模，其道路布局清晰易识别，并可以从多个方向进入地块，因此可谓具备了其他类型路网的所有优点。路网通常为矩形，六边形路网也有较广泛的应用。但是矩形路网也常常因其不美观，以及缺乏对不同交通流量道路的区分而受到争议。矩形路网可以根据地形、地貌进行适当变形，在保留优点的同时呈现出丰富的多样性。费城的市中心、曼哈顿或者美国和加拿大的中西部与西部城市，矩形路网可以按住宅或建筑物单体的尺度大小缩放，又或者像英国的米尔顿凯恩斯新城，在主干道和次干道层面形成方格网。网格状路网通常无法通过改变道路宽度和道路通行能力或者割断支路等办法来阻止街道分化。此外，改变路权宽度和道路通行能力或通过使支路不连续等方式并不能有效区分网格中的道路。

网格状路网模式通常比其他模式成本更高，因为它们提供了多方向的行车道和出入口，但同时这也为我们提供了所需要的灵活性。基于交叉口的密度以及车流组织的需要，当交叉口的交通流量接近其通行能力的一半或以上时，需要采用相应的交通管制设备。

在处理过境交通时，许多位于网格状路网内的社区都会采取一系列交通稳静化措施改造道路来使车辆减速，或倡导过境车辆改走周边道路。一些社区还构建了基于本辖区的交通模式（precinct traffic pattern），包括改变街道方向形成环路，有选择性地封闭某些街道，构建不与交叉口相连的环路，以及将直路改弯等措施。这些措施通常是可逆的，并可在将来随

图2.31 美国芝加哥北部的网络状路网将1mi²（约2.6km²）的地块细分为4块，进而分为4个长边乘以8个短边的街区模式（Google Earth）

图2.32 英国米尔顿凯恩斯新镇的网格状路网约1km²，因地形和自然特征而变形（Google Earth）

图2.33　昆明呈贡新区的网格状路网模式践行了小街区密路网以及宽敞的公共空间的创新实践（Calthorpe Associates提供）
图2.34　加拿大阿尔伯塔省卡尔加里将网格状路网融入土地细分布局，通过在每个象限的中心创建开放空间来打破网格模式（Genesis Land Development Corporation/CMHC）

着社区的需求变化而进行重新调整和布局。

网格状路网可以进行一些调整来纠正一些弊端，最常见的调整是创建单行道系统，这可以大大简化交叉口，保障行人穿越安全，并增加路网系统的通行能力。尽管单行道系统会让有的车辆绕路甚至反向行驶才能到达目的地，但仍然是最被广泛采用的方法。另一个调整措施是围绕相邻街区顺时针或逆时针的“稳流体系”（steady-flow system），类似于交通环岛，其优点是没有十字交叉流线，车辆交织向前行驶。这一系统适用于小街区，但是会让较长距离的行驶变得乏味。这类路网会根据地块尺度和土地细分模式进行匹配和调整形状，并阻止过境交通穿行。正交风车状路网布局有利于车辆沿固定的引导方向行驶，因此很少需要“停”字交通标牌。但是该系统的缺点是类似于迷宫般的网格很容易迷惑初次到访的驾驶者。

放射状路网

第二种常见的模式为放射状（radial）路网，即道路从一个共同的原点向外延伸，也可以通过环路相连接，形成同心放射（radial-concentric）模式。这种路网模式常用于城市尺度，其中围绕中心区的环路用于连接向外的主要干道，并将车辆分流到中心两侧。这一模式在单中

图2.35 美国亚利桑那州太阳城的放射状路网，其中心是高密度商业区（©Tim Roberts/Shutterstock）
图2.36 美国加利福尼亚州的宝马山花园（Pacific Palisades），采用的是适应陡峭山坡地形的分支型路网（Google Earth）

心区域运行良好，但是在多中心区域容易出现问题。而且，随着辐射范围的增加，环路的距离可能变得越来越远，而人们往往希望有更加直接的通道。在社区尺度上，这种路网通常呈月牙形或者以公共设施为中心的圆形。但由于驾驶者缺乏明显的方向定位，且远处地标的视野又被弯曲的街道影响或遮挡，因而在环道上很可能彻底迷失方向。

分支型路网

第三种常见的路网模式是分支型（branching layouts），从单个或多个源头开始逐渐分流，通常是多个源头分流较为常见。分支型路网的优点是方向清晰，而且可以随着车流量减少而缩减街道宽度。路网末端的街道很安全且呈尽端式，可以延伸到单个地块内建筑的户外。分支型路网的典型案例是由奥姆斯特德（Olmsted）和沃克斯（Vaux）在1869年所做的美国伊利诺伊州河滨规划（the plan for Riverside）。专为马车设计的道路随着斜坡缓慢滑行，蜿蜒地穿越乡村风景（见上卷图14.8），至今仍是有机规划的最佳案例。

分支型路网常见的缺点在于应对紧急突发事件或快递运输方面，驾驶者很可能直到行驶到街道尽头时才发现他们开错了方向。由于缺乏路线灵活性，如果出现交通事故、道路施工或管道破裂等导致路线发生阻塞，交通很容易受到影响。但是，在山地地区，分支型路网可能是为所有地块提供出入通道的唯一可行方式。在街道需要管控时，分支型路网也是路网模式的最佳选择。

线性模式

第四种常用路网模式是由来已久的线性系统（linear system）。该模式有一条主干道，所有次干道都连接该主干道；抑或可以由两条或以上的平行路线组成。这种模式可以自发形成，如沿着运河、铁路、有轨电车或高速公路展开。该模式类似于鱼骨状的层次结构，以主干道作为骨架，环路或尽端路等次级道路作为分支。不过骨架并非严格的直线形，可以弯曲甚至迂回，但是仍然能够明显和其分支的次级道路区分开来。

线性道路在公交线路等公共交通系统中具有明显优势。原则上，高密度开发会沿着主要廊道展开分布。在罗马斯皮那切托（Spinaceto）郊区，两条长达数公里的单行道路平行设置，并相向而行，二者间地块用作商业和公寓用途，两侧是低密度住宅。哥本哈根的欧瑞斯塔（Ørestad）新区采用了以主干道和新建公共交通线路为中心的线性路网模式；苏格兰的坎伯诺尔德新城（new town of Cumbernauld）中，城市商业中心紧邻线性交通主廊道。同时，线性模式还适用于机场，休斯敦国际机场和达拉斯—沃斯堡机场（Dallas - Fort Worth airports）都采用了线性路网的组织模式。

上述几种类型的道路网还可以相互组合。例如，主干道采用1km或1mi见方的网格系统，内部街道则以分支或放射状模式排列。当今中国的许多城市都是由超大型街区路网组成，这些大型街区通常以社会主义市场经济时代兼顾职住功能的“单位”作为其载体，街道路网在单位地块内部

图2.37　哥本哈根欧瑞斯塔新区的线性路网，中心廊道由主干道、公共交通线路和主要排水渠等主干基础设施组成（CPH City & Port Development/ Ole Malling提供）

进一步分级。由于超大型街区给主干道和环形回路带来巨大交通量，近年来陆续受到很多批评。但是，如果街区内的区域主要为行人服务，则超级街区具有显著优点。

放射状路网可以覆盖在网格状路网的模式之上，在美国华盛顿特区、底特律、威尼斯（佛罗里达州）以及无数新城市规划中均可见此类组合模式。但这种组合也容易让人混淆，且有可能形成一些难以开发的奇怪形状的地块。因此，最佳方法还是采用统一的路网模式，并进行精细化规划设计。

路网连通性

关于街道连通性的话题一直备受争议。许多国家的私人街道都设置了围墙或防护装置用以管控人员进出，这一做法通常出于心理上防卫安全的需要，但对于个体而言十分重要。美国的研究结果表明，在同样的社会经济状况下，封闭社区和开放社区的犯罪率差别不大（Blakely and Snyder 1997），但即便如此，美国依然有至少2万多个封闭社区。菲律宾马尼拉的绝大多数社区是封闭式的，门禁也是巴西大多数新建住宅区的标配，中国和泰国的住宅房地产项目也是如此。

一般情况下，将尽端路和支路设计成与环路相连接能够减少交通流量并使街道可供儿童安全玩耍（见本章下一节），因此封闭而非连续的社区更受人们欢迎。此外，交通工程规范往往会限制场地出入口的数量，因此，与常规网格状路网相比，通常社区路网会有较长的行驶和步行距离，交通流量更多集中在主、次干道上和更宽阔的道路上，进而造成地块之间的空间隔离。

但是另一方面，对于开放和可达的公共街道的倡导也反映了大众化和民主化的需求，因为在开放街道上，人们可以随意进出，并会偶遇和交谈。美国研究证明，交叉口密度越大（即连通性越强）的街道发生事故的概率越小，因为这样的街道往往更适宜步行，也会减少人们的行驶距离。对24个加利福尼亚州城市的研究表明，在交叉口密度较大的地区，街道上伤亡人数明显减少（Marshall and Garrick 2008）。在事故率较低的安全城市，每平方公里的平均交叉口数量比事故较多的城市多出38%。车辆行驶里程总数的减少可能是降低事故率的一个重要原因。通过对行驶模式的仿真模拟，发现在街道高度连通的社区，车辆行驶里程最多可以减少57%，哪怕只有小部分的车辆是以社区作为终点（Kulash，Anglin，and Marks 1990）。其他研究也预测，在连通性高的街区中的步行人数将显著增加，车行总量将大为减少（Frank and Hawkins 2008）。当然，这里面存在自然选择的原因，如喜欢步行和骑行的人必然会选择那些适合步行和骑行的场所。但总体而言，街道的安全性与连通性之间存在正相关的积极关联。

街道的连通性如何衡量？最简单的方法是每平方公里或每平方英里的交叉口密度（intersection density），即路口节点或交叉口的数量除以相关总面积。节点总数可以包括尽端路，也可以只考虑实际的交叉口，但重要的是统计口径一致，以便统一比较。典型网格细分的交叉口密度约为150个/mi^2。而中等密度的郊区地块连通性则较差，平均交叉口密度约为50个/mi^2。

一个更精确的连通性指标是连接节点比率（connected node ratio，CNR）：

$$CNR = RI/TI$$

式中　RI = 每平方公里或每平方英里的实际交叉口数（不包括尽端路）；

TI = 每平方公里或每平方英里的交叉口总数（包括尽端路）。

该比率清晰地表明了哪些街道提供至少两个可选择的行驶方向。一般来说，大于0.75的比率较为理想，美国的一些州和地方政府已开始以此作为街道连通性的指标要求（Handy, Paterson and Butler 2003）。

最后，在衡量连通性时，道路路段的长度和交叉口的数量同样重要。小尺度的街区往往连通性较好，并能有效降低交通速度。最简单的方法是计算每平方公里或每平方英里的道路密度（roadway density，RD），即将道路分段数除以相关面积。更复杂一点的计算指标是路段节点比（link: node ratio，LNR）：

$$LNR = R/TI$$

式中　R = 每平方公里或每平方英里的道路分段数；

图2.38　洛杉矶的博伊尔高地（Boyle Heights），街角是偶遇和社交的场所

TI = 每平方公里或每平方英里的交叉口总数（包括尽端路）。

目前的共识是，数值约为1.4的LNR对于规划建设十分重要（Ewing 1996）。

关于提升街道和步行网络的连通性有许多策略。例如，一些地区禁止规划尽端路或严格限制尽端路的长度，如果使用尽端路，那么在道路末端与相邻街道之间用步行道连接，可以有效减少人们到达附近地块的路程。用环路代替尽端路也可以适当提高连通性。小尺度街区可提供更多交叉口和方向的选择。而像曼哈顿市中心的较长街区，街区中设置后巷或人行道可以最大限度地减少行驶或步行距离。策略的选取要与场地使用的组织相结合，而最终目的是增加人们对道路的选择。

图2.39 尔湾、伦敦、洛杉矶和曼哈顿四地街区（block）尺度比较（Allan Jacobs. *Great Streets*. Cambridge, MA: MIT Press, 1993）

交通稳静化

交通稳静化方式已成为打造宜人街道的重要策略之一。该名称源自对德文术语交通安宁区（Verkehrsberuhigung）的直译，在美国部分地区也被称为交通减缓（traffic mitigation）或交通减少（traffic abatement），在丹麦被称为安静道路（stille veje），德国称之为速度30区域（tempo 30 zones），而在澳大利亚则被称为局部地区交通管理（local area traffic management）等。它们主要指试图改变驾驶行为和改善街道环境条件，以有益于行人和非机动车行驶的相关物理措施（Ewing 1999）。与需要监管和监控的限速或交通信号灯不同，交通稳静化更多是让驾驶行为本身自发改变。

交通稳静化措施的目的在于使驾驶者减速，并更加关注行人、玩耍的孩子和骑自行车的人。在居住区，交通稳静化通常旨在减少过境交通流量，尤其是货车的通行量。其最常见的优点是减少交通事故和提高街道安全性。大量证据表明，即使稍微降低一点速度也会大大提升安全性。欧洲研究发现，仅降低5%的速度就能减少10%的伤害事故和20%的死亡率（OECD 2006）。上文提到过，美国研究结果表明，当车速大于25mi/h（41km/h）时，行人在车辆事故中死亡或致残的风险显著增大（Leaf and Preusser 1998）。此外，如果设计得当，交通稳静化还能改善街道的特征和外观。

许多交通稳静化措施已经使用了大半个世纪，哪怕有些没有成为管理规范，也至少已达成规划设计和公众的共识。20世纪60年代，荷兰代尔夫特第一次采用了庭院式道路的设计（woonerven），其影响很快扩大到德国、丹麦、瑞典以及荷兰的全部地区。在美国，交通稳静化致力于调整网格街道的布局，制定本地交通规划，在允许的情况下设置车辆环路，并腾出硬质路面用于景观和步行。伯克利和西雅图的社区是最早采用这些策略的地区之一，西雅图的史蒂文斯（Stevens）社区实践成功地将总体交通量减少了56%，并且完全消灭了交通事故（Ewing 1999）。欧洲、日本、澳大利亚和以色列等地都开展了交通稳静化尝试，并均将其作为常规的做法进行推广。

改变路面形态和肌理

减速带（speed bumps）是应用最为广泛的减速策略，但有些情况下会给沿街居民带来很大困扰，并遭到厌烦，是在其他策略都失效的情况下万不得已的最后手段。减速带有各种形式，其中最简单的一种是一小片凸起的路带，可迫使驾驶者减速到10～15km/h，同时免于损坏车辆底盘。现在，广泛使用10～15cm高和0.3～1m长的预制橡胶减速带（通常使用回

收材料制成）。三条或多条平行的窄橡胶带组成的减速带（rumble strips）可以避免损坏车辆，并提醒驾驶者减速。改变路面轮廓的一种更综合的方法就是使用减速台（speed table）或减速丘（speed hump），它们通常与人行横道一起出现，是一个带有纹理和颜色的宽阔凸起区域（通常为砖），以提醒驾驶者正在经过步行区域。抑或整个交叉口高出车行道正常高度10~15cm，其中步行道采用地砖铺设，非步行道铺设鹅卵石，还可以在交叉口的中心进行景观设计或者进一步抬高高度，为驾驶者设置一个小型交通环岛。

但是，减速带和其他提高街道路面的装置通常影响排水，同时不便于冬季铲雪车清雪，因此，需要采取其他措施来降低车速。

收缩路面宽度

宽阔而畅通的车行道会让驾驶者提速，因此最简单的交通稳静化策略就是将车道宽度从3.65m收缩到3m，这还能减少非渗透性的硬质路面。在现有道路上，这也是道路“瘦身”计划（road diet）的一部分，主要包括将车道数量从双车道减少至单车道（或从三车道减少至双车道），并引入线性自行车道。此外，路缘拓宽（curb extension），使交叉路口的路面变窄，从而减少行人的步行距离，也会改变街道外观，并能大大减少交叉口的路面规模。除此之外，可以将鹅卵石、地砖或压实的砂砾等透水材料用于路侧停车车道，以便补给地下水，同时减小街道的视觉宽度。路缘拓宽（也称为压叠或扼窄路段宽度，即pinchers或chokers）还可以用于行人可能会频繁跨越的路段中部，或用于禁止停车的交通岛等处。

维也纳等城市的旧住宅区的街道在小汽车

图2.40 橡胶减速带用于减慢车速，但不会伤害车辆（Traffic Safety Store）
图2.41 法国一个小镇主干道上的减速台或减速丘，标识前方为人行横道区

出现之前已建立，通常在停车道上也种植了树木，在街道上形成宜人的树荫。新城市主义仿效了这一特点，缩小了街道的视觉宽度。树木间隔约12m，可停放两辆车，当然，需要对树木做好防护措施，以免驾驶者停车时触碰树木，并且车道和进出道路需要与树木相协调。

还有一些措施是将车道线形从一侧改道到另一侧，并且只允许在一侧停车。改道点有时称为减速弯（chicane）或分流道（diverter），可以是美丽的景观，也可以借此标识出地块中段的人行横道。在支路的交叉口处设置小型交通环岛，可引起驾驶者注意并减速。还有一种有趣的做法是把交叉口改造为集聚场所，通过漆涂不同颜色及设置座位引起驾驶者注意，让他们意识到自己正在进入特殊地区。这一类场所通常由社区参与和共同营造，因此也具有特殊的场所精神的内涵。

中央隔离带和林荫大道

交通稳静化策略在本地级道路和次干道中发挥了最大作用，当然像路缘拓宽等方法同样适用于主干道以及封闭高速公路的辅路入口。对于双向六车道以上的快速主干道而言，更多还是聚焦于快速且大交通量的承载，一个有效的举措是引入中央景观隔离带，这既缩小了道路的外观宽度，又为行人提供了停留场所；还可以建立一条真正的林荫大道，将外侧的使用区与内侧快速通行区分开；抑或将快速行车道分开，腾出中央地带给公共交通线路，并且允许行人在两轮信号灯的时长内走完人行横道。

图2.42

图2.43

图2.44

图2.45

图2.42　西班牙马德里的路缘拓宽，强调行人优先权，同时将车速减至步行速度

图2.43　维也纳的街道上车辆和树木共用停车道

图2.44　加拿大温哥华基斯兰奴（Kitsilano）交叉口处的小型交通环岛，可以减慢车速并提醒驾驶者注意行人和其他车辆（Justin Swan/City Clock Magazine提供）

图2.45　美国俄勒冈州波特兰的阳光广场（Sunnyside Piazza）是一项由社区发起的项目，通过每年的春季场所营造节将交叉口改造成社区聚会场所（Anton Legoo, Portland Street Art Alliance/Village Building Convergence提供）

停车

停车位占地大，并且对于居民、企业和机构而言成本较高。对于住宅而言，每户停车位占地相当于其客厅面积的一半左右。郊区办公区的停车场和车道专用面积远远超过办公面积。在依赖汽车交通的商业区，停车位通常占购物空间建筑面积的50%甚至更多。体育场、海滩和赛马场等周围的大型停车场一年实际使用次数寥寥，更别提市中心大型停车场每天至少有2/3的时间闲置。在城市中心地区建造停车楼（停车场）（carparks）的高成本使得人们更倾向于以更低的价格在郊区建设大面积路面停车场。因此，我们需要充分考量并权衡停车需求。在场地规划中，停车设计是最具挑战和创新的。

停车需求

大多数城市都有严格的停车规范标准，要求场地设计满足自身停车数量，而非在周围的路侧乱停车。这些标准通常都是按最大值设计，因此使得场地设计创新变得困难。不过有些标准通常缺乏实证基础，不少实际评估显示规范要求的数量远超出场地的实际汽车保有量（Shoup 1997）。这些标准使得更多的土地和建筑来满足停车，从而进一步抬高了场地建设成本。

停车位数量由很多因素决定，包括场地使用的类型和组合、区位和布局、是否有公共交通、停车和停车设施运营的成本等，因此是一个较为复杂的计算过程，难以用简单标准来表示。通过调查同类型场地的停车数，

图2.46 美国亚利桑那州梅萨市中心大部分用地被停车场占据（©Tim Roberts Photography/Shutterstock）

可获得有关停车需求的最佳数据。这种方式成本较高，但是在大规模场地规划项目中，可以比应用传统标准节省大量费用（Dunphy等 2000）。此外，了解停车动态需求也非常重要。每日、每周、每月和每年的停车需求都不同，特别是购物停车尤其如此。在美国，1月城郊购物商场的停车位需求比12月平均低35%，星期六下午五点的停车位需求可能比下午两点低25%（Barton-Aschman Associates 1982）。如果要满足高峰期的最高峰时间（通常为圣诞节前的星期六下午两点）的停车需求，那么需要留出比除12月以外任何一天的需求都多50%的停车位。除非购物区周边有其他功能可以利用剩余的停车位，否则这些停车位将长期处于闲置状态。同属于零售用途，从快速周转的便利店，到顾客通常会停留数小时的家居用品店，不同店铺门前所需停车位的数量也有很大不同。

基于这些变数，我们需要按步骤确定场地停车需求，并设法有效地管控这些需求。图2.48展示了包括八个步骤的停车需求演绎推导过程。

推导的第一步是列出场地功能清单及相应的建筑面积（步骤1），这是一个初步需求预测，因为会根据停车要求的面积和成本而进一步调整这一方案。第二个重要步骤是确定本地的停车实际需求和相关规范要求（步骤2），其中一部分来源于地方条例或法规，另一些信息则需要通过同类型对标比较得出。通常情况下，会优先考虑那些已有潜在租户的场所的停车需求，零售商店和办公建筑通常有最低停车配比，除非另有证据表明它们可以接受更少数量的停车位。

首先要做出决策的是场地的停车政策（步骤3），这些停车政策均需要围绕某一特定时期展开（步骤4），即评估一年中的停车高峰期，还是每日平均停车量（这意味着每日都会有停车短缺的时候），抑或其他数量？对于零售而言，通常会采用排序在10～15名的高峰小时运量作为停车需求标准，这意味着在圣诞节期间，除非采取其他措施，否则会有很多汽车找不到停车位。高峰期停车管理的办法很多，如远程代客泊车，或者临时增设停车位等。在购物中心，还有10%～15%的停车需求来自员工用车，因此可以在高峰期用班车服务来腾出员工用车空间。在医院或医疗区，当访客和患者需要在医疗设施附近停车时，白班员工可以使用场外停车位，而夜班员工可以在医院附近停车。另一个需要决策的重要问题是启动交通管理以降低停车需求。例如，通过为员工提供公共交通补贴，鼓励拼车或为员工居住地提供班车服务，企业可以大幅度降低停车需求，补贴和班车服务费用可来自节省出的停车场建设成本。停车收费标准也会影响停车需求，并可以促使人们选择其他交通出行方式。最后，需要明确考虑

共享停车表													
停车需求包括街道上和不在街道上的停车					利用时间								
0%~25%容量	25%~50%容量	50%~75%容量	75%~100%容量		工作日				周末				
土地利用	停车需求	估算比例	估算平方米	预计车位数	7AM - 10 AM	10 AM - 3 PM	3 PM - 6 PM	6 PM - 10 PM	7AM - 10 AM	10 AM - 3 PM	3 PM - 6 PM	6 PM - 10 PM	土地利用
独户住宅*	0.5/单元	1个/40m^2	200	1									独户住宅*
多户住宅**	1.5/单元	1个/60m^2	100	1.5									多户住宅**
零售	1个/30m^2	1个/30m^2	2000	67									零售
便利店	1个/40m^2	1个/40m^2	100	5									便利店
餐馆	1个/15m^2	1个/15m^2	300	20									餐馆
办公	1个/30m^2	1个/30m^2	200	7									办公
诊所	1个/20m^2	1个/20m^2	2000	100									诊所
银行	1个/50m^2	1个/50m^2	200	4									银行
小学	2个/教室	1个/70m^2	4000	57									小学
日托/幼儿园	1个/3个孩子	1个/30m^2	200	7									日托/幼儿园
图书馆、博物馆或画廊	1个/50m^2	1个/50m^2	900	18									图书馆、博物馆或画廊
祭拜	1个/3个座位（主要房间）	1个/10m^2	1000	100									祭拜
社区中心	1个/50m^{2}建筑面积（主要房间）	1个/25m^2	1000	40									社区中心
旅馆/汽车旅馆	1.12/房	1个/50m^2	6000	120									旅馆/汽车旅馆
剧院	1个/5m^2	1个/5m^2	1000	200									剧院
健身/体育俱乐部	1个/20m^2	1个/20m^2	3000	150									健身/体育俱乐部
公园/运动场	无	30个/场地	2个场地	60									公园/运动场

* 独户住宅需要设置每个独栋或联排独户都有两个停车库。在300m范围内，每户需要额外增加0.5个停车位。
** 多户住宅（大型单体建筑内的公寓）在60m范围内需要设置每户1个停车位，在300m范围内，每户需要额外增加0.5个停车位。

图2.47

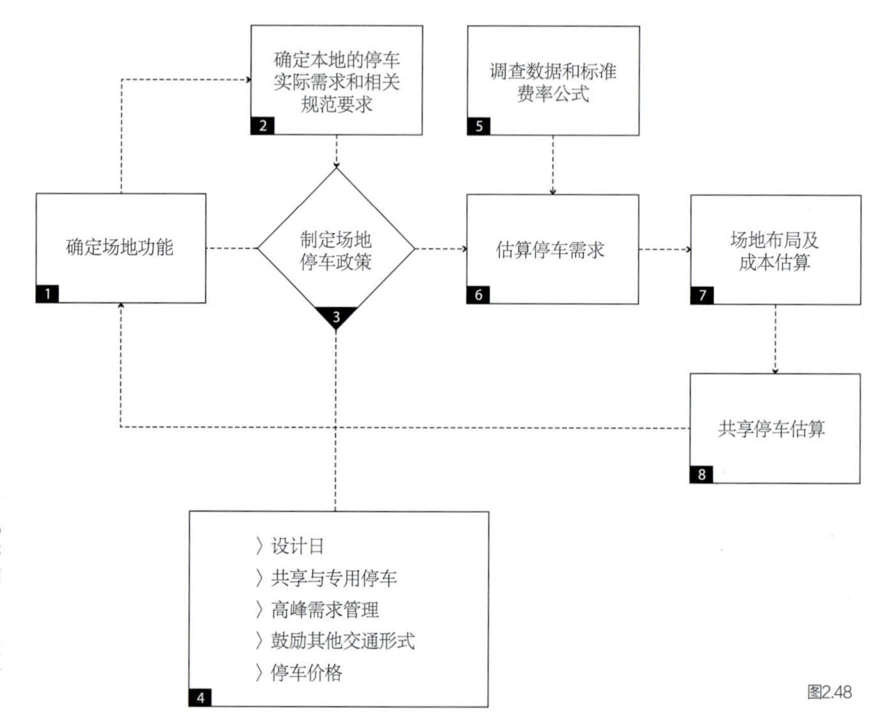

图2.48

图2.47 美国科罗拉多州科罗拉多斯普林斯市（Colorado Springs）土地开发项目的停车需求，按用途、需求高峰期和需求低谷期细分（John W. Olson提供）
图2.48 场地开发的停车需求评估方法（Adam Tecza/Gary Hack）

停车位是用于公共资源还是专用于特定商户或个人，因为这将影响停车使用的灵活性。

针对场地使用和停车政策做出初步决定后，下一步即是预估停车需求。调查数据和标准公式都可用作预估停车量的依据（步骤5）。在美国，可以参考美国交通工程师协会2004年出版的《停车生成》（*Parking Generation*）。但这些数据是全国平均数，而且往往是基于郊区的小样本而得出的数据，有可能不符合当地情况，因此需要进行相应调整。调整包括考虑步行、骑行或乘坐公交车到达的人员比例，也包括为减少场地停车需求而采取的各种政策所可能导致的变化。对于多种功能用途的场地，可以构建一个简单的表格，包括功能、停车生成系数、交通模式比例和预估停车需求，以便在后续进行实时调整。

随后，需要在场地进行停车需求测试（步骤6），以寻找可以共享的停车方式（步骤7）。共享停车位是减少路面停车面积或停车库数量的最有效方法之一。如图2.47所示，如果相关活动一起举行，完全有机会共享停车位。例如，零售商店和电影院经常共享停车场地并非偶然，因为购物停车高峰期通常在下午两点，而电影院停车高峰期通常在傍晚。同理，酒店停车位与购物停车位也正好可以共享。 此外，如教堂等一些仅在周末才需要停车的机构场所，可以与周末休息的办公场所共享停车位。适当地组合各种用途还可以鼓励人们步行从而降低停车需求，如在商店、办公场所、餐馆旁布置住宅，或在餐馆旁边布置办公场所等。另外，还可以与场地以外的功能区共享停车位，或者使用沿街停车位满足部分停车需求。

一旦人们目睹停车占用了大量土地，势必会激发起改变场地规划或停车政策来减少停车需求的想法，这需要对停车需求进行重新预测，或者让规划师和开发商从地方标准中寻找突破口。对停车需求预测可能需要进行几轮分析，才能得到最终数量，同时，始终要以减少闲置空场地作为我们的目标。

车辆停放

建设完备的道路体系需要2.75m×6m的停车位和足够的腾挪空间。在近年来SUV暴增之前，停车位还可能减至2.5m或2.6m宽，5.5m长。但现在更好的策略可能是为小型汽车保留一小部分较窄的停车位，并为同系列车辆提供充足的正常尺寸停车位。在以小型车辆为主导的欧洲和亚洲，可以使用较窄的停车位。快速增长的微型汽车（如智能车、塔塔Nano车及其仿效者等）的前景使我们有望将停车位尺寸大幅缩小至

2.2m×3.7m。欧洲和加拿大的许多城市已经开始建立这类尺寸的沿街停车位，不久以后，将有必要为微型汽车保留部分停车位。

每个停车场都应该预留无障碍停车位，以及要为进出该类停车位留出1.5m宽的通道。尽管各地要求各不相同，但一般情况下，在小于500个车位的停车场，应为残障人士预留至少4%的无障碍停车位（每个小地块至少预留1个停车位）。若超过该规模，该比例可以下降到2%。并且每8个无障碍停车位中，必须有一个是无障碍货车停车位，并在其2.5m宽的停车位旁边至少留出2.5m宽的出入通道，并为较高的车辆提供2.5m的净高。此外，应尽量减少无障碍停车位到达目的地的距离和障碍，并且必须是完全无障碍的。上述这些数据基于美国无障碍相关法律，其他国家的其他法律会有所不同。

停车位可以与行车车道呈平行、垂直（90°）或其他不同角度（通常为45°、60°或75°），每种类型各有优缺点。平行停车位可以挤进最窄的空间，但是空间使用效率最低。如果采用单向通道，通常需要48m^2。而90°停车配置（parking configurations）通常使空间利用率最高，并允许双向行驶，但是对于两个停车位和进出车道共需要18.3m的宽度。垂直停车位对一些驾驶者来说比较困难，通常会因为停车不当而失去15%的停车位。在更窄的宽度限制中，通常可以采用斜角停车位，经验表明75%的常用停车位是最方便停车的角度。所有斜向停车位都要求单向行驶，这对在狭窄的场地中规划停车布局比较困难。一般来说，停车布局通常需要反复实验。大规模的场地通常选择垂直停车位，因为它可提供最大的灵活性，以便日后修改通道宽度和行驶模式。

根据配置不同，通常最简单的停车场内每辆车需要25～30m^{2}的面积。加上树木、景观、雨水花园、人行道和电梯等候区等设施，每辆车平均占地约37m^2。为提高停车利用效率，有的停车位可以两层甚至三层深，并在必要时通过服务人员协助挪车，将停在下面车位的车开出来。在一些使用代客泊车服务的场所，如酒店、专属购物区和娱乐场所，或者在市中心等地价较高的地方，这可以将每辆车的占地面积减少到21m^2，从而大大提高停车场利用率。

停车设施的类型

最简单的停车方法是将车停在做有专门涂装的路面停车区。如果土地成本不高，这类停车场是满足停车需求的最低成本方式，并提供了场地未来开发的灵活性。然而，地面停车场对环境的破坏也最大，会产生大量经

表 2.11　各国无障碍停车要求

	美国	英国	澳大利亚	日本
停车位数量及比例	< 500 停车位：4%	现有员工区：2%	1% ~ 4%，取决于用地功能和位置	<200 停车位：2%
	501 ~ 1000 停车位：2%	新员工区：4%		>200 停车位：1%
	>1000 停车位：1%	购物区：6%		
最小停车位	8ft（2.4m）	2.4m	3.2 ~ 3.8m	3.5m
最小通行通道	5ft（1.5m）	1.2m		
最小货车停车位	8ft（2.4m）			
最小货车通行通道	8ft（2.4m）			

根据多种资料汇编而成

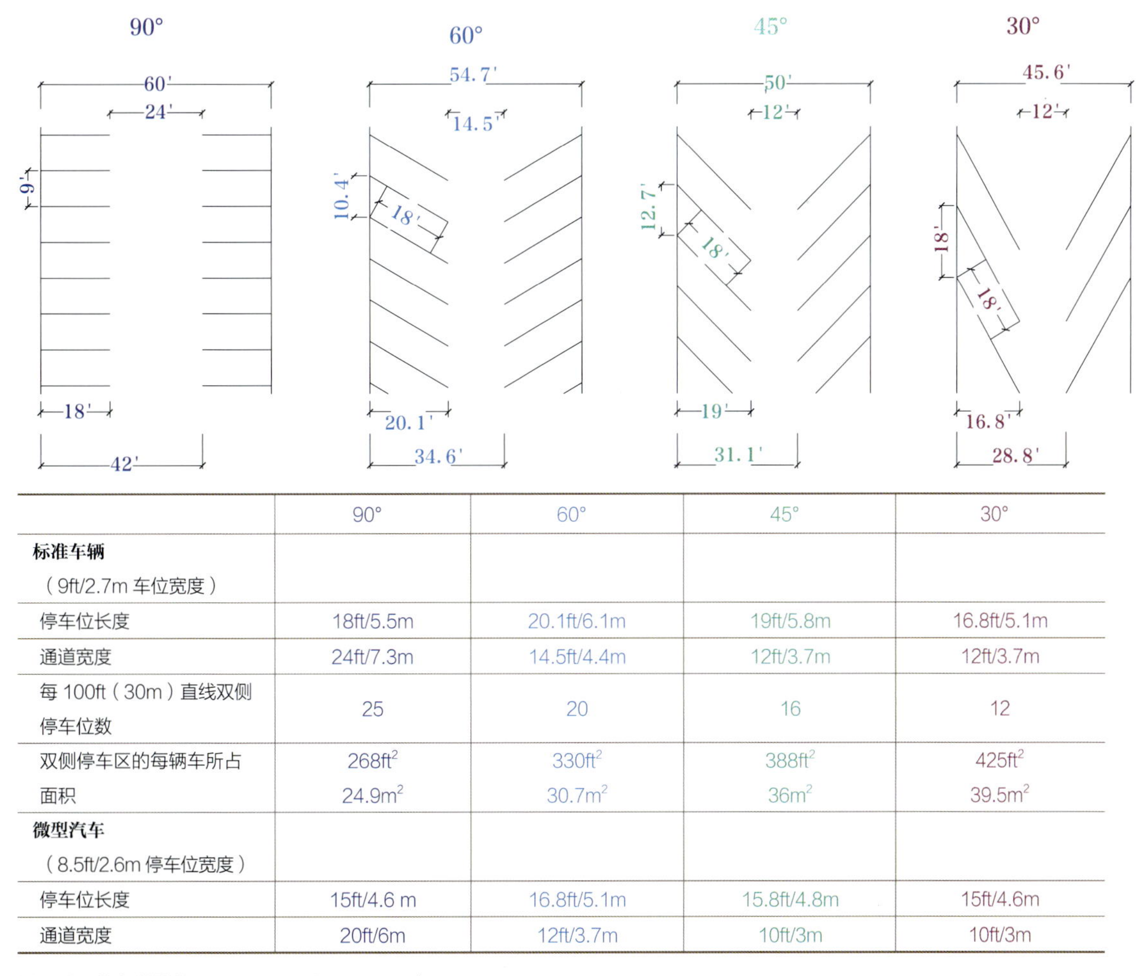

	90°	60°	45°	30°
标准车辆（9ft/2.7m 车位宽度）				
停车位长度	18ft/5.5m	20.1ft/6.1m	19ft/5.8m	16.8ft/5.1m
通道宽度	24ft/7.3m	14.5ft/4.4m	12ft/3.7m	12ft/3.7m
每 100ft（30m）直线双侧停车位数	25	20	16	12
双侧停车区的每辆车所占面积	268ft^2 24.9m^2	330ft^2 30.7m^2	388ft^2 36m^2	425ft^2 39.5m^2
微型汽车（8.5ft/2.6m 停车位宽度）				
停车位长度	15ft/4.6 m	16.8ft/5.1m	15.8ft/4.8m	15ft/4.6m
通道宽度	20ft/6m	12ft/3.7m	10ft/3m	10ft/3m

图2.49　停车配置（Adam Tecza/Gary Hack）

图2.50 美国加利福尼亚州亨廷顿海滩（Huntington Beach）在周末闲置的停车场上举办车展（Huntington Beach High School Car Show）

常被化学物质和盐类污染的径流；停车场路面阻碍雨水渗入地下水，还容易吸收光照升高气温，并促使空气污染扩散。在一天或一年中的大部分时间里，大多数地面停车场处于闲置状态，缺乏活力。

面对这些挑战，人们创造性地提出了许多方法。大型停车场或未使用的停车角可以开展临时活动，如农贸市场、跳蚤市场、汽车展会、集市和节日庆典、篮球联赛、表演和室外展销等活动；通过将路面替换为可渗透的材料，如加固植草坪、地砖或碎石等，可以大幅度减少硬质铺装地面，从而减少热岛效应，并提高渗水性；大面积植树可以为车辆和路面提供遮阳和改善外观；雨水充沛的蓄水区可以减缓径流，过滤汇水，并滞留部分雨水渗入土壤；通过景观步道可将停车场与周边地块相连接，使其不再是“孤岛”；此外，将停车场规划为街道地块网格状可便于周边地块开发，以及未来可能的停车场功能转换。

随着地价上涨，价格高昂的多层停车库（也称为多层停车场、停车设施、停车坡道、停车甲板、停车平台或停车场）（parking garages, multilevel carparks, parking structures, parking ramps, parking decks, parking podiums, or parkades）成为刚需。最经济的办法是一片呈倾斜面的停车楼板，有通往每一层的独立入口。但大多数停车库是钢结构或混凝土结构，要么是连续的斜板，要么是通过坡道连接的多层平楼板。斜坡楼板式空间使用率最高，但是要求场地至少为37m×43m。宽33.5m的狭窄场地也可以设计成单向行驶的斜面车库，但需要增加长度至62m以上，以容纳双螺旋结构（Chrest, Smith & Bhuyan 1989）。斜坡楼板式车库限制为10层以下，这取决于驾驶者对通行能力的容忍度以及

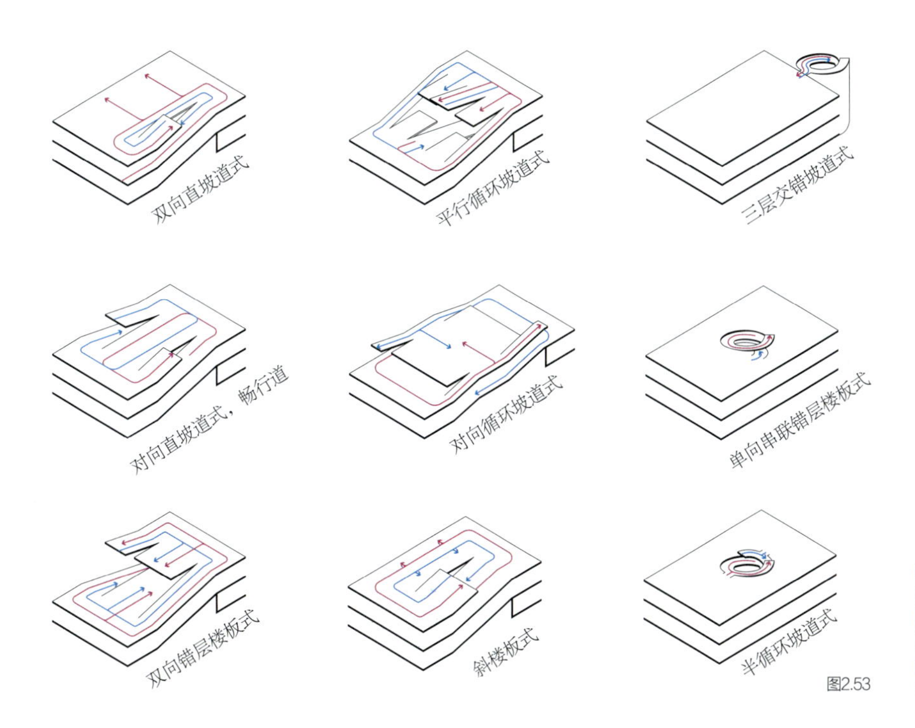

图2.51　法国普里尼（Puligny）的碎石停车场
图2.52　意大利罗马的加固植草坪停车场
图2.53　停车楼布局（Adam Tecza）

进出下层车库的累积车流量，通常这种情况下底层车库几乎没有可用的灵活空间。此外，很大程度上还取决于停车库的用途。如果该停车库需要满足高峰期停车需求，则需要设置限速斜坡，以便控制等待时长以及保持出口交通畅通。机场或区域性购物中心等大型停车库通常最好采用通过坡道相互连接的多平层结构。

每位场地规划师都希望通过地下停车来代替路面停车。例如，温哥华等城市均要求市中心所有停车都位于地下，许多欧洲城市也是如此。在许多城市，公共广场下面的区域都是公共停车区。这是一个成本高昂但也值得的解决方案，其停车费通常是地面停车的两倍或以上，具体价格取决于

图2.54 美国佛罗里达州迈阿密海滩停车库的沿街界面和绿色立面
图2.55 与功能活动相结合的停车库（Adam Tecza）

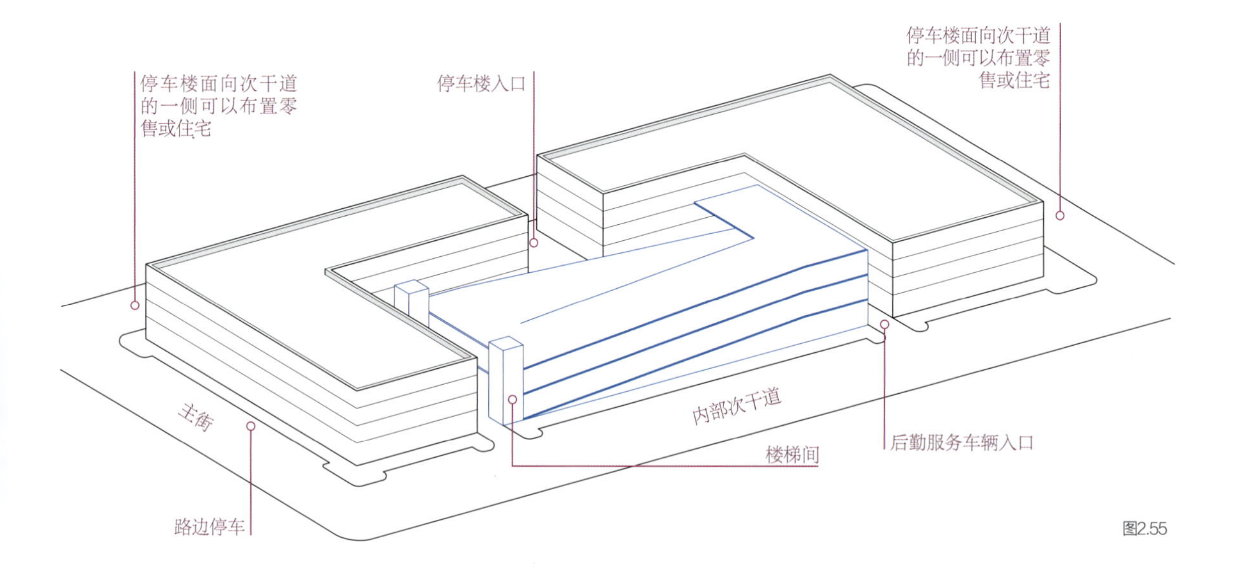

地下水条件和地面景观。由于地下车库需要通风排出汽车尾气，费用往往还会增加，以后随着电动汽车的推广可以缓解这个问题。此外，排气口位置和斜坡位置都需要仔细定位，并且不能干扰地面的人流或车流。

地面上的停车库可以和街景相结合而增加其吸引力，如进行立面装饰，或者立体绿化等。还可以在沿街设置功能活动，让人们忽略其停车的功能。由于许多配套的停车库在周末或晚上闲置，还可以进行功能转换，如屋面的停车场可以在周末变成网球场，或在其上面加建住宅。还可以增设楼板或者附加楼层，以便在不停车时转换为其他活动空间。

在城市密集区，由于场地规模较小，无法建设任何形式的斜坡或平层式停车库，需要采用其他新技术。例如，东京采用自动电梯系统挪车，并将它们挪到每层只有两辆车的楼层中；转盘可以在进入街道之前转动汽车方向；另外，纽约有一种颇受欢迎的机器人停车库，可在没有人为干预的情况下处理汽车停放问题。自动化车库价格高昂，更好的解决方案是将汽车停在占地面积小的公寓楼下。由于这可以直接利用行车道路侧泊车，等于可以百分百地利用停车空间，因此有效利用空间，是性价比最高的方案。

共享汽车

许多车主每天乘坐公共交通工具或步行出行，只偶尔使用车辆出城旅行或取送物品。但他们花费了高昂的停车费，更不用说买车、上保险和后期维修费用。对于这些人而言，共享汽车无疑符合他们的需求，同时减少了路面上和停车场的汽车数量。费城中部的实践经验表明，平均每辆共享汽车能取代15辆私家车。目前的技术可以在网上直接预订汽车，并不需要通过汽车中介机构来操作。

现在许多城市要求停车场在入口附近留出车位供共享汽车使用，另一个需预留车位的关键位置是公交线路沿线，尤其是在末端站点，因为共享车辆连接乘客的“最后一公里”。共享汽车还有一个优点，即可为用户提供他们需要的确切车型，如送货用小卡车、短途用微型汽车、带队员参赛用小型巴士以及短途旅行用运动型汽车等。在公共交通便利的地区，共享汽车已经受到城市居民、大学生、需要接送客人的大型企业以及需要到外地出差的员工等用户的青睐。将来，共享汽车市场很可能会扩大到

图2.56　美国佛罗里达州迈阿密海滩林肯大道的停车库和活动空间（Phillip Pessar/Flickr）
图2.57　自动停车库（©Paha_l/Dreamstime）
图2.58　巴黎Autolib共享汽车服务

许多其他群体，各大汽车制造商都计划将其品牌下的车辆投入共享汽车领域。

机动车的未来

共享汽车是当前急剧变化的机动性的一个缩影，它影响着机动车所需的硬件和软件基础设施。相关证据表明，在欧美地区，年轻人如果还有其他出行方式可选择，希望拥有汽车的人数日益减少。不少开发商已在他们的项目中融入共享汽车计划，这会显著减少所需提供的停车位数量，而且共享汽车也可能会成为项目的竞争优势。

使用智能手机的按需服务已经影响到道路上的交通模式，并可能取代现有的出租车和速递服务。根据不同需求，汽车、卡车和公共汽车的种类，特别是小型车的种类还会继续增加。在低密度地区，固定公交线路可能会被定制线路取代，后者可以按需选择接载附近的乘客并将他们送往目的地。大交通量路线也会进行优化调度，以适应活动和重大事件的高峰需求。

随着电动汽车的使用变得越来越普遍，需要广泛分布充电基础设施供家庭、工作场所、购物区和一般停车设施使用。可采用将太阳能光伏阵列与充电设施相结合的双向电池，允许在白天蓄电，并在晚上给附近住宅供电。

然而，机动车最大的变化还是自动驾驶车

图2.59 法国格勒诺布尔市（Grenoble）丰田Cité Lib by Ha:mo项目电动共享汽车服务（丰田公司）
图2.60 英国米尔顿凯恩斯无人驾驶POD出租车服务（Catapult Transport Systems）
图2.61 谷歌旗下的Waymo自动驾驶汽车原型（Google）
图2.62 目前在荷兰鹿特丹运营的无人驾驶公共汽车（Maurits Vink）

图2.63 德国柏林普拉斯蒂城（Plasti-city）的无人驾驶汽车和行人共享街道空间（BIG—Bjarke Ingels Group提供）

图2.64 德国柏林波茨坦广场由行人、表演者、无人驾驶汽车和自行车共享（BIG—Bjarke Ingels Group提供）

辆的出现。例如，通过无人驾驶的出租车和小型公共汽车接送乘客，可以大大减少停车位需求，并使在高密度市中心等停车费用高昂的场所停车的用户大为受益。而对于乘坐私家车的人，汽车在到达目的地后会自动泊车，并等待来自车主智能设备的信号指令。对此，停车场需要针对多种类型的车辆进行优化，进行长期和短期停车的区分，并将考虑灵活的平面布置。

随着自动驾驶汽车的普及，道路基础设施也需抓住这一机会进行相应的改变和调整。自动驾驶的防撞系统使得行驶车辆之间的距离可以更紧密，因此行车道上可以容纳更多的车辆而不会发生事故；一些道路不需要严格划分车道，以便能够根据流量传感器的数据实施规划调整每个方向的车道数，甚至将来可能完全取消车道，车辆可以根据情况自由移到车流量小的道路空间上。

自动驾驶车辆的防撞性能和流动性还会改变行人和车辆的交互方式。有研究建议可以在非工作时间将部分道路重新规划用于其他用途，如活动和集会等，但同时也保留必需的交通流量。这对于传统的交通管控思维而言将会是一个巨大的冲击和改变。

第3章

公共交通

共享出行有多种方式，如可以使用自愿共享汽车、出租车或简便公交车、私人或公共汽车服务，也可以使用更成熟的交通形式，包括电车、单轨电车、有轨电车以及轻轨和重轨系统等。在欧洲城市，使用公共交通是一种常态，而大规模的新区通常建设与公交网络相连接的路网。北美城市也效仿了这一模式，但是城市蔓延使得公共交通路网模式难以推广。在快速城市化的亚洲和拉丁美洲国家，公共交通与各种辅助客运系统构成了交通系统的重要支柱；而在非洲许多地方，辅助客运系统是唯一的交通选择。

无论采用哪种形式，公共交通都是场地规划设计的必备要素。通过共享交通能够减少能源使用和温室气体排放，在高峰时段，一辆中型汽车的客均能量消耗是小型公共汽车的两倍多，是传统公共汽车、轻轨或重轨系统的三倍多。即使在非高峰时段，当公共交通系统通行能力不饱和时，每位乘客消耗的能源也不到私人汽车的一半（Potter 2003）。除能源因素外，随着许多国家的人口老龄化，共享交通方式对于交通出行也越来越重要。此外，随着城市功能日益分散，获得文化、社会和就业的机会越来越需要靠近公交站点。

除了公交车以外，场地规模通常不足以支撑完整独立的公共交通系统，因此公共交通需要在更大的区域范围进行系统规划。但由于交通服务各异，不同的街道布局和规模都会影响在街道上运行的公交类型，而且还需要为大运量公共交通系统留出专用道路。确定公交服务的场地开发功能类型能够有助于确定乘客量，并在公交线路沿线留出足够的开发建设用地，以实现经济利益。在公交车站附近的小场地上则需要提供便捷的人行道和遮阴等候区。随着场地规模的扩大，规划师还需要设计高效的公交路线。在机场和大型校园里还可能存在特殊的交通形式，如在航站楼和其他建筑物之间提供快速便捷连接的自动导轨系统和单轨电车。未来，无人驾驶汽车和新型汽车的出现将模糊公交车与私家车之间的界限。

图3.1 美国俄勒冈州波特兰市，轻轨与车辆共享街道（© Tim Jewett提供）

当前，有许多关于公交系统规划的卓越研究（特别参见Vuchic 2007；Grava 2002）详细阐述了相关技术和运营等方面内容。本章重点关注与公共交通相关的场地规划和设计的相关策略。

交通方式

交通方式的选择更多是政策和经济层面的判断，而不是技术的考虑。如果不考虑成本，那么可以为社区的所有地点提供私人交通服务。在一些城市，可以通过电话租车服务和智能设备呼叫出租车。还可以像美国国会大厦附近那样为仅有几百米长的线路提供轨道交通服务，使议会代表可快速离开办公室，前往立法会议厅议员席投票。但是在大多数情况下，资本和运营成本是决定交通方式的关键因素，相关因素还包括公共补贴和可行的交通票价、运营和维护系统能力、技术水平以及传统的公共或私人交通服务习惯。

交通方式通常分为三大类：在与汽车、卡车和其他车辆共用的道路上运行的交通，在地面、地上或地下专用路权运行的交通，以及专用于有限场地内的环通、困难地形或穿越水域等专用交通模式。第一类和后者存在很大成本差异，主要差别在于需要为后者提供专门的通行线路，以及设置分隔和停靠站点。不过，在场地规划时预留出公交线路可以大幅度缩小这一差异，哪怕在多年后才会建设专线公交系统。

世界各地的公交类型和使用习惯差异很大，技术也在日新月异。下面的章节主要阐述了相关规划要点，以便场地规划师以此作为出发点，进行更加详细的调查研究。

路面上的公共交通

利用道路提供公交服务优势十分明显，最重要的是它们几乎可以进出城市的每个场地，并且可以灵活适应数百种车辆类型，因此除车辆本身以外的成本很低。有轮子的车辆不受特定路线约束［无轨电车（trolleybus）除外］，并且可以根据不同需求进行重新安排和路线调整。基于路面的公共交通在很多地方是唯一的选择，如低密度开发地区，有轮子的车辆是提供交通服务的唯一可行途径；而在缺乏资金安装公交系统的低收入国家，辅助客运系统车辆可弥补这一缺陷。在街道上提供交通服务的车辆可从三人出租车到铰接式公共汽车不等，甚至大到可容纳两百名乘客的有轨电车。每种类型都有其独特的要求（有关其尺寸和容量可参见表3.1）。

出租车

一般来说，出租车不算做社区公共交通工具，却可提供从公交站点到最终目的地的关键“最后一公里”服务。在交通条件较差的城市，也可为长达15km的行程提供“第一公里”服务。在夜间，出租车可能是出行的唯一选择，抑或出于安全考虑而成为首选。出租车有许多优点，但其每公里的客均人工成本很高，通常也是最昂贵的公共交通方式。但无论如何，在任何大城市出租车都必不可少。

出租车主要连接起正常的交通流量，因此它们对道路没有额外要求。但是在主要交通枢纽（机场、火车站和公共交通站）和产生较大出租车需求的地方（运动场馆、酒店和表演艺术中心），出租车等候区至关重要。通常只需要预留一条供出租车使用的路边车道，以及可以等待和呼叫出租车的等候区（又称为出租车停靠站、停车位或出租车停车场）（taxi queue，rank，cab，hack stand）。在高需求的地方可能需要多个等候区。香港机场站就是一个很好的例子，其等待区每小时可容纳1000多辆出租车。

表 3.1 基于道路的公共交通

交通方式	长度（m）	车辆通行能力[1]	最大载客能力（每小时乘客数）[2]	设定行车间隔（min）[3]	车道宽度（m）	90° 转弯所需的转弯半径（m）	180° 掉头所需的外转弯半径（m）
小型公交车	7	14/20	1200	1	3	8	16
吉普车巴士	7	11/16	864	1	3	8	16
机动交通（轮椅）	6	4/6	无	无	3	7	14
穿梭巴士（中型公共汽车）	10	38	684	3	3	8.8	17.5
标准美国公共汽车	12	55/85	1530	3	3.35	14.4	29
铰接式公共汽车	18	70/105	1890	3	3.5	11.6	23
无轨电车	12	55/85	1530	3	3.35	13	26
双层公共汽车	12	78/90	1620	3	3.35	10.4	20.7
双铰接公共汽车	25	120/200	3600	3	3.5	12	24
超轻有轨电车	15	40/130	2340	3	3.35	11	22
铰接式有轨电车	20	30/150	2700	3	3.5	18	36

资料来源：Vuchic（2007）及运营商数据
1：座位数 / 总容量（包括站立位）
2：以 90% 通行能力运行时的行车间隔来计算
3：用于估算承载量；实际行车间隔根据运行和需求而定

呼叫出租车的最有效方法因各地而异。在一些城市，尤其是低密度地区，必须通过电话或网络预约出租车；而在另一些城市，街道上随处可见出租车，后者需要高密度的目的地和大量出租车方能实现。大多数城市会提供某种形式的出租车站供出租车等待乘客，以及适量路边空间供少量出租车停靠。提供停靠处有助于使人们聚集等待出租车。未来无人驾驶出租车的出现将会解决出租车停靠问题，因为它可以在被智能手机呼叫前一直保持行驶或在远处停车。

图3.2 香港国际金融中心机场站的出租车等候处（WiNG/Wikimedia Commons）

辅助客运系统

比出租车效率更高的是多类型的辅助客运系统，它可以最多一次载运20名乘客，并且可以按时间、需求、固定路线或漫游进行服务，主要包括：

拼车；

通勤小巴士；

图3.3 香港九龙海滨出租车停靠站（Diego Delso/Wikimedia Commons）
图3.4 哥伦比亚波哥大的Colectivo小型公共汽车
图3.5 南非约翰内斯堡索韦托的小型公共汽车终点站和市场（Soweto Urban）

电话叫车服务；

无障碍通行车辆；

机场巴士；

观光车；

交通接运；

小型公共汽车；

社区服务车辆；

吉普车巴士、公共出租车和小型公共汽车；

小型班车；

无轨运输。

在许多城市，辅助客运系统（paratransit）是公共交通的支柱。例如，约翰内斯堡是一座缺乏有效公交系统的城市，私人运营的小型公共汽车满足了从偏僻城镇通勤的大部分需求。政府为购买此类汽车提供低成本贷款，私人运营商设计路线并竞争客流。波多黎各的公共出租车（público）、俄罗斯和东欧的小型巴士（marshrutkas）、波哥大的小型公交车（colectivo）、马尼拉装饰精美的吉普车巴士（jeepney）以及其他亚洲城市也提供一系列服务。中国香港采用的是公共小型巴士系统，主要用于弥补大运量轨道交通和双层公交车之间的需求。无论是公营还是私营，辅助客运系统都能够充分响应交通需求，并具有良好的管理，正好服务那些被很多正式公交系统忽略的用户群体。

即使在分散的城市，辅助客运系统服务也能够很好地满足通勤需求，因此需要在新项目规划时对其给予充分重视。辅助客运系统需要有开阔场地用于上下客，最好位于市中心等中央地带，并且在主要通勤时间内需要大面积停车位，否则车辆会造成街道和路边交通堵塞。约翰内斯堡市在市中心和前往索韦托（Soweto，南非境内最大非洲人集居城镇）的入口处设置了小型公共汽车停靠和落客区，其中包括精心设计的上客区、公共市场和其他零售店，为数千名通勤者提供服务。

在发达国家，辅助客运系统也需要类似的设施，尤其是在机场、旅游中心等集散地。由于许多辅助客运系统服务等待乘客或登车时间较长（如机场往返巴士、租车往返巴士、观光小巴士和环线巴士等），较好的办法是将其交通流线与正常交通分开，以避免普通路面发生堵塞。

许多低密度开发社区配备了小型公交车，可提供电话租车服务或使用智能手机的按需服务，也可适用于无障碍出行服务。美国政府要求确保所有居民的交通出行便捷，因此在一些城市密集区也可以采用小型公交系统。许多残障居民需要在家门口点对点接送，但是其他用户则可以在居住区步行道的某处指定服务地点接送，以便提高服务效率。公交线路站点可以密集分布在城区之中，也可以与城市中心的中转站相连接进行换乘（Cervero 1997）。尽管计算机系统可以进行起始地点匹配计算以提高车辆的使用率，但是目前这样的运营服务还是较为昂贵。对于辅助客运系统而言，成本主要是人工劳动力。目前一些城市已经着手进行无人驾驶公共汽车（driverless buses）的尝试，未来将会进一步普及。

鼓励拼车通常经济实惠，能够有效减少道路上的车辆数量和所需的通勤停车位。部分企业会在拼车地点附近提供免费停车位，以取代传统的为不同群体分别提供多个停车位。在中心城区等停车费高的地方，有的企业甚至会为拼车族提供小巴士，并在工作时间内负责他们在不同地点之间的接驳。拼车通常要求所有成员同时出发，因此可能不适用于某些情况，如儿童看护、紧急情况和看病等。但是在通常情况下能发挥最佳作用，特别是与大运量公交车或日间停车相结合的时候。一些新的拼车服务（如美国专车公司Lyft等）可以将需求用户与车辆类型进行匹配，以应对上述特殊情况提出解决办法。

公共汽车

在北美城市及世界上大部分地区，固定路线的公共汽车是主要公共交通方式。尽管越来越多的城市在道路上设有公交车专用道，并在密集通勤走廊设置了快速公交（BRT）线路，但是大多数公共汽车还是和汽车及货车共同使用车行道。公共汽车通常可容纳40～80位乘客，其中铰接式车辆（articulated vehicles）和双铰接式大型公共汽车（double-articulated megabuses）可容纳多达300位乘客。公共汽车服务的等级也各不相同，既有豪华型私人客车负责将乘客载至纽约或其他主要的大都市区，也有沿着达卡、开罗等发展中国家城市的拥挤街道行驶的破旧不堪、没有空调和拥挤的公共汽车，当然也有许多介于二者之间的公交车类型。

借助公共补贴，公共汽车票价基本上处于大多数城市居民可接受的范围。但尽管如此，在美国的大多数低密度社区，当密度低于每公顷8个居住单元或每平方公里2200人时，为其提供公共交通服务还是比较奢侈的（Edwards 1992）。公共汽车路线规划的一个要点是建立公交走廊，这一前提是道路通行量需要达到日均1800～2000辆车，高峰期每小时至少达到150～200辆车（Giannopoulos 1989）。通常在这种情况下，在高峰期每小时需要4辆公共汽车，而在一天中的其他时间段每小时需要2辆车。

研究显示，美国人强烈反对到达公交站的步行距离超过0.5mi（0.8km），这意味着公交站点的间距应该约为1mi（1.6km）。当起止地点都在公交车站步行10min以内的范围，且不需要换乘时，公交服务的使用率显著增加。但是，随着美国城市郊区就业地点的不断分散，在没有过多交通补贴的情况下，要实现这一覆盖率将越来越困难。

世界各地的理想步行距离有所不同。多伦多的一项研究发现，除少数人步行距离较远之外，大约有60%的公共汽车乘客生活在距离车站0.3km半径的范围内。伦敦高成本的公交系统（主要采用双层巴士，double decker buses）的设计标准是，根据道路具体情况，站点尽量在每位居民的5min（约0.4km）步行范围。北京的公交线路基于网格状道路网布置，使得大多数居民距公交站点的步行时间不超过10min。在规划英国米尔顿凯恩斯（Milton Keynes）新城时，次干道路网间距约为1km，以便所有

图3.6 智利圣地亚哥的标准公共汽车和铰接式公共汽车（Art Konovalov/Shutterstock）

居民距离公共汽车站的步行时间在10min内。

最终步行距离在很大程度上取决于公交线路附近的开发密度。巴西库里蒂巴（Curitiba）的BRT系统采用了典型双铰接式公共汽车，并在混行道路上提供小型公共汽车，开发政策促成了高运量公交服务线路两侧新建筑的最高密度。这座城市的大多数居民距离公共汽车站只有几步之遥。可以说，以公共交通为导向的开发是有效交通的关键，也是减少交通运输过程中碳排放的关键。

公共汽车站点的间距也是一个重要影响因素。规划者需要在“为了缩短步行距离而频繁停车”与“保持一定的行驶速度”之间找到平衡。专家普遍认为，公共汽车站的间距应该为275～600m，但在美国，典型间距为200～240m（Li Bertini 2008）。对于发车时间间隔（headway）较短的高运量公交路线，隔站停靠通常是在不影响服务的情况下延长停车站之间距离的解决方案，当然其前提是公共汽车可以在行车道上超车，北京等一些城市采取了这类做法。当前已经发展出一系列精细化模型，用来根据多种因素确定公共汽车站最佳间距，这些因素包括上客区大小、平均停留时间、交通信号时长和公共汽车进入车行道所需的时间等（Kittelson & Associates 2003）。

公共汽车站的电子信息牌可以帮助乘客有效判断公共汽车的预计到达时间及其路线，至少坊间有证据指出，如果人们知道公共汽车即将到达的时间，他们愿意等待更长时间。在有多条公交路线的街道上，电子信息系统可以降低人们不知道乘坐哪辆公共汽车的焦虑感。

交叉口附近的公共汽车站与交叉口的距离可近可远，各有优劣。在交通信号灯路口近侧设置公共汽车站可有效利用红灯等候时间，但是会干扰右转弯的车辆（或者在交通靠左行驶的国家，干扰车辆的左转弯），尤其是在红灯允许右转的情况下。在交叉口远侧设置公共汽车站可以避免该类延误，而且可以设置上下客的港湾区。远侧车站的落客区由于不需要设置很长的减速距离，因此可以较小。还有一种做法是拓宽部分人行道，设立公共汽车站台扩展区（bus bulbs），也就是把人行道加宽到行车道边。尽管这样会影响一条车道的交通，但是这种做法优点也十分明显，因为它可以提供充足的候车空间和公共汽车站台（bus shelter）。

在路侧划定公共汽车专用道（dedicated bus lanes）在高峰时段或全天禁止其他机动车行驶（右转除外）的做法有助于缓解高需求地区的车流压力。有的地方还根据公共汽车道行驶情况进行信号灯的绿灯时长调整，以避免公共汽车在信号灯路口的延误耽搁。每辆公共汽车的载客量是私人

图3.7 纽约市实时公共汽车信息系统（纽约市交通运输部）
图3.8 纽约市街道上的公共汽车站台扩展区（NACTO）
图3.9 纽约市公共汽车专用道（NACTO）

汽车平均载客量的20～30倍，因此在专用车道上以4min行车间隔行驶的公共汽车的载客量将大大高于使用该车道的机动车。在美国大多数城市，是用公共汽车专用道取代路侧平行停车位（parallel parking），还是将二者并行设置并容忍停车对公共汽车专用道的干扰行为，是一个难以抉择的问题。

路边停车位在北美以外的国家较为少见，因此公共汽车专用道（或快速公共汽车道，见下文）更为常见。一些定向车流量较大的亚洲城市在主要街道上还设立了逆行（或反向行驶）公共汽车道，即利用反向空闲的车道加速定向车流。但是这需要用信号灯和标识系统来提醒对面驶来的车流，并且还会要求公共汽车两侧都有车门，因此相对比较麻烦。

有轨电车

长期以来，大多数北美城市采用有轨电车（streetcars）沿着街道运送乘客，直到20世纪50年代被无轨电车和柴油公共汽车取代（Slater 1997）。少数城市不肯废弃电车轨道，而另一些城市只是简单铺设铁轨以防将来需要。多伦多（有轨电车，streetcars）、旧金山（城市铁路，munis）、费城（地面地铁线，subway-surface lines）和波士顿（电车，trolleys）都是已运营有轨电车一个多世纪的城市，其中有些有轨电车还在城市中心区隧道内穿行。在过去20年里，以俄勒冈州的波特兰市为代表的几座城市在市中心设立了新的有轨电车（现在称为超轻型车辆，superlight vehicle）线路。

许多欧洲城市也使用了灵活多样的轨道型车辆，通常可称为电车（trams）、有轨电车（tramcars）或城际有轨电车（interurbans），这些车辆与其他机动车共用街道。澳大利亚墨尔本目前声称拥有世界上最大的有轨电车系统，但其实俄罗斯圣彼得堡早在20世纪80年代就有最大的有轨电车系统了。通过电车系统的更新改造，市中心的几条主要街道也成为步行和电车专用区。法国的斯特拉斯堡（Strasbourg）是最早引进现代有玻璃窗车辆的城市之一，目前世界上许多城市，如墨尔本、米兰、都柏林和休斯敦等，都引进了低地板电车，乘客可以直接从稍高的路边上车。许多现代电车属于铰接式车辆，并且北美和欧洲等地的电车道路都是封闭的，这样可以在密集的城市中心高效运行、上下客并进行必要的转弯。中国香港则继续使用着双层电车。

有轨电车，尤其是新款有轨电车，能够节省能源并深受用户喜爱。单节有轨电车通常可容纳120位乘客（包括坐客和站客在内），其转弯半径与轻型厢型车类似。铰接式有轨电车能够容纳150位乘客，需要稍大的转弯半径，但是在高峰期可以提供更大的灵活性。通常，铰接式有轨电车需要4m宽的车道，并且必须和人流及其他车流进行统筹协调规划。

有轨电车与其他交通方式混合主要有三种方式。历史上，有轨电车位于四车道街道的中心车道上，当前在多伦多和费城部分地区还是这种设计。该方式对当地交通干扰最小，不会影响其他车流的上下客、停车、卸货、右转等活动，但是行人则需要穿过车行道才能登上有轨电车。这在多伦多十分有效，一定程度上是基于多伦多对行人优先通行权的严格规定，即从行人离开路边那一刻起，就被授予了通行权。一些有轨电车设计成从中央隔离带站台左侧上车，能提高行人的安全性，并特别适用于中央隔离带较宽的情况。第二种方式是将有轨电车设置在路外侧的车道上，并在上下客路段取消沿街平行停车位。这对于行人来说最为理想，却会阻碍

图3.10

图3.11

图3.12

图3.10 美国波特兰的有轨电车连接了市中心与崛起的珍珠区（Pearl District）（Schw4r7z/flickr/Creative Commons）
图3.11 澳大利亚墨尔本中心城市主街上的有轨电车系统
图3.12 意大利米兰混合交通中的低有轨电车

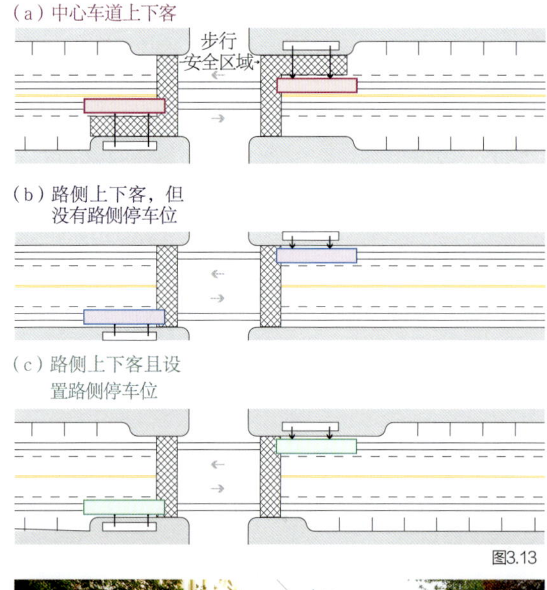

图3.13 有轨电车上下客方式（Adam Tecza/Gary Hack）
图3.14 波特兰有轨电车，利用人行道上的电线杆横担支撑电线（BeyondDC/flickr/Creative Commons）
图3.15 位于瑞士伯尔尼（Bern）市中心的公共汽车和有轨电车汇聚在交通枢纽，也与零售商铺和城际列车相连

通往商店的街道或其他沿街设施。第三种方式是将有轨电车沿停车道设置，并设置凸出式站台，就像前面所提及的延展式公共汽车站台那样，通常情况下这种方式是首选。

当有轨电车在路外侧车道上行驶时，可以很容易地将接触网（catenaries）支撑在人行道的电线杆臂上，而在中间车道上行驶的电车的接触网连接则需穿过街道，给布置带来困难。这两种情况都需要统筹协调电线杆、电线杆臂、悬索、标志、候车站和街道照明等各个设施，以免发生混乱，还要确保每种设施都运转良好。

专用路权内的公共交通

在混合路面中行驶的公共交通工具与其他车辆相比虽有优势，但仍然较小，哪怕乘客可以利用时间做点其他事情；开辟有轨电车或公共汽车的专用车道也在一定程度上缓解了交通拥堵，并且还可以供自行车和出租车使用。但相比而言，公共交通专用路权的设置极大地提高了交通系统的行驶速度和通行能力。

公共交通专用路权通常位于宽阔街道的中央隔离带或与其他交通流量分开的交通走廊中。通常，专用路权需要10~11.6m宽，以及额外3m宽的车站上客区。在高密度城市的中心城区，还会将特定路段完全供公共交通工具和行人使用，禁止私人车辆通行（但有的在特定时间可进行商用卸货），在这样的街道上，公交车辆以较低的速度行驶，步行和车行不需要严格区分，因此通常富有活力且令人舒适。

通常情况下，场地规划需要处理的关键问题是需要区分公共交通线路（有轨电车或公共汽车）与当地路网。高架或隧道是避免交叉的较好办法，而且能够便捷地运载跨街的乘客。一般来说，重新利用已废弃的铁路轨道是最理想的方案，因为铁轨通常和主干道是立体交叉方式。此外，也可以将公共交通与高速公路相结合，但若在建高速公路时没有考虑保留公共交通专用路权，后期再增加会十分困难。

快速公交系统

如果公共汽车在专用道上行驶，并配备快速的上下车售票系统，则被视为大运量公共交通系统。巴西库里蒂巴和加拿大渥太华最早设立了两个快速公交系统（Bus Rapid Transit，BRT），目前已在全世界发展到150多个。

库里蒂巴的BRT主要沿着城市主干道宽阔的中央隔离带设置，在每个方向上都设有两条专用车道，以保持车流畅通，并允许直达型公交车可以绕过在本地车站停车的公交车。BRT可使用多种车辆类型，但是在快线上通常使用双铰接式公共汽车。这类公共汽车配有6个上下客门，可快速进出多达270位乘客。甬道式车站可在上车前查票，将上客时间缩短到平均15～17s。BRT可由10家独立公交公司运营，最小行车间隔可低至90s，每小时载客量达到1.8万人次。

库里蒂巴的BRT系统及其后的波哥大TransMilenio快速公交系统和广州的BRT系统，每一个都在前一个系统的基础上不断改进，通过快速干道及与其相联系的路网的公交车辆的运行，被证明是成功的。广州中山大道沿线22.5km长的干线每天载客量为85万人次。对于较分散的城市，可将当地公共汽车汇集到干线上，从而为整座城市提供高水平服务。

加拿大渥太华设置了一条长达35km的公交专用道，在街道上方或下方运行。大多数公共汽车是时速高达90km的铰接式车辆。交通枢纽通常设置在主要交叉点，在市中心区附近的车站间距为600m，郊区车站间距为1000m。在市中心有两条街道设置了公交专用道，路侧变为乘客上车区和落客区（layover），但仍然无法缓解市中心地区严重的交通拥堵，于是有人强烈反对该街道对小汽车完全关闭。相比之下，每条立体交叉公交专用线路的峰值通行能力为每方向每小时运送1万名乘客。该系统的成功使得中央干线被轻轨系统取代，以进一步提高通行能力。

轻轨系统

欧洲城市长期以来青睐轻轨交通（light rail transit，LRT），因为它

表 3.2　专用路权内的公共交通（本页与对页）

交通方式	车辆类型	单个车辆长度（m）	车辆通行能力[1]	假定车辆数	最大运行能力（每小时乘客数）[2]
快速公交	单铰接式	18	49/85	1	18360
	双铰接式	25	72/130	1	28080
轻轨系统	4 轴单体	15	120	2	12960
	8 轴铰接式	30	250	2	27000
快速交通	轨道	20	170	6	27540
	轮式	19	160	6	25920
区域通勤系统	轨道	25	360	6	38880

资料来源：Vuchic（2007）及运营商数据
1：座位数 / 总容量（包括站立位）
2：以 90% 通行能力运行时的行车间隔来计算
3：用于估算承载量；实际行车间隔根据运行和需求而定

图3.16　巴西库里蒂巴快速公交系统的中心区域（世界银行）
图3.17　巴西库里蒂巴的快速公交系统车站（Mario Roberto Duran Ortiz/Wikipedia Commons）
图3.18　波哥大TransMilenio快速公交车站，与主要高速公路相结合（Jorge Lascar/Wikipedia Commons）

设定最小行车间隔[3]	双向运行所需的路权宽度（m）	所需弯道半径（m）	设定最小设计时速（km/h）	中心区/外围区最佳站间距（m）	最大坡度（%）
15s	11.6	90	50	300/500	15
15s	11.6	90	50	300/500	15
1min	10	82	65	360/1600	15
1min	10	82	65	360/1600	15
2min	11	150	70	500/200	6 ~ 8
2min	11	125	70	500/200	8 ~ 10
3min	14	175	100	1200/7000	7 ~ 9

图3.19 广州城市主干道沿线的BRT系统（Transmilenio SA）
图3.20 加拿大渥太华公交线路上的韦斯特伯勒（Westboro）车站（Radagast/Wikimedia Commons）
图3.21 在斯特拉斯堡（Strasbourg）林荫大道中央隔离带上运行的有轨电车（Bernard Chatreau/Wikipedia Commons）

具有路线灵活、能源效率高以及在高密度城区运行时对环境影响相对较小等特点。各国家轻轨系统名称多样，德国称为S-Bahn或Stadtbahn、英国称为城市轨道（city rail）、挪威称为轻轨运输（bybane）。在北美，随着有轨电车的逐渐停运，只有波士顿、费城、匹兹堡和旧金山等少数城市继续采用轻轨系统。但是在过去20年里，北美新设了超过25个轻轨系统，世界各国各地也纷纷新增了几十个新的轻轨系统。当前，轻轨系统已成为人口在50万~500万的城市首选的交通工具，也是许多大城市公共交通的重要组成部分。

与有轨电车不同，轻轨一般行驶在城区外，并拥有专门路权，通常使用2~4节车厢，车站一般要求在上车前买好票。车辆通常在地面行驶，少数路线会穿过隧道或者高密度城区的高架路，并通常使用接触网供电。典型轻轨车辆的尺寸从60座的两厢、85座的三厢到150座的五厢（斯图加特）不等。正常情况下，根据具体车厢配置，还可以容纳1~2倍的站立乘客。车辆通常宽2.7m。标准车辆的地面高度在轨道上方48~83cm，需要架高平台来上下客。而低地板车辆的地面位于轨道上方19.7~36cm，因此可以更方便进入。

为了能够更好地在狭窄街道路面上行驶，一些城市采用的是1000mm宽的窄距轨道，但欧洲大多数轻轨线路使用间距为1435mm的标准轨距（standard gauge）轨道。北美轻轨设施也使用标准轨距轨道，但部分城市街道上的嵌入式轨道则强制使用其他标准，如费城轨道宽1588mm，多伦多轨道宽1581mm。在加拿大埃德蒙顿（Edmonton）市，使用标准轨距的轻轨车辆可以共用铁路轨道。

轨道的结构参数会因使用的车辆种类而略有不同，通常场地规划和设计中可以采用如下通用标准。

坡度：

最大合适坡度 = 4%

短路段（<500m）的最大坡度 = 6%

嵌入式路段最大坡度 = 6%

特殊车辆的最大坡度 = 10%（斯图加特）

车站内坡度 = 0.5%

水平线形：

车场内最小半径 = 25m

慢速路段最小半径 = 35m

快速路段最小半径 = 150m

正切路段：

通用规则：

最小半径 =（0.58 × V）m

式中　V = 设计速度（km/h）。

垂直线形：

连接竖曲线之间的直斜坡最小长度 = 30m 或0.58 × V（km/h），取两者中较大值。

尽管不同系统的要求有所差异，但一般而言，两条轨道中心线间距至少为4250mm，以便在轨道间安装支撑接触网的结构，并且轨道外围3m内不得有任何固定物体或障碍物。这意味着轻轨线路的净路权至少为11.65m。在轻轨

图3.22　明尼阿波利斯轻轨系统设有侧面站台（Minneapolis Star Tribune）

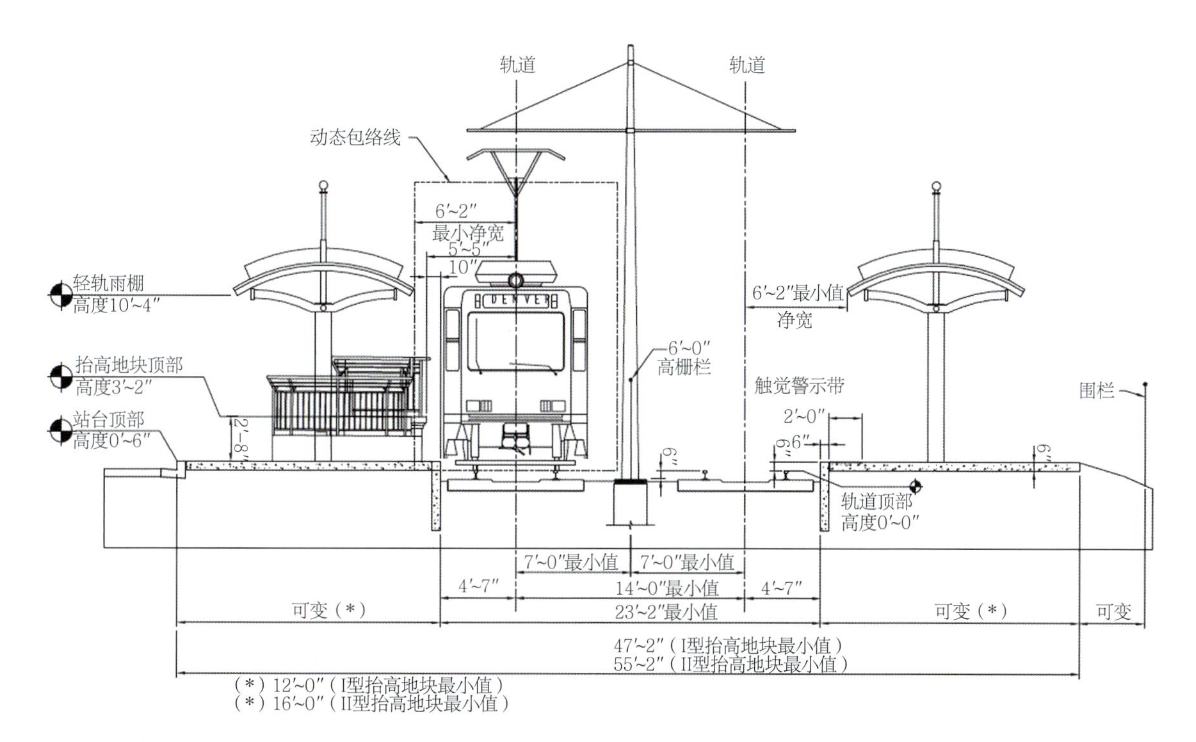

图3.23　可借鉴的设有侧面站台的轻轨剖面（Denver Regional Transportation District）

线路平行于机动车道的通廊中，相邻车道路缘线应距离轻轨车道中心线至少2.5m。

轻轨车站规划需要创造性，比如，如果轻轨路线在同一通廊中双向运行，则存在两种基本配置：在每个方向的侧面设置站台，或在中心设置站台同时服务两个方向。每一种都有相应的挑战和问题需要解决。

中央站台（Center-loading platforms）可集中处理检票、特殊入口及信息指示牌，并在多条线路使用轨道时允许跨站台换乘，因此可最大限度地减少通廊的宽度。中央站台在成本和路权受限的情况下最常采用。根据乘客人数估算，一般站台宽5m已足够，所以只会在原车站路权宽度上额外增加2～3m，但挑战在于如何让人们安全到达站台。得益于低地面的车辆，在车辆沿着嵌入式轨道缓慢驶入车站前，行人可能会在轨道上漫步。另一种解决办法可能是采用门栏，在列车驶入时拦住行人。但如果是高速行驶的车辆，则需要设置站台天桥或地下通道；如果还要满足无

图3.24 丹佛轻轨联合车站开放日，站台位于中间（Ken Schroeppel/ Denverurbanism.com）
图3.25 推荐的中央站台型轻轨剖面（Denver Regional Transportation District）

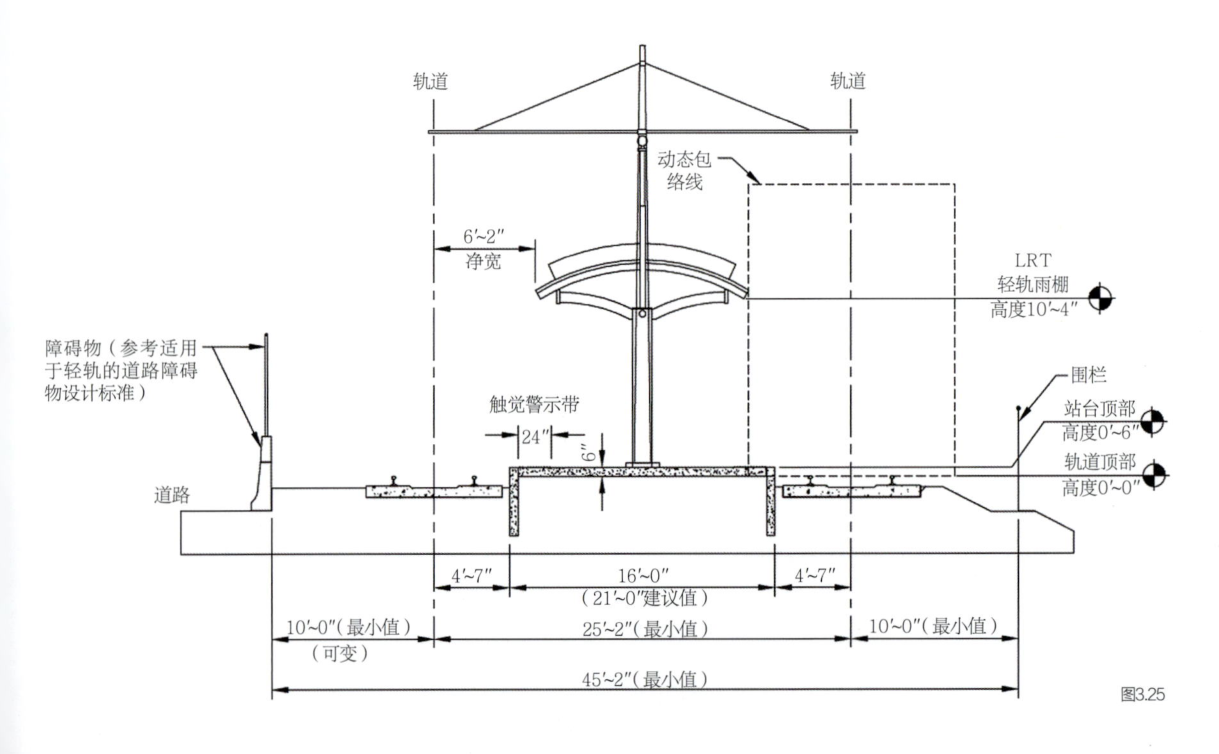

障碍标准，如安装自动扶梯等，则会花费高昂成本。此外，中央站台也会给从轻轨换乘公共汽车或小汽车带来不便。

另一种方式是双侧站台（side-loading platforms），该方式能解决与其他交通模式的对接问题，但是也不能完全保障穿行安全。站台宽度通常为3.5～4m。当列车在中央隔离带行驶时，保护候车乘客安全至关重要。因此，双侧站台的路权要求通常至少为15.4m，如果车辆位于正常路面上，那么还需要设置坡道或台阶，因此站台的路权宽度还会进一步增加。

无论哪种类型的车站，候车站台的气候环境都十分重要。需要兼顾采光、通风，并且在寒冷季节保持温暖，避免候车乘客受冻。许多城市还设立了可供各车站定制的设施部件，包括顶部结构、标牌、长椅、家具和站台材料等。

如果几条轻轨线在市中心汇合，则地面上难以有足够的空间来设置站台以满足高峰期负荷，进而需要在市中心的地下运行轻轨，西雅图即是如此。抑或可以像丹佛、圣地亚哥、圣何塞和长滩等地将一条街道专用于交通和行人。这会使轻轨和公共汽车线路之间的换乘变得更加便利，还可以刺激沿街商业。

大运量交通系统

轻轨系统再进一步就是真正的大运量交通系统（mass transit system），在不同的城市也称为重轨、快轨、地铁线路、地下铁等（heavy rail，rapid transit，metro lines，métropolitaine，subterráneo，U-Bahn，S-Train，subways，the Underground，rapid railway），或用其品牌名称命名，如T、MTA、CTA、SkyTrain、MRT、MetroTrain、MetroRail、MARTA、the El等。在所有公共交通方式中，这类系统通信能力最

图3.26　加利福尼亚长滩（Long Beach）公共交通廊道（Tisoy/Wikimedia commons）

图3.27　美国华盛顿特区的五角大楼地铁站（Wikimedia Commons）

强，并深深影响了城市的发展模式。

地铁的类型正如城市一般多样。车辆基本上按照当地标准进行定制设计和制造。在历史悠久的城市，车站设计还会经历各种变迁。当场地规划中需要考虑地铁系统时，首先需要参考由地铁运营机构编制的地方标准手册，其中必然包括站台类型、轨道线形、线路分离以及安全保护等方面的标准规范。轨道系统通常会和机动车流线完全分离，因此通常会架高或者位于地下隧道内，抑或利用地形位于低洼沉降区域。每座城市对于地铁站与周边开发的联系，以及与其他交通方式的关联方式等都制定了各自的政策。

最好的地铁系统是与周围环境和谐相融成为一体。对于两条在同一平面上运行的轨道而言，其路权宽度须至少为8～10m，具体宽度取决于接触网设置、控制方式和安全保护类型。如果地铁架高，那么双轨站台通常宽为7m，但现在越来越多的城市倾向于根据每条轨道各自设立站台，这样可以让下层空间有更好的采光。将地铁轨道架高到15m或20m也会减少地面上的障碍，并可充分使用下层空间（underspace）。

位于地下隧道内的地铁线路的内部宽度为单轨5700mm或双轨9500mm。尽管具体尺寸因车辆类型而异，但若采用架空接触网的供电方式通常需要预留一定的空间。许多地铁系统从第三轨道受电，则能够降低隧道高度。地铁规划的一个难点在于如何统筹协调线路走廊的上方、两侧和下方空间。

图3.28 迈阿密的架空公交轨道线路下拟建的线下公园（James Corner Field Operations提供）
图3.29 曼谷架空轻轨下方的街头活动（©somdul/Dreamstime.com）
图3.30 温哥华天车（SkyTrain）轻轨的金马素-百老汇站（Commercial-Broadway station）架空线路下的开发（Stephen Bohus/City Hall Watch.ca提供）
图3.31 芝加哥伊利诺伊理工学院CTA地铁站，下方是学生中心（Philippe Ruauld/OMA Architects提供）

将公交轨道高架与周边空间相结合既是机遇也充满了挑战。如果高架站台的高度刚够下方车流通过，甚至在没有道路交叉口的路段高度更小，就会造成站台下方消极黑暗的废弃空间。通常的做法是在高架下方建一个线性公园，以补偿附近居民遭受的噪声和干扰，并保持两侧区域的视觉联系。在主要街道上，还可以继续在架空下方进行商业活动，以保持临街零售商铺的延续。在哥本哈根的欧瑞斯塔新城，架空公交线路及其下方的河道是其长条形社区的中心地带，在每个站点周围设有主要公园。在芝加哥伊利诺伊理工大学，公交线路将校园一分为二，于是在车站下方设立学生中心能够大大吸引学生活动。高架下方空间利用还有其他方法，如设置停车场、露天市场或其他临时活动区域，或者像巴黎艺术商街（Viaduc des Arts）在高架下方设立手工商店和艺术家空间，其上面的铁路线目前已废弃并被改造成公园。

另外一种做法是将高架公交轨道线路融入大型开发，使其不显眼。但除非场地也由相关交通运输部门管控，否则由于产权的复杂性以及建筑和公交线路之间协调所需要的各种穿行地役权等，都会使得混合开发相当困难。通常当轨道位于地下，并在车站或附近进行上盖建设时，公交和城市建设的结合会比较容易。这在伦敦和纽约有着悠久的建设历史，蒙特利尔、多伦多、华盛顿和上海等城市最近建设的地铁线路也设立了许多车站综合开发项目，提高了交通可达性及周边的利用率。多伦多伊顿中心（Eaton Centre）就是充分利用与建筑群平行的公交线路和车站的客流量的一个典型例子。

但是，并非所有车站都适合联合开发。车站仍然需要有一个比较明显而简单的候车厅（headhouse）用来引导人流进入地铁，并且也需

图3.32

图3.33

图3.34

图3.32 蒙特利尔市中心的公交轨道车站通常被纳入大型开发项目（Société de transport, Montréal）
图3.33 多伦多伊顿中心可从室内下层直达地铁，有助于激活多层零售空间（Andrew Bardwell/flickr/Creative Commons）
图3.34 洛杉矶地铁一体化建造的车站入口（Los Angeles Metro）

要周边有精心设计的良好公共空间。洛杉矶地铁在其车站入口采用一体化元件包设计（kit-of-parts approach），光线充分射入候车室的自动扶梯和下方的站台，既易于识别又不过分张扬。当周边场地的开发建设逐渐成熟完善，这些装配式入口可以很容易被拆除或在别处进行重复利用。

循环系统

许多机场和市中心地区设置了专用轨道交通系统，以满足相关人员流动的需求。就机场而言，一般是用于航班乘客快速从航站楼的一端到达另一端（如底特律国际机场），或者可以连接多个航站楼和远端停车场（如美国的纽瓦克机场、芝加哥奥黑尔机场以及英国的伯明翰机场）。美国的底特律和迈阿密、新加坡、中国的广州和意大利的佩鲁贾等地都建立了旅客捷运系统（people mover systems），该系统独立于更大的公共交通系统，专门在中央商务区内行驶。在西雅图市中心，为世界博览会建造的单轨铁路（monorail）将市中心和西雅图中心（Seattle Center）相联系，

图3.35 底特律国际机场快车旅客捷运系统（Danleo/Wikimedia Commons）
图3.36 新加坡轻轨（Crystal Mover）公共交通系统（Calvin Teo/Wikimedia Commons）
图3.37 西雅图单轨铁路的市中心站，连接着市中心和西雅图中心（Razvan Socol/Wikimedia Commons）
图3.38 澳大利亚悉尼市中心的单轨线路

至今仍在继续运营。悉尼也在市中心建立了架空的单轨铁路系统。迪士尼在其佛罗里达和加利福尼亚的主题公园里也设置了单轨铁路。在许多地方，以德国的杜塞尔多夫机场和多特蒙德的空中轨道列车（H-bahn）为例，还通过悬挂在导轨上的车辆运送乘客。

旅客捷运系统持续应用在工业领域和城市建设中。这一想法最初源于在城市密集区采用自动步道运送客流，随着时间的推移，逐步发展成为轨道运行的自动小型汽车循环网络。但每种装置最初都是概念验证阶段的实验，哪怕是无人驾驶的，其运维成本仍然十分高昂，很大程度上依赖于运营机构是否可以从补贴中获利。在拉斯维加斯，各大赌场合作设立了连接各赌场的轨道环路并从中获利。简而言之，循环系统介于轻轨系统（或有轨电车）和个人交通系统之间，每一类都与其市场需求相适应，不能一概而论。

个人交通系统

半个多世纪以来，个人快速交通（personal rapid transit，PRT）系统一直是规划者的梦想。但直到最近，相关技术才刚成熟到可以进行实际应用。西弗吉尼亚州摩根敦（Morgantown）是最早的该类系统安装地之一，运行于1975年，主要服务于市中心和西弗吉尼亚大学。每辆车最多可容纳8个座位和4个站位，因此看起来更像旅客捷运系统而非PRT。单一路线在5个车站之间每天可容纳3.1万名乘客。每日分段采用三种运行模式：需求模式（通常在夜间，由乘客驱动，最多延迟5min以接其他人）、预定模式（高峰时段）和循环模式（低交通量时段，每站都停车）。美国得克萨斯州达拉斯市郊的拉斯科利纳斯（Las Colinas）中心也在有限范围内采用了这一自动导轨交通系统。

图3.40

图3.41

图3.39　西弗吉尼亚州摩根敦最早的个人快速交通系统之一（Michlaovic/Wikimedia Commons）
图3.40　阿联酋阿布扎比马斯达的个人快速交通车辆（Masdar City）
图3.41　马斯达拟建的PRT路线（Kat Logics）

图3.42 葡萄牙里斯本的缆车也是当地涂鸦艺术家最喜欢的对象

第一个真正意义上的PRT位于阿布扎比的马斯达（Masdar）生态社区和伦敦的希思罗机场。其电动车辆有两个座位（可再增加两名站客），乘客可自行选择目的地。在马斯达，车辆在地下电缆引导下沿着道路行驶。停车场可容纳4~6辆车并用作充电站。希思罗机场类似的无人驾驶车辆用于在5号航站楼和远端停车位之间运送乘客。

PRT系统的通行能力较难估算，但一般情况下会低于固定路线的小型公交车的通行能力，但高于短途私人汽车。其优势在于响应用户的能力强，并较为适合需要车辆快速周转的地方。在不久的将来，PRT系统很可能会被无人驾驶汽车和无人驾驶出租车所取代，这些技术提供了更大的灵活性，并能够实时调配车辆。

缆索铁道

一个多世纪以来，在地形过于陡峭的地方，不适合安装有轨电车甚至公交车，一般会安装缆索铁道，也称为缆车、悬崖铁路和齿轨铁路（funiculars，inclines，cliff railways，cog railways）。缆道坡度一般在48%~78%，澳大利亚卡托姆巴风景名胜区（Katoomba Scenic World）的观光列车坡度高达128%，令人毛骨悚然。缆车是许多城市日常交通的重要组成部分，如智利的瓦尔帕莱索市（Valparaiso）有15条地面缆车线，美国匹兹堡、新西兰惠灵顿、瑞士卢加诺、葡萄牙里斯本等许多地方也有缆车运行。其他缆车主要用于旅游和滑雪，在高空的缆车上可以看到壮观的景色。缆车的运营成本虽不太高，但维护成本很高，已逐渐被其他交通方式所取代。匹兹堡曾经有15条登山缆车线路，现在只有迪尤肯（Duquesne Incline）和莫农加西（Monongahela Incline）2条登山缆车线路。

尽管登山缆车本身并不美观，爬行过程中也较为不易，但连续驱动钢丝绳的好处在于，在两辆缆车相向行驶的过程中，可以几乎不太消耗额外的能量。一般是一辆缆车上升，另一辆缆车下降。尽管也有两条和三条轨道，但在长距离运行时通常在两组平行轨道（四条轨道）上运行，并在路程中心设置超车区。各地缆车系统各不相同，近年来瑞士、奥地利和美国犹他州的滑雪景区均建造了大型缆车。以达沃斯帕森登山缆车（Davos Parsenn Bahn）为例，该缆车载客量为200人，可以10m/s的速度在水平4048m的距离上抬升1106m（分两段）。该缆车每小时通行量约为2000人。

在建筑物高差很大的情况下，也可以采用缆车这一方式。私人缆车在新西兰的惠灵顿很常见，它还通常安装在某些位于山腰的酒店，如美国犹他州帕克城的圣瑞吉度假酒店（St. Regis Resort）。建筑师伦佐·皮亚诺（Renzo Piano）就装设了玻璃表面私人缆车，以便能够到达其在山坡上的办公室和家，并俯瞰位于意大利热那亚附近的地中海。

自动扶梯和自动步道

自动扶梯（escalators）是缆车的替代方案之一，可以在高达58%（30°）的陡坡上运送大量人员。自动扶梯的建造和运营成本很高，但是在大客运量情况下，它可能比缆车或绕行几英里往返的公交车更经济实用。自动扶梯需要宜人的气候，并且在多雨地区必须用顶棚加以保护。

中国香港拥有最长的户外自动扶梯，运行长度超过800m，攀升高度达到136m。20个自动扶梯和自动人行道横跨13条街道，日交

图3.43　位于美国宾夕法尼亚州匹兹堡的迪尤肯登山缆车，在30°（58%）的山坡上通行，现在主要是旅游景点（Plastikpork/Wikipedia Commons）

图3.44　建筑师伦佐·皮亚诺的私人缆车，可以到达他在意大利热那亚山坡上的住所和办公室（Maspero Elevatori）

通量超过5.5万人次。为满足高峰期定向交通的要求，自动扶梯系统通常在早上高峰时段下行，在晚上高峰时段上行。哥伦比亚的麦德林（Medellín）和委内瑞拉的加拉加斯（Caracas）通过较短的自动扶梯将行人送往电梯或缆车底部，进而前往陡峭山坡上的住所。

通常，自动扶梯的宽度为80cm或122cm，运行速度为0.5m/s，其载客量分别为每小时约2300人和4500人（Dionne，未注明出版年）。

对于9%（15°）以下的斜坡，才可以采用自动步道（moving sidewalks）。自动步道历史悠久，最早在1893年亮相于芝加哥的哥伦比亚世界博览会，当时自动步道每小时可运送3.1万名乘客。但是自动步道现在主要用于机场和其他大型建筑群，并未进行更大推广。东京的惠比寿人行天桥（Yebisu Skywalk）由一系列自动步道组成，中间有短楼梯平台，连接了相距大约1km的惠比寿站和惠比寿花园广场建筑群，以及若干酒店、博物馆和娱乐场所。

尽管自动步道有多种尺寸，但单条机动步道的最大实际长度约为300m，步道的行驶速度通常为0.45～0.65m/s。此外，还需要提供传统的人行道，以应对自动步道的维修和可能的天气影响。因此，自动步道通常应用在有单一所有权的大型建筑综合体中，用于大量人流的迅速转移。但是西班牙维多利亚-加斯特伊兹（Vitoria-Gasteiz）的公共自动步道也运行良好，它与传统鹅卵石街道平行，有七个分段，将新、旧城区相连接。

图3.45 中国香港中环阁麟街自动扶梯中的自动步道路段，将市中心和山坡相连接（Wing Luk/Wikipedia Commons）
图3.46 东京惠比寿人行天桥（Y. Kanazawa/flickr/Creative Commons）
图3.47 西班牙维多利亚-加斯特伊兹密封在玻璃和不锈钢中的机械坡道连接着新、旧城区（Roberto Ercilla，Architect提供）

架空索道

架空索道（aerial tramways）曾经被认为是滑雪胜地和娱乐场所才能见到的新鲜事物，

但现在应用日益广泛，主要用于陡峭山坡开发。纽约东河的罗斯福岛（Roosevelt Island）居住区建于1976年，没有地铁，而是通过架空索道与曼哈顿岛相连。客舱可容纳110人，每天通过945m长的挂索运行115次。架空索道一直很受欢迎，在罗斯福岛通了地铁后，人们仍然继续使用架空索道。

哥伦比亚的麦德林建设了非常有效的架空索道系统（Metrocable），为几个人口密集的山坡社区提供服务。陡坡和随机的住所形式使得其他任何形式的上坡交通方式都不现实。索道总共运营三条路线，长度从2km到4.6km不等。可拆卸的吊舱能够容纳8位乘客，在斜坡上以22km/h的速度行驶，每小时能够运送2000~3000人次。麦德林社区还将公共交通与社区服务升级相融合，在索道终点站设立了商业和社区设施。

架空索道需要进行定制和仔细安装，索道对大风很敏感，因此如果使用率很高，它的维护是一个问题。不过尽管如此，对于山腰地区或被水域分开的社区而言，索道仍是最经济实惠的方式。俄勒冈州的波特兰市安装了架空索道系统，将其南部滨水住区与规模巨大的新俄勒冈健康与科学大学连接在一起，这条索道行程3300ft（1km），攀升了500ft（1400m）垂直高度的斜坡，并且是城市公共交通系统的一个组成部分。

轮渡

轮渡是最古老的公共交通形式，并在许多城市的日常运行中发挥着至关重要的作用，如纽约、中国香港、西雅图、悉尼、伊斯坦布尔和加拿大哈利法克斯（Halifax）等。渡船是许多岛屿社区的生命线，并且还可以连接交通堵塞地区的

图3.48 纽约市曼哈顿岛和罗斯福岛居住区的架空索道
图3.49 哥伦比亚麦德林缆车系统将山坡社区与主要公共交通系统相连（Jorge Lascar/Wikipedia Commons）
图3.50 美国俄勒冈州波特兰的架空索道将滨水住区与新俄勒冈健康与科学大学相连（Cacophony/Wikimedia Commons）

海岸点，进而缩短行驶距离。在悉尼，对于大部分在市中心工作的人而言，环形码头（Circular Quay）是城市的门户地带，也是每年数百万游客的目的地。渡轮的形式从简单步入或驶入的甲板型驳船，到水上出租车，再到可运载数十辆汽车和卡车以及1000名以上乘客的大型轮船不等。高速游艇可以将乘客送往度假胜地（如中国香港—澳门线），所费时间只有其他方式的几分之一。绝大多数渡轮根据其服务线路的特定需求而设计，而陆侧乘客的需求难以一概而论。

在所有轮渡作业中，快速上下客和维修至关重要。因此，需要设计岸侧上下船的人流、车流路线以免冲突，并需要将乘客和车辆分开排队，提前预订并检票，以避免在等候区附近发生拥堵。

对于仅供步行乘客乘坐的渡船，则需要重视与公共交通工具和停车场的连接。理想情况下，停车场可以位于距离滨水区较近的地方，以免人流被道路分割。登船等候区最好有遮蔽物，透明结构能避免码头在滨水景观中的突兀感。纽约的巴特利公园城就是一个很好的小规模渡船码头的范例。对于涉及卡车和汽车运载的大型轮渡，需要规划安排车辆排队路线和等待上船的场所。对于非定期渡轮而言，由于需求每天都在变化，因此还需要提供部分渡轮的停靠区。大型轮渡码头开始仿效中型火车站和机场的候车室，采用双层站台分开乘客与车辆。大型轮渡运行还需要为大量员工提供住宿和办公室，以便进行物流和运行管理。

公交导向开发

任何有效的公交系统都是为周边的乘客服务的。锁定乘客的最有效方法是聚焦公交车站

图3.51 悉尼环形码头是数百万通勤者和游客的门户地带（Peter L. Johnson/Wikimedia Commons）
图3.52 纽约巴特利公园城的渡船码头为新泽西州的通勤者和参观自由女神像的游客提供服务

附近的住区和办公场所。对华盛顿特区的乘客调查表明，如果工作场所靠近公交车站或火车站，46%的城市居民会使用公共交通工具，而居住在公交车站附近的55%的城市居民会使用公共交通工具。相比之下，如果城市居民工作场所或住区距离公交车站在0.5mi（800m）以上，使用公共交通工具的比例分别降到了13%和36%。显然，在公交车站附近生活和工作的人最有可能使用公共交通工具（Washington Metropolitan Area Transit Authority 2006）。

公共交通运营的可行性还有赖于公交车站点或站台附近有足够大的人口密度。对人口密度的要求由于补贴水平、服务水平等各种因素不同而没有统一标准，但一项美国研究表明，要使地铁交通经济实效地运行，需要人口密度达到45人/ac（18人/hm^2），有效轻轨交通则需要人口密度为30人/ac（12人/hm^2）。同样的研究表明，如果工作地点距离公交车站在0.25mi（400m）以内，并且居住地点距离公交车站在0.5mi（800m）以内，公共交通工具最受欢迎（Cervero & Guerra 2011）。

公交导向开发（transit-oriented development，TOD）鼓励人们步行到达公共交通站点，其优势远远超出公交系统本身。公交导向开发（TOD）可以：

通过鼓励人们放弃车辆和促进共享停车降低停车成本；

提高公交车站内外的安全性；

鼓励周边商业开发；

减少出行需求；

鼓励骑自行车往返车站，包括自行车共享；

鼓励通过步行或骑行进行体育锻炼。

此外，高密度开发还具有促进面对面交流和加强社区活动等社会效益。

世界各地都有许多不同规模的优秀TOD

图3.53

图3.54

图3.53　美国加利福尼亚州奥克兰弗鲁特韦尔公交村的早期鸟瞰图（Microsoft Virtual Earth）
图3.54　从美国加利福尼亚州奥克兰湾区快速交通车站眺望弗鲁特韦尔公交村

范例。加利福尼亚州奥克兰市的弗鲁特韦尔公交村（Fruitvale Transit Village）由一个社区非盈利组织开发建设而成，场地面积9ac（3.6hm^2），位于湾区快速交通车站（BART）及其邻近公交换乘区旁边，其内有住宅、社区零售、社区服务和通勤停车场，采用地面零售店、上方办公区和服务区立体混合开发，顶部是经济适用房。该社区吸引人们往返于湾区快速交通车站，也为商业服务和社区活动提供客流。其中有两个空场地现在用于停车，未来将大幅度扩大开发范围，现在该地已成为邻近社区的中心。

东京拥有极佳的公交系统，并且不断更新改进，因此大型开发项目通常与公交车站相连。在六本木区，东京中城（Tokyo Midtown）地下连接两条地铁线路，而自动扶梯则将六本木新城（Roppongi Hills）与其附近的车站相连。在东京中城，多数餐厅布置在车站附近，而周边通勤的职工和居民都会通过这些区域。六本木新城还鼓励爬山穿过该区域，影剧院等也都在两侧展示。

公交导向开发需要从一开始就将公共交通系统纳入规划，并充分考虑与未来建设的连接。一些城市反对将车站直接与私人建设项目相连，因为这使得私人项目比其他附近区域更具商业优势。对于私人开发项目而言，与公交车站建立连接时，住宅、酒店或与其他敏感用途相邻的地方还需要解决安全等问题。但是，公交导向开发可以带来客流，并可以通过流线和布局规划进行公私分区。简而言之，通过精细化设计可以让每一方都从公交导向开发中受益。

图3.55 东京中城地下购物中心和地铁入口
图3.56 东京六本木新城的自动扶梯，连接了地铁与主要购物中心、娱乐区和办公楼层

图3.55

图3.56

第4章

自行车

自行车广泛应用在城市生活的各方面：上下班或上下学，往返于附近公交车站，休闲骑行，日常办事，快递服务，甚至是参加竞赛等。骑行是一些城市必需的交通方式；而在其他一些城市，则是出行选择之一。还有一些城市，由于存在陡坡地形、恶劣气候和危险道路等情况，导致不能骑自行车。在阿姆斯特丹，80%以上的居民拥有自己的自行车。如果出行距离小于7.5km，在正常工作日，有55%的居民会选择骑自行车上班。哥本哈根的骑行出行数据紧随其后，每天平均有36%的居民骑自行车上下班，即使在冬天也依然如此。近两年在北京，骑自行车也重新成为人们喜爱的出行方式，但是地铁公交和小汽车正在慢慢取代自行车。与此同时，纽约、温哥华等上千座北美城市也见证了骑自行车的重新兴起，人们也在努力建立安全有效的城市骑行路线。

骑自行车有很多优点，不仅有益身体健康，而且相对节能和减少噪

图4.1 荷兰阿姆斯特丹骑行者（Alfredo Borba/Wikimedia Commons）

声，自行车占用的道路和停车位相对较少，并易于与公交等其他出行方式相结合。对于大学生来说，骑自行车通常是首选出行方式。对于低于申请驾驶证最低年龄的人群，或者居住在低密度郊区的人来说，自行车可能是他们交通出行的唯一选择。推广骑自行车的最主要障碍是如何保障出行安全，特别是在自行车要与汽车、公共汽车和卡车共用道路的情况下。改造现有路面增设骑行道会比较麻烦，因为这涉及对现有机动车道或者停车区规划的重新调整。因此，对于新开发地区，最好在规划初期就将骑行道纳入考虑，以免真正开发建设过程中的艰难权衡，而且，最好可以在居民最初使用场地时就培养其骑行的习惯。

自行车尺寸

典型的带扶手的自行车一般宽0.75m、长1.75m，并可沿道路在1m宽的自行车道上骑行。北美标准规定专用自行车道的宽度为1.2～1.8m，常采用的宽度为1.4m（American Planning Association 2006）。但是，调查表明，美国城市中大多数人在宽度小于1.5m的车道上骑行时会感觉不适（Kroll and Sommer 1976），相比之下，1.5～1.8m宽的车道更能满足骑行需求。美国国家高速公路和交通运输协会（American Association of State Highway and Transportation Officials，AASHTO）的标准中建议自行车道宽度不小于1.5m（AASHTO 1999）。该宽度限于单向骑行的专用自行车道，双向骑行所需的车道宽度通常为3.0～3.5m。随着载货自行车、带拖车的自行车以及两轮和三轮车组合等类型的使用日益增加，可进一步增加骑行道的宽度。

澳大利亚标准与美国标准相类似（New South Wales Roads and Traffic Authority 2003），而欧洲标准的尺度更为宽松。荷兰建议其自行车道宽度为2m以便于并排骑行（C. R. O. W. 1994），并建议在高峰期交通量超过每小时150辆自行车的地区，车道宽度应为2.5m，以留出充足的空间供骑行者超车。

自行车路线类型选择

美国研究表明，90%以上的骑行者认为在有自行车专用区的街道骑行时更安全（Kroll & Sommer 1976）。对许多人来说，对骑行危险的担忧是阻碍他们在城市街道上骑自行车出行的一个重要因素。美国俄勒冈州波特兰市的一项研究表明，仅有8%的城市居民对骑行充满信心和热情，有60%的城市居民对骑行感兴趣，但是对路上的安全性表示担忧（Geller，未注明出版年）。鼓励城市居民骑自行车出行的一种方法是标记和划出专用区域，构建自行车路线网。

自行车道的形式十分多样。农村地区可在道路外侧边缘为自行车铺设路肩或直接加宽最外侧车道。宽路边车道（wide curb lanes，WCLs）的宽度增加到4.2m时，可允许机动车和自行车并行，且机动车可超越自行车（AASHTO 1999）。大量研究证实了宽路边车道的安全优势，但在运行中也暴露出严重问题，主要问题在于转弯时路权优先的冲突（Hunter 等 1998）。包括缅因州在内的美国一些州政府要求驾驶者在超越骑行者时保持至少4ft（1.2m）的距离，但如果超越骑行者的车辆是大卡车，即使

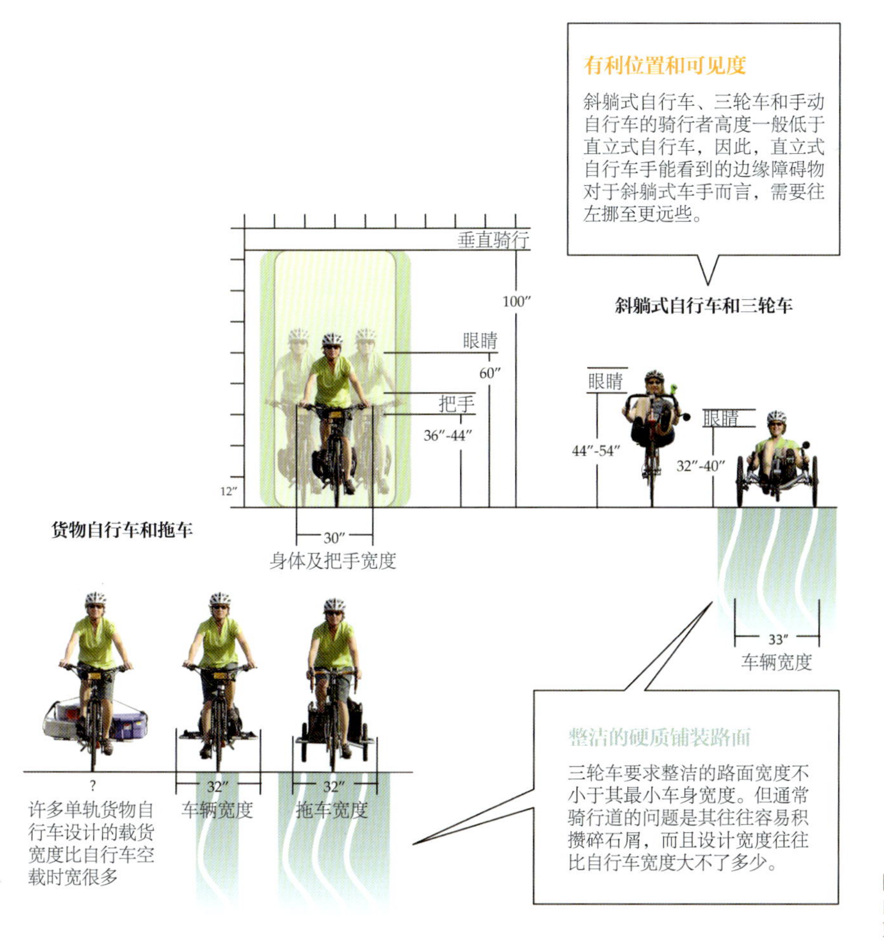

图4.2　自行车尺寸和自行车道的宽度（Keri Caffrey/American Bicycling Education Association 提供）

图4.3 基于交通量和速度选择合适的自行车道类型（New South Wales Bicycle Guidelines）

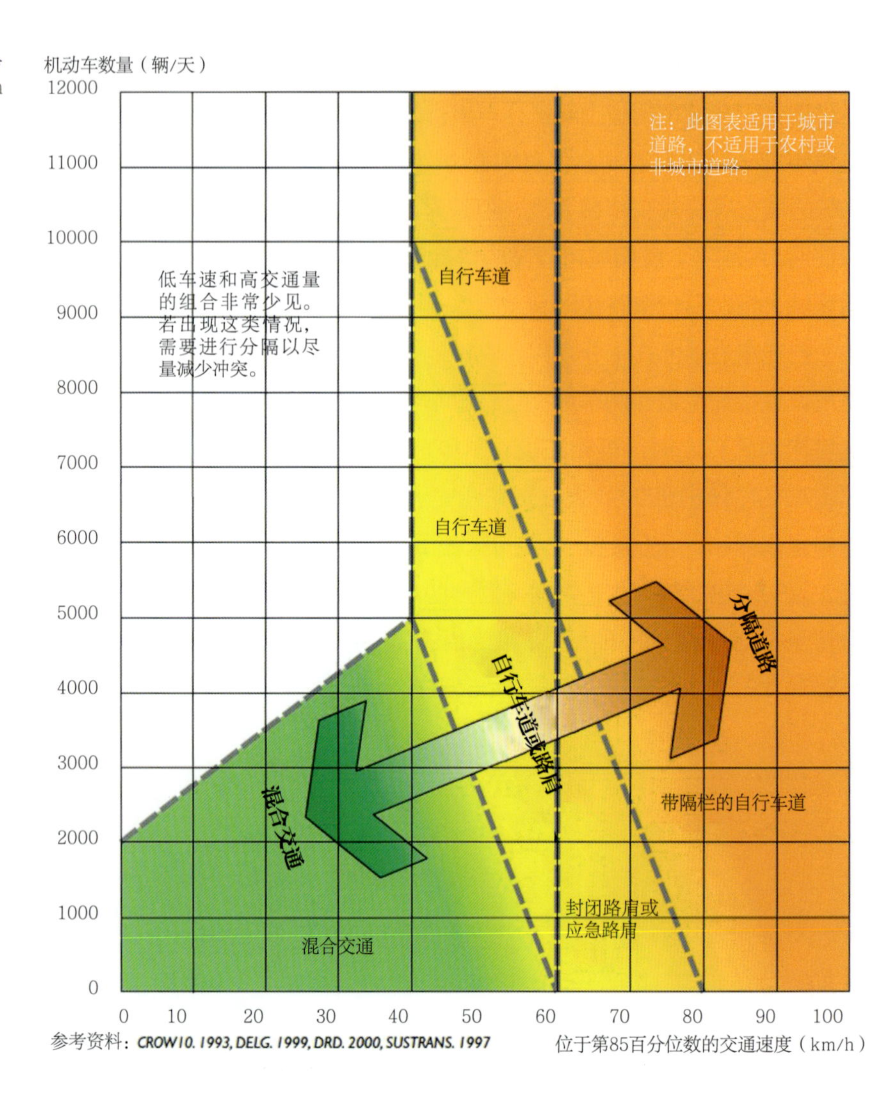

是预留上述空间也可能是非常危险的，因为机动车辆的牵引力往往很大。

在交通量大、行驶速度快的路线上需要更明确地划定自行车专用区域。如图4.3所示，澳大利亚根据实践经验提出了最常见的自行车道类型的选择框架。在荷兰，如果机动车速度超过50km/h或交通量超过1200辆/h，则建议使用独立的自行车道（Diepens and Okkema Traffic Consultants 1995）。

指定自行车道有多种方式，最常见的是划出道路的一部分路面（通常在道路边缘），将其标记为自行车专用道。这种布置允许使用者灵活地使用车道，并可随时让机动车乘客下车，但这一方式也有缺点，因为乘客下车会影响和阻断骑行者。如果道路允许在路边停车，有的做法是将指定的自行车道（designated bicycle lane）布置在停车区与车行道之间。例如，可以用白线画出自行车专用道，或者共享停车位和自行车道，但通常预留

3～3.5m宽的区域。该布置的好处是汽车可在不干扰正常交通运行的情况下停车，但对于骑行者会存在严重的安全隐患，尤其是驾驶者经常在不事先察看后方是否有骑行者的情况下打开车门或驶出该区域。自行车道第三种设置情景是在路边有公共汽车或有轨电车道的情况下。尽管骑行道可以在公共汽车或有轨电车周围缓慢绕行，但公共汽车或有轨电车遇到车站就会有乘客下车，因此更好的解决方式是将骑行道布置在公共汽车道和第一条机动车道之间，抑或借鉴多伦多的方式，自行车与公共汽车合用3～3.7m宽的车道。对该城市的研究表明，骑行者在自行车—公共汽车共用车道上骑行感觉很舒适（Egan 1992）。但自行车与有轨电车共用车道需要注意当自行车车轮穿过凹陷的轨道时存在危险。对此可沿轨道放置橡胶嵌件以减少危险。这种共用车道通常被称为“sharrows”，即“共用”（share）和“箭头”（arrow）二词的组合，并采用独特标记。所谓的共用车道标识也可以用于自行车与机动车共用车道。在没有更多道路空间供单独的自行车道使用时，共用车道显然是最后的选择，但仅适用于交通量较小的地区。

除了用白线画道外，还可以在骑行道与车行道之间插入由鹅卵石或其他纹理表面组成的减速带（rumble strip），以提醒驾驶者不要驶入骑行道。或者可以在骑行道和车行道中间布置路缘石或中央隔离带，用物理隔断将二者分开。但这类骑行道必须慎重考虑排水和除雪等问题。汇水区需要与骑行道同高，尤其是在霜冻等情况下要尽量避免积水。如果是车行道

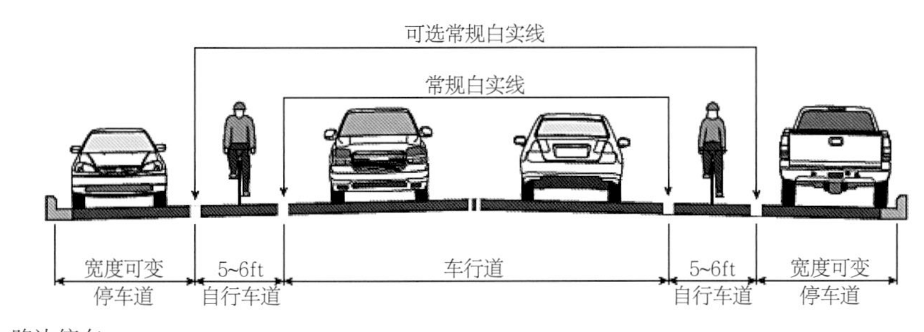

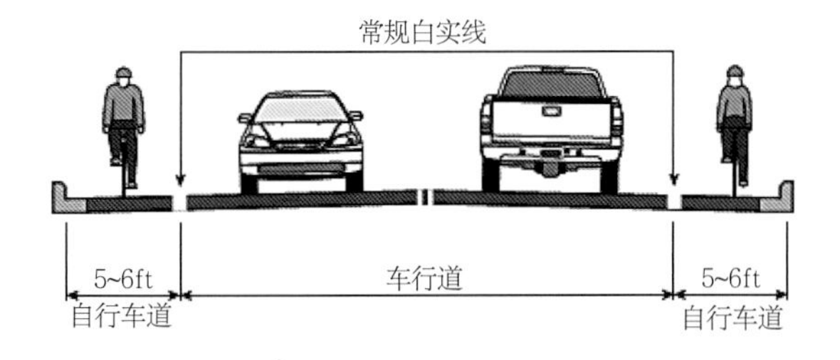

图4.4 两种自行车道的道路选项（FHWA）

图4.5 美国威斯康星州麦迪逊市公共汽车道一侧的自行车道（John S. Allen提供）
图4.6 德国曼海姆（Mannheim）自行车与公共汽车共用车道（Martin Hawlisch提供）
图4.7 美国洛杉矶街道上的共用车道标志（Joe Linton/Streetsblog）
图4.8 美国纽约第九大道上与机动车交通隔离的自行车道（纽约市交通运输部）
图4.9 法国巴黎独立双向自行车道
图4.10 瑞典马尔默与人行道共用的自行车道

和骑行道分开的情况，那么骑行道需要有单独的排水口。此外，如果在冬天仍鼓励自行车出行，就需要及时对骑行道进行除雪，而不是让其成为堆积街道积雪的场所。

欧洲城市通常还会用另外一种方式，即把骑行道和步行道相结合。在这种情况下，骑行道和步行道同高，可通过标记或者不同的路面材质及颜色进行区分。但如果行人走得慢，而自行车骑得快，在他们靠近时，特别是在交叉路口，可能发生危险；抑或行人忽略了自行车，也会有一定风险。对此的解决策略是在通过路口时将二者分开，或者在骑行道和步行道之间设置连续景观带。

如果骑行交通量较大，骑行道可以位于与道路平行的专用道内。例如，北京的许多主要道路上都有此类骑行道，在车行立交桥的主要路口也设置了骑行天桥。在路面平交口，则需要分开的交通信号灯控制，使得机动车可以穿过骑行道右拐，同时也让自行车可以穿过车行道左拐。在自行车流量较大的市区，平行骑行道的成效十分显著，当前越来越多的城市都修建了横跨高速公路、主干道和水路的骑行天桥。

骑行道（bicycle paths）并不一定都是笔直的。在有连续开放空间走廊的规划项目中，骑行道可以沿着开放空间的路线，只需穿过几条道路便可到达目的地。骑行道可以兼作休闲骑行环路，轻巧地穿过场地，并在一些地方停下来欣赏风景。骑行道还可以共用步行路线，但需要明确行人和骑行者各自的路权。通常来说，一条典型的双向步行—骑行道的宽度至少应为2.5～4m。

总的来说，骑行道的设计需要解决以下几个问题：

骑行的目的：上下班、办事还是休闲骑行等；

图4.11

图4.12

图4.13

图4.11 纽约市哈得逊河林荫大道的独立自行车道
图4.12 哥本哈根蛇形自行车道，为哥本哈根港提供了一条捷径（DISSING + WEITLING Architecture/Rasmus HjortshØj-COAST提供）
图4.13 西班牙加泰罗尼亚的自行车道（Anon/Wikimedia Commons）

骑行者的类型：学龄儿童和青少年、大学生、偶尔骑自行车的成年人还是以其为主要出行方式的用户；

骑行目的地：学校、工作单位、公共汽车站还是商业区；

道路交通量；

骑行道尺寸；

越野骑行路线的可能性；

地形；

气候。

坡度和形状

虽然再陡峭的坡地也无法阻挡骑行爱好者的热情，但并不是所有骑行者都有体力（或毅力）骑上陡坡，他们有的会选择带变速齿轮的自行车来节省部分体力。一般情况下，普通骑行者更倾向于骑行在道路规定范围内的坡度。除非地形不允许，否则坡度应该保持在5%的范围以内。如果坡度必须加大，那么则需要限制陡坡段的长度，具体要求如下（AASHTO 1999）：

5%～6%，陡坡段最长240m；

7%，陡坡段最长120m；

8%，陡坡段最长90m；

9%，陡坡段最长60m；

10%，陡坡段最长30m；

11%及以上，陡坡段最长15m。

在大多数情况下，骑行道在水平方向上可以与车行道平行布置。在交叉口的转弯处，自行车需要减速或停车。但是，自行车专用道或与骑行—步行共享道则需要对骑行路线进行相应设计，以适应自行车的预期速度。在转弯时，自行车会向弯道倾斜，倾斜角通常约15°。表4.1列出了独立骑行道的最小水平半径。

各国都在整合自行车和机动车交通方面有丰富的经验与做法，并且根据各国惯例而有所不同。许多国家以规范导则为准，如果没有相关国家规范，则会采用自行车相关的交通管理机构制定的地方规范和指导手册。如果我们可以对相关规范持续进行更新和改进，那么就没有必要仅关注车轮技术的革新。

设计骑行路线不仅是为了安全和交通工程的需要，更重要的是，我们希望骑行是一项令人愉悦的活动，设计师可想象人们沿着道路骑行或穿过景观时的感受，让人们在骑行运动中共同感受世界，因为通常骑行者们会一起经过同样的路线。在没有风险的情况下，人们还可以在骑行中交谈、浏览商店橱窗或看风景，并且还需要有地方停车休息、修理自行车，或者哪怕在突然下雨时避雨。这就带来另一个问题——如何寻找适合停车的地方呢？

自行车停放

骑行者除了关心骑行安全外，还会担忧自行车在停放时被偷或被损坏。因此，他们通常会尽量将自行车停在目的地附近。有的将自行车拴在商店外面的树上，有的甚至会带着自行车进电梯（在允许的情况下），然后将自行车停放在公寓阳台上。但这些都不是一劳永逸的解决办法。最好的方法是在目的地或附近提供安全的自行车停放处。自行车停放与骑行道设计都是自行车交通系统的重要组成部分。

典型的自行车停放位大小为0.6m × 1.8m，并需要1.5m宽的通道。因此，每辆标准停放的自行车需要约1.5m^{2}的空间。垂直形式的自行车停放可将这一规模要求降低至每辆车1.2m^2。一般可以配备各种自行车架用于停车，车架形式是永久固定还是可移动要根据具体情况而定。车架的另一个关键功能是能够容纳电缆、链条或锁，不仅锁住自行车，还可锁住可拆卸的车轮。还有一些可上锁的自行车储藏柜，可以在恶劣天气下保护自行车的安全。

购物、访客、快递之类活动时长小于2h的行为需要自行车停放尽可

表 4.1　独立自行车道理想的最小半径

设计速度（km/h）	最小半径（m）
20	12
30	27
40	47
50	74

资料来源：AASHTO（1999）, p. 38
注：根据 15° 倾斜角计算

图4.14 洛杉矶地铁站的自行车储藏柜
图4.15 华盛顿特区超市入口附近的自行车停放处（Zoning DC）
图4.16 纽约市的有顶棚自行车停放处（Jim Henderson/Wikimedia Commons）

能靠近活动目的地，并最好位于入口的视线范围内。在临街商店外，最方便的布置是沿街道分布停车架，这样骑行者不用进出更大的停放区。但需要在街道边留出足够的步行空间。同时，停放处的遮阳也非常重要，对于10辆以上自行车的停放处，至少要有一半面积有顶棚遮盖。由于骑行者会在恶劣天气寻找拱廊或其他遮蔽区，因此规划设计也需要把自行车停放纳入考虑范围。

长期自行车停放区则是服务于那些在目的地停留半天以上的骑行者，包括乘公交车上下班的人、夜间停自行车的居民、在火车站停车的乘客、在校学生以及休闲步道起点处骑行者。对于长期停车，安全因素至关重要，因此最好安装电子监控设备，或者在大规模停放处安排值守人员。此外，防止雨雪和良好排水也十分重要，规划设计还要考虑寒冷天气下停放区保暖以及除雪等方面的问题。对于乘公交车上下班的人，最佳解决方案可能是提供室内自行车库，附近设有浴室，允许骑行者上班前换衣服。

许多城市在商业区或火车站附近建造了创新型一站式服务中心的自行车车库（bicycle garages），包括密集停放区、储藏柜、维修处、相关设备销售网点、自行车租赁点、骑行服务台、浴室及洗手间、咖啡店等，以方便人们在骑行开始或结束时享受这些服务。德国弗莱堡的维洛中心（Velo Center）位于火车总站附近，就包括上述许多服务以及一个共享汽车租赁网点。芝加哥千禧年公园（Millennium Park）的麦当劳自行车中心毗邻商业区，是一个服务骑行者的综合网点，其中还包括了为滑板和滑冰爱好者提供的设施。加入该中心的会员还可享受共享单车和共享汽车的服务。许多

图4.17　德国弗莱堡的自行车车库和中心

图4.18　德国弗莱堡自行车车库里的自行车存放区

大学也开始投资建设自行车中心，不少美国城市都要求在室内停车库预留自行车停放处。

共享单车系统

共享单车（bicycle sharing）起源于荷兰工程师路德（Luud Schimmelpennink）在1965年创建的"阿姆斯特丹白色自行车计划"，该想法计划在全市范围内配送自行车，并邀请居民在使用自行车后将自行车留在目的地供其他人使用。虽然在一个月之内，大部分自行车消失了，但是这个有吸引力的想法很快传播到其他欧洲城市，最近又传播到加拿大和美国。目前上百座城市都有了不同形式的共享单车项目。

实践证明，有三类共享单车系统比较可行。第一种是由非营利组织或合作机构运营的社区共享单车（community bicycle sharing），向其社区成员提供自行车。以美国麦迪逊威斯康星大学为代表的一些大学也采用了这种模式。在多伦多，名为"社区自行车网"（Community Bicycle Network）的组织成功创建了共享单车项目，目前有400多位会员。类似的团体也在许多其他城市经营此类项目。在欧洲，许多合作住房项目计划向其会员提供共享单车。这种类型通常受地理范围的限制，并且会员必须将自行车归还到指定地点。其根本问题是维护管理成本很高，而由于会员会费难以支付这些高昂成本，组织必须额外寻求资助、广告和赞助收入。尽管如此，这类系统仍然是提高社区交通机动灵活性的重要方式。

第二种方式是共享单车作为商业机构运行，不少是在获得了初始投资

图4.19

图4.20

图4.19 多伦多社区自行车网的站点（Secondarywalz/Wikimedia Commons）
图4.20 纽约市Citi Bike站

后即开始实施共享系统。巴黎共享单车（Paris Vélib）系统就是一个代表，该系统由一家制造蜂鸣器的广告公司推出，在全市1450个地点配送2万辆经过特别设计的自行车，其目标是在每户200m范围内提供一辆自行车。这一项目的成功迅速催生了许多其他城市的仿效者，有的项目由市政府资助，另一些由私人经营（有或无补贴），还有一些项目通过公私合作机制或由经济开发区赞助。在不同的城市地区有不同的名称，如里昂的Vélo'v、蒙特利尔的Bixi、哥本哈根的Bycyklen、斯德哥尔摩的City Bikes、俄勒冈州波特兰的Bikabout、柏林和慕尼黑的Call a Bike、巴塞罗那的Bicing、英国的OYBike、纽约的Citi Bike、华盛顿特区的SmartBike、杭州的HZBike和智利的Bicicletas Públicas等，不计其数。每个项目形式各不相同，如有些在提取自行车时通常要收取押金（信用卡或现金）并在归还自行车时退回押金，按小时收取使用费，有的有自动自行车架保护车辆安全，还有些系统允许使用手机或互联网预订自行车。

此外，一种新的商业形式也正在出现，即不使用自行车桩，而采用可由智能手机遥控的设备控制共享单车。这一形式源自中国，上海有超过50万辆无桩共享单车（dockless shared bicycles）涌入街道，杭州和北京紧随其后。但这些共享单车的爆发增长引发了各种各样的问题，包括维护预算不足、在一些地方大量积压自行车以及丢弃有问题的自行车等。尽管如此，这类系统仍然在世界上其他城市得到大量推广。

第三类共享单车系统仅指作为其他活动的辅助设备运行的系统，如一些公交系统在其车站提供租赁或共享服务，骑行被视为该交通工具的延伸。例如，荷兰国家铁路公司在荷兰各

图4.21　上海的无桩共享单车

图4.22　荷兰乌得勒支OV-fiets自行车分配器（Apdency/Wikimedia Commons）

市镇的200处提供名为“OV-fiets”的自行车租赁服务，有些是通过自动自行车分配器提供。德国的“Call a Bike”项目由国家铁路公司在几个最大的车站运营，很受游客及公交乘客欢迎。在欧洲，一些停车场运营商已开始为顾客提供免费自行车服务，从而扩大自身吸引力。

未来，共享单车纳入自行车路线系统的组成部分将成为重要战略。高密度城区需要设立共享单车专用基地，方便的临时停放处和可上锁设施将大大提高该系统的使用率。

第5章

步行

每段行程都以步行作为开始和结束。过去一个世纪以来，人们致力于用机械化交通来取代步行，然而现在规划设计者们正越来越多地发现步行的好处。步行（或慢跑、滑板或轮椅）通常是从一个地方到另一处、欣赏风景和在公共场合结识他人的最佳方式。步行也是最节能的出行方式，还可防止肥胖。当前我们身处交流越来越虚拟化的世界，步行能够帮助我们实现在公共场所面对面交流，这也是一项重要的社会交往功能。

精心规划的步行网络对社区可持续发展至关重要。公共交通系统需要有效的人行通道来通往公共汽车站或有轨电车站等交通入口。北美许多郊区的人行道少之又少，这让步行在天黑后变得尤其危险。即使有人行道，通常也是不连续的，并在地块边界常常中断，需要绕行才可到达目的地。在中国快速建设的地区几乎没有有效的人行道，或者通常和停车场或自行

图5.1 芝加哥州街（State Street）

车停放处混在一起。因此，步行网络规划的挑战在于创造有效连接各交通需求线的路线。

基本准则

步行环境应符合人类行为特征、文化习惯以及出行的目的。正常人随着年龄增长，运动能力会逐步下降，因此步行场所应该是安全和舒适，以及令人愉悦的。在不同的文化环境下，人们对拥挤的感受程度不同、在公共场合的行为不同，以及对周围环境的反应能力也不尽相同。步行区规划首先就要了解使用者的特征、习惯及行为。

公共空间

社交距离是人们规避危险并传达意图的一种表现。爱德华·霍尔（Edward T. Hall）是空间关系学（proxemics）研究的先驱，他提出可以将距离看作一系列同心圆。离人体最近的是亲密空间（intimate space）（Edward T. Hall 1966）。对于普通西方人来说，这一区域范围为：两侧约60cm，前方70cm，后方40cm，并且只有家人和朋友（以及医护人员）可以在我们比较舒适的情况下进入这个区域。但实际上我们经常被迫在拥挤的地铁里、电影院或其他集会地点失去我们的亲密空间，在这种情况下，我们会避免与旁人进行目光接触（除非彼此了解），并选择性地无视周围。亲密空间区再向外延伸到1.2m就是第二个区域，即私人空间（personal space），这是我们与他人打招呼、握手、交谈和相互联系的范

图5.2 北美地区人们的空间关系距离（Adam Tecza/Gary Hack）

围。第三个区域为社交空间（social space），距离身体1.2～3.7m，超出了手臂的长度。在这一范围内人们以更客观的方式沟通交流、处理业务或进行演讲。再往上，超过3.7m的区域就是人们几乎无法控制的公共空间（public space），我们只是身处该空间中的观察者或被观察者。

文化决定了上述这些区域的精确范围，比如，南欧人通常以拥抱和贴面礼（双颊）的方式互相问候，在北欧人、亚洲人和大多数北美人看来，这传达了一种过于熟悉的亲密感；在中东地区，站得足够近来感受友人的呼吸是一种礼貌行为，而且牵手在社交礼节中也必不可少。不过，除亲属关系外，异性之间的距离会比同性大。在印度和亚洲大部分地区，必要的个人空间更小，如在人群中推挤、摩肩接踵或在身后站成一排是普遍被接受的，但在许多西方人看来往往这种情况会让他们感到窒息逼仄。

人们观察并判断社交距离（social distance）的例子随处可见，如公园、海滩、公共广场等地。在连续并排摆放的长座椅前，人们自然而然地靠近熟人，远离陌生人，并尽量避免处于两侧被挤压而没有足够个人空间的场所。距离的判断与文化密切相关。研究表明，美国人通常将其海滩毯放在距离另一位海滩游客183cm的地方（如果他们有选择的话），而法国海滩上人们的平均距离为135cm，德国则为165cm（Smith 1981）。摆放恰当的沙滩椅可保证相邻者不会过于靠近从而避免亲密感（公园长椅、电影院或音乐厅座椅上的扶手也起到这一作用）。这些文化习惯特征还影响了不同地区人行道、公共空间和集会场所的规模，因此简单照搬其他地区的案例存在一定风险。

步行空间

在公共步道上，除了和朋友携手同行这一特殊情况外，行人之间也需要保留和尊重彼此的私密空间。任何时候，行人占据范围约为50cm×60cm的椭圆区域，面积约0.3m^2。为避免在步道上与相向而行或超过的其他行人接触，行人还需要有步行缓冲区（walking buffer zone），也称为羞怯距离（shy distance），据此，每位行人的步行范围面积约为0.75m^2。有研究表明，步行中的人通常距离墙0.45m，距离栅栏0.35m，并与偶尔遇到的街灯、树木、长椅和消防栓等障碍物保持0.3m的距离（Stucki，Gloor & Nagel 2003）。两个人并排行走或在相向而行中错身时通常占用1.4m宽的空间，因此1.5m的人行道可满足这一要求，但通常更合适的尺寸为1.8m（Fitzpatrick 2006）。如果有较多人一起行走，建议步道规划宽度为2.3m（Pushkarev Zupan 1975b）。

图5.3　纽约市美国大道（Avenue of the Americas）的午餐场景
图5.4　人们在纽约市45号码头晒太阳
图5.5　拥挤的欧洲海滩（Stefano Guzzetti/Shutterstock）
图5.6　美国弗吉尼亚州雷斯顿市中心人行道

什么时候人们会感觉空间过于拥挤？安全专家指出，当行人密度（pedestrian densities）在$0.5m^2$与$0.85m^2$之间时，无论人流速度如何，行人都会感到舒适（Huat Ma'some & Shankar 2005）。亚洲城市的空间密度可能处于该范围的下限，而北美居民会希望有更大空间。不论哪种情况，低于舒适感的最低限度时，行人会感到拥挤，沿着步道的人流可能会延缓及停滞。纽约一项研究发现，当每位行人可利用的空间低于$0.2m^2$时，行人运动会停滞下来，而当每位行人可利用的空间低于$0.3m^2$时，身体接触必不可免，并且人们只能趔趄被拖着往前走（Pushkarev & Zupan 1975b）。

步行速度

人们的步行速度（walking speed）因目的地、年龄和文化的不同而有很大差异。规划设计一般会采用1.2m/s作为惯用的步行速度。但是，研究显示各地的步行速度有显著差异，如表5.1所示。在抽样调查的国家中，日本东京的步行速度最快，东南亚国家最慢，而北美和欧洲介于两者之间。女性的步行速度比男性略慢，游客往往比有目的地的本地人速度慢，成群结队的人比单独步行的人慢，老年人比年轻人走得慢，残障人士的步速可能只是健全人的一半。在纽约做的一项研究还发现午餐时间的行人往往走得比上下班时的行人慢得多。

将步速转换为距离，可计算出普通行人在10min内步行约800m。这一数据通常用来确定重要设施选址，并用于规划当地的公交指南。但是，北美调查表明，很少有人真的每天走这么远。中心城区的居民往往比住在郊区的居民更倾向于步行，因为有很多要去的地方都在步行范围内。

地形也会影响行人的步行速度及出行意愿。当坡度达到10%（1∶10）时，步行速度降低20%，并且在这种斜坡上行走的意愿明显下降。当行人分心时，步行速度也会下降，比如在纽约，可以观察到大约13%的行人在打电话、听耳机、使用掌上电脑、吸烟、吃东西或喝酒等（纽约市规划局 2003）。

步道人流量

人行道的通行能力受一系列因素的限制，包括实际宽度、行人数量、可能阻碍行人行走或减慢速度的障碍物（如人行道摊贩或等待公共汽车的

表 5.1 行人步行速度

类型	10min 步行距离	
	m/s	m
通用法则[1]	1.22	732
美国纽约男性[2]	1.32	792
美国纽约女性[2]	1.25	750
加拿大卡尔加里男性[3]	1.43	858
加拿大卡尔加里女性[3]	1.35	810
斯里兰卡科伦坡男性[3]	1.35	810
斯里兰卡科伦坡女性[3]	1.30	780
日本东京平均值[4]	1.56	936
泰国平均值[4]	1.22	732
使用拐杖或手杖[5]	0.80	480
使用助步车[5]	0.63	378
使用轮椅[5]	1.08	648

1：普遍采用的法则
2：纽约市规划局（2006）
3：Morrall, Ratnayake and Seneviratne （1991）
4：Mateo-Babiano （2003）
5：美国联邦公路管理局（2006）

人）等。但是把人行道运行状况纳入规划过程的考量十分必要，这有助于预测人流情况。对此有多种经验法则可供参考。

步行道规划十分必要，基于人体宽度和通过或遇到其他行人的空间，每条步道一般宽约1m。在美国，假设行人在人行道上行走时前后缓冲区约为0.75m，行人步行速度为1.25m/s，则步行道的通行能力约为3600人/（m·h）。据此推导公式为：

$$V = S/M$$

式中 V = 人流量或人数；

S = 速度；

M= 步行模块（或1/密度）。

步行模块（pedestrian area module）包括行人间距+0.5m宽的人体占用空间（Huat，Ma'soem & Shankar 2005）。这些数字只是个平均估值，因为实地调查发现，行人在转角处、交叉口、公交车乘客下车处等人流密集处倾向于成排行走。在一些国家进行的研究发现，如果人们不介意彼此较为靠近，那么步行道上实际可以容纳比预期更多的行人。目前，借助各种仿真模拟软件，可以更精确地估算人流量（Stucki，Gloor & Nagel 2003；Still 2000），但是很少有步行道真正达到了其人流量上限，因此通过快速估算可以简单判定是否需要进一步精细模拟。

目前已有针对行人流量制定的服务水平指南类似于机动车和自行车道路服务水平（level of service，LOS）指南。服务水平的等级从自由流动（LOS A）到完全停止（LOS F）（美国联邦公路管理局 2003）。一般每天会出现1h或2h的C或D级，甚至短时间还可能会经历E级别，这些情况都是正常的，但是我们仍然需要设定目标水平等级。例如，大多数人能够忍受

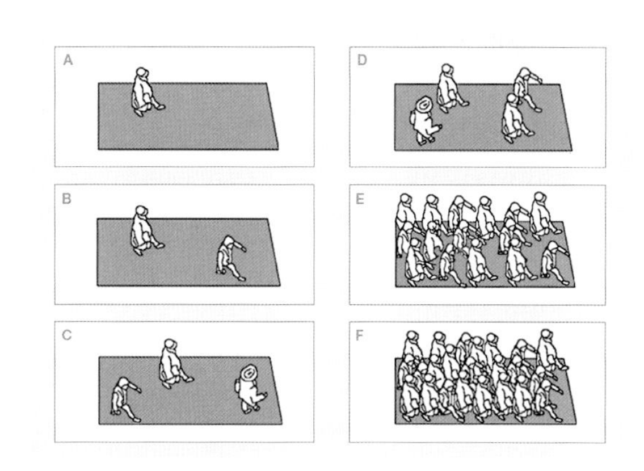

图5.7 基于道路服务水平的人行道密度示意（改编自Transportation Research Board 2010）

表 5.2 人行道服务水平指南

服务水平（LOS）	空间	人流速度	平均速度	V/C 值
	m^2/人	人/min/m	m/s	
A	≥ 5.6	≤ 16	≥ 1.3	0.21
B	3.7 ~ 5.6	16 ~ 23	1.27 ~ 1.30	0.21 ~ 0.31
C	2.2 ~ 3.7	23 ~ 33	1.22 ~ 1.27	0.31 ~ 0.44
D	1.4 ~ 2.2	33 ~ 49	1.14 ~ 1.22	0.44 ~ 0.65
E	0.75 ~ 1.4	49 ~ 75	0.75 ~ 1.14	0.65 ~ 1.00
F	≤ 0.75	不定	≤ 0.75	不定

资料来源：美国交通运输研究委员会（2010）

一年中人行道有几次游行或在假期购物时拥挤不堪，但是如果经常发生这样的情况，就一定会让人厌烦。

兼容其他步道使用者

步道上的行人并非都是有目的地的个人或情侣，有些人会牵着孩子的手走得比较慢，而另一些人会浏览风景或商店橱窗，在人行道或小路上遛狗是常见的事，慢跑者也会与散步者争抢空间。轮椅使用者需要特别注意步行道、停车位和坡道，而且必须时刻注意地面高度，因此当前电动轮椅和小轮摩托车的需求量不断上升。滑板和轮滑需要通畅的步道才能提速。如果人行道还用于商店、出租车、公共汽车和特快专递等的下客或卸货区，其规模还需要满足这些功能。

根据不同需求，步道设计的准则和要求在细微度和重要性方面有所不同，但是大多数国家都采用了类似的通道指南要求。从场地规划的角度来看，多方共享通道（universal access）需要遵循以下一些基本参数：

步行净宽至少0.9m以便轮椅通过；

确保有足够的空间让轮椅通过，并可以在门口和转角处转一整圈，通常需要1.5m；

路面的坡度小于8.3%，交叉口坡度小于2%；

当斜坡坡度超过5%时，应该提供扶手供行动不便人士使用；

当路面坡度超过5%时，每隔12m设1.5m的平地；当路面坡度达到8.3%时，每隔9.1m辟设一处平地；

在路边、楼梯或任何有台阶的地方提供倾斜坡道，路边坡道不得超过1∶12，边坡不得超过1∶10；

沿通道安装可视警告信息以帮助并指导视力障碍人士。

许多地方限制滑板和轮滑者使用自行车道，但鼓励慢跑者使用自行车道，因为滑板和轮滑者的速度让行人感到不舒服。如果他们共用人行道，必须确保这些道路的宽度能容纳各类人群顺畅通行，并为慢行者提供足够空间。

台阶

当坡度大于12%～15%时，就需要考虑设置台阶。台阶会造成一种心理上的分离感，打破行走的节奏，并加强行进的秩序感。寺庙、国会、神殿、法院等公共建筑通常高高耸立于周围的街道之上，通过台阶来强调它们的地位。但近些年来，一些机构建筑会采用连续弯曲的步行通道来彰显其亲民的特征。一般来说，如果要采用一种所有建筑都适合的方式，答案应该是统筹设计的台阶和坡道。

从平地到台阶，都需要进行人体工学的考量。典型的男性步幅为760mm，女性步幅为670mm。上下楼梯时步伐缩短，移动速度变慢。楼梯段的长度与楼层高度成反比，即楼层高度越高，楼梯段应越短。一项早期研究表明，楼梯踏步的立板高度的两倍加上踏板宽度应该等于一个步幅的典型长度（Blondel & Patte 1771）。总结公式如下：

$$2R + T = 630\text{mm}$$

式中　R = 立板高度；

　　　T = 踏板宽度。

例如，室外楼梯踏步立板高150mm，踏板宽应为330mm；如果立板高为178mm，则踏板应宽274mm。但是在地形坡度刚好高于可步行坡度的情况下，可能无法符合理想公式。例如，在旧金山，最陡的道路坡度达到20%，因

图5.8　芝加哥北密歇根大道在混合交通中行驶的电动轮椅

图5.9　旧金山俄罗斯山（Russian Hill）百老汇街的台阶（San Francisco Days）

图5.10　温哥华罗布森广场（Robson Square）交错的台阶与坡道

此需要在人行道设置台阶。为了与道路坡度相匹配，152mm高的立板必须与762mm宽的踏板相匹配，然而这对大多数人来说过长，只有个子高的人群才能一步一个台阶。更好的解决方案是采用178mm高的立板和890mm宽的踏板，再在每个踏步上设两个短台阶。

除楼梯比例外，还有一些重要因素需要仔细考量。例如，必须严格避免使用单个台阶，因为行人经常会踏空以致摔倒；不等高的踏步肯定会将人绊倒；所有台阶应至少在其中设置扶手，以协助攀爬，但这在长距离的台阶上通常很困难，但在下雪或结霜天气时尤其重要。

步道

最简单的人行道就是与机动车道分开的在开阔场地上的步道。可以是一条连接两侧公园的繁忙的人行道，或是一条休闲小道，或是滨水长廊等其他一些休闲娱乐的地方。该道路可供行人专门使用（包括遛狗和慢跑），也可以与自行车或低速电动汽车共享。不同情况需要采用的设计方法略有不同。

居住区的步行道可窄至1.2m宽，一条穿过荒野的休闲小道可能仅仅是一位徒步旅行者的宽度，但最佳情况下典型的多用途步道的宽度为2.4m，这样可以允许情侣并肩行走，也允许慢跑者或骑行者从行人旁边经过。这一宽度可允许维修车辆沿路线行驶，以便收集垃圾、清除积雪并进行必要的维修。对于高密度使用的道路可以拓宽至3m，或者如果自行车道有画线，道路可以拓宽至3.7m。

步行道的有效排水至关重要，尤其是在有冻融周期（freeze-thaw cycles）的气候条件下更是如

图5.11 美国伊利诺伊州芝加哥北部的农场Prairie Crossing设置了穿过湿地保护区的可渗水表面的步道
图5.12 纽约市巴特利公园城的混合使用步道

此。步道路面最好设为中高外低的拱状，或在路侧设置微微倾斜的斜坡（2%）以便快速排水。理想情况下，暴雨径流会渗入土壤或流进地面排水沟，但汇水区需要远离人行道路面。人行道可由密集碎石铺成，因为硬质铺装的道路不适合慢跑者。如果有足够的空间，最好设置一条宽0.7m的平行慢跑道，路面铺以细砂（fines）。

步道应该设置方便行人的照明，间隔最好不超过3.7m。照明应间距紧密，并具有足够的水平照程，以便能够看到迎面而来的行人的脸。研究表明，照明的均匀性远比绝对照度重要，因为人眼需要时间来适应不断变化的照明度。

一般设计精心的步行通道会在每隔60～80m处，特别是视线良好、风景优美处设有座椅，并距离通道至少1m以避免发生拥堵。如果道路是多种交通方式共用的，则还需要提供足够的自行车停放架。

人行道

人行道是城市路网的必要组织，也是区别一个地区属于城市而非农村的重要标志，暗示着目的地在步行可达范围内，并彰显了行人的路权。汽车这种2t以上的金属物体与最大体重才达100kg的人进行路权竞争并不公平，因此街道设计应该优先考虑行人。

在世界各地，人行道（sidewalks）也被称为道路、小径、步行小道、平台或小路等（pavements，pathways，footpaths，platforms，footways），通常位于车行道（carriageways）与两侧立面之间，并通常与照明装置、标志牌、停车计时器、消防栓、邮箱、报纸自动售货机、垃圾桶、长凳、公交候车亭、售货亭等各种其他设施共用空间。正如此前章节中提到的，道路与建筑物之间的地带越来越多地被作为蓄水区、排水沟、观景区、绿荫区及自行车道等使用，人行道也不仅是步行通道，它还为儿童游戏、自动售货和户外商品展示、露天咖啡和街头演出，甚至为人行道艺术家作品展出提供了场所。

人行道的用途因环境的不同而各异。在居住区，它可能只是一个每天步行去公交站、学校和附近商店的通道；在商业中心，人行道可能是人们值得一看的地方，尤其是在晚上和周末更是如此；在许多拉美国家，傍晚散步是日常生活的一部分。设计人行道的第一步就是明确目标。此外，设计人行道还要遵守以下共同原则：

不局限于局部空间，而是作为更大尺度路网的一部分进行规划；

宽度足够容纳高峰期人流量，并为其他非高峰期用途留出空间；

设置等候、购买必需品、邮寄信件和存放自行车的地方，方便日常生活；

在可能的情况下为行人遮阳避雨；

可灵活使用以备不时之需；

易于维护，并能在寒冷气候下存放从街道清除的积雪；

有良好的照明以确保行人安全；

方向指示清晰明确。

大多数人行道可分为三个不同的区域：路缘区（curb zone）或家具区（furniture zone）（有时二者并存）离机动车交通最近，这部分安置了人行道所有的实用设施，包括照明、电线及电线杆、标牌指示，雨洪排水，行道树、消防栓、报架以及其他街道设施。通常是一条宽约1.2m的条带区域，其中如树木和电线杆等可能会对车行交通带来安全隐患的要素与车行道行驶路面的距离应大于0.6m。在城市密集区，这一部分还可能拓宽至1.8m，以便容纳自行车架、公共汽车候车亭、自动售货亭、宣传展示咨询亭等一系列有实质功能的设施。在地铁出入口、人行天桥台阶处，以及自行车道与人行道共用的道路，该区域还需要进一步拓宽。此外，如图5.8所示，这一区域还可在各设施之间布置长凳和景观植物。这一片区路面应尽可能具有可渗水性，这样既可以灌溉行道树，又能减少雨洪径流。

人行道的另一侧可称为界面区（interface zone）或临街区（frontage zone），其特征及尺度由用地现状或规划用途决定。这一区域充分展示了街道的意义通常会远大于其边界里的通行功能。如果沿街面是设有玻璃橱窗的商店，则该区域应预留1m的宽度，让人们可以在不影响其他行人的情况下浏览橱窗，同时这也允许店家偶尔把商品搬到街上进行展示售卖。此外，如果餐厅可能会占据临街区开展露天餐饮，则需要将宽度拓至1.5m来容纳四人桌，或将宽度拓至4m来摆放双排桌进行户外用餐，并且不影响正常的步行通行。

如果沿街是积极用途，最好在临街面设置倾斜遮阳罩，或永久性雨棚。高层建筑密集区采用精心设计的雨棚还可以影响人行道上的微气流环境，而且由于高层建筑裙房雨棚一般不会用来摆设商品或户外就餐，在恶劣天气下行人还可以在雨棚下行走。亚洲和欧洲最常见的另一种界面方式是面向街道的拱廊，甚至宽到足以覆盖整个步行区，尽管它可能不太利于沿街商业（详见下卷第2章），但这种两层高的优雅拱廊仍然营造了世界上许多标志性的街道。

在临街区和路缘区之间是步行区（pedestrian zone），无论何时，步行区都应该有足够的宽度供行人行走。通常规范中规定的步行区宽度都是最小值，而规划师应该去争取更加宽敞的人行道。时间证明了世界上很多伟大的街道都得益于其富余的宽度，为各种活动提供了充分的灵活和可能空间。

在没有沿街商业的居住区，临街区通常会与住宅庭院融为一体，抑或居住区的外围树荫自然而然地形成了界面。如果居住区和人行道之间有栅栏或围墙，则需要在界面区留出一定空间，一方面可用于放置垃圾回收箱，另一方面还需要种植绿植来柔化界面。即使在人口最密集的居住区，这片界面区也十分重要，因为高层住宅楼往往与街道形成了强烈的隔

图5.13 显示人行道、停车区、自行车道和机动车道的道路剖面（Michele Weisbart/LA County）
图5.14 纽约市百老汇街用于户外就餐的人行道临街面
图5.15 纽约市百老汇街进行户外展示和销售的蔬果店

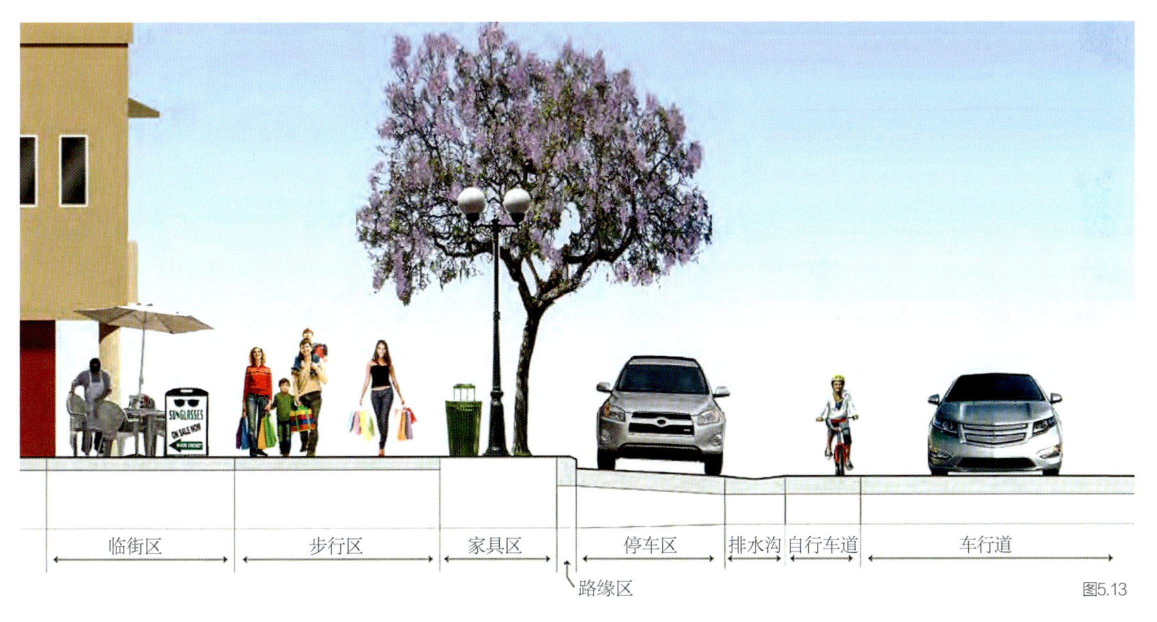

图5.13

图5.14

图5.15

离感，而且，还需要在转角处适当放大步行区域避免居民与下车乘客发生拥挤。

要保持人行道的步行功能不被占用并不容易，因为路缘区和临街区一旦考虑失当或管理不善，就会侵占人行道空间。包括达卡（Dhaka）在内的许多城市都有摊贩和小贩在人行道上摆摊，逐渐把行人逼到街道上去。在巴黎、费城等城市，人行道侧的露天咖啡区挤满了人，此外，电线杆、变压器等设备都被设置在步行区，并且在布局时没有考虑行人的通行问题。此类行为在城市中数不胜数，因此不妨适当增加人行道的宽度，以容纳部分活动。

人行天桥和地下通道

从交通工程的角度来看，出于保持车速的原因，会在城市密集区修建人行天桥或者地下通道。但这些天桥和通道通常造价高昂，而且人们普遍不愿意爬上5.5m高的人行天桥，尤其是那些携带包裹或推儿童车的人，而有的人出于害怕黑暗或摊贩和乞丐等原因不喜欢地下通道。天桥或地下通道如果要增加可行性，通常需要修建长长的坡道（最陡斜坡处长至67m），抑或配备电梯或自动扶梯，但这些坡道和电梯通常造价更加高昂。

在决定设置人行天桥之前，我们应该仔细分析暂停车行交通使行人从路面穿越路口的情况的成本和效益。哈德逊河大道位于纽约曼哈顿西侧第42街以南，是取代了高架快速路的一条主要交通干道，但道路上没有任何的人行天桥，经过研究，道路每隔三个街区设立一个交叉口（这样行走距离基本不会超过一个街区），并根据当前交通状况自动调整交通信号灯，进而将交叉口的通行能力损失降到最小。

尽管我们应该尽量避免采用人行天桥或地下通道，但是在一些特殊情况下它们的存在是有意义的。例如，在快速路上，驾驶者错过交通信号带来的危险很可能大于交通不便的损失，并且在这种情况下行人走人行天桥会感到更安全。人行天桥或地下通道还可以很好地利用地形进行设置，例如，当道路位于坡地或山体的一侧时，可以自然地从道路一侧延伸出人行天桥。此外，可以借鉴墨尔本或芝加哥千禧年公园的例子，可以将横跨公路、铁路或河流的通道打造成重要的斜面标志节点，强化从一侧跨越到另一侧的仪式感。

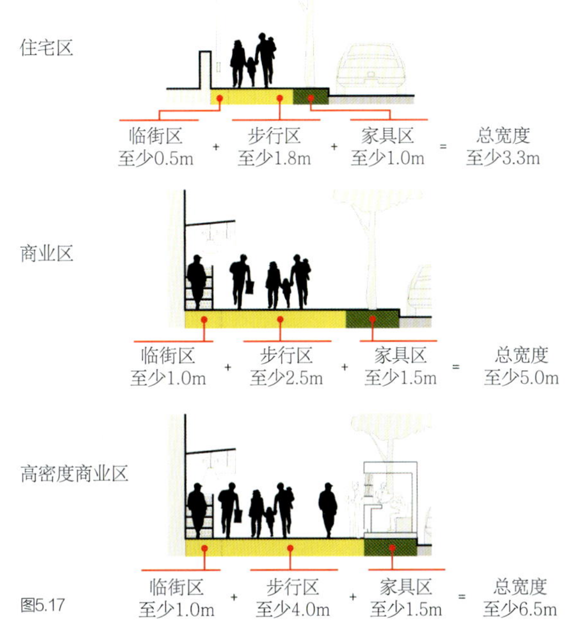

图5.16 巴黎里沃利街（Rue de Rivoli）上连着商店的两层高拱廊（besopha/Wikimedia Commons）
图5.17 印度人行步道标准（Institute for Transportation and Development Policy提供）
图5.18 伊利诺伊州河畔双排行道树遮阴下的人行道
图5.19 马里兰州肯特兰镇肯特兰大道沿线的人行道
图5.20 波士顿南角（South End）用栅栏和台阶将人行道与房屋隔开（Juliene Paul提供）

图5.21 巴林穆哈拉格阿拉德湾（Arad Bay, Muharraq, Bahrain）的人行天桥，模仿了传统的三角帆船形式（MSCEB Architects/Open Buildings）

图5.22 横跨澳大利亚墨尔本雅拉河的人行天桥，连接弗林德斯火车站和南岸开发区

图5.23 芝加哥千禧年公园的BP人行天桥（Frank Gehry/Torsodog/Wikipedia Commons）

图5.24 芝加哥奥黑尔机场美联航航站楼的通道（Michael Hayden, artist/Chicago at Night）

如果人行天桥在发挥实用功能的同时，还能成为重要的场所，那就再好不过了。威尼斯的里亚托桥（Rialto Bridge）和佛罗伦萨的维琪奥桥（Ponte Vecchio）都是知名的历史桥梁建筑，两座桥梁都在两侧设有沿街商铺，为丰富的行为活动提供了场所。位于华盛顿塔科马市（Tacoma）的奇胡利玻璃桥（Chihuly Bridge of Glass）长150m，跨越了一条繁忙的州际公路，将市中心和海滨相连接，在这座桥上打造了该市的玻璃博物馆，展示了玻璃制造传统。芝加哥奥黑尔（O'Hare）机场的美联航通道秀通过展览动态的艺术作品，使得地下通道富有生动活泼的人情味。

步行街

线性步行街可以成为整个街区的中心。以巴塞罗那的兰布拉大街（La Rambla）为例，随着时间的推移，这条1.2km的步行街上逐渐增添了各式各样的活动，花卉鸟禽市场、书摊、艺术家画廊、餐馆以及随处可见的人体雕塑等占据了人行道上的黄金地段。步行街位于巴塞罗那哥特区（Barri Gòtic）中心地带街道中心18m宽的中央隔离带，街道两旁有酒店、餐馆和商店。兰布拉大街之所以成功，是因为它连接了该市的两个主要景点——加泰罗尼亚广场（有喷泉和聚会场所）和历史悠久的维尔港（Port Vell）。每天晚上，游客们很快会加入当地居民行列，沿着兰布拉大街散步，在商铺前停下来买鲜花或浏览商品，最后选定一家餐馆就餐。这条大街的步行区很窄，通常只有3m宽，在傍晚高峰时常常十分拥挤，使得人们行进速度缓慢，但这正是兰布拉大街的意图，它从一开始就不是一条快速通过的步行道。

不是每座城市都有像兰布拉大街那样又长又活跃的步行街，这主要取决于周围职住密度以及游客的集中程度。但是，步行街仍然可以根据当地的实际情况而演化成许多种不同的形式。波士顿后湾区联邦大道中央30m宽的隔离带形成了一条长达7个街区的步行带，它特别安静，远离周围繁忙的街道，适合散步和闲坐。最近波士顿建成了第二条步行街，即罗斯肯尼迪绿道（Rose Kennedy Greenway），该大道平均宽度为60m，有足够的空间供人们活动，比如策划的各类活动事件、闲坐和社交等，还装有喷泉、池塘和儿童游乐场所及散步用的蜿蜒小路。久而久之便吸引了大量居民和游客，相信未来林荫道上又会增设新的商铺和其他用途。

步行街不一定与街道齐平。得克萨斯州圣安东尼奥的河滨公园沿着圣安东尼奥河的一个弯道形成了一条5km长的步道，步道的路面低于周边街道。70年前，它是防洪工程的一部分，得益于缓慢流淌的河流，这里多年

图5.25 巴塞罗那兰布拉大街的花卉市场

图5.26

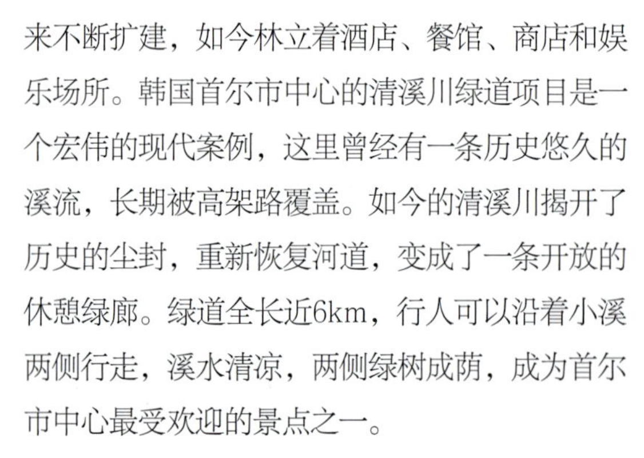
图5.27

图5.28

图5.29

图5.30

来不断扩建，如今林立着酒店、餐馆、商店和娱乐场所。韩国首尔市中心的清溪川绿道项目是一个宏伟的现代案例，这里曾经有一条历史悠久的溪流，长期被高架路覆盖。如今的清溪川揭开了历史的尘封，重新恢复河道，变成了一条开放的休憩绿廊。绿道全长近6km，行人可以沿着小溪两侧行走，溪水清凉，两侧绿树成荫，成为首尔市中心最受欢迎的景点之一。

优美的步行道还可以架高，既可眺望远景，又可缓解交通拥堵。纽约高线公园就是一个典范。高线公园的前身是一条废弃的工业铁路线，现在是一条2mi（3km）长的人行步道，两侧拥有无与伦比的曼哈顿建筑和哈德逊河滨景观。它也是一个可驻足观赏、喝杯咖啡、沐

图5.26 波士顿联邦大道
图5.27 波士顿罗斯肯尼迪绿道
图5.28 得克萨斯州圣安东尼奥沿着圣安东尼奥河的河滨公园
图5.29 韩国首尔清溪川步道和公园（Smiley. toerist/Wikimedia Commons）
图5.30 纽约市切尔西高架铁路改造成为高线公园

浴阳光或者在倾盆大雨中避雨的好地方。丰富的景观设计吸引人们一年四季都前来驻足。高线公园设计师可能没有预料到这条不同寻常的步行道会有这么多的访客，公园各段宽度各不相同，许多路段仅有2m宽。尽管降低步速也会鼓励人们驻足逗留，但高线公园的成功实在吸引了太多人群，常常人满为患。

步行区

将市中心的街道空间转换为无车步行区（pedestrian zone）的理念源于第二次世界大战后的欧洲城市重建。无车区在英国被称为"pedestrianised zone"，新西兰称其为"pedestrian precincts"，法国称其为"zones piétonnes"，德国称其为"Fußgängerzonen"，西班牙则称其为"zonas peatonales"。通常在无车区主广场地下或中心区域边缘还会设置有轨电车、地铁系统和停车库。荷兰鹿特丹的"Liijnbahn"于1953年通行，是欧洲第一条完全为行人设计的街道，随后许多大型重建项目也纷纷效仿。1959年，英国第一座新城镇斯蒂夫尼奇（Stevenage）就建在无车中心区附近。

当然，有些城市的街道上本来就没有车辆。例如，威尼斯的独特之处在于它的运河、汽船、广场和街道，在那里你可以听到脚步声，而不是发动机和汽车鸣笛声。许多有城墙的中世纪城市如杜布罗夫尼克（Dubrovnik）、根特（Ghent）、圣塞巴斯蒂安（San Sebastián）和爱丁堡（Edinburgh）的部分地区等，因街道过窄而无法容许汽车和卡车通行。还有像意大利的五渔村（Cinque Terre）、罗得岛（Rhodes）老城区和贝拉焦（Bellagio）等城市，街道太陡，使得车辆无法通行，因此形成了自然的步行区。许多旅游胜地都会摒弃机动车转而采用更休闲的出行方式，如密歇根州的麦基诺岛（Mackinac Island）、纽约州的火岛（Fire Island）、英吉利海峡的萨克岛（Sark）、泰国的甲米岛（Krabi）以及格斯塔特（Gstadt）和采尔马特（Zermatt）的阿尔卑斯度假胜地等。新的度假胜地往往会从这些成功案例中汲取灵感，用电动车取代更大型的机动车。

尽管许多大规模的新开发项目都重视步行空间，如斯德哥尔摩的诺尔马尔姆斯雷格林根（Norrmalmsregleringen）和巴黎的拉德芳斯新区，但欧洲最成功的步行区还是位于老城区。很少有地方能与哥本哈根的步行街Strøget相媲美，它是一条长1.1km的无车区，从市政广场和市政厅一直延伸到作为城市文化中心的国王新广场（Kongens Nytorv）。步行街由5条独立街道段落组成，宽度从10m到30m不等，这些街道段落连接在一起，形成了一条穿过中心商业区和文化区的连贯步道。它是分阶段建造的，在20世纪50年代只是不定时地关闭街道，1962年把小汽车“赶走”，并重新铺设了面积为1.58万m^2的路面，随着每段线路的成功，路面面积逐步扩大到2000年的10万m^2（Gehl & Gemzøe 2006）。经过这些年，许多本地店铺都变成了面向游客的商店，但步行街仍保留着健康多元的商铺神态，包括百货商店、精品店、陈列馆、专卖店、餐馆和娱乐场所等。这片地区的其他街道最近也慢慢开始禁止汽车通行，打造更多的步行区。

人们到达哥本哈根步行街的方式十分多样，有步行、骑车、乘有轨电车和乘地铁等，也有少数人开车到哥本哈根市中心的地下停车场。附近的酒店、大学、办公楼和公寓都有内部入口通往步行街，如从蒂沃利公园（Tivoli Gardens）出发只需走一小段路程即可到达。在夏季旅游旺季，每天有8万人次在步行街散步，即使在隆冬时节，每天的行人也有4.8万人次（Gehl & Gemzøe 1996）。而且，每天中午在市中心或站或走的人数比1968年的1700人增加了两倍多，在1995年达到5900人。然而，尽管有许多人慕名前来步行街，我们还是不能过于夸大它作为城市交通枢纽及旅游和就业中心的重要性，步行街仍需要依托稳定的当地客源作为保持稳定发展的基石。

德国城市长期致力于限制或移除市中心的私家车以改善交通状况。汉诺威将有轨电车置于地下，并直接与地铁相连，有效重组了市中心的交通。大部分卡车送货区和大面积停车场位于地下，进而保障了地面街道无车且通畅。沿着班霍夫街（Bahnhofstraße）的地下交通层露天开放，周围商店林立，形成了尼基-德-圣-法勒步行街（Niki-de-Saint-Phalle-Promenade）。纵横交错的步行街从汉诺威的历史中心克鲁克广场（Kröpcke Square）一直延伸到高档购物区和阿尔特施塔特（Altstadt）高耸的市场教堂（Market Church），形成了欧洲最大和最健康的步行区之一。圣诞节的步行街是无与伦比的，那时的步行街变成了圣诞市场，挤满了当地居民和外地游客，大家享受着特殊宴飨和烈酒。

德国弗莱堡是一个典型的小城市，通过历史核心区的步行区改变了自己的形象。与哥本哈根步行街一样，弗莱堡的步行区起始于关闭市政厅和大教堂周围的街道。20多年来，弗莱堡自称欧洲太阳能之都，进一步扩建了有轨电车（轻轨）网络，服务城市外围地区，发展了欧洲

规模最大的自行车网络之一，并在这座历史名城的周边修建了几座大型地下停车场（可容纳5000辆汽车）。这使得城市可以重新规划该地区的街道，使其面向有轨电车、自行车和行人开放。弗莱堡步行区还有一处独特景点，是一条流经市中心的开放河道，河道宽20～50cm、深5～10cm，称为人工街溪（Bächle）。通过精心规划，河道与行人和有轨电车保持一定距离，可替代地下管道带走冬天的融雪。城市斥资用鹅卵石、小碎石拼成地面图案及街边的石头带，营造出一个令人赏心悦目的街道表面。

每个欧洲步行区都有其独特的优点，也有很多教训需要吸取，以下列出一些较为重要的方面：

与街道清理小汽车同步，需要建立骑行、公交及周边停车网络；

从小的步行街区开始着手，在得到商家和行人认可后逐渐扩展范围；

步行街区需要干净整洁，既可用于节日庆典、表演、街头集市、露天咖啡等活动，也可用于日常散步；

可以通过规划，将步行区和主要景点相连以增加吸引力；

图5.31　哥本哈根步行街Strøget也成为城市的购物中心

图5.32　德国汉诺威班霍夫街和尼基-德-圣-法勒步行街，下层连接着公共交通轨道和卡车通道（Patrick Scholl/flickr提供）

图5.33　德国弗莱堡步行区采用人工街溪作为排水系统

图5.34　加利福尼亚州圣莫尼卡的第三步行街，周末和晚上禁止交通通行

可放宽对卡车运输送货等的限制，但是需要规定特定时间段；

采用建筑物外墙照明，或悬挂光源，而不是使用路灯照明装置。

北美城市的步行区通常以市中心购物步行街的形式出现，最初的目的是为复兴旧城区日渐衰落的主街道。这些购物步行街很大程度上要归功于维克托·格鲁恩（Victor Gruen）的发明，他还是大型室内购物中心的创始者。为吸引购物者和游客，市区购物中心为行人和各类商业活动提供了宽敞的空间。从1959年卡拉马祖（Kalamazoo）开创性的伯迪克街购物中心（Burdick Street Mall）开业至1990年这一趋势基本走到了尽头，北美200多座大小城市纷纷关闭了市中心的街道。这些项目中只有少数达到了预期的经济效益，未取得成功的原因很多，比如与区域购物中心和大型零售店（big-box retailers）的直接竞争日益困难、中心城市人口变化以及北美不断变化的购物习惯等。在过去的10年间，许多步行街都经过改造，重新恢复全天或部分时间段通车，抑或变成了有轨电车通道。以圣莫尼卡（Santa Monica）的第三步行街（Third Street Promenade）为例，市中心购物步行街两侧商铺的经营方向也在发生改变，强调特色、餐饮和娱乐用途，而不局限于一般的商业开发。

市中心步行区的宽度通常由街道的宽度决定，通常为15m、18m或24m，步行通道规划还应符合人行道的商业逻辑（详见下卷第2章）。就现有的路面而言，地下管道设施和商店后勤卸货需求会影响街道空间的开放程度。通常情况下，需要为车辆设置一条3m长的通道，并设置停车区域。当路面宽度大于24m时，道路两旁可布置绿化景观、水体、店铺或报摊，而且还可以挖掘商店附近的区域，以提供两层活动空间，科罗拉多州博尔得（Boulder）的珍珠街购物中心（Pearl Street Mall）就是一个典型例子。

是什么决定了市中心步行街的成功与否？事实上，美国很多成功的购物中心都位于大学城，如博尔得、夏洛茨维尔（Charlottesville）、伯灵顿（Burlington）、圣克鲁斯（Santa Cruz）等。这并不奇怪，因为附近学校的学生可以步行或骑自行车去购物中心喝杯拿铁，或者带父母去城里参观，或者去“发掘”一些在地区购物中心不常见的特色商店等。附近规划居住区或集中大型写字楼也有助于维持市中心步行区的繁华，这样步行街区可以作为休闲娱乐场所和餐馆聚集地。简而言之，步行街的成功需要附近客源以及便利的交通。如果潜在用户所在地距离步行区较远，就要像欧洲城市那样在步行区周边建立必要的停车场。

步行区成功的第二个要素是要开发独特的地区特色。例如，美国佛蒙特州（Vermont）伯灵顿的教堂街市场把更大的景观引入了购物中心，并采用巨大的花岗石、石板和金色枫树作为装饰点缀来欢度四季。调查发现美国人与欧洲人不同，前者在绿树成荫的环境中感觉最舒适。因此，以夏洛茨维尔主街的购物中心为例，深红色砖墙、历史建筑、高大的伞状橡树以及精心修复装饰的店面都使步行街富有特色、别具一格，营造出独特且令人难忘的环境。

商业步行街还需要灵活适应不断变化的活动日程安排，比如市场、节日庆典、音乐会、街头表演和零售等都可以给步行街区带来生机。因此，步行街区成功的第三个要素是需要一套具有创造力和技能的管理系统，使购物中心更具有吸引力。该系统决定了高质量的运营维护，而且对购物中心下班时间段的安保也十分重要。

步行街区的第四个成功因素在于每条主购物街最好可以有延伸的小巷道用来出租给低成本的商家，或者进行一些试验性尝试。因为购物中心的商家、企业和活动行为需要不断革新创造，这样可以发展出不同于随处可见的连锁零售店的独特业务，并成功吸引游客。

让我们以欧洲城市为例来阐述最后一个影响步行街区的成功因素，那就是从小规模场所

图5.35　弗吉尼亚州夏洛茨维尔的市区购物中心（Alison Yeung/ Daily Moves and Grooves提供）
图5.36　佛蒙特州伯灵顿教堂街市场的金色枫树、岩石和传统砖（Matt Sutkoski提供）
图5.37　明尼阿波利斯市尼科莱特购物中心匹威广场（Peavey Plaza off Nicollet Mall）著名的戴夫第五届年度烧烤大会与蓝调节（Sharlene Hensrud提供）
图5.38　上海市南京路将人民公园与外滩相连

开始，随着行人数量的增加，逐步扩大到步行街区的范围。活动丰富的小场地好过空洞的大广场。遗憾的是，许多美国城市却反其道而行之，探寻一种单一的改革举措，却缺少足够的行人和游客来填补新增设的空间。经过反复试验，一些城市找到了一种解决方案，即重建一个每天和每周变化的步行街区，白天开放通车，但在晚上、周末、集市日或举办特殊活动时保证无车。

与上述欧美城市恰恰相反，亚洲城市的街道反而是存在过多的步行交通。20世纪90年代初，上海主要商业街南京路的人行道拥挤不堪，需要沿着中心线设立一根绳子来分隔交通方向，避免行人完全堵塞。交通量还大到需要建造人行天桥准确通往重要路口的四个角落。后来，南京路改为步行街，并将天桥拆除，这里成为上海最重要的购物区之一，也是人们会面的最佳场所，如今已是上海居民和访客散步、逛街以及在炎炎夏夜带孩子游玩的好地方。中国台北市西门町的步行区，也因其熙熙攘攘的夜市及密集的电影院和剧院而成为年轻人的热门去处，大多数亚洲城市都纷纷效仿其做法来建设自己城市的步行街区。

地上和地下的人行通道

许多城市和地区都建设了大量地上和地下的人行通道系统。它们有各种各样的名字：地上的称为天桥（skyway）、轻便天桥（catwalk）、桥上人行道（sky bridge）、人行天桥（skywalk）等，地下的则可称为广场（concourses）、地下城（underground city，ville souterraine，catacombs）、通道（pedways，paths）和地下商业街（underground shopping streets）等。经过40年的建设，明尼阿波利斯市目前拥有11km长的二层天桥网络，连接了市中心的69个街区。卡尔加里（Calgary）的“+15”步道系统总长约16km，连接了市中心的大部分街区。中国香港的若干二层天桥系统连接起了多个商业综合体。孟买的天桥也正在逐渐形成一个网络。在日本千叶市，二层人行步道连接起主要办公楼宇、酒店、会议中心及其附属设施，并通往幕张国际展览中心地铁站（Makuhari Messe），人们可以在天桥系统上自由通行。在蒙特利尔和多伦多，市中心大部分通过地下通道连接，同时地下通道也连接地铁站。在休斯敦，人们可以通过设有空调的地下通道走到市中心的大部分地区。东京可能拥有全世界最广泛的地下商业街网络，地铁站附近的地下商业街挤满购物者和

图5.39 明尼阿波利斯的二层天桥系统和位于地面的尼科莱特购物中心步行街（Nicollet Mall）（Skyway Directory）

各色人群。全球范围内50多座城市的步行通道形式丰富多样，但都与机动车交通流有明显区分（Montgomery & Bean 1999）。

创建这类步行道系统能够有效地将行人舒适度、气候保护（寒冷、炎热或下雨）、扩建商业临街面积以及道路畅通需求等相结合。但人行天桥或地下通道的建设成本很高，而且片区未来的发展并不可控。实际上，许多城市并没有足够的行人密度和流量来同时支持街道层及其二层或地下的购物，而二层步道的建设往往让街道层的商业受到影响。此外，指望挪走行人来解决街道上的机动车流拥堵通常难以实现，因为像公共汽车站、酒店入口及居住区进出口通常还是在街道层，因而路面上人行道的设置仍然必不可少。而且，二层天桥很容易让行人迷失方向感，因为它所串接起的各个片区往往建于不同时期，也采用了不同的材料。最后，这类步行道系统的维护及安全责任往往是一个不小的挑战。不过尽管如此，人行天桥和地下通道还是分流了从地铁和停车场出来的大量人流，并且在恶劣天气下

图5.40　明尼阿波利斯的IDS中心，地面和上层人行道在此相连
图5.41　日本千叶市幕张国际展览中心二层步道网络
图5.42　澳大利亚墨尔本的二层人行道，将南十字火车站与墨尔本海港新区相连

为行人提供了庇护和舒适的场所，还在城市密集区有效地将各类空间进行整合。

在规划地上和地下人行通道时，以下几个原则至关重要：

制定人行通道宽度、坡度和温度调节等方面的标准规范。人行通道的宽度通常不宜小于4m，但具体宽度可通过交通流量分析来确定。

各层步道与街道相互可见，街道人行道也能看见二层天桥。这能够有助于人们定位方向，也给人们提供了会面的地标；并设置多层零售商店面向多层人行通道开口，构建第二层连接。

保持人行通道的全天候开放，即使在两侧的商店或建筑物关闭期间也保持开放，这有助于在节假日零售爆满或零售店关闭搬迁期间都保持通道的良好运行。

区分街道层和二层天桥或地下通道层的商业功能。以明尼阿波利斯为例，餐馆、俱乐部、娱乐场所及较小的专业商店更喜欢街道水平面的临街设计，而二层步道两侧更适合大容量、便利型和大规模零售店。

在步道的所有关键节点设置入口，并且与建筑物电梯系统明确区分开来，以确保安全。

构建有效的寻路定位系统。

需要有管理机构来负责天桥或地下通道的建设和运行维护，包括确定开放时间、安全监控、制定维护标准并指导系统扩建设计。

在城市密集区，良好的天桥和地下通道系统规划及管理是地区重要的基础设施之一，因此需要格外认真和谨慎地规划设计研究。

图5.43　加拿大卡尔加里史蒂芬大街（Stephen Avenue）的三层人行天桥，连起该市的“+15”天桥系统的垂直要素（Tracy Santink提供）

图5.44　明尼阿波利斯尼科莱特地面交通购物中心，为交通乘客提供餐饮和购物服务

第6章

地表水

从菌群、植物、动物到人类，水对所有生命形式而言都是必不可少的。场地对水的使用和管理直接影响了我们的生活质量，在极端情况下还可能影响居民的生存。水资源短缺限制了许多城市的发展，而在其他一些城市，每年发生或间断发生的洪涝灾害也阻碍了大面积的开发建设。面对这一情况，大城市地区通常能够快速将雨水收集到地下雨水管，然后将其输送到大面积水域以减少洪灾的影响，但这通常会将问题转移到下游。因此，许多地方呼吁在各自边界内管理径流，依靠地面排水，并限制排放流量。这意味着我们需要对场地规划和管理实践进行创新。

水是城市居民生活的重心。罗马的喷泉不仅为居民提供了饮用水，还为周围环境提供清凉，此外，罗马的喷泉通常是神话故事中庆典的场所，也是社区的中心。德国弗莱堡的人工街溪（Bächle），时刻提醒着居民这座城市的地形跨越了山脉和河流。在亚利桑那州的坦佩（里奥萨拉多湖）、得克萨斯州的奥斯汀（奥斯汀湖）和加拿大的里贾纳（瓦斯卡纳湖）等地的人工湖业已成为城市休憩娱乐的中心，同时还用以储存径流来控制

图6.1 加拿大里贾纳（Regina）的瓦斯卡纳湖（Wascana Lake）和省立法大楼
图6.2 南京市中心的玄武湖（Chu Yu/123rf）

洪水。在中国，滨湖城市尤其受人喜爱，如杭州西湖和南京玄武湖是每位中国人心中的旅游胜地。大多数城市位于海洋、河流或溪流沿岸，但我们仍需节约水资源，以便它们可以继续提供饮用水、休闲娱乐和美丽景观，同时吸收城市的雨洪径流。

可持续的场地规划始于对场地水资源的分析。在规划建设之前，原始场地经过时间洗礼，已逐渐演变成一个降雨、地下水和植被平衡的生态系统。降雨或融雪渗入土壤，补充树木和植物根系所需的水分，其中部分成为地下水的一部分。超出土壤可吸收量的部分沿途过滤，穿越土地进入湿地，在湿地中储存并进一步过滤用以支持水生生物和植物生长，抑或进入溪流，在溪流中为下游植物和人类社区提供其所需的营养物质。当场地进行长期农业开发时，其生态系统进一步进化，增加排水渠、灌溉渠和保留池，并形成新的平衡。

当然，并非所有场地在开发之前都拥有稳定的自然系统，生态系统也处于不断进化状态之中。例如，山坡可能会受到侵蚀，在人类居住的地方特别是欠发达国家的许多非正式定居点，需要时刻修复滑坡，避免土壤流失。很多非正式居民区缺乏任何有组织的污水排放系统，可能仅依靠地面排水稀释人类排泄物，更加带来疾病传播的风险。精心规划排水系统有助于降低灾害风险，并需要人类与自然的合作与维护。

场地径流原则

在场地水资源规划中，首要目标应是模拟自然结果，创建稳定的生态系统（stable ecology），这包括平衡水资源的利用和开发，并将场地排出的水量控制在现有溪流和河流可安全吸收的阈值之内。通常，这可称为零净径流（zero net runoff）政策，即从场地排出的水不应超过其开发前的状态。实际上，通常将其定义为不增加每小时径流率，水资源被保留在场地以供使用或在较长时间内逐渐缓慢流出。一些城市出台一系列政策要求场地保留部分降水，比如费城规定所有的场地建设需要规划保留最初1 in（25mm）的降雨量（Philadelphia Water Department 2011）；得克萨斯州奥斯汀市要求场地可持有所有两年一遇的暴雨径流（City of Austin，未注明日期）。当然，完全保留所有雨水几乎是不可能的，因此，还需要对下游进行改进，以增加溪流或池塘接收部分场地径流的能力。

第二个场地水资源规划的重要目标是将地下水位（water table）维持

图6.3 费城的法规规定的场地持水要素可以包括绿色屋顶、可渗水停车场和可过滤渗入地下水的滞水区（Philadelphia Water Department）
图6.4 曼谷的高水位和污水管道不足造成地下水严重污染

在可接受的水平。如果地下水位降得太低或波动太大，土壤可能会收缩或移动，这会影响建筑物和路面，并难以维持树木和植被生长。如果地下水位上升到地表或接近地表，土壤很快就会饱和，径流会增加，并且原本规划用于休闲娱乐用途的土地可能无法干燥到足以正常使用。地下水和地表水一样会流动，只是流速十分缓慢。因此，一些具有地下结构的场地开发建设可能会扰乱地下水流，导致下游水位意外下降。管理地下水位的方式包括利用地表水补给地下水，或者建造排水沟输入来自地下水位过高的场地的地下水。在缺乏充足排污系统的城市（如曼谷城郊和许多沙特阿拉伯城市），大量未经处理的污水排入地下水，导致地下水位上升。这提醒我们：地表水、地下水和供水往往是紧密相连的。

场地水资源规划的第三个重要目标是改善或维持水质（water quality）。显然，我们需要点对点治理污染源头，但是更常见的问题是如何处理场地排水过程中那些被地表水吸收的杂质。例如，道路和停车场的降雨经常吸收冬季沉积的石油废料、盐和砂以及从排气管排出的其他物质。硝酸盐被从草坪和景观区流出的水吸收，可导致土壤风化或湖泊溪流中的藻类繁殖。曾经的工业用地可能会经由降雨从土壤中渗出铅、砷和其他有害物质，并通过径流流往各地。对于敏感水域，天然物质也可能会导致危害，如有机物质排入海湾中导致赤潮，从而影响贝类动物。当前我们可通过各种过滤技术来处理流入水体的径流。

此外，减少危害本身也是场地水资源规划的一个关键目标，其中包括减少洪水对人和财产的危害，防止侵蚀和滑坡，避免河流淤积而降低其输送径流的能力，以及避免因洪水和冬季寒冷气候下的各种危险因素导致交通中断。施工期是最易造成损害的时期，因为此时路面、地面覆盖层和排水管道都没有完全到位，带来的土壤和植被流失可能会产生很多不良后果。

和排水问题相反的蓄水问题也同样重要：每年我们都需要节约用水（conserving water）来满足旱季需求，这对于场地灌溉、水库或水上休闲区建设至关重要。在沙漠气候区，规划师可通过湖泊或溪流布局使其体积大但表面积小，从而最大限度地减少水体的蒸发。

最后，场地水资源规划的根本要点是为场地各类功能用途节约用水。雨水基本上没有杂质，因此是一种可作为家庭用水的珍贵资源。在降雨量低的地区，将雨水用于灌溉太奢侈，而使用中水（即人类使用后经过净化的水）进行灌溉可能是最好的选择（参见第8章）。如果降雨量充足，则可以进行创造性利用，如屋顶水箱、住区花园、城市农场、蒸发池甚至是微型能源装置。

建立参量

有效场地地表水规划需要掌握有关降雨、土壤和周围溪流及河流径流的数据。最好是在方案草图阶段就掌握这些信息，因为开发密度、场地布局、不透水地面面积以及整个场地的水流潜力都将极大地影响场地水资源规划。需要制定一项关于洪水严重程度的政策，关于在极端天气环境下可接受的洪水的严重程度，许多地方或国家政府都出台了相关标准，而是否满足这些标准则意味着场地能否经受洪涝灾害的冲击。许多业主都会高于这一标准进行建设，在许多情况下，这是最好的场地水资源规划方法。

场地排水标准通常采用100年一遇洪水标准（参见上卷第4章），尽管其更准确的术语是100年一遇的降雨重现事件（100-year rainfall return event）。许多政府提供了100年一遇暴雨发生时溪流和湖泊的水位图。水位图绘制依据暴雨降水数据，并对地表植被等影响洪涝的因素进行了假设。人们可以采用如地理信息系统（GIS）等各种计算机程序绘制不同情况下的洪水等高线（National Research Council 2007）。洪水图十分重要，因为它们为城市空间和设施建立了基准高程，并指明了一些特殊的结构化地区或缺水地区，这些地区通常需要通过其他补给区补充用水。洪水图也被保险公司广泛用于承保风险范围的确定。

美国国家海洋和大气管理局（National Oceanic and Atmospheric Administration，NOAA）提供了各种降雨重现期的预计降雨量数据，并且有大多数美国城市的数据。大多数国家的气象部门都提供了类似的城市地区的雨量图。

图6.5 费城预测的降雨频率（美国国家海洋与大气管理局）

基于PDS模型的点降水频率估算，90%置信区间（in）[1]										
持续时间	平均重现期（年）									
	1	2	5	10	25	50	100	200	500	1000
5-min	0.326 (0.292-0.366)	0.389 (0.347-0.437)	0.473 (0.423-0.531)	0.539 (0.480-0.603)	0.625 (0.553-0.698)	0.691 (0.609-0.771)	0.759 (0.664-0.845)	0.829 (0.721-0.921)	0.927 (0.797-1.03)	1.00 (0.854-1.11)
10-min	0.507 (0.453-0.569)	0.608 (0.542-0.683)	0.736 (0.657-0.825)	0.832 (0.741-0.931)	0.956 (0.846-1.07)	1.05 (0.923-1.17)	1.14 (1.00-1.27)	1.24 (1.08-1.38)	1.36 (1.17-1.51)	1.46 (1.24-1.62)
15-min	0.621 (0.555-0.698)	0.743 (0.663-0.835)	0.903 (0.807-1.01)	1.02 (0.911-1.15)	1.18 (1.05-1.32)	1.30 (1.14-1.45)	1.42 (1.24-1.58)	1.54 (1.34-1.71)	1.70 (1.46-1.89)	1.82 (1.55-2.02)
30-min	0.822 (0.735-0.923)	0.994 (0.888-1.12)	1.24 (1.10-1.39)	1.42 (1.26-1.59)	1.67 (1.48-1.86)	1.85 (1.63-2.07)	2.05 (1.79-2.28)	2.25 (1.95-2.50)	2.52 (2.17-2.80)	2.73 (2.33-3.03)
60-min	1.00 (0.897-1.13)	1.22 (1.09-1.37)	1.55 (1.39-1.74)	1.81 (1.61-2.02)	2.16 (1.92-2.41)	2.44 (2.15-2.72)	2.74 (2.40-3.05)	3.05 (2.65-3.39)	3.48 (3.00-3.87)	3.83 (3.27-4.26)
2-hr	1.14 (1.01-1.29)	1.39 (1.22-1.56)	1.76 (1.55-1.99)	2.06 (1.81-2.32)	2.49 (2.18-2.79)	2.85 (2.47-3.18)	3.22 (2.79-3.59)	3.63 (3.11-4.04)	4.23 (3.58-4.70)	4.72 (3.96-5.25)
3-hr	1.23 (1.10-1.38)	1.49 (1.33-1.67)	1.88 (1.67-2.11)	2.19 (1.95-2.46)	2.65 (2.34-2.95)	3.03 (2.65-3.36)	3.44 (3.00-3.81)	3.89 (3.35-4.30)	4.54 (3.87-5.02)	5.09 (4.30-5.62)
6-hr	1.52 (1.37-1.70)	1.83 (1.65-2.05)	2.28 (2.05-2.55)	2.66 (2.38-2.96)	3.20 (2.85-3.55)	3.65 (3.23-4.04)	4.13 (3.62-4.56)	4.65 (4.04-5.13)	5.42 (4.66-5.97)	6.06 (5.15-6.67)
12-hr	1.89 (1.71-2.10)	2.27 (2.05-2.52)	2.81 (2.54-3.13)	3.28 (2.95-3.63)	3.95 (3.52-4.36)	4.52 (4.00-4.97)	5.14 (4.51-5.63)	5.82 (5.06-6.36)	6.83 (5.85-7.45)	7.68 (6.50-8.37)
24-hr	2.25 (2.09-2.43)	2.70 (2.51-2.92)	3.36 (3.11-3.63)	3.90 (3.61-4.21)	4.69 (4.32-5.05)	5.36 (4.91-5.76)	6.09 (5.54-6.54)	6.89 (6.21-7.38)	8.06 (7.18-8.64)	9.05 (7.97-9.70)
2-day	2.61 (2.42-2.84)	3.13 (2.90-3.40)	3.88 (3.59-4.21)	4.50 (4.16-4.88)	5.42 (4.97-5.86)	6.20 (5.65-6.68)	7.04 (6.38-7.60)	7.97 (7.16-8.59)	9.33 (8.27-10.1)	10.5 (9.19-11.3)
3-day	2.78 (2.58-3.01)	3.32 (3.08-3.61)	4.11 (3.80-4.45)	4.76 (4.39-5.15)	5.71 (5.24-6.17)	6.52 (5.95-7.03)	7.39 (6.71-7.97)	8.34 (7.51-9.00)	9.74 (8.66-10.5)	10.9 (9.60-11.8)
4-day	2.94 (2.73-3.19)	3.52 (3.27-3.82)	4.34 (4.01-4.70)	5.02 (4.63-5.43)	6.00 (5.52-6.48)	6.84 (6.25-7.38)	7.74 (7.04-8.35)	8.72 (7.86-9.41)	10.2 (9.05-11.0)	11.4 (10.0-12.3)
7-day	3.46 (3.24-3.72)	4.13 (3.87-4.43)	5.03 (4.70-5.39)	5.75 (5.37-6.16)	6.77 (6.29-7.26)	7.61 (7.04-8.15)	8.50 (7.82-9.11)	9.44 (8.63-10.1)	10.8 (9.76-11.6)	11.9 (10.7-12.8)
10-day	4.00 (3.76-4.28)	4.75 (4.47-5.08)	5.71 (5.36-6.10)	6.48 (6.06-6.92)	7.55 (7.05-8.07)	8.43 (7.83-9.00)	9.34 (8.63-9.98)	10.3 (9.45-11.0)	11.7 (10.6-12.5)	12.7 (11.5-13.7)
20-day	5.55 (5.23-5.90)	6.54 (6.16-6.95)	7.63 (7.19-8.11)	8.49 (7.99-9.02)	9.64 (9.05-10.2)	10.5 (9.87-11.2)	11.4 (10.7-12.1)	12.3 (11.5-13.1)	13.5 (12.5-14.4)	14.5 (13.3-15.4)
30-day	6.97 (6.61-7.37)	8.17 (7.74-8.63)	9.39 (8.88-9.91)	10.3 (9.76-10.9)	11.6 (10.9-12.2)	12.5 (11.8-13.2)	13.4 (12.6-14.2)	14.4 (13.4-15.2)	15.6 (14.5-16.5)	16.5 (15.3-17.5)
45-day	8.86 (8.43-9.34)	10.4 (9.85-10.9)	11.8 (11.2-12.4)	12.8 (12.2-13.5)	14.1 (13.4-14.9)	15.1 (14.3-15.9)	16.0 (15.1-16.9)	16.9 (15.9-17.8)	18.0 (16.9-19.0)	18.8 (17.6-19.9)
60-day	10.7 (10.2-11.2)	12.5 (11.9-13.1)	14.0 (13.3-14.7)	15.1 (14.4-15.9)	16.5 (15.8-17.3)	17.6 (16.7-18.4)	18.5 (17.6-19.4)	19.4 (18.4-20.4)	20.6 (19.4-21.6)	21.4 (20.2-22.5)

1：该表中的降水频率（PF）是基于部分延时级数（PDS）的频率分析估算得出。

括号中的数字是90%置信区间的下限和上限的降水频率估计值。降水频率估计（基于给定持续时间和平均重现期）大于上限（或小于下限）的概率为5%。上限估值未根据可能的最大降水量（PMP）估值进行检验，并且可能高于当前有效的最大降水量。

有关更多信息，请参阅NOAA 地图集第14章文档。

场地径流设计的第一步也是最重要的一步是决定径流设计的降雨事件标准。考虑到场地会因为洪水而产生损失，但防洪费用则不由政府承担，因此地方政府在制定设计标准时往往过于谨慎且标准过高。有些地方政府要求场地建设开发标准需要满足500年一遇暴雨事件，这给开发建设带来很大负担。更常见的是规划100年一遇暴雨的应对，但实际上，场地规划最需要关注的是10～15年范围的更多常规降雨，并确保场地不会受到频发事件的干扰。

美国的通用标准是使用10年或15年一遇的24h降雨量来设计小型场地的地下排水管道系统的承载力，采用25年或100年一遇的24h降雨量来规划大于640ac（259hm^2）的场地，并使用100年一遇的24h降雨量来规划蓄滞洪区或明渠。

降水量估算

一部分降水会立即被土壤吸收，具体吸收多少则取决于地表植被、土

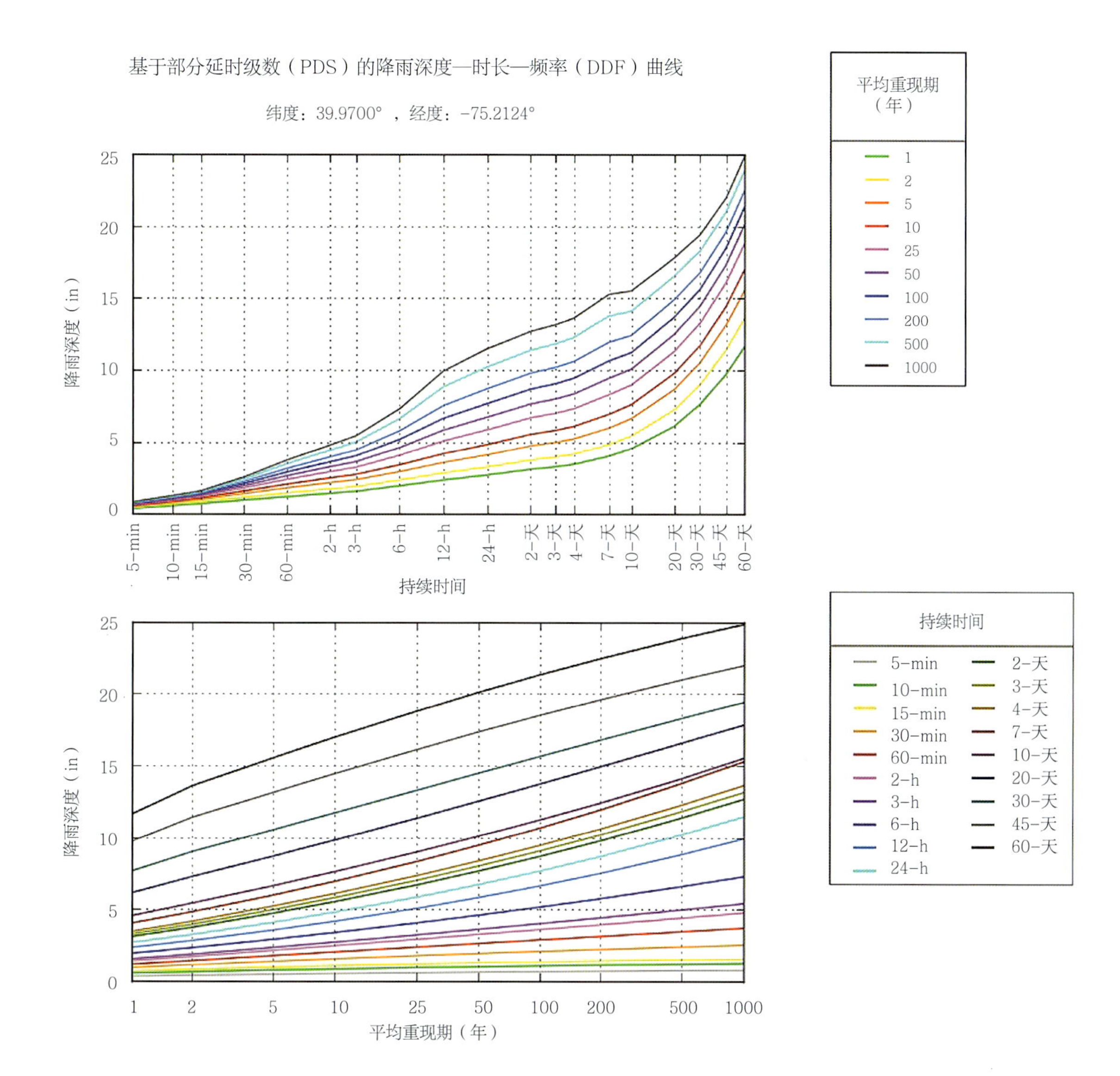

图6.6 费城不同重现期的降水量比较（美国国家海洋与大气管理局）

壤和地面坡度。随着土壤或其他地表最终饱和，限制了进一步渗水，降雨持续时间和降雨量也会影响径流。几乎所有落在不透水屋顶或道路路面上的水都会汇入径流，草坪或人工种植的景观地面降雨通常有20%汇入径流，而森林或沙地则几乎不会有径流。在植被覆盖的斜坡表面，大约100m长斜坡的降水将会逐渐露出地表，汇集成水坑，而到150m长时将开始形成涓涓细流。如何管理径流不使土壤流失是一个重要的规划目标。

第一步可以采用典型城市用地类型的平均径流系数快速估算场地径流。更准确的径流估算则需要分片区和类型分析地表材质。我们还需要记住场地径流还属于较大范围流域的一部分，因此相邻场地的汇水也可能会加入场地的排水要求中。可以采用如下合理方法（rational method）计算场地本身的径流峰值：

$Q = ciA$，

或为$Q = ciA / 360$（采用公制度量单位）

式中 Q = 径流峰值（ft^3/s或m^3/s）；

c = 径流系数；

i = 选定设计降雨时间（T_c）的平均降雨强度（in/h或mm/h）；

A = 流域面积（ac或hm^2）。

大多数场地都包含以下几种表面类型：屋顶、铺砌区域、种植区域和未开发区域。为准确预测径流，需要计算合成系数（C）。确定平均降雨强度（i）是个气候和政策问题，具体可咨询当地政府工程管理部门获得。若政府没有出台官方政策，还可以查阅相关降雨量表格，包括持续时间为1～24h的暴雨强度。

有了这些数字，就可以使用简单推理计算出场地必须处理的降雨量。上述方法已经使用了一个多世纪，在自然或人工储水量很小的200ac（$80hm^2$）以下的流域，该方法通常比较准确。

径流规划关乎保持水资源的平衡，这些水可留作地下水补给，用于景观灌溉，以及滞留或保留在场地的水域中。任意蓄水可能导致道路在晚上结冰进而带来危险，也可能在每次暴雨过后让操场变成泥场，导致无法使用。因此，应在场地内大多数地面进行一定的找坡。景观区和硬

表 6.1 典型径流系数

	径流系数（C）
按用地类型分类	
商业区	
市中心	0.75 ~ 0.95
社区	0.50 ~ 0.70
居住区	
独栋房屋	0.30 ~ 0.50
半独立式房屋	0.40 ~ 0.60
联排别墅	0.60 ~ 0.75
大地块独栋别墅	0.25 ~ 0.40
公寓	0.50 ~ 0.70

续表

	径流系数（C）
工业区	
轻工业	0.50 ~ 0.80
重工业	0.60 ~ 0.90
公园、墓地	0.10 ~ 0.25
游乐场	0.20 ~ 0.35
未开发土地	0.10 ~ 0.30
按地表特征分类	
铺地路面	
沥青和混凝土（标准）	0.70 ~ 0.90
排水性沥青	0.25 ~ 0.35
沥青砖	0.75 ~ 0.85
砖或砂块	0.30 ~ 0.35
植草砖	0.15 ~ 0.40
草坪、砂土	
平坦，坡度 <2%	0.05 ~ 0.10
平均，坡度 2% ~ 7%	0.10 ~ 0.15
陡峭，坡度 >7%	0.15 ~ 0.20
草坪、重壤土	
平坦，坡度 <2%	0.13 ~ 0.17
平均，坡度 2% ~ 7%	0.18 ~ 0.22
陡峭，坡度 >7%	0.25 ~ 0.35
屋顶、沥青或薄膜	0.75 ~ 0.95
绿色屋顶	
深度 <10cm	0.45 ~ 0.55
深度 10 ~ 20cm	0.30 ~ 0.45
深度 20 ~ 40cm	0.20 ~ 0.30
植被覆盖区	
平坦，坡度 <2%	0.10 ~ 0.15
平均，坡度 2% ~ 7%	0.15 ~ 0.20
陡峭，坡度 >7%	0.20 ~ 0.25

根据多种资料汇编而成

工具栏6.1

场地径流估算

使用推理法计算径流峰值:

例如，对于不透水屋顶覆盖率为20%、车道和停车场覆盖率为15%、草坪覆盖率为25%、林地覆盖率为40%的10ac场地，单独径流系数（C）为:

2ac × 0.85 = 1.70

1.5ac × 0.80 = 1.20

2.5ac × 0.18 = 0.45

4ac × 0.10 = 0.40

场地的综合径流系数为:

3.75 / 10ac = 0.38

如果10年一遇降雨的24h降水深度为5.3in，平均降雨强度为0.16（由强度图获得）。则有:

Q = 0.38 × 0.16 × 10 = 0.608ft^3/s

如果需要将一天内落入场地的全部降水量（超过吸收量）保留在场地，则保留区的大小应为:

根据公式：24h × 1ft^3/s = 1.9835ac · ft

计算得出：0.608ft^3/s = 1.2ac · ft

即略多于1ac及汇水1ft深的保留区大小。

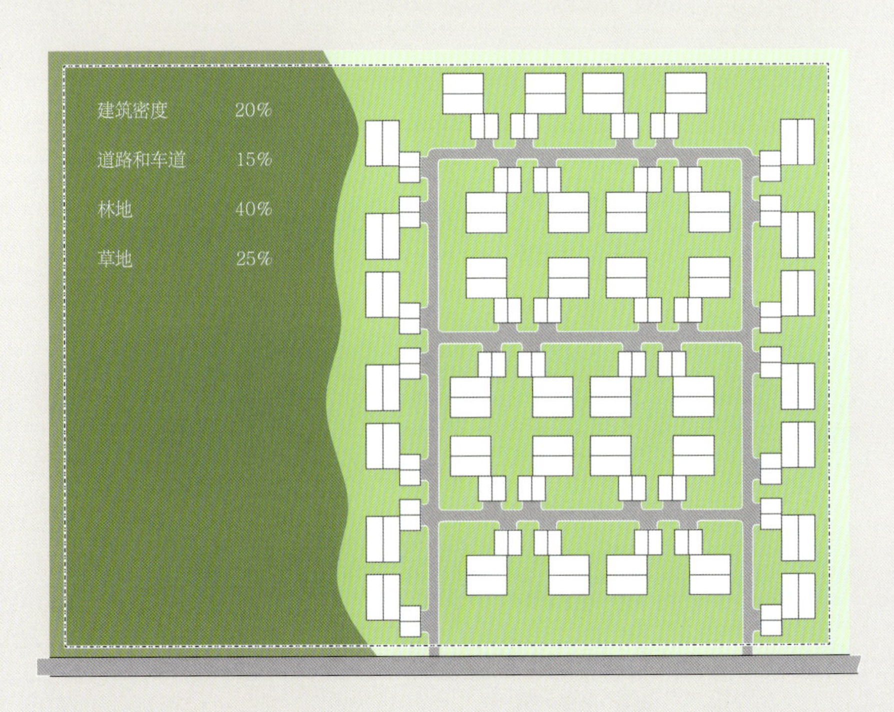

图6.7 场地径流估算（Adam Tecza/Gary Hack）

质铺面的坡度应为1%左右，在允许部分积水的更大场地上，坡地可以降至0.5%。街道和按准确标高铺设的其他硬质铺面的最小坡度也可为0.5%。建筑物外排水应朝外，坡度为2%，以允许建筑施工后的地表出现轻微沉降。可渗透排水沟和明渠的坡度需要在2%～5%，既可保障排水，又防止侵蚀。草坪和草堤的最大坡度可以为25%，更陡的坡度不仅容易造成水土流失，而且难以维护。当未修整的植被覆盖斜坡的坡度超过50%时，需要增设围墙或挡土墙。

地面排水系统

在确定了场地需要处理的降水量后，下一步就是规划设计汇水径流网络，以便将水输送至储水区、渗透区（infiltration zones）或排水点（discharge location）。汇水径流水渠可位于地上或地下，但在地面排水有很多优点，例如，可以利用生态调节沟作为水渠，这样可以在水流过程中净化水质，生态调节沟（vegetated swale）本身也能够拦蓄径流，并减缓场地径流的排放速度。生态调节沟还可以灌溉其周围的地区，滋养植被和野生动物。但与任何水体一样，大型排水管道可能会给儿童带来风险，因此需要进行适当设计，在大暴雨过后可被封闭。

排水渠的坡度应至少为1%，两侧斜面坡度可为2：1，最好为3：1，让底部更平。如果坡度超过2%，则可能需要修建拦砂坝来减缓水流，并使部分水渗入地下。排水渠的大小各异，有位于道路侧面的小沟渠，也有一年中大部分时间都蓄着水的大型水道，但不论大小都

图6.8 马萨诸塞州戴达姆（Dedham）新桥社区（NewBridge community）生态调节沟

图6.9 河北省迁安市三里河绿道项目，服务周边建设区的排水（Turenscape提供）

图6.10 洛杉矶贝沙湾（Bel Air Crest）的排水沟，用于减缓水流并在陡峭的山坡上过滤水体

应该具有至少60cm宽的平底以便进行维护。可能还要铺设土工布（geotextiles）以防止植被侵蚀沟渠。沿沟渠适当布置拦砂坝有助于清除水中的沉积物，并在坡度超过2%时减缓水流。在坡度过大的区域，可能需要用岩石（抛石）铺设整个水沟截面以防止沟渠侵蚀，并起到减缓水流的作用。

如果地表径流穿过道路，还需要设置暗渠或桥梁来维系水流。通常，暗渠由钢化塑料或波纹金属制成，横截面呈圆形。但是在面积非常大的情况下，可能首选椭圆形的横截面，并且通常应该和道路形成一定角度，出入口需要铺设石头以防止水流破坏道路。暗渠的最小坡度为0.5%，最大坡度为8%～10%，最好位于道路下方，用碎石覆盖，以防被从上面经过的车辆压坏。

蓄滞洪水

管理场地降水的最佳方案是对其进行再利用。在缺乏可靠且可负担的供水系统的地区，可将雨水收集并储存在卫生水箱中，将其变成饮用水水源。雨水的另一个用途是补给地下水系统，此外还可以直接用于灌溉，或者将其储存起来，用于旱季灌溉。雨水可用于冷却或供暖建筑空间（参见第11章），或储存在池塘中用于休闲或农业。上述许多用途都需要留出一定的场地用于蓄水，这也影响了场地规划的布局。

在确定滞洪区和排水渠的大小时，需要将落在场地上的水量转换为一天内累积水量的估计值。基于流量估计的公式，我们进一步的计算可依托流量与水量之间的大致换算关系如下：

图6.11 洛杉矶的雨水花园，径流可从路面渗入（Los Angeles Department of Water and Power）
图6.12 德国汉诺威康斯柏格（Kronsberg）住宅区的生态调节沟（© Atelier Rambol Dreisetl）

$1m^3/s = 43200m^3/d$或$4.3hm^2 \cdot m/d$，

$1ft^3/s =$ 约$43200ft^3/d$或$11.9ac \cdot in/d$。

一些城市规定了必须保留的降雨量或者场地的降雨排出速度。正如前文提到的，费城要求新建或更新的场地至少能够留住最初1in（25mm）的降雨量，这使得场地必须采用各种形式的蓄水方式。而另外一些城市则规定场地径流不得超出场地开发之前的流量，进而我们可以通过推理公式，并且比较场地开发前后的径流系数，计算出场地必须蓄滞的水量。

集中蓄水并非场地蓄水的唯一选择。降水还可通过沟渠或补给井用于地下水的补给。其他一些方法还包括在屋顶、停车场、道路或生态调节沟附近建造绿色屋顶和雨水花园来蓄滞径流水源。如果设计得当，每种做法都可以成为场地景观。

透水路面

建筑物和路面往往限制了渗水，但新种植的树木和植被又需要地下水，因此对场地的地下水进行补给是一项重要目标。地下水补给最简单的方法之一就是将不透水路面转变为透水路面。但采用的材料必须如同传统混凝土浇筑或沥青铺设那样，能够满足对机动车和行人的承载要求，并能够进行定期维护和更换。

以下列出若干类型的透水材料：

透水混凝土（Permeable concrete）：仅含少量或不含细粒料的混凝土，以便水可以穿透孔隙。透水混凝土适用于居住区等中等交通荷载场地。

多孔沥青（Porous asphalt）：由粗粒料形成的沥青以便透水。多孔沥青可以用在道路上，因为其粗糙的质地可提高安全性。多孔沥青在日本广泛用于人行道。

密实碎石（Compacted gravel）：没有任何黏合剂的压实大骨料砾石或石屑，适用于低交通量地区、停车场和道路侧边停车。挤密碎石采用砾石粉粒覆盖，可形成高质量的人行道。

透水砖（Unit pavers）：由混凝土、砖或沥青制成，可承载相当大的压力，并有多种形状和颜色可供选择。

可回收玻璃透水性路面（Recycled-glass porous pavement）：用黏

图6.13 匹兹堡菲普斯植物园（Phipps Conservatory）的透水沥青、地砖和雨水花园替代了传统停车场排水系统（Phipps Conservatory提供）

合剂将回收玻璃黏合再利用，可作为传统路面的替代品。

植草砖（Reinforced grass）：可用于加固草皮，以便承载交通重量，具体材料包括混凝土格构块、聚氯乙烯基体以及地下金属或塑料织物。植草砖为停车场提供极好的表面，并且具有抵消热岛效应的额外优势。

绿色屋顶

绿色屋顶（green roof）（又称生态屋顶，living roof）有很多优势，它可以给下方的建筑结构隔热及防寒，能够吸收和利用雨水，以及减少城市地区的热岛效应。从高处看也是一种有趣的景观，能使屋顶舒适宜人。但绿色屋顶的成本不小，因为其建造和维护的费用较高，并且非常麻烦。

建造和安装绿色屋顶的工艺已发展得较为精致和完善，如有专用材料提供种植用的薄膜和基质（ZinCo，未注明出版年）。绿色屋顶的难点在于需要承载增加的土壤、植被及其蓄水的重量，需要在长时间干旱或季节性强季风气候下保持植被存活，以及应对极端寒冷或酷热的气候。可持续屋顶通常有两种做法：一是拓展型屋顶绿化（extensive green roofs），即在整个屋面上保持统一种植密度和高度，采用最少的人力维持；另一种是密集型屋顶绿化（intensive green roofs），采用茂盛的景观营造出花园般的环境。

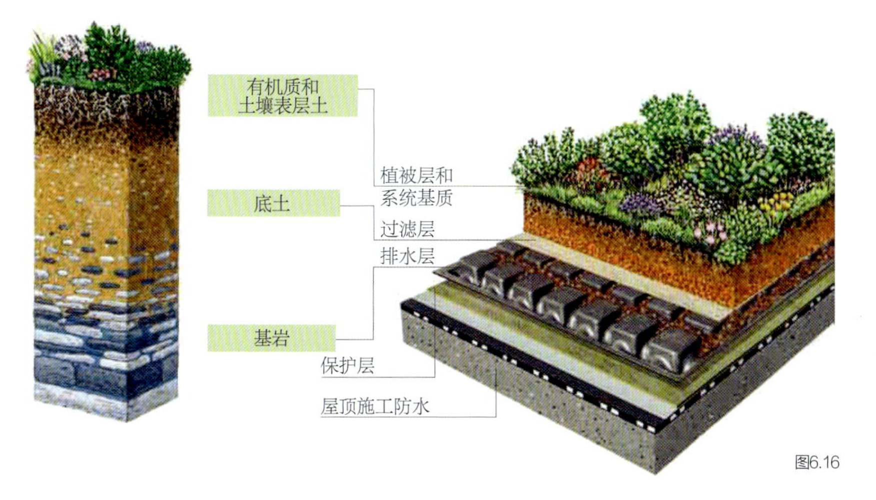

图6.14 密歇根州底特律福特汽车公司胭脂河工厂（River Rouge plant）面积为10.4ac（4.2hm²）的拓展型屋顶绿化（Xero Flor America提供）

图6.15 成都国际金融中心购物区上方的密集型屋顶绿化（Gary Hack）

图6.16 在绿色屋顶装置中效仿土壤的自然剖面（© ZinCo GmbH提供）

拓展型屋顶绿化通常种植的是能够在干燥或半干燥气候下生长的多年生植物，如高山条件或在裸露岩石上生长的植被。美国的相关植被包括景天、仙人球、蓍草、草夹竹桃及各种混合野花。欧洲也广泛使用景天以及红景天、冰叶日中花和本地野花。绿色屋顶有多种建造方法，但通常都会包括屋顶隔热材、保护垫、收集多余水分的排水元件、滤板和7～12cm厚的工程土壤，工程土壤能为植被生长提供介质（Weiler & Scholz-Barth 2009）。研究表明，这种类型的绿色屋顶可保留50%或以上的年降水量（Berhage 等 2009）。

密集型屋顶绿化通常需要更多的土壤，但也可以通过设计在尽量减少土壤重量的前提下支持更多茂盛的植被。通常，植被包含草和其他需要灌溉才能存活的多年生植物。因此，可以将它们设计成雨水收集和蓄水系统，以免浪费水资源。密集型屋顶绿化通常会被设计成休闲娱乐的平台和场所。

储水池和水箱

储水池（cistern）用来储存专用于景观灌溉或建筑物供暖和制冷的水，或者储存最终排入河道的雨水。储水池的形式可以是收集屋顶径流的地上水箱（tank），这样可以在很少或没有抽水泵的情况下进行灌溉，这通常是小型建筑或城市密集区大型建筑的最佳解决方案（即封闭在建筑物内）。但对于较大的场地，储水池通常位于地下，一般用混凝土建造而成，有时辅以钢筋加固。地下储水池的最佳选址一般位于停车场、网球场或运动场下方，以方便维护和修理。

地下蓄水区也可储存临时降雨的排水，然后在缺水季节河流或溪流流量低于容量时将其排空。如果场地在100年一遇洪水水位线内无法提供湿地等蓄滞洪池，地下蓄水区可以作为替代。

地下蓄水区有几十种不同的制造系统，最简单的形式是波纹金属管组合，更复杂的系统包括模块化预制混凝土箱、可弯曲形成连续管道的PVC管以及模块化PVC元件等。

渗透

如果场地上有充足的土壤，利用土壤吸收降水是较好的吸收径流的方法。但正是由于土壤会达到饱和，无法吸收强降雨，所以才会形成径流。因此，有必要建立一个储水池进行蓄水，使水在较长时间慢慢渗入土壤。

渗透池（infiltration basin）或生物滞留池（bioretention basin）是一种简单的解决方案，但是其设计难度很大，且仅适用于透水性土壤，一般每小时渗透深度为1～8cm。土壤

图6.17 洛杉矶休闲娱乐区地下降雨蓄水区（Los Angeles Department of Water and Power）
图6.18 购物中心停车场下方的雨洪蓄水设施（CULTEC Inc.提供）

的黏土含量不得超过20%，且粉土含量低于40%。渗透池底部应至少高于季节性高地下水位1.3m以降低污染风险。通过生态调节沟（vegetated swales）吸收停车场或主要道路的径流并过滤地表的杂质。通常，渗透池可吸收25mm暴雨，同时也允许10年一遇的降雨流经生态调节沟而不会对其造成侵蚀。水深通常不应超过450mm，如果生态调节沟的坡度超过3%，则需要设计拦砂坝以确保过滤固体并防止侵蚀。生态调节沟可以植草，也可以设计为线性湿地用以过滤沉积物和污染物。

通过精心设计的植草沟可以去除90%以上的悬浮固体和氮（化肥径流）、67%以上的磷和80%～90%的金属（Claytor & Schueler 1996）。冬季在道路上使用盐和砂的地区需要在植草沟中选择耐盐或具有自我修复性的物种。道路生态调节沟的建造和维护成本低于路缘石、排水沟和地下管道，通常适用于面积2hm^{2}以下的排水区。但根本上的难点在于安全问题，渗透池能够快速满水，但缺少围栏。此外，这一片区很可能在一年中的大部分时间处于干燥状态，而在降雨季十分潮湿，如何使其富有景观吸引力也是难点。解决方式之一是种植可吸收水分的草，同时提供吸引人的植被覆盖（New Jersey Department of Environmental Protection 2016）。

对于少量或中等水量的渗透，干井（dry well）是另一种较好的解决方案。这种干井由垂直混凝土或带穿孔的PVC管组成，内外都填以粗砂砾。干井也必须比地下高水位高至少1.3m，以确保水流杂质被过滤后再流入地下水。在巷道之类的小空间，还可以直接将降水排入土壤，而不需要再设置排水系统。

下渗沟（infiltration trench）、过滤管（filter drain）或填石暗沟（French drain）等的渗透能力更强，这些设施都将浅埋于地面下方，通过可透水地表收集降水，并用管道将其沿沟渠输送，以便水流可在较长距离内渗入土壤。下渗沟通过铺以细砾或密实砂的地表吸收降水，通常可位于人行道或停车场下方。此外，还可以在下渗沟床中平行铺设多排透水管道，这样可以处理更大的降水量。

上述所有装置都是假设土壤足以吸收要接收的水量，而且降水在到达渗水沟或田地之前，其中的粉土和颗粒已经被基本清除干净以免日渐阻塞渗水层。测试土壤是否有充足的渗水能力有一个简单的方法，即将一根直径为5in（12.7cm）的36in（91.4cm）长套管放置在装置底部以下24in（61cm）的深度，监测吸收率，并对数次实验数据取平均值。吸收率应该至少为10mm/h，或者为该吸收率的两倍，以防误差。不是所有土壤都能渗透降水，因为有的土质可能主要为黏土或粉土，且地下水位可能过高，

抑或大型树木的根系可能阻挡沟渠。在频繁冻融的天气或地面冻结超过1m深的场地可能不适合挖渗水沟渠，因为在春季冰雪融化最需要排水的时候，这样的沟渠将无法渗水。

地下排水

尽管绿色基础设施具有处理降水的各种优势，但大多数大规模场地都需要继续安装地下排水管道系统，以满足其全部或部分需求。在高密度人口的城市地区，地下排水管道系统可能是处理场地多余降水的唯一可行选择，雨洪设施也是大多数场地开发项目最大的单一基础设施投资。

在过去一个多世纪里，地下雨水排放技术变化并不大，现在不过是采用了一些新材料降低了安装和维护成本，并使排水效率更高。典型的排水系统由以下各方面要素组成：街道路面上的集水区（catch basins）、铺砌区和低洼地、接收水源的侧线（lateral lines）、用于排水的排水管（drain lines）或导管（conduits）、关键位置的检修孔（manholes）以及将水输送至排水口（outfalls）的集水管（collector sewers）等。

图6.20

图6.19 用于吸收停车场和道路径流的生物滞留池（Enviro-utilities, Inc. 提供）
图6.20 费城小巷的干井渗透系统（Philadelphia Water Department）
图6.21 沿着场地上的步行小道建造的填石暗沟及下渗沟（chiroassociates.us）

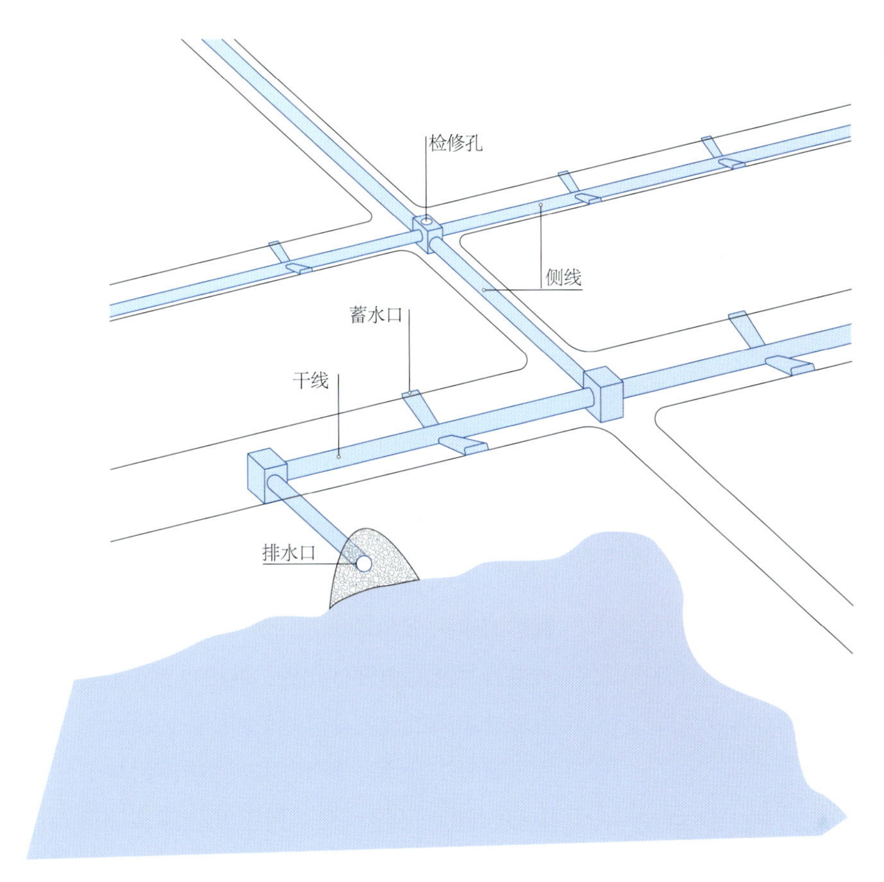

图6.22　典型地下排水系统示意（Adam Tecza/Gary Hack）

受重力影响，雨水管网系统通常需要至少0.5%的坡度才能良好运行。这给场地规划带来挑战，因为这意味着地下管网需要与场地地形保持一致。当然，可以建立泵站传输雨水，但泵站的建设和运营成本很高。

集水区

在道路一侧，如果有良好的排水沟（或生态调节沟）和树荫，径流在到达集水区之前可以流动相当长一段距离。该距离通常为250～300m，并且在到达入口前径流不应流过交叉道路。理想情况下，应从道路的两侧集水，并将排水管道放置于中心线位置，但如果道路十分狭窄，就只能在一侧设置集水区。在没有过多降雨或冰冻威胁的气候下，还可以在道路中心收集降水。集水区盖有格栅，用来阻止大块碎片进入，并且还可以增加收集装置，以便在水排入管道前把固体收集起来。

在许多降雨量大但资源有限的国家，可沿路边设置浅排水箱（drainage box）以连续接收雨水。排水箱覆盖有预制混凝土盖，易于清理，能够很好地发挥作用。

图6.23 地下排水管网通常是场地最昂贵的基础设施，上图是安装在墨西哥的PVC管道（© Thomas Castelazo/Wikipedia Commons）

导管

以前的排水管道由1～2m的陶釉管或混凝土管段组成，前后相连形成直的或轻微弯曲的导管，曲线半径至少为60m。当前，诸如PVC管等新材料可以延伸更长距离，并在拐角处更加紧致地弯曲。但大型集流管（collector lines）通常还是由混凝土制成，其截面尺寸最小为300mm。

在寒冷的气候条件下，侧线和集流管需要至少低于地面1.2m，以避免发生冻结。它们需要有一定坡度以确保水在管道内流动畅通。坡度取决于管道的粗糙度和尺寸，但通常侧线坡度至少为0.3%，主线坡度至少为0.5%。在起点，满管时的最小流速应该为60cm/s，这样在管道仅部分有水时也有足够的速度；此外，坡度也要注意避免产生超过3m/s的速度，以避免冲刷侵蚀管道。

此外，还有一种大胆的做法，就是干脆直接加大管道尺寸，将其用于储存雨水径流，再随着时间的推移逐渐将其排入河流或溪流。尽管这种做法成本很高，但是在城市密集区，往往难以建立蓄滞洪区，这一方法是一个能够实现零净径流的经济实用的解决方案。

检修孔

通过检修孔，可以进入地下管道进行检查和清洁。当管线改向并可能被沉积物堵塞时，以及在有更高水平位置的管道接入低水位管网的位置，必须设置检修孔。管道内表面的最低水平标高通常称为管道内底标高（invert），在布置管道系统时，需要根据管道内底标高来估算坡度和流量。

检修孔通常直径为1m，由预制混凝土制成，上覆金属盖。大多数地区会将检修孔设计标准化以便于维护，可能某些特殊检修孔需要定制。对于直径在600mm以下的管道，最大检修孔间距通常设置为120m；而对于孔径较大的管道，最大检修孔间距可以设置为180m。有些地区允许直径为600mm管道的检修孔间距为240m，并允许直径1370mm以上管道的检修孔间距高达610m。这种差异很大程度上与街道路面的清洁程度相关。有些街道在冬天雪季会在道路上撒砂子，那么就需要频繁清理管道。当前已有许多城市使用自动化设备来检查和清洁排水管道。

排放口

排水管网系统通常模仿了溪流和河流的形态，被设计成分支管网，管道尺寸随着水的逐步收集而逐渐增大。在地形变化不大的地区，设计师需要从出水口的标高反向推导，以确定各段管网分支的管道内底标高。如果无法建立其合理的坡度，则可能需要在出水前设置抽水泵站。如果管道将水排入溪流或河流，则需要考虑到水体水位线的季节性波动或暴雨期间的波动。在极端情况下，新奥尔良或曼谷的大部分定居点低于河流的高水位线以下，因此需要一套完善的滞洪和抽水系统来应对大暴雨。在任何情况下，都需要保护出水口免受人员和野生动物入侵，同时提供设备通道，以便调查和维修主管道。

地下排水管道系统不像露天生态调节沟或其他自然排水沟那样具备改善水质的优点。因此，在某些情况下，将雨水排入湖泊或溪流之前可能需要改善排水的质量。这是一个棘手的问题，特别是出水口处的流速激增，使情况变得更加困难。多伦多雪邦社区（Sherbourne Common）公园既实现了这一目标，又打造了一处社区所需要的休闲娱乐设施。排水处理系统由两个地下紫外线反应器组成，总容量为140L/s，将处理后的水排入安大略湖，排水系统上面是一个多用途的社区公园，三座美丽的艺术雕塑不断提醒人们水在城市中所扮演的特殊而重要的角色。

图6.24　多伦多雪邦社区公园的排水处理设施外观（© Randall Croft/Wikimedia Commons）

图6.25　多伦多雪邦社区公园一层薄的净化水从三座艺术雕塑上泻下，然后经过240m长的生物过滤通道，再排入安大略湖（© Stephen Allen/Wikimedia Commons）

第7章

供水

充足而安全的饮用水和食物及住所一样，是生活的基本必需品。由于气候、生活方式、文化、技术和经济条件的不同，全球各地的供水量和供水方式存在很大差异。有的可从后院水井取水，有的水来自储水池或使用海水淡化的大型公共系统，有的则由水库、水处理厂和供水管网供应。随着世界各地的水资源短缺和气候变化，水的供应越来越难以保障，各大城市正在寻求水资源保护和再利用方法以减少对水的需求，这体现在各类规模的场地上多种可持续的方法。

对水的需求

世界各地的用水量受到可用性、价格和文化差异的影响而具有很大差异。甚至在同一个国家内也可能差异很大。客观来说，在美国，热力发电每年消耗45%的水资源，紧随其后的是农业和水产养殖业消耗35%的水，城市和家庭使用大约消耗13%的水（Barber 2014）。

在美国，每人每天用于食品准备、饮用水、洗浴、洗衣和其他用途的室内生活用水平均约为70gal（265L）加仑。但是，由于制冷、景观灌溉、洗车、街道清洁、游泳池维护和其他活动也要用到水，各城市之间的居住区用水存在较大差异，而且人均用水量可能很容易翻倍。例如，纽约和费城等高密度老城区平均每人每天总用水量约为85gal（322L），而丹佛或凤凰城等新兴大都市地区的日均用水量为每人160～180gal（606～682L）（Walton 2010；Maupin等 2014）。独栋别墅的居民通常比多户住楼房的居民用水更多。例如，在多伦多，独户居民平均每人每天用水320L，而多户居民平均每人每天用水191L（City of Toronto 2002）。在大多数城市，居民用水量占总用水量的40%～60%，

表 7.1　典型美国家庭日耗水量（US EPA）

活动	用水量	gal/ 天 / 人	L/ 天 / 人
室内			
淋浴	1.5gal/min（5.7L/min）	12	45
洗衣	28gal/min（106L/min）	15	57
厕所	1.6gal/min（5.7L/min）	19	72
洗涤池	6gal/min（23L/min）	11	42
漏水和其他		13	49
室外所有用途		30	114
日总量		100	379

资料来源：EPA，“Water Sense,” http://www3.epa.gov/watersense/pubs/indoor.html

表 7.2　居民用水量比较

城市	L/ 天 / 人	gal/ 天 / 人
美国		
纽约	327	86
费城	318	84
休斯敦	273	72
凤凰城	671	177
盐湖城	682	780
西雅图	326	86
波士顿	155	41
旧金山	216	57
丹佛	682	180
加拿大		
滑铁卢	284	75
多伦多	257	68
温哥华	295	78
澳大利亚		
墨尔本	200	52
悉尼	215	56
全澳大利亚市区	270	65
英国		
剑桥	149	39
伦敦	157	41
威尔士	157	41
丹麦哥本哈根	131	35
挪威奥斯陆	200	53
德国全国城市地区	115	30
以色列耶路撒冷	119	31

续表

城市	L/天/人	gal/天/人
中国		
天津	89	23
北京	138	36
香港	219	58
日本		
东京	236	62
福冈	202	53
新加坡	160	41
越南城市地区	70	18

资料来源：Heaney, Wright, and Sample（2000）; Hughes（2000）; Walton（2010）; International Water Association（2010）, Zhang and Brown（2005）

其余为工业、事业单位、服务机构和公共领域维护用水。在基础设施运转良好的情况下，“不收税的用水”仍平均达到15%～20%，主要包括街道清洁、公园、灌溉、消防、污水管网修复，以及系统泄漏或破裂造成的失水。一年中用水量变化也很大。在夏季和冬季气候差异明显的地区，夏季的用水量需求达到峰值，并且很容易达到全年平均日用水量需求的150%～170%。

输送给用户的水约有70%进入污水管网或现场处理设施及相关设备系统。在大多数社区，水是一种非常宝贵的商品，不能仅使用一次，因此废水回收利用现在已被广泛接受，但相关实践仍十分缺乏。

场地上的水源

世界上，城市地区使用的水大约一半来自地表水（surface water），另一半来自地下水（groundwater），还有一小部分来自海水淡化（desalination）。但是，在任何一个特定的社区，水资源来源主要取决于地区的自然资源，以及对取水、储存、处理和分配水进行投资的意愿。

在低密度且土壤或空气不受污染的地区，获得水的最简单的方法是就地取水，如可以从屋顶收集雨水并将其储存在水箱或储水池中，供场地居民使用。如果是供人类饮用，收集地表水需要保证无细菌污染。从停车场或其他径流收集的水通常不符合饮用要求，但可用于灌溉和其他用途。

如果场地内的水是唯一水源，则需要收集和储存足够的水以满足不

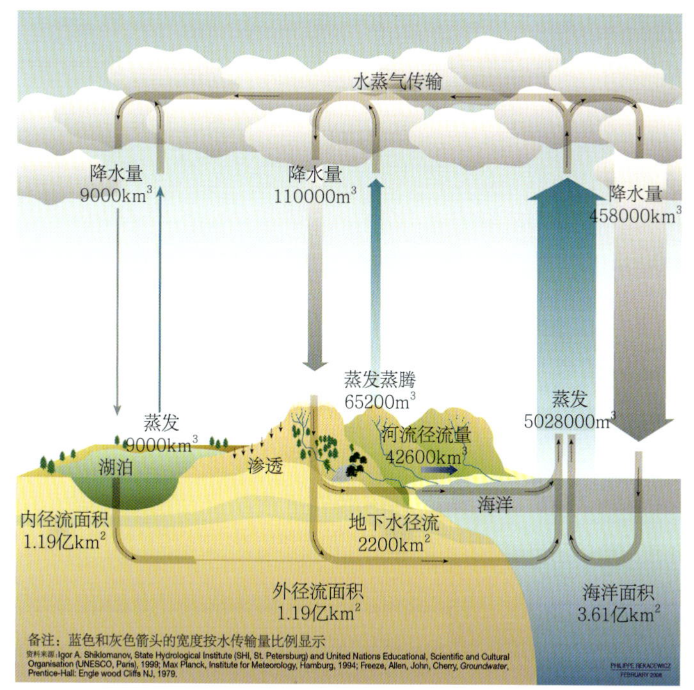

图7.1 水循环（UN Environment Program）

图7.2 荷兰屈伦博赫（Culemborg）的Lanxmeer社区采用屋顶集水

同时期的用水需求。其中一个标准是依据100年一遇的旱灾（100-year-occurrence drought）做储水量准备。当地气象数据将有助于确定长期以来的最小年降雨量，并可以将其与从屋顶收集水的能力和耗水量估计进行比较。理想情况下，应对若干年进行水量建模，其中包括长期干旱的几年，进而估算可收集、储存及消耗的水量。但下面的公式提供了相对简单便捷的检查估算方法：

$$V = RA \times AAR \times CR \times 0.5$$

式中 V = 预估累积水量（gal）；

RA = 屋顶面积（ft^2）；

AAR = 年平均降雨量（in）；

CR = 考虑蒸发的获水率，通常屋顶降雨为0.62gal/ft^2/in；

0.5 = 50%规则规定平均每年应储存可收集的水量的一半（根据经验所得）。

在大规模场地上，尤其是那些屋顶面积大而耗水量低的场地（如在工业或办公及住宅混合用途开发的场地），有必要建造共享蓄水池（storage reservoirs）、储水池（cisterns）或水箱来服务整个场地。这也意味着要安装集水系统和供水网络。

图7.3 蒙特雷科技大学的储水池（Monterrey Institute of Technology and Higher Education/Wikimedia Commons）
图7.4 亚利桑那州中部运河工程（Arizona Department of Water Resources）

场地上的另一类水源是通过水井抽取的地下水。这可以由个人或集体完成，具体取决于地下水分布的密度和抽取成本。水井通常使用金属或混凝土管钻孔并加以内衬，并由潜水泵提供动力。

在人口密度较低的居民区，单个的水井比较实用，但为了确保地下水开采和井位远离污染源，水井的选址必须十分谨慎。通常，居住区的水井需要每分钟能抽取35～190L水，然而由于保护措施，这个数字可能会少30%。水井需要建在相对较高的位置以避免径流污染，并且应距离任一化粪池（septic disposal field）至少30m，以及距离地表水或溪水的高水位线最少15m。位于咸水区的场地，水井应该尽可能远离海岸线，并且需要足够深，以便从盐水侵入地层以下的地层中取水。

取水速度超过200L/min的水井需要远离潜在污染物。这些水井应该距离任一废弃物处理场大于200ft（61m），距离地表水体的高水位线至少75ft（23m），并且必须免受任何污染源的污染。

公共供水

公共供水一般从河流和湖泊取水，取水的流域距离居民点往往有数英里远。在古罗马时代，人们已经开始通过引水渠（aqueducts）和地下管道将水输送到数百英里以外的城市。美国的凤凰城和图森市（Tucson）通过330mi（530km）长的亚利桑那州中部运河工程从科罗拉多河取水。科罗拉多河引水渠全长242mi（390km），向洛杉矶和南加利福尼亚州供水。在水源地和运输过程中，保障水质是所有公共供水系统的主要工作。在水库附近的道路上通常禁止或限制使用盐，建设规范还会限制使用氮和其他可能进入供水管网的化学物质。

许多城市可以从附近的溪流和河流取水，尽管这些城市河流的水质通常不足以直接使用。为了节省向社区输送水的费用，必须进行水处理（water treatment）。

许多社区使用水井作为水源，为了保护水质，这些水井通常距离居民区几英里远。这些水井可以很好地利用地表以下的含水层，根据水源穿过土层的不同，对含水层取水有可能会造成沉降。曼谷的一些依靠水井供水和工业作业的地区每年沉降（subsidence）5～10cm，建筑物和道路被破坏，并影响了曼谷在每年季风期间应对雨洪的排泄能力。因此，需要制定大规模抽水的标准，并使其能够通过渗透地表水而为含水层提供补给。

许多地方既没有足够的降雨也没有充足的地下水资源来维持生存。中东大部分地区和阿鲁巴（Aruba）等岛屿的全部或部分供水都依赖于海水淡化（desalination）。将盐水转变为淡水的工艺有多种，包括蒸馏（distillation）、离子交换（ion exchange）、反渗透（reverse osmosis）和其他膜滤法及太阳能海水淡化（solar desalination）。它们的共同点是需要大量的能源和昂贵的基础设施，这使得海水淡化成为最昂贵的获取水资源的方式。利用太阳能进行海水淡化正逐渐改变这种模式。直到最近，建造大型海水淡化厂才初具成本效益。不过反渗透和蒸馏新技术的小型系统已在酒店、营地、城市公园、机构和工业区等处得到使用。这些系统通常每天能提供60～1000m^3可饮用水，它们还经常为施工区临时供水，也可用作酒店、居住区和事业单位的永久供水设施。

图7.5 沙特阿拉伯舒艾拜（Shuaibah）的混合海水淡化厂Al Shuaibah FO-RO（正渗透/反渗透）（Doosan Heavy Industries and Construction）

图7.6 沙特阿拉伯的Quimpac de Colombia的逆向渗透装置工厂（Paola Archila/Wikimedia Commons）

图7.7 阿曼（Oman）小型太阳能海水淡化厂（Robert Kyriakides提供）

图7.8 得利卡利亚水库（Delecarlia Reservoir）的残留物处理中心，为华盛顿特区供水（US Army Corps of Engineers）

水处理

从受污染的溪流或径流中抽取或循环利用的水需要经过净化才能满足消费需求。根据水的成分和用途，可能需要采取若干种物理处理过程，如过滤（filtration）和沉淀（sedimentation）、生物过程（biological processes）、化学处理（chemical treatment）或电磁辐射（electromagnetic radiation）。市政水处理厂通常采用其中几种水处理过程。

滤网用于清除河流取水中的大碎片，将水储存在蓄水池中还可以让一些重物质在处理前沉淀下来，但地下水通常不需要这种粗筛。如果水质过硬，则要添加碳酸钠（纯碱）或使用反渗透膜调节。细砂或慢砂过滤器可清除残留的小颗粒，去除有害微生物则通常需要对水进行氯化或臭氧处理，后者成本更高，但是产生的危险副产品较少。许多地区会在水中添加氟化物以防止用水人群出现蛀牙。所有这些过程都在大型市政水处理厂进行，消费者们对这些过程及所花费的成本知之甚少。

水资源也可以分散到小型水处理厂进行处理，这些小厂仅需很少的操作员监督。成套的水处理装置采用了一系列专门针对水质问题的处理技术，包括曝气、滞洪、过滤、絮凝（flocculation）、紫外线消毒（UV disinfection）和化学处理过程等，每天能提供1000～4000m^{3}水。这些装置尤其适用于度假村或工业厂房等交通较难到达的地方，也可广泛应用于水系统容量无法跟上发展的地区。一些机构和酒店已经安装成套装置，用于对不符合其味觉和嗅觉标准的政府供水进行最终处理。

蓄水

水在分配给用户前通常存储在地上或地下的储水池、水库或水箱中。中东、南亚和巴西的许多房屋在屋顶的水箱中收集和储存水，这些水箱中的水通常在太阳照射下被加热。纽约的公寓通常也有水箱，由市政供水系统抽水将其填满，为居民生活和消防安全提供水压合适的水源。如果场地内有高处可以放置水箱或储水池，则可用于整个社区；如果没有这样的位置，那么大多数小城镇和城市都会自行建造水箱，这些水箱也成为城镇的

图7.9 印度孟买达哈维（Dharavi）的屋顶蓄水（David A. Smith/Affordable Housing Institute提供）

图7.10 本地水箱示例[（上）Tank Engineering提供；（中）Noblevmy/Wikimedia Commons；（下）schaoyz/Panoramio/Creative Commons]

图7.11 地下水箱（Buildipedia.com提供）

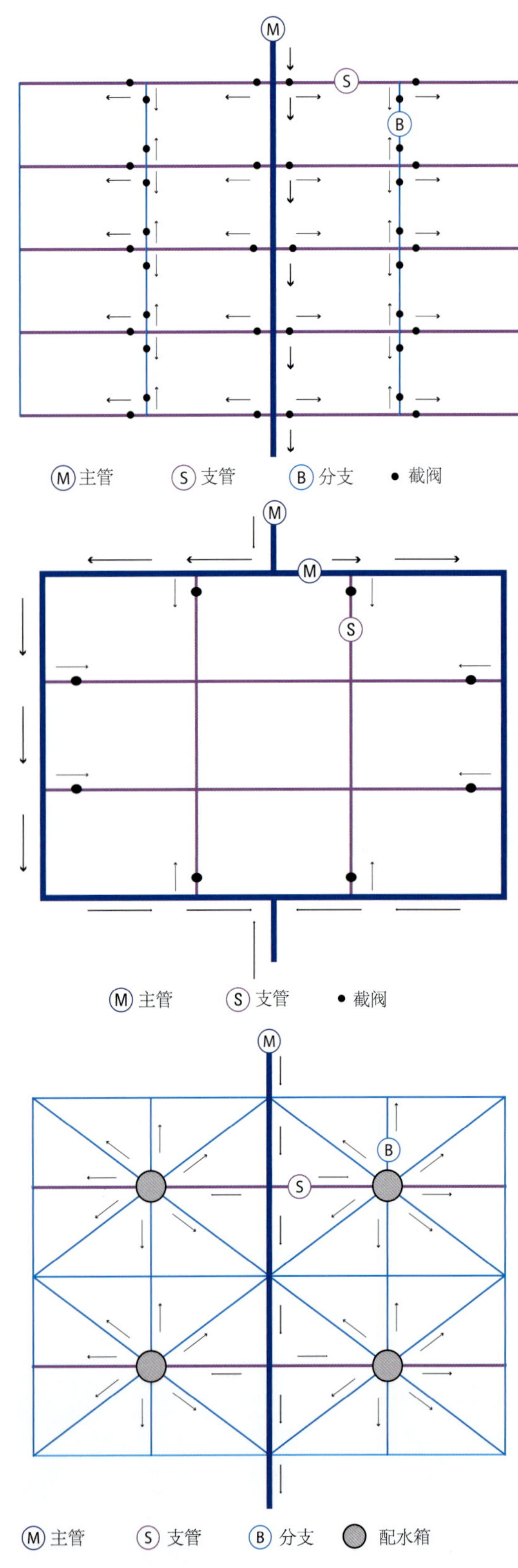

图7.12 配水回路的几种策略（Adam Tecza/Gary Hack）

标志性建筑。

水的静水压力（hydrostatic pressure）为每10.2cm 1kPa。因此，将水位提升到30m的高度会产生大约300kPa的压力，这可满足大多数生活用水和配水的最低要求。许多市政法规要求水压要达到310kPa，纽约的高层建筑要求85psi（586kPa）。考虑到长距离配水管线的压力损失，水塔的高度至少应该为50m，抑或采用建筑物或社区的增压泵来补充水压。

位于地下的储水池或水箱需要依靠水泵的压力进行送水。地下储水池有着悠久的历史，可以追溯到新石器时代的黎凡特（Levant）和黎巴嫩（Lebanese）供旱地耕作的集水仓。公元6世纪，伊斯坦布尔就有了巨大的地下集水仓，摩尔人把这些技术传到了葡萄牙和西班牙。但是很长一段时间内却被人们忽视。如今随着可持续发展的兴起，储水池又被重新用于雨水收集。

当代储水池通常由钢筋混凝土建造而成，有时具有金属内衬或丙烯酸表面，或者采用PVC材料制成。水箱与滤水器连接以确保不会引入污染物。水箱需要定期检查并严格监控蓄水池的水质。它们可以作为主要饮用水源，也可以作为灌溉和消防的备用水源。

配水系统

水通过管道、阀门和仪表器分配给终端用户。很久以来，管道通常由木头、铸铁或其他金属制成，但近年来这些材料已被塑料或混凝土取代。塑料管的优点是可以在拐角处弯曲，避免了连接处的泄漏。在地面结冰的寒冷气候中，管道需要埋在地面以下至少1.2m处，并且管道与雨污管道的水平距离应至少为3m以上。水管中的

图7.13　保加利亚德布拉斯蒂卡村（Debrashitica）的供水网络（RC Design）

正压力有助于防止污染物进入。通常，主输水管道的直径至少为10cm，为单个房屋或结构供水的侧线直径会更小，具体尺寸根据需求而定。

配水系统需要精心设计组织成一系列循环系统，这样每位用户都可以从两个方向得到水管供水。创建循环系统的策略有多种，如果水管发生破裂，每隔300m左右就会有一个截止阀，它将切断水管中的水，并将水转到另一边的供水管中。自来水总管道还为消防栓提供消防服务。消防栓的间距不超过300m，以便软管可以到达任何位置。但也有一些地方政府将消防栓间距限制在150m以内，这在很大程度上取决于消防设备的类型。

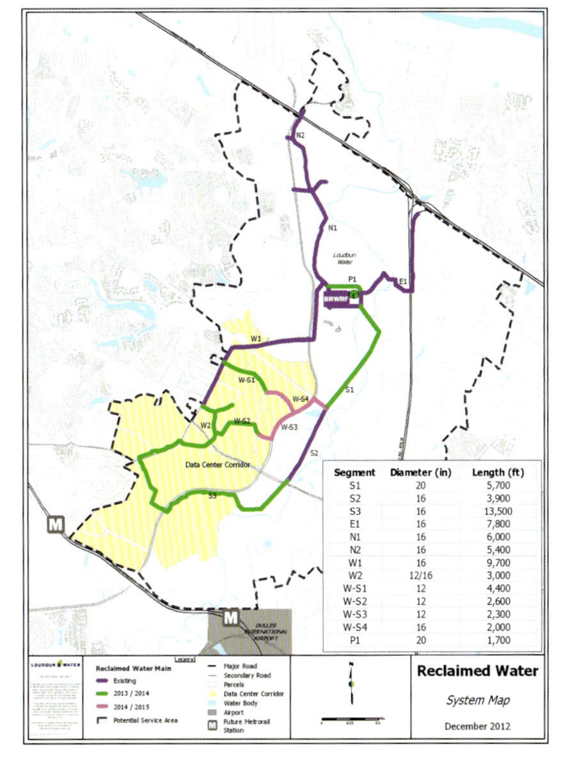

Segment	Diameter (in)	Length (ft)
S1	20	5,700
S2	16	3,900
S3	16	13,500
E1	16	7,800
N1	16	6,000
N2	16	5,400
W1	16	9,700
W2	12/16	3,000
W-S1	12	4,400
W-S2	12	2,600
W-S3	12	2,300
W-S4	16	2,000
P1	20	1,700

图7.14　弗吉尼亚州劳登县（Loudoun）的再生水系统（Loudoun Water Company）

双管供水

来自污水系统的再生水（中水，gray water）

图7.15 多条居民用水管道：标准冷热水管（蓝色，红色）、标准废水管道（白色PVC）和中水管道（紫色）（Terrano Plumbing提供）

和不符合饮用水标准的径流可以成为景观、建筑、农业和其他工业用途的宝贵资源。如果水质足够好，还可以用于厕所/小便器冲洗、冷却塔和消防系统。使用这些水需要安装第二个配水管网和一个严密监测系统。尽管安装成本很高，但是在水资源约束限制开发的地区，以及为高尔夫球场、温室、公园大道和工业用途等用水大户服务时，双管系统（dual-pipe system）非常重要。该系统在澳大利亚广泛使用，美国部分地区也有安装。

规划双管系统的主要问题在于如何分配需求，两个管道系统需要进行区分（通常通过颜色和标志），在拥挤的街道上安放妥当（通常在街道相对的两侧），并且每个系统都需要提供足够的水压。在许多社区遇到的一个不利因素是双管供水的最小管道标准往往比实际需要的要大。但无论如何，紫管系统（purple pipe system）（即中水管）仍代表了未来的可持续供水（EPA Victoria 2005）。

中水的理想用途是代替饮用水进行滴灌（drip irrigation）。在居住区中，最简单的处理方式是通过固体沉淀后，将水从化粪池顶部排出，然后通过设置在管沟中的穿孔管泵送，管沟上方和下方有150mm的砾石，并用土工织物覆盖。其上是砂壤土和种子或草皮或其他地被植物，可从中水中汲取营养。这种系统最适合用于温度不低于0℃的气候条件下（Sustainable Sources 2014）。

简而言之，有效节水既包括减少用水，也包括对水的高效利用。

第8章

排污系统

我们依靠水生存，但是人类生活也需要一种有效和安全的方式来处理我们的废弃物。其中，大部分废弃物呈液态，来自家里的厕所、盥洗池、淋浴房和洗衣机，以及工业和商业建筑的下水道。城市地区的污水排入下水道，被运到特定地方进行处理。废弃物收集和处理能力是规划场地的关键。许多项目恰恰由于没有可用的主管道基础设施，或者由于公共废弃物处理厂的处理能力不足等原因，无法达到预期的规划建设目标而陷入困境。废水处理的规划应该纳入事前的统筹考虑，而不是事后补救。

就地处置

在建设密度、对废弃物处置要求相对较低的地方，可以就地处理液体废弃物。最常见的做法是建造一个废弃物处理场（disposal field），允许液体渗入土壤。这包括两个阶段：首先，将废水存放在化粪池（septic tank）或沉淀池（Imhoff tank）内，较重的物质沉淀下去，而脂肪和油脂等密度较小的物质浮到顶部。然后中间的液体（通常为中水）通过多孔管网分布到地下处理场，溶入土壤，土壤里的微生物自然种群会消灭所

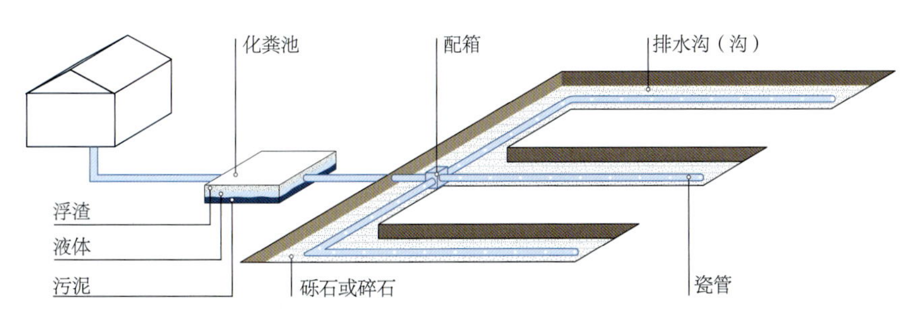

图8.1 生活化粪池处理系统（Adam Tecza/Gary Hack）

图8.2 大容量化粪池渗透砖（Southern Water and Soil, Inc. 提供）

有病原体。处理场的瓷管通常被300～450mm厚的砾石包围，顶部覆盖150mm的植被土壤。废水还可以给更大范围的场地提供滴灌服务。

沉淀池系统的设计是为了满足废水处理和吸收的需要，因而也需要测试沉淀池的吸收能力，可以通过挖掘试验坑至渗透瓷管所处的深度，然后往试验坑加水，并测度水面下降速度，这可以用来检测场地土壤的性能。有许多规范手册将吸收时间与所需处理场地的大小相关联（Gustafson and Machmeier 2013；Greywater Action，未注明出版年；South Australia Health Commision 1995）。通常在雨季，处理场地必须至少高于地下水位600mm，并且在基岩或矿层之上至少1000mm处。这意味着在浅层土壤中，沉淀池可能高于地面。当前最常见的处理管为圆形穿孔PVC管，但一些较新的可渗瓷砖及管道已获得专利，以其更高的效率减少了所需的覆盖量和沉淀池的整体面积。废水处理系统对于处理商业设施（如餐馆）的废弃物或为多个家庭提供服务至关重要。

如果无法找到可吸收废水的场地，又没有公共下水道系统可用，可以将废弃物（化粪池垃圾，septage）储存在污水储槽［黑水箱（black water tank）或污水坑（cesspool）］中，并定期泵入卡车运输至污水处理厂或废物填埋场。这种方式成本很高，不到万不得已最好不采用。但在许多缺乏资源建立集中污水收集和处理系统的低收入聚居区，污水储存罐被广泛使用。另一种更好的解决方案是投资小型封装工厂装置来处理废弃物（如下文讨论）。它最初是为建筑工地和没有公共排污管道的偏远地区设计的，现在正逐渐成为常规废弃物处理设施的有力竞争对手。

传统的下水道系统

城市中的下水道系统（sewer systems），也称为污水处理系统（sewerage systems），始于伊朗和克里特岛（Crete），拥有3000多年的历史，其中一些原始系统至今仍可运行。罗马城镇和公元1世纪的英国驻军要塞就拥有功能齐全的污水管网，他们利用挖空的原木收集废弃物。废物被排放到附近的河流和小溪，依靠稀释进行处理。19世纪下半叶，随着大规模城市化和随之而来的疾病传播，卫生运动兴起。特别是在伦敦，霍乱和其他流行病都与缺乏对废弃物的充分处置有关。欧洲和北美大城市的给水排水管道系统也极大地增加了对液体废弃物收集和处理的需求。美国在南北战争结束后，大学开始开设卫生工程这一新专业，为给水排水系统设计奠定了科学基础。当时做出的许多选择以及为第一个下水道系统开发所进行的实践仍然是当前市政工程的基础。当然，它们也存在很多问题：早期决定建造综合（雨水和废水）下水道系统，很大程度上是因为该系统更经济，而且雨水还能够稀释废弃物，但是这给溪流和河流清理工作带来很大挑战（Burian 等 2000）。

目前几乎所有新的排水系统都将生活废水（sanitary wastes）与雨水分开，这两种废水都需要在城市地区处理，但是处理方法截然不同。例如，雨洪排水通常只需要最低限度的处理。但是如果将其排放到管道中，由于管道尺寸原因，成本可能会很高。在雨水到达排水渠或管道之前，还可以通过自然过程处理大部分雨水径流（详见第6章）。与雨水管不同，生活污水的排水管是封闭系统，不能与开放式入口相连以免传播异味。废弃物通常通过不断增大的管道在重力作用下流动直到处理厂。许多地方和上级政府都发布了重力排水管道系统的设计标准。虽然根据土壤类型或斜坡而有微差，但总体要求较为类似（Environmental Protection Agency 2002a；City of Carlsbad 2006；Gold Coast City Council 等 2013）。

排污管道系统的设计需要工程方面的专业知识，因为这涉及复杂的规范要求、实践经验和具体场地的诸多细节。但是，场地规划可以快速绘制场地的污水管道布局示意图，通过该示意图能够掌握场地未来用途需要的服务量，也能够据此进行粗略的成本估算。布局排污管道系统的第一步是估计排水量。表8.1显示了美国的场地在各种用途下的平均排水率。许多其他国家都出版了类似资料或在网上提供了排水率相关数据（British Water 2009；Gold Coast City Council 等 2013；Hong Kong Government 1995）。在粗略估计场地每一子片区的排污量后，可以开始

表 8.1　美国按用途估计的污水排放量

用途	单位	L/天	gal/天
住宅			
一般住房	每人	378	100
单户住宅	每户	1400	370
联排房屋	每户	1135	300
公寓	每户	1135	300
商用			
一般商用	每公顷	18700	4940
汽车旅馆	每单元	490	130
办公室	每位员工	75	20
工业（因行业而异）			
一般工业	每公顷	93500	24700
仓库	每公顷	5605	1480
普通学校	每位学生	60	16

资料来源：美国国家环境保护局（EPA）

草拟排污管道系统的布局草图。

由于重力排污管道（gravity sewers）取决于水的流势，因此我们需要寻找确认场地的自然流域，在自然流域中可以轻松连接并延伸管道。在管道上端是由铸铁或PVC制成的支线（laterals），尺寸至少为100mm，但通常更大，它将从住宅、企业或其他建筑中收集到的液体废弃物汇集在排水沟中并输送入管道。排污管道必须埋在冻深线（frost line）以下，并在汇集到集流管（collector lines）之前沿水流方向弯曲，以免发生堵塞。通常，集流管直径尺寸为200～250mm，它将来自住宅或其他建筑的废水汇聚在一起沿坡输送。最终汇集到通常直径为760mm或更大的主管道（trunk lines），进而由主管道将污水输送到污水处理厂。如果多条管道交叉或有管道改向，需要设置检修孔（manholes）进行检修及避免堵塞。对于直径最大610mm的管道，检修孔直径通常为1.2m。检修孔可以由预制混凝土环制成以适应管道深度，或者由预制玻璃纤维单元制成。尽管机器人清洁设备大大延伸了检修距离，但在直线作业时，还是需要每隔90～180m设置检修孔进行清理。

排污管道系统布局的关键因素在于确定最佳的管道坡度。工程师们的标准是，管道既不要太陡，也不要太平。理想情况下流速至少达到0.6m/s，以确保管道自动清洁。但是又需要避免速度超过3m/s，因为这会导致检修孔处的管道和备用设备发生腐蚀。表8.2列出了典型管道尺寸的最小和最

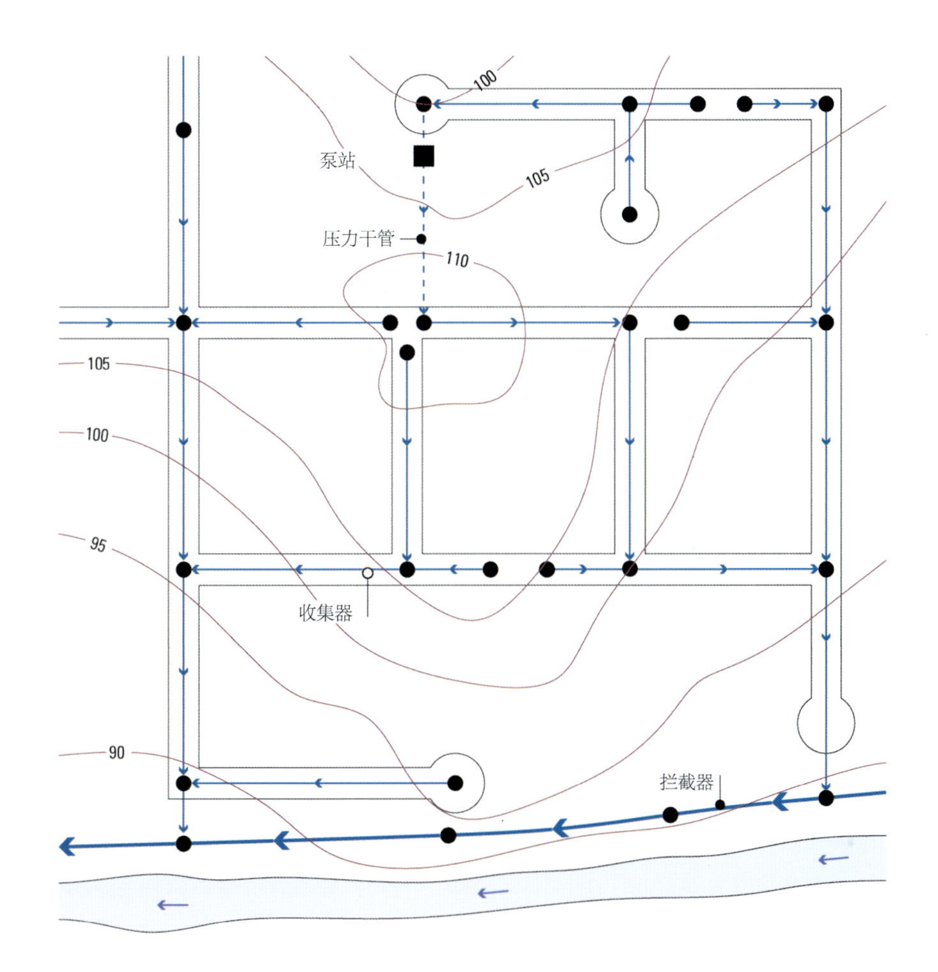

图8.3　污水管道分区布局示意
（Adam Tecza/Gary Hack）

大斜率。流速的大小将直接决定管道输送污水的能力。已知管道尺寸和斜率后，有多种估算流量的方法，最简单的方法是使用互联网上提供的计算器（参见Calctool，未注明日期；Engineering Tool Box，未注明日期；Springfield Plastics，未注明日期）。

如果排污管道安置在行车道下方，管道的必需坡度将对街道格局产生很大影响。例如，长300m、直径为300mm的管道需要在其整体长度上的倾斜高度至少为0.7m，但不超过14m。随着管道尺寸增大，相应的约束条件也会放宽。如同样长度下，直径900mm的管道，其斜率则介于0.2～3.4m。要使下水管道坡度与行车道的坡度相匹配可能较为困难，而检修孔可用于衔接和过渡。

某些场地具有山地等地形障碍，或由于地势低洼无法排水，抑或由于靠近地表的矿层或岩石等情况而难以布置排污管道，对此的解决方案就是安装泵站（pumping stations）来提升污水管道的高度。这些泵站可以是

表 8.2　不同直径尺寸下管道的最大和最小坡度

管道直径	最小坡度	最大坡度
mm	m/100m	m/100m
100		
200	0.40	
250	0.28	
300	0.22	4.88
350	0.17	
375	0.15	3.62
400	0.14	
450	0.12	2.84
600	0.08	1.94
750	0.06	1.44
900	0.05	1.12
1050	0.04	0.92

资料来源：Great Lakes-Upper Mississippi River Board of State and Provincial Public Health and Environmental Managers（2004）

一个简单的带有潜水泵的检修孔，也可以是一个更精密的储液罐，以便在泵送过程中平衡峰值或流量。而且，安装泵站的成本可能比建造连接两个流域的长管线要低。另一种解决方案是安装化粪池污水泵送系统（septic tank effluent pumping，STEP），这是一种将化粪池与污水收集系统结合在一起的混合系统。每个家庭或企业都有一个埋置的收集槽，用于将固体与液体废水分离。然后，通常通过直径为40～100mm管道仅将液体部分泵送至下游主管道。在管道加压下，管道可以沿着土地轮廓布置，如果密封性良好，甚至还可以十分贴近地面。

污水处理设施

管道内污水流向的最终目的地是污水处理厂，经过处理后排入河流或其他水体。污水处理厂既有非常传统且良好运行几十年的老设施，也有采用了高新技术的先进设施。场地规划师不太可能也不需要设计污水处理设施，但了解典型设施的意图、方法和规模是很有帮助的。

水处理按水质标准可分为三级：一级（primary）、二级（secondary）和三级（tertiary）。一级处理的主要方法是将污水储存在沉淀池内，其中较重的物质可以沉淀到底部，而油、油脂和较轻的固体会浮出水面。然后撇去表面物质，清除底部的污泥，剩下的液体被排放或转移继续进行二级处理。

图8.4 伦敦北部Deephams的泰晤士水务公司污水处理厂（Thames Water Co. 提供）

二级处理通过好氧生物工艺（aerobic biological processes）或其他方法去除溶解和悬浮的生物物质。其中去除的最关键成分是携带疾病的病原体，但像重金属等各种其他元素和化合物也必须去除。二级处理过程包括使用表面曝气的泻湖或水池、滤床、活性污泥技术、膜生物反应器和曝气生物滤池。经过二级处理后，已能清除污水中的许多有害物质，但是水质可能仍然不够高，无法释放到河流和其他水体的开放环境中。

三级处理通常包括去除氮和磷等可能导致湖泊与溪流富营养化的物质，通过消毒杀死大部分残留的生物，以及用过滤活性炭去除残留的使液体变色的悬浮颗粒。人工池进行废水曝气也是一种有效的处理方法。消毒则通常会用氯化的方法，这也是三级处理过程的最后一步。

经三级处理后的水几乎可达饮用水质。新加坡几乎没有天然水源，有近50%的供水来自循环用水。哪怕水不是在同一个社区内被循环利用，在排入湖泊和溪流后也肯定会被管道下游的下一个社区用于供水。

污水处理过程的副产品之一是污泥（sludge），这是从液体中过滤出来的较重物质。大多数情况下，它们只是简单地被倒在垃圾填埋场，但它们显然具有生物固体的价值。过去近一个世纪以来，美国密尔沃基市（Milwaukee）将污泥干燥后冠以密尔有机物品牌（Milorganite）作为肥料进行销售，引得美国和国外的其他几十个城市纷纷效仿。残留物的再利用需要一个干燥过程，市面上提供了许多商用干燥器（Environmental

Protection Agency 2006）。据估计，目前有800～1000台污泥干燥器在运行中，大多数的操作都是为了简化处理过程。

还有一种方法是使用有机物作为区域供热或发电站的燃料。为此也必须首先进行污泥干燥。干污泥还可以为热电联产（combined heat and power，CHP）提供燃料，而且经实践证明十分划算。目前，泰晤士水务公司（Thames Water）16%的用电需求来自燃烧污泥，这降低了公用设施的总成本。马萨诸塞州的斯普林菲尔德生态工厂（ECO-Springfield Facility）和纽约梅纳兹（Menands）的北部废水处理厂（在奥尔巴尼城外）都将燃烧污泥作为热电联供（CHP）运营的一部分。干污泥还可用作水泥工业的低成本燃料。另一种发掘污泥潜力的方法是将其转化为沼气，用于燃料供热和设施冷却或供车辆使用（Levlin 2009）。

人工湿地处理系统

在有些情况下，利用工程湿地（engineered wetlands）进行二级及三级处理，可能是以技术为主导的新建污水处理厂的较佳选择。这类湿地需要较大的土地面积，如果用于二级处理，出于健康原因需要用栅栏围起来；如果用于三级处理，它们可以作为景观资源。污水需要经过一级处理后才能通过管道输送到湿地。一个配备撇渣器以清除漂浮物质的沉淀池便已足够（Environmental Protection Agency 2000a；UN Environment Programme 2004；Gustafson 等 2002）。

工程湿地有两种类型：第一种是表面流型（free water surface，FWS）湿地，也称为地表水流（surface flow，SF）湿地，它们在外观和功能上与天然湿地相似；第二种是植被浸润床型（vegetated submerged bed，VSB）湿地，又称为潜流（subsurface flow，SSF）湿地，污水在其中通过水下砾石层。通常，这两种类型的工程湿地都可创建在盆地或沟渠中，周围是砾石和土壤屏障。

表面流型湿地通常采用工程芦苇床进行植物修复。在温暖的气候中，可以种植莲花一类的水生植物，它可在浅层砂中生根。水深应为0.5～1.5m，在寒冷气候下水会结冰，尽管湿地将继续在冰层下发挥作用，但是其速度会大大降低，因此水深需要更深。

植被浸润床型湿地模式刚好相反。污水进入厚度为0.5～1.5m的碎石基层，为基质中生长的植物提供养分，水位在河床表面以下蜿蜒，河床则

用于污水处理的人工湿地

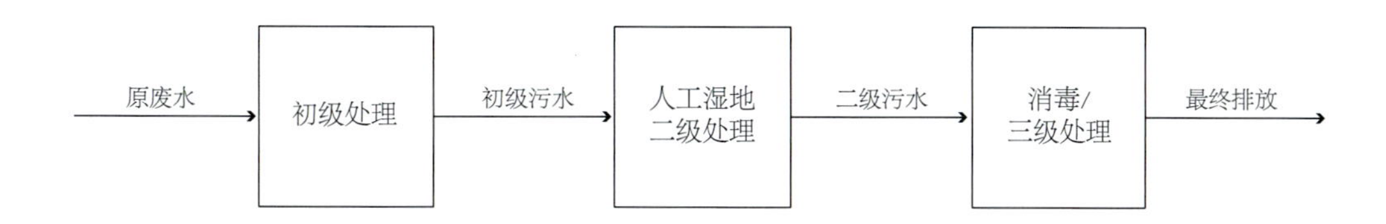

表面流型人工湿地要素

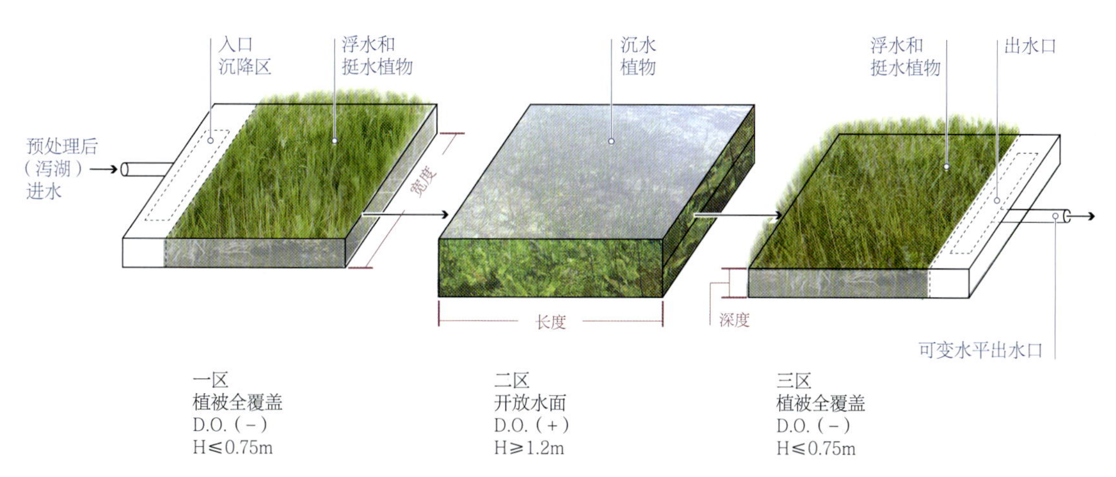

植被浸润床型湿地要素

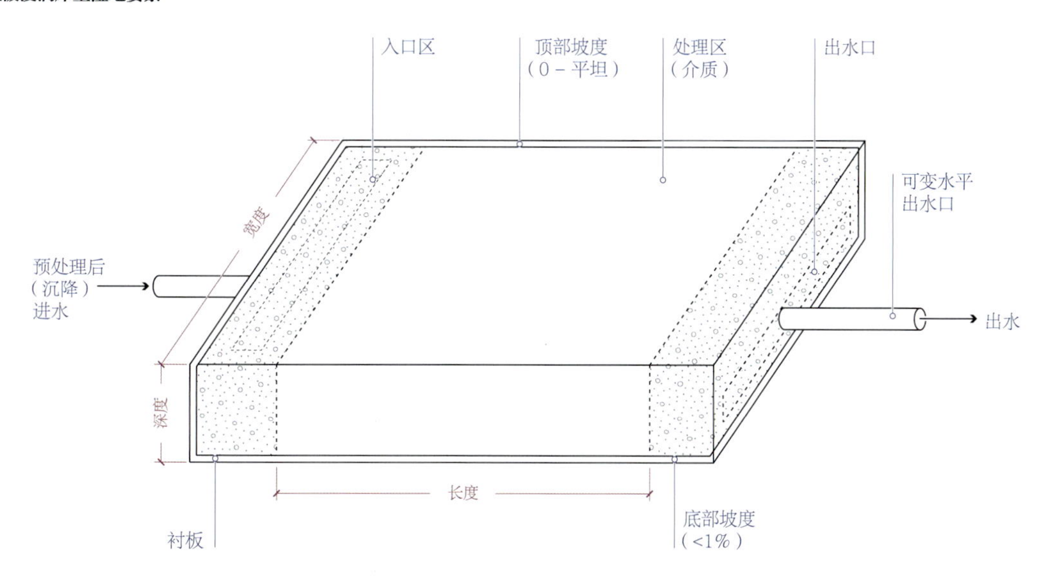

图8.5 植被湿地污水处理（Adam Tecza/美国国家环境保护局）

图8.6 二级污水处理用人工湿地（Bauer Water GmbH提供）

图8.7 潜流湿地（Laren Roth Venu，Roth Ecological Design International提供）

被一层薄薄的土壤覆盖。该类型湿地适合蚊子多发的地方，在寒冷的气候中也更容易结冰。当水通过略微倾斜的地表时会被过滤，有机物被植物根部吸收。植被浸润床型湿地最适合较小的流量，通常小于40000L/天，并且可以服务于单个家庭或一些居住组群，抑或小型度假酒店。

人工湿地的大小取决于流速，但也受温度、污水成分和预处理方式的影响。在气候较冷的地区，湿地的规模应至少能保证处理时间达到10～13天，而在气候温暖的地区，7～10天可能就足够了。由于变化因素很多，因此面积范围大不相同。表面流型湿地的面积可为每人3～25m^2，而植被浸润床型湿地的面积为每人1～10m^2。

用湿地处理废物需要较多的土地面积。在创新其在城市中的应用时，我们需要以适当的方式将湿地整合到公共空间，以防止这些空间受到污染。俄勒冈州波特兰市劳埃德区就是城市湿地系统的一个典型例子。

成套装置

近年来，随着技术的进步和成本的降低，小型污水处理成套装置的使用已成为现实。小型成套装置尤其适用于那些需要长距离连接到中心处理厂的地方，在这样的场地上，会额外增加克服地形障碍抽泵污水的成本。小型成套装置还适用于当中央处理厂处理场地预计项目污水的能力不足，或者缺乏可连接的管道系统设备的情况。通常，成套装置的处理流速为38～950m^3/天（Environmental Protection Agency 2000c）。

工具栏 8.1

城市环境中的天然废弃物处理：俄勒冈州波特兰市哈萨洛8号

天然废弃物处理一般在偏远地区进行，那里有很多土地资源可以用来开发湿地。但只要有创意，它也可以成为城市地区的解决方案。哈萨洛8号（Hassalo on Eighth）项目由美国资产信托公司（American Assets Trust）开发，并由GBD建筑师事务所在Place Studio协助下完成设计。该项目展示了场地内的线性广场成为一个有效的废弃物处理湿地的可能性。天然有机回收机系统（natural organic recycling machine，NORM）每天接收来自劳埃德区四栋建筑内的厕所、洗涤槽、家用和商用厨房以及电器的45000gal废弃物，处理后可达到俄勒冈A级再利用标准。处理过程包括无氧反应器、滴滤池、一系列湿地以及最终的过滤和消毒。沿着NE第八大道的湿地是该地景观的组成部分。

图8.8

图8.9

图8.10

图8.8 俄勒冈州波特兰市哈萨洛8号有平行植被湿地托盘的线性步行广场（GBD Architects/American Assets Trust提供）

图8.9 哈萨洛8号摩尔特诺马（Multnomah）街区平面（GBD Architects/American Assets Trust提供）

图8.10 哈萨洛8号步行广场和湿地（GBD Architects/American Assets Trust提供）

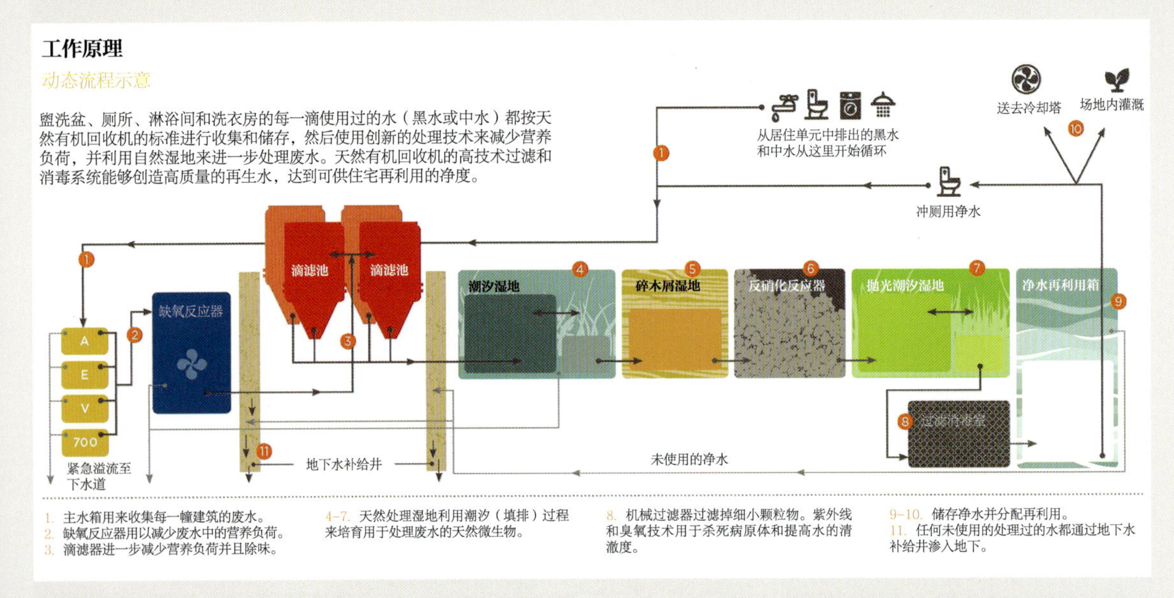

图8.11 哈萨洛8号天然有机回收机（NORM）系统示意（GBD Architects/American Assets Trust提供）

成套装置采用了多种技术，包括延时曝气（aeration）、序批式反应器（sequencing batch reactor）、氧化沟（oxidation ditches）和膜生物反应器（membrane bioreactors）（Environmental Protection Agency 2000c）。小型预制装置通常将多个过程组合在一个组装单元中，一个典型的单元分四步：第一步将污水通过粉碎机或分离筛（bar screen）去除粗固体，第二步将污水在曝气池内与生物活性物质进行滚动混合，第三步向污水注入空气及过滤使之澄清，最后一步通过氯化或紫外线对处理后的水进行消毒。如果需要排放更高质量的水，还需要在过程中增加最后一级过滤（Pollution Control Systems 2014）。尽管每家制造商采用的工艺略有不同，但是产品都经过了测试并附有保证书，因此小型运营商可以放心使用。

图8.12 加拿大新斯科舍省奥尔德肖特营地（Camp Aldershot）的小型污水处理成套装置（Newterra, Inc. 提供）

成套装置通常位于远离城市活动区的场地，但服务车辆可以到达。由于气味很小，装

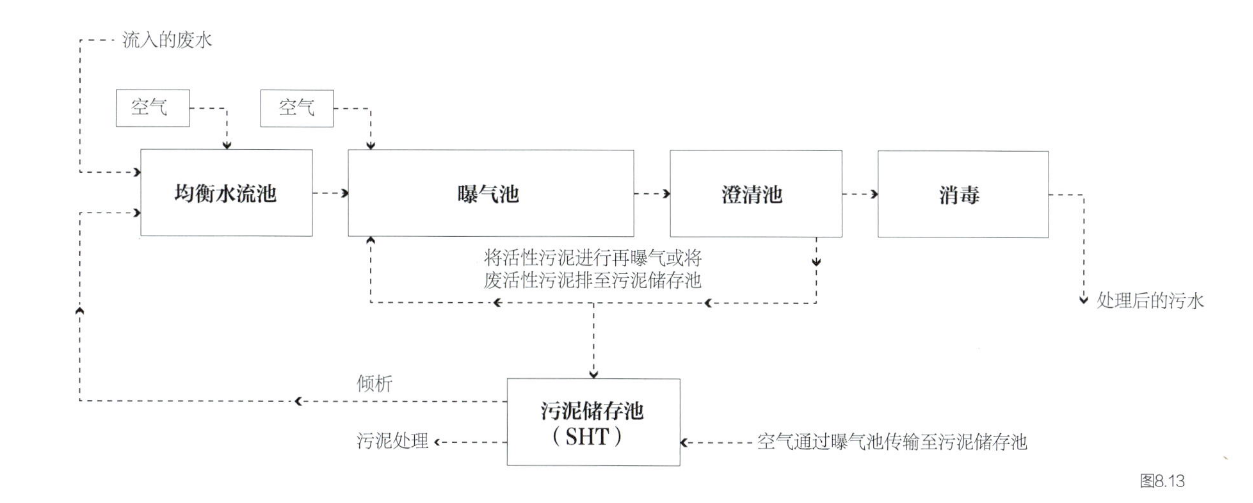

图8.13

置可以露天放置也可以放在室内，有的也可能位于地下以免显眼。

图8.14

真空污水管道系统

许多场地的地形条件可能非常平坦，无法建造和运行重力污水管道系统，因此需要大量的泵站来提供重力流，以滨海填海区为例，其陆地地下水位可能很高，难以深挖；或者在接近地表面有矿层或岩石的地方安置排污管道成本会很高；抑或可能位于生态敏感区，任何挖掘都会扰乱地下水系统；再或可能出现季节性沉降；当然也可能排污管道只是偶尔使用（如一级方程式赛道），在管道不使用时，流量较低可能会导致管道淤积。在上述任何一种情况下，真空排污系统（vacuum sewer system）都可能是一种性价比较高的技术。

真空排污系统有多种类型，在收集污水方法上略有不同。一个典型的系统由三部分组成：靠近源头的贮存箱（holding tank）、压力密封收集管道（pressure-sealed collection lines）和带集水箱（collection tank）的真空站

图8.13 小型成套装置的处理工艺流程（Adam Tecza/Gary Hack）
图8.14 纽约萨福克县（Suffolk County）地下污水处理成套装置（美国国家环境保护局）

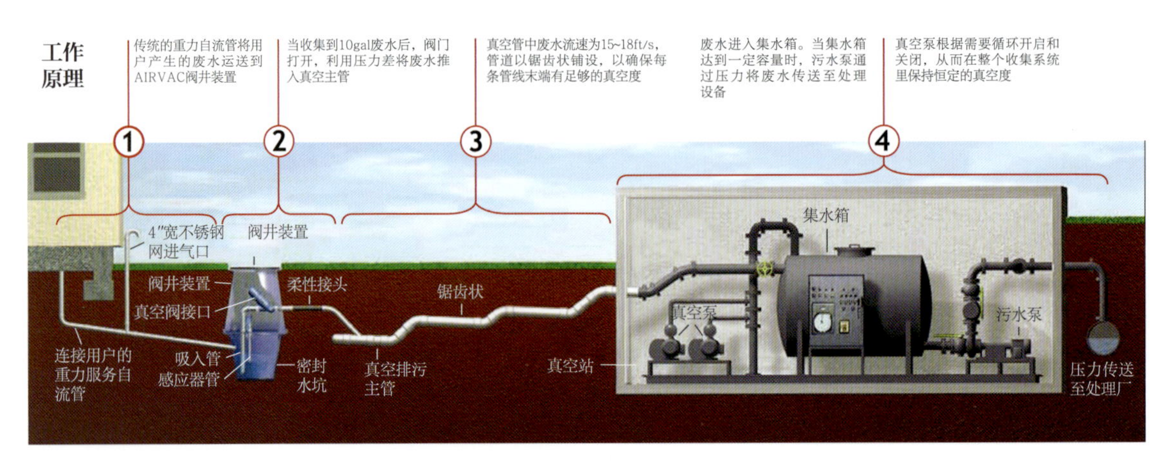

图8.15 真空排污系统示意（AIRVAC Systems提供）

图8.16 由真空污水收集系统提供服务的棕榈岛社区（© Mklg/Dreamstime.com）

（vacuum station）。来自家庭或其他地方的废水排放到储水池（holding tank）或贮水槽（sump tank）中后，当污水达到预定水平时，阀门打开，液体通过压差被吸入管道，以4.5~5.5m/s的速度流动到真空站的集水池。然后将液体泵送至通向处理厂的主管道。

真空排污系统通常能为沿线3~4km的2000户家庭提供服务。美国许多居住区都安装了该类系统，如弗吉尼亚州查尔斯角的湾溪（Bay Creek）是一个海滨社区，其地势平坦，地下水位高，对地下水污染十分敏感（Gibbs 2005）。新墨西哥州伯纳利欧县（Bernalillo County）和犹他州胡珀市（Hooper）的部分地区也采用了真空排污管道设施（RUMBLES 2009），以及阿布扎比的亚斯岛（Yas Island）和阿曼的希布（Seeb）沿海地区都有真空排污系统。迪拜的棕榈岛大型开发社区依靠真空收集系统为位于狭长地带的2300栋别墅及岛上的酒店和度假村提供服务。该系统是世界上最大的系统，管网长40km，并可能是向这个完全不可持续的社区提供污水管道的唯一途径。在阿布扎比的马斯达社区，真空污水收集服务于马斯达尔理工学院，并将成为该技术密集型零能源社区基础设施层的一个组成部分。

真空排污系统有许多优点，但也需要大量的资金和运营成本。当然，一些成本可能会与其更低的挖掘成本、更少泵送、更小管道尺寸和更低维护成本相抵消。真空管道系统无需检修孔，并且在安装方面具有更大灵活性，可能是许多大型开发项目使用管道排污的唯一可行途径。

第9章

固体废弃物

场地的固体废弃物（solid waste）[更传统的叫法就是垃圾（garbage）或废弃物（refuse，trash）] 处理是最常见的公共服务需求之一。但大多数此类基础设施的规划目的是使过程尽可能隐蔽，如地方规范通常要求将垃圾存放在看不见的地方，并限制在路侧等待收集的时间，进而运往垃圾填埋场和其他处置设施。当前，很多地方还采用了如真空收集系统等更先进的技术使垃圾收集处理过程更加隐蔽。尽管平时不易看到，但实际上垃圾管理在公共开支中占有很大比例——发展中国家通常会占到市政预算的30%～50%，如果把所有相关费用都计算在内，发达城市的这一比例也只略低一点点。废弃物中包括大量有价值的材料，可以在现场或其他地方进行回收或再利用。在规划场地中，需要重点关注而不是回避垃圾回收处理等问题。

大多数固体废弃物管理系统由五个部分组成：放置储存、收集、转运、循环再利用和处理。下面我们将依次展开分析。通常，处理链下游的这些行为会超出个别场地所能容纳的范围。但是如果场地足够大，可在边缘地带设置废弃物堆肥、垃圾焚烧设备以及生产沼气的设施。

废弃物产生

我们首先需要了解固体废弃物的性质和组成。在美国，平均每人每天产生4.38lb（2kg）的废物，其中1.42lb（0.64kg）被循环利用或堆肥，其余则弃置于填埋区或被焚化。不同国家的垃圾总量差别很大：加拿大的数量更高，日本的数量约为美国的一半，因为日本的可重复使用包装及回收已达到相当高和十分精细的水平。

场地产生的垃圾数量因建筑物的使用和管理方式而异。居住区垃圾还

表 9.1　美国不同土地利用类型的垃圾产量

土地利用类型	计量单位	产量
单户住宅	kg/ 户 / 天	4.4 ~ 5.6
多户住宅	kg/ 户 / 天	1.6 ~ 3.9
商业—零售	kg/100m²/ 天	1.1 ~ 2.5
商业—购物中心	kg/100m²/ 天	2.1 ~ 2.5
商业—超市	kg/100m²/ 天	13.1
办公	kg/100m²/ 天	4.2
餐馆	kg/ 座 / 天	0.4
酒店	kg/ 间 / 天	0.8 ~ 1.9
学校	kg/ 学生 / 天	0.4

资料来源：CalRecycle (2010)， http://www.calrecycle.ca.gov/wastechar/WasteGenRates/

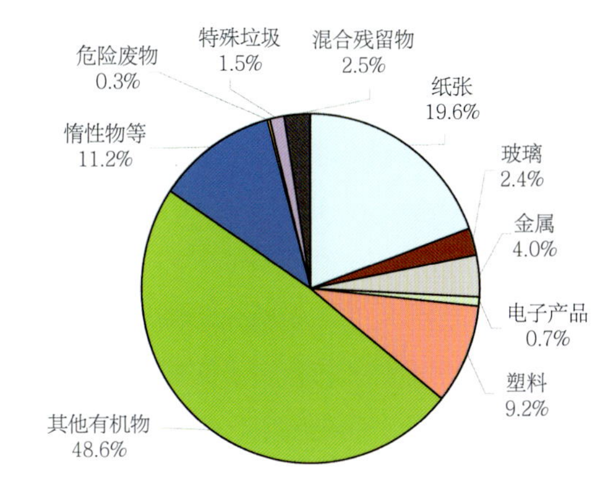

材料分类	百分比估算
纸张	19.6%
玻璃	2.4%
金属	4.0%
电子产品	0.7%
塑料	9.2%
其他有机物	48.6%
惰性物等	11.2%
危险废物	0.3%
特殊垃圾	1.5%
混合残留物	2.5%
合计	**100%**

由于四舍五入，数字可能不完全准确

图9.1　加利福尼亚州生活垃圾的组成（© 2008 California Integrated Waste Management Board）

取决于家庭类型、收入和生活方式，例如，独栋住宅的居民产生的废弃物通常是公寓居民的两倍。美国加利福尼亚州的一项生活垃圾组成统计表明，最大的成分是有机材料、纸张和塑料（主要是容器），它们加在一起几乎占了放在路边或大垃圾桶里垃圾的四分之三。与玻璃和金属一样，这些物品一直是回收工作的重点。此外，玻璃和金属占了生活固体废弃物的10%（Cascadia Consulting Group 2008）。在美国，建筑垃圾和拆除材料也是废弃物的重要组成部分，通常需要遵守特殊的废弃物处理规则。垃圾成分根据季节而变，在夏秋两季，庭院垃圾占很大一部分，而在圣诞节和其他节日赠送礼物的时候，废纸占比达到了峰值。

废弃物成分也受到建筑功能用途的影响。例如，餐馆会产生大量有机废弃物，而办公室则产生大量废纸。像大学和医院这样的机构通常必须支付额外的垃圾处理费，因此他们有更大的意愿去减少或循环利用垃圾，而且通常比住宅居民做得更好。但是文化差异也影响了垃圾回收和处理，比如有的城市形成了一套不随意丢弃垃圾的理念和有效方案，有些国家做得比其他国家更好。美国旧金山将近80%的垃圾用于回收和做成堆肥。相比之下，美国的平均水平约为35%，休斯敦较为落后，仅为17%，而圣安东尼奥只有4%。欧盟国家也在积极寻求取代垃圾填埋场的替代方案，并鼓励垃圾回收、有机废物堆肥和垃圾焚烧转化成能源。德国在垃圾分流方面处于领先地位，只有不到1%的固体废弃物最终进入填埋场。

发达国家注重废弃物的最终处理，但欠发达国家的问题却是收集垃圾数量只占实际废弃物的一小部分。在低收入国家，据估计，只有41%的废弃物从其产生地被清除，相比之下，经合组织国家（OECD）的这一数字为97%。欠发达国家的垃圾成分也与发达国家大不相同，这使处理工作变得更加困难。在南亚（包括印度），大约一半的废弃物是有机材料，至少四分之一是烹饪和取暖产生的灰烬。在非洲大部分地区，57%的废弃物是有机材料，而22%的废弃物是塑料和纸质材料。这些差异会对储存垃圾和可能的回收或堆肥工作产生影响（Hoornweg & Bhada-Tata 2012）。

固体废弃物管理遵循“3R”原则，即减量（reduce）、重复使用（reuse）和回收循环（recycle）。最好的策略首先是减少浪费，如使用无须经常修剪的景观树种、不用纸盘和塑料瓶、不打印电子文件等诸如此类的多种方法减少废弃材料。其次是使用可再利用的物品，如可再利用的玻璃容器和办公用品，或者可以再利用的建筑材料。如果既不能减少也无法再利用材料，则可考虑通过堆肥有机物，回收塑料、玻璃、金属和纸制品，从电视和计算机终端回收材料以及通过热解或焚烧将废物转化为能源进行回收。这需要在场地和建筑物内提供相应的垃圾处理空间和场所。

废弃物储存

在美国，最简单的情况是各家各户将产生的生活垃圾储存在住宅旁边或车库中不显眼地方的密封容器中，既防止动物觅食又可尽量减少气味。随后，在规定的垃圾收集日将垃圾运到路侧，通过若干容器回收。许多欧洲城市和一些美国城市还要求使用特定容器，可以自动把垃圾倾倒到收集车中。使用垃圾压实机可最大限度地压缩废弃物体积。在储物空间有限的联排式居住区中，则需要设计与建筑兼容的室外储存空间。

垃圾回收需要在源头分离（source seperation），因此往往需要使用

图9.2　弗吉尼亚州里士满市的生活垃圾箱（City of Richmond）
图9.3　苏格兰纽拜斯（New Byth）的垃圾回收点（Anne Burgess/Wikimedia Commons）
图9.4　废弃物储存在地下容器内，由专用车辆进行收集（ Kliko Systems提供）
图9.5　设置了自动收集传感器的垃圾收集箱（Smart Santander）
图9.6　意大利都灵的垃圾自动翻卸斗
图9.7　奥地利回收利用成捆的碎金属材料（Blahedo/Wikipedia Commons）

几辆皮卡车运送到转运站和垃圾填埋场，效率较低。欧洲广泛采用的另一种做法是创建公共回收点（recycling points）或回收站，以免每个家庭都储存可回收垃圾。回收点需要易于到达又不在住房的景观视线内，并且要方便卡车通行。还有一些地方采用地下储藏室（underground storage chambers），最大限度地减小地上设施的大小。当前的新技术还可以在垃圾箱快装满时发送信号，这样可以对垃圾收集进行实时调度。单独的垃圾收集箱还可以放置在公共空间，并按一定的周期清空。

在多层住宅中，各家各户可以通过斜槽收集废弃物并压实储存在楼下。有些垃圾收集管理要求投放垃圾之前就要进行分离，有的是在废弃物到达存储区域后将其分离。通常，废弃物运送是通过大垃圾桶（dumpsters）或自动翻卸斗（automatic dumping hoppers），因此需要垃圾装卸卡车能够进入楼层的储存区，抑或使用小型叉车将大垃圾桶运送至距离较近的收集车辆上。还有一种方法是使用连接路边管道的真空收集车。餐馆、办公区和低于装卸平台标准的建筑物，通常采用大垃圾桶等容器，可以装载到车辆上运走垃圾。

大型商业区需要专门的空间来收集、粉碎、储存和压缩废弃物。常见的做法是在每个装卸区内分配一个隔间，用于在垃圾存储区中清除废弃物，这样还可以储存和单独回收利用有机物、纸张/纸板、玻璃和金属，以及家具和计算机设备等体积较大的材料。

废弃物收集

收集和运输固体废弃物有三种基本方法：家庭和企业自助运输到转运站（self-transportation）、垃圾收集车（collection vehicles）以及地下真空收集系统（vacuum collection systems）。在散居地区或度假社区，居住需求的季节性使得没有必要统一购买和运行垃圾收集设备，因此可以采用自助运送的方式。在这些社区中，定期前往收集点（collection point或tip）甚至还是一个重要的事件。

在城市地区，大部分垃圾都是通过街道上的专用收集车进行收集的。美国的典型收集车尺寸相当大，通常宽2.4m、长11.3m、高3.8m，具有压实废弃物的能力，并可运输多达18t废弃物到转运站或接收站。这种大小的车辆很难在狭窄的城市街道上通行，而且通常会占据两车道，因此不可避免地会造成交通堵塞。为了适应城市环境，涌现出各种小型车辆，最小的车辆是电动车，通常宽1.5m、长3.8m、高2.2m，容量为1000kg（1.1t）。

垃圾收集车有多种形式，最常见的是后装载车辆，具有单独储存仓，能够机械清空垃圾箱。储存仓可以分格，可以将普通废弃物和可回收材料装在同一辆车上。但在大多数社区，可回收材料是单独收集的。欧洲广泛使用的是侧装载车辆，每个用户必须使用专用的垃圾箱，而且路边没有停车的地方。前装载车辆最适合用于用户产生的废弃物量较大且难以接近的区域。存放在专用容器中的废弃物通过液压方式提升到车辆驾驶室上方，并倾倒至后面的储存仓中。垃圾装载车根据不同地方的特性、偏好和各种强制性的操作规则而各不相同。此外，劳力成本也是一个重要因素，通常驱动人们采用大型车辆和更加自动化的垃圾收集与倾倒方式。

大多数大型社区规划师的梦想是完全不使用垃圾装卸车，而是使用地下管道和真空技术将废弃物运输到中央收集站。至少有30个国家在地区层面的发展中安装了垃圾自动收集系统（automated waste collection systems，AWCS）。纽约市罗斯福岛在1975年第一个使用真空收集系统。类似的大型系统还安装在日本千叶的幕张国际展览馆、瑞典斯德哥尔摩的哈默比湖城、新加坡吉宝湾（Keppel Bay）映水苑住区（Reflections）、沙特阿拉伯的麦加、阿联酋阿布扎比的亚斯岛、美国佛罗里达州奥兰多的迪士尼世界度假村和蒙特利尔的娱乐区等地。现代真空收集系统据说是由瑞典公司恩华特集团（Envac）发明的，该公司利用专利可在全球设计、制造和安装系统。

罗斯福岛采用的最早的真空收集系统用的是一套真空管，从住宅楼的每一层收集垃圾，

图9.8

图9.9

图9.10

图9.8　标准美国垃圾收集车（Zena/Wikimedia Commons）
图9.9　中国小型电动垃圾收集车（苏州益高电动车辆制造有限公司）
图9.10　荷兰阿尔登堡（Aardenburg）中型侧装载垃圾收集车（Charles01/Wikimedia Commons）

图9.11 组约市罗斯福岛垃圾自动收集系统（Warusu）
图9.12 瑞典斯德哥尔摩哈默比湖城的真空垃圾收集系统布局（Stockholms Stadsbyggnadskontor，Sweden）
图9.13 哈默比湖城的移动垃圾收集系统（Envac提供）

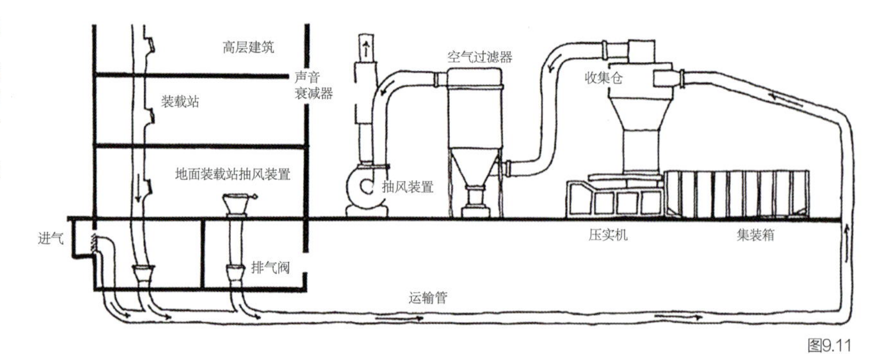

图9.11

哈默比湖城2016年建成后概况

管道总长度	约1.6km
容量	每日15t垃圾
收集口数量	640
对接点数量	11
公寓	10150

静止系统
带收集口的管道
收集终端
动态系统
带收集口的管道
对接点

Danvikstull
Barnängen
Henriksdalshamnen
Hammarby Lake
Norra Hammarbyhamnen
Lugnet
Hammarbyleden
Luma
Sickla Udde
Sickla Kaj
Sickla kanal
Hammarby Gård
Mårtensdal

图9.12

适用于小型住宅区的动态系统

① 废弃物扔进斜槽。可以通过添加更多收集口来实现系统拓展。
② 在计算机控制下，一次性清空收集容器。
③ 所有废弃物都以90km/h的速度被吸入同一管道。
④ 通过真空泵产生压力，在对接点将废弃物输送到车辆。
⑤ 通过过滤器将空气除去杂质后排出。

图9.13

并以60mi/h（27m/s）的速度将其运送到AVAC中心进行压实，然后将其运往其他地点进行处理。而目前的系统最多安装了五根管道以满足回收利用的需求，尽管这样做的成本很高。材料通常收集在不同专用颜色的袋子中，储存在建筑物的地下室，在公共场合则通过专门入口收集，然后分批装入单个真空管中再运送到接收中心。这些系统称为固定系统，而另一种选择是通过机动车辆对接路边的接口，通过真空压力吸收储存在地下室的废弃物。斯德哥尔摩的哈默比湖城同时采用了这两个系统进行场地上的垃圾回收或再利用。

图9.14　哈默比湖城的移动真空垃圾收集车辆
图9.15　哈默比湖城的固定垃圾收集系统（Envac提供）
图9.16　哈默比湖城的固定真空垃圾收集口（Envac提供）

图9.14

图9.16

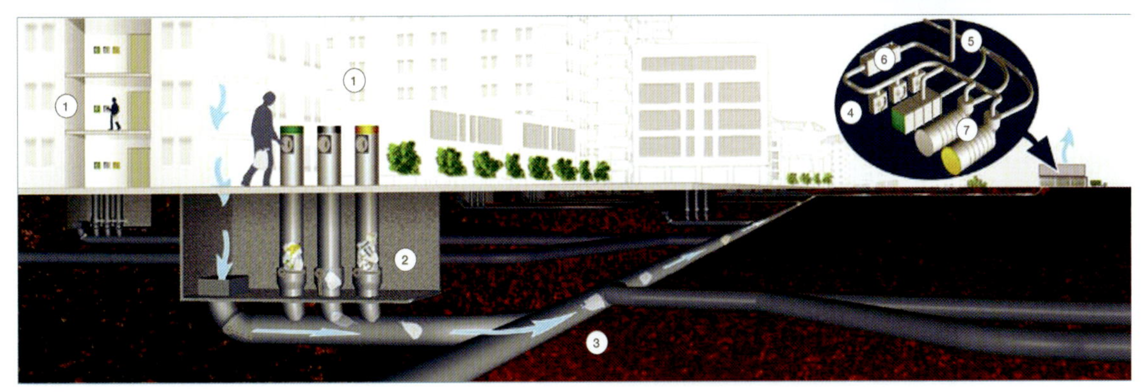

基于来源分类设计的现状静态系统

① 废弃物被丢弃到普通的垃圾槽中，按用途进行分类。
② 废弃物在阀井中储存一段时间，当计算机控制的抽泵过程开始，阀门打开。每次清空收集一类废弃物。
③ 所有废弃物都以70km/h的速度被吸入同一管道。
④ 风扇产生局部真空，将废弃物吸到收集站。
⑤ 将废弃物引导至相应容器中。
⑥ 通过过滤器将空气除去杂质后排出。
⑦ 将最大体积的废弃物进行压缩。

图9.15

图9.17 亚利桑那州凤凰城北门垃圾中转和回收站鸟瞰（Google Earth）
图9.18 亚利桑那州凤凰城北门垃圾中转和回收站（HDR Architects/JRM&A Architects and Engineers提供）
图9.19 亚利桑那州凤凰城北门垃圾中转和回收站内部照片（Edythe30/fansshare）

中转站

小型社区的废弃物会直接运到垃圾处理场或卖给废品回收商。但是，在运送距离较长且规模较大的社区，通常会创建中间收集点，又被称为中转站（transfer stations），其建筑通常与材料回收设施相结合。中转站的用途包括：将可循环使用的材料与其他待焚烧或送往垃圾填埋场的废弃物分离；压实或粉碎金属、玻璃或塑料等可回收材料，以便更高效地运输至回收站；烘干废弃物并装载到长途车辆上。对于季节性废弃物（如庭院垃圾、圣诞树等）或者危险废弃物（如油漆、化学品和电池等），收集点还可进行分离和单独处理，如将其粉碎，或对景观堆肥等。在滨水城市，垃圾收集点通常在水边并利用驳船运输，这样可减少对道路的需求。

根据服务目的、垃圾处理技术和最终垃圾处置方法的不同，垃圾中转站的类型和尺寸各不相同。在小型社区，运送垃圾的人可以自行将垃圾分类，垃圾中转站主要用于储存、压实和重新装载，以便将废弃物运送到最终目的地。在大城市地区，垃圾分类通过机械和人工组合进行，其进出的车流量是固定的。在美国，机械化的垃圾中转站需要达到至少每天（500t的吞吐量才能有经济效益（这相当于为大约10万户家庭提供服务），并且距离垃圾填埋场至少24km。在运输距离较短时，采用垃圾收集车直接将废弃物运送到垃圾填埋场会更加经济（Applied Economics 2003）。

亚利桑那州凤凰城的北门工厂（North Gateway facility）是一个典型的大型垃圾中转站和垃圾回收站。它于2005年开始运行，位于17.4hm^2的场地上，建筑面积16720m^2。该建筑分为垃圾分类区、压实装卸区、行政办公室及访客参观区。另有一个单独设备楼用作驱动机房。该转运站每天可处理4000t固体废弃物和400t混合可回收物。

循环再利用系统

可再利用的材料通常需要在一开始或者在回收站时就同其他废弃物进行分离。实际上，材料再利用与否主要取决于是否有市场、价格是否合理，以及是否值得在劳动力和分离技术上投入成本。美国有大量可回收玻璃和纸张，其中大部分出口其他国家进行再利用。而在劳动力成本较低的许多低收入国家，除了玻璃、塑料、纸张和金属等常规材料外，还会分离回收利用其他许多有价值的材料，如建筑材料、电子部件、机械装置、布匹、家具和其他家庭用品等。在劳动力成本较高的国家，从源头进行垃圾分类和机械化分类是降低回收利用成本的关键。也许在未来，许多材料可以贴上可扫描标签，抑或有别的方法可以很方便地在“从摇篮到摇篮”（cradle-to-cradle，c2c）的循环过程中进行分类。在可再利用材料的寿命结束后，它们还可继续变废为宝，为生物领域或工业领域提供养分或基础原件材料（McDonough Braungart 2002）。预先考虑场地规划建设所用材料的再利用问题也会影响对材料和构件的选择。

有机材料则通过堆肥（composting）进行回收利用。堆肥是由微生物（主要是细菌和真菌）控制对有机材料分解而成的一种稳定的、深棕色或黑色、有泥土气味的腐殖质（humus）材料（Environmental Protection Agency 1994）。精心组织的堆肥项目可以为花园景观提供有价值的材料。美国加利福尼亚州的统计估计该州在垃圾填埋场处理的材料中有32%是可堆肥的有机材料，旧金山等若干加利福尼亚州城市已经率先创建了堆肥项目。在旧金山市区，大部分有机材料是食物垃圾，而郊区则是景观垃圾占更大比例。全美国范围内18%的有机废弃物来源于庭院修剪。根据材料的组成和规模不同，可采用不同的堆肥技术，并且可通过多种技术加速堆肥过程。在低密度居住区，个别后院堆肥箱可能是较为合适的方案，但大多数城市还是需要采用集中堆肥形式。

对于大场地而言，堆肥区可促进场地的可持续发展。场地规划至少应考虑景观废料的堆肥。大型堆肥设施通常由地方政府或运营商组织建设，需要较大的场地以便挖掘机管理分配有机废料。此外，还需要设置预处理

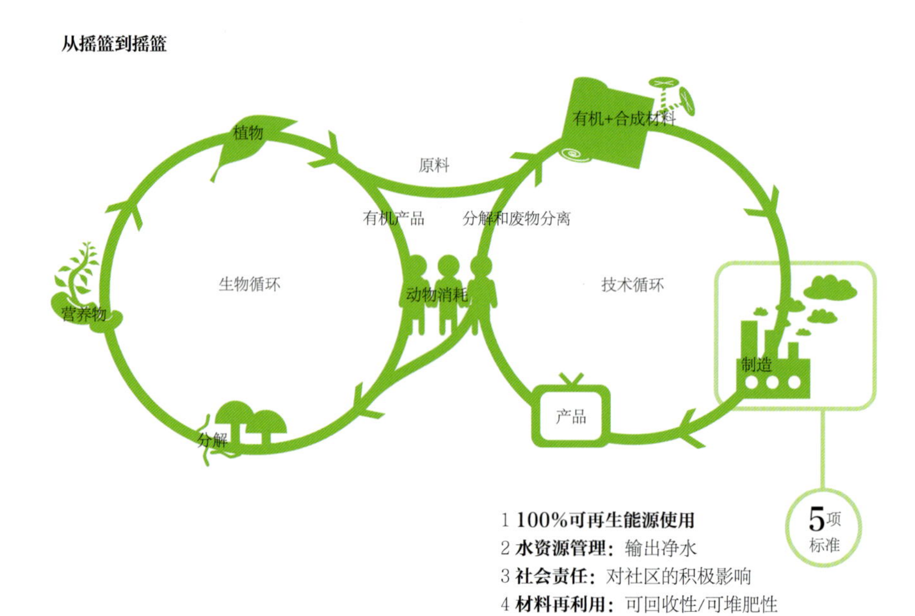

图9.20 "从摇篮到摇篮"的材料循环（Zhiying Lim/Wikimedia Commons）

区来筛选金属和玻璃等非有机材料。材料筛选可以在倾倒废料时用目视检查的方法，也可以借助磁铁等其他分离器。之后的堆肥过程有一系列方式供选择，按占据空间从小到大排列依次为：被动堆肥、翻料堆肥、加气静压堆肥或容器式堆肥等（Environmental Protection Agency 1994）。

堆肥区所占的空间大小根据技术和需处理的废料材料不同而大不相同。据粗略估算，堆肥区的容量范围为5700～11400m^3/hm^2，这意味着堆肥区的处理能力为2750～5500mts/hm^2。范围广的原因之一是有机材料的重量差异很大，食物垃圾的重量可能是庭院修剪物重量的三倍以上。地方法规一般会要求处理区高于地下水高水位至少1.5m以免污染地下水，并距离湿地或水体至少75m。规范通常还要求堆肥处理区距离工地边界至少30m，并从居住区退线至少75m，以防产生难闻的气味。根据堆肥区规模的不同，这些退线要求甚至可能让堆肥区面积加倍，也意味着堆肥区往往会选址在工业或商业区。

最后，也有很多好物品的价值超过其材料本身，也不适用于材料回收和利用。例如书籍，其价值在于文字包含的思想，而不仅是书籍的纸张材料。此外，还有很多其他家庭用品，如儿童玩具、家具和衣服等，在不再需要的时候，应该将其传递出去。例如，建立物品交换中心（exchange center），可以以低成本或免费带走存放在那里的有价值的物品。在综合性的居住区内，这些还有助于增进社区凝聚力。地方企业可以建立交换老旧物品的剩余物中心，餐馆会把一天结束后未吃完的食物捐赠给当地慈善机构或流动餐车项目等。

处理系统

处理不能回收或堆肥的常见废弃物有两种基本策略：一是送至垃圾填埋场，二是用垃圾焚烧等方式获取其蕴藏能量。一般新开发的场地不会设置垃圾填埋场，因为填埋场通常需要采取重要的保护措施避免污染物扩散，这样往往会占据大量土地空间。但是城市中的一些存量用地可能有曾经的历史填埋场，这些填埋场可能会排放甲烷或二氧化碳气体，这些气体可以用来发电或供热。哈默比湖城就将曾经的垃圾填埋场产生的气体通过管道输送到该社区的中央能源厂。

废弃物能源设施（waste-to-energy facilities）在以欧洲和日本为首的各地区都越来越普遍，具有发电和为地区供热系统提供热水或冷水的双重作用。美国目前有86套运营中的废弃物能源设施，其中大多数位于东部各州（Environmental Protection Agency 2014）。垃圾焚烧能将其体积减小70%~80%，剩下的灰烬在垃圾填埋场处理。典型的焚烧过程将产生550kW·h/t的废弃物，此外还有很多其他过程可以从废弃物中生产热量、气体和固体，包括热解（pyrolyzation）、厌氧消化（anaerobic digestion）、气化（gasification）和等离子弧气化（plasma arc gasification）等。关于热电联产设施（combined heat and power，CHP）将在第11章做进一步探讨。

如何将大型废弃物能源设施整合进城市发展地区中是一个较大的挑战。这类市政设施通

图9.21　庭院堆肥堆（© Andrew Dunn/Wikimedia Commons）
图9.22　内华达州卡森城（Carson City）食物垃圾堆肥场（First Circle Soils & Compost/BioCycle Magazine提供）
图9.23　堆肥设施之一的翻料机（Midwest Bio-systems提供）

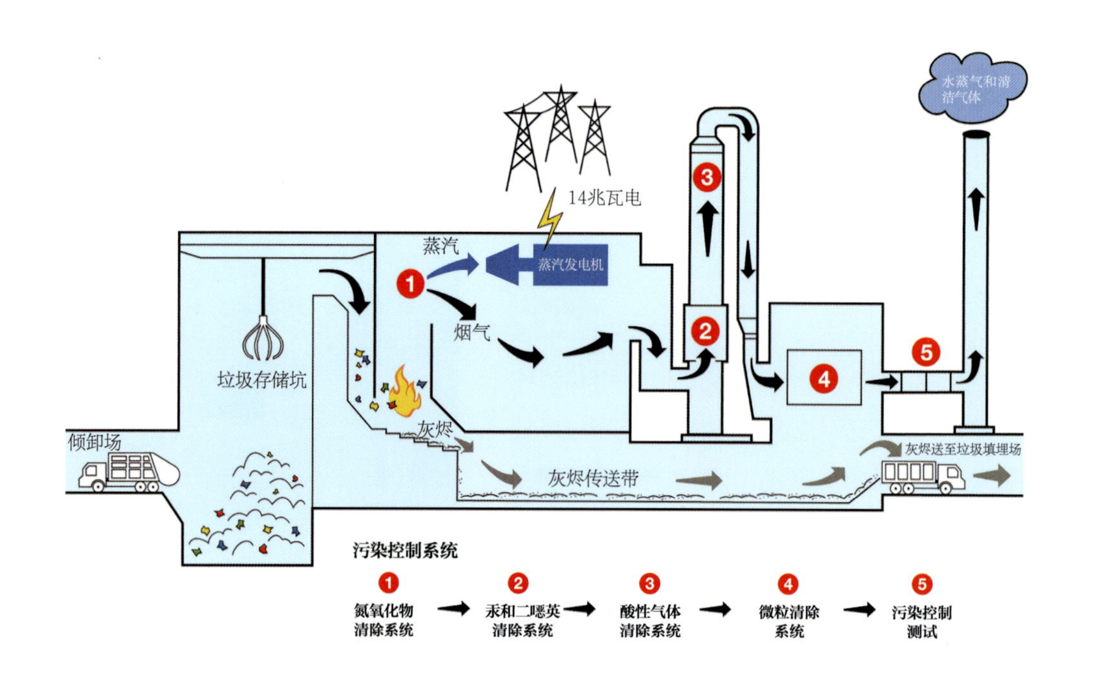

废弃物—能源
· 垃圾体积减小90%
· 发电
· 污染控制

图9.24 准政府垃圾管理公司ecomaine推广的“废弃物—能源”流程示意（ecomaine提供）

常体积庞大，有许多排气烟囱，每天还要接收数百辆运送垃圾和清除灰尘的大型车辆，而且也可能存在需要与周围环境隔离的严重噪声问题。一种解决办法是将市政设施布局在休闲区内，利用积极或消极的室外开放空间形成缓冲区；另一种办法是在商业区布局市政设施，将车行道及坡道压缩并接入本地路网，这样直接解决了整合建设的问题。上述任何一种情况都需要通过精心规划而让市政设施成为可利用的资产，而不是消极地将其隐藏。

人们不太愿意提前处理垃圾，这是一种人之常情，因为公众普遍觉得垃圾有气味，有害健康，而且毫无用处。但实际上，在何谓“浪费”和“有用”之间并不是泾渭分明的，一旦采用适当的策略和方法，任何东西都能够变废为宝。

图9.25　哥本哈根阿梅格尔资源中心（Amager Resource Center）的废弃物能源设施（BIG—Bjarke Ingels Group & MIR提供）

图9.26　奥地利维也纳斯皮特劳（Spittelau）地区能源设施（Lukas Riebling/Wikimedia Commons）

第10章

电力能源

为家庭和企事业单位供电是一项基本的基础设施要求。在没有电的偏远农村地区，人们可以照常生活和生产；采用独立发电机自行发电也可满足用电需求，但如果城市地区缺乏常规发电和输电系统，那么人们的生产、生活将无法正常开展。多年以来，城市地区一直由大型发电厂通过大容量线路向家家户户供电。如今发电系统正越来越多样化，精密的输电线网既可供电又可配电，场地在消耗电能的同时，也可以生产电力能源。

集中式电网

我们首先从集中式发电（centralized generation）及其配套的配电系统（distribution system）开始说起，它们是多数社区的主干网络系统。以煤、天然气、石油或核能为燃料的大型发电站（power generating stations）将水转变成蒸汽，利用蒸汽驱动涡轮机，进而驱动发电机及输出电力。水力发电是第二大电力来源，而在冰岛等地热能（geothermal energy）资源丰富的地区，还可以通过开发地热能为发电提供动力。此外，废弃物能源发电设施数量与日俱增，逐渐成为集中式发电厂的又一动力源。除水力发电以外，其他发电模式都会产生废热能，这部分耗散的热能必须进行冷却，或者再回收用于区域供暖（或制冷），而后者显然是更好的方案（详见第11章）。此外，以化石燃料为动力源的发电厂往往还会通过烟囱排出大量温室气体。

发电厂产生的电力通过超高压输电线路（extra high voltage lines）（通常265～275kV）以交流电（alternating current，AC）或少数以高压直流电（high voltage direct current，HVDC）的形式进行输送。主变

压器（transformer）通常安装在城郊，可将电流转换成低压电流，然后通过50kV的输电线路安全分配至用户。这些输变电设施不可避免地会产生一定噪声，因此需要与居住区保持适当距离。电力经较小型配电站进一步变电后最终输送至各场地或街区，再分配给各用户。北美地区的供电电压是110V，欧洲、亚洲多数国家及世界其他地区的供电电压是220V。

大容量输电线路

大容量输电线路通常采用钢格架或钢桁架结构架设，配以一套或多套支撑力臂。有些结构设计讲究，堪称工程杰作；而有些结构则外观不佳，成为景观环境中的败笔。这种输电线路钢架结构非常考验设计者的工程设计能力，当前，设计师们已在标准工程样板上做了大量改进。

大容量输电线路所占场地宽度通常为30～90m，其所占用的大片土地通常只能闲置。关于这些输电线路的电磁场（electromagnetic fields，EMFs）是否会影响附近居民或线下空间使用者的身体健康的问题一直备受争议，但尚无定论。许多人都对此进行了研究，有些研究指出，长期暴露于电磁场辐射中会引发儿童白血病。而业内广泛认为输电线路的影响仍未证实，即使存在影响，这种影响可能也极小（Environmental Protection Agency，未注明日期；World Health Organization，未注明日期）。

由于大容量输电线路需要保留专门的维修通路，而且线路一旦破损很可能引发危险，因此在其场地范围一般不允许修建任何建筑。但是场地内可以铺设自行车道和步行道，也可以修整成为带状公园方便周边居民使用。场地内种植的植物需要控制一定的高度，不能影响架空线路。

有人会提出，是否可以将大容量输电线路埋设在地下，这样可减少路权要求，不必占用大片地上空间。这一做法固然可行，但线路埋设成本极高，只有在别无他法的情况下才采用，如当线路必须穿过很宽的开放水域时不得不入地。目前，世界上最长的水下电缆是荷兰与挪威之间的水下高压电缆，总长达580km；多数水下电缆长度较短。但是，陆地上架设的大容量输电线路需要喷水冷却，其较大的电容（capacitance）会降低输电效率，线路破损不易查找和维修。在人口密集的城市地区，大容量电缆还需要修建专用隧道。因此，输电公司都不愿意采用大容量输电线路埋设的方式。

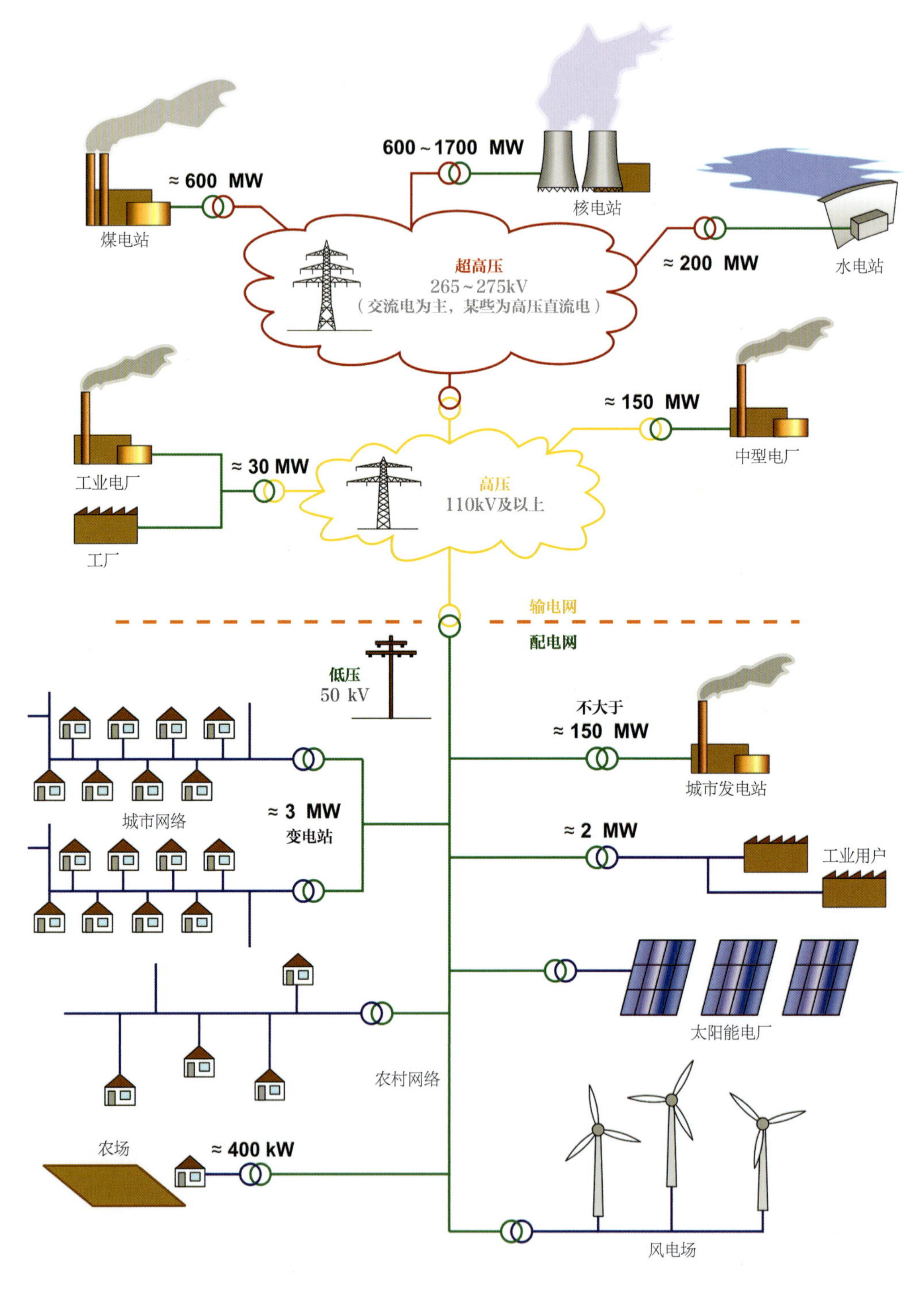

图10.1 电网示意（MBizon/Wikimedia Commons）

图10.2

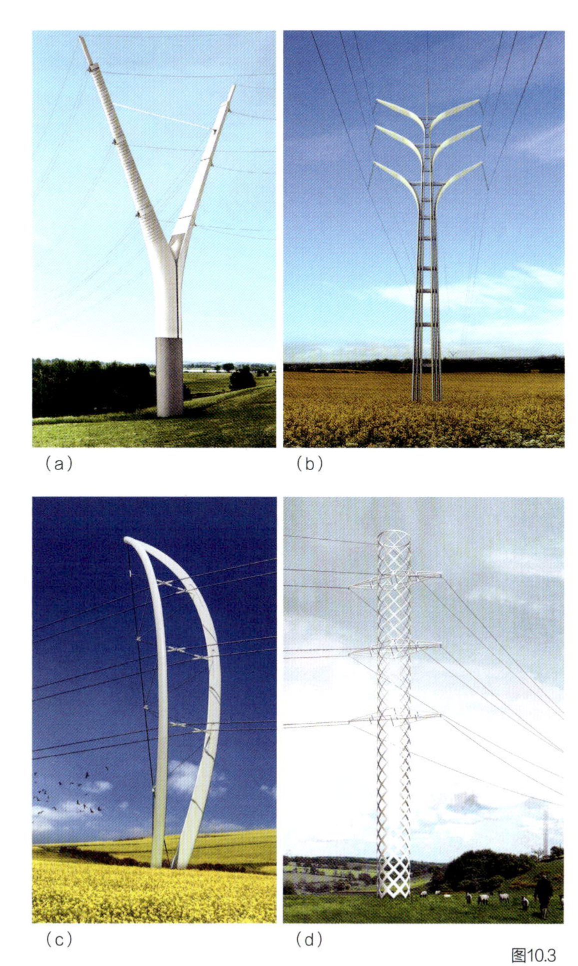

(a) (b) (c) (d)

图10.3

图10.4

图10.2 标准大容量高压线铁塔(Yummifruitbat/Wikimedia Commons)

图10.3 英国皇家建筑师协会(RIBA)高压线铁塔设计竞赛中展示的其他大容量高压线铁塔样式(a)© Knight Architects/Roughan & O'Donovan/ESB International;(b)Gustafson Porter + Bowman with Atelier One and Pfisterer;(c)AL_A & Arup;(d)New Town Studio (Chris Snow), Enginee; Structure Workshop.(相关设计公司提供图片)

图10.4 加利福尼亚州圣何塞市(San Jose)艾伯森大道(Albertson Parkway)(City of San Jose)

图10.5 美国使用的标准电线杆
图10.6 宾夕法尼亚州波茨敦市（Pottstown）树木影响了架空输电线（Thomas Hylton提供）

局部配电

除了人口密集或已形成整齐规划的城市地区以外，其他地区的主配电线路（distribution lines）（也称为馈线，feeders）和分支配电线路（subtransmission lines）通常都采用架设的方式。主要通过水泥、金属或木质电线杆支撑，一般12m高，间距38m（城市地区）至90m（农村地区）。在美国，水平方向上的横担通常搭载3条电线或3相电线（3 phases），有时还会补充一根辅助横担以增大输电容量。电话线和有线电视线搭载在一根额外横担上，或者直接接在电线杆上。沿街布设的电线杆上还可以安装路灯。架空输电线路要加以适当保护，防止被掉落的树枝砸到或压到；输电公司可以与周边相关业主协商后对可能影响输电线路的树木进行修剪或砍伐。

此外，民用或工业用电电压的终端转换变压器一般安装在电线杆上。北美和欧洲地区的变压器安装覆盖范围有所不同。在北美，一套低压降压变压器一般服务7～11户住房，或者一整幢住宅楼；欧洲的民用电压较高，一套低压降压变压器一般能服务整个近邻社区。

沿街架设电线并向各住房或住宅楼牵拉电线可能会形成错综复杂的线网布置，因而会限制树木种植位置和种类，输电公司有权对这些树木进行适当处置。在居住区，输电线路和通信线路也可以布置在建筑的后面，如建筑的后巷或者房屋后面的空地；否则就会涉及要业主提供维修地役权，因为这有时可能会牵涉房屋后院和围墙/围栏的使用。

局部配电线路最好布置在地下，许多新建社区也都要求采用这种地下布置方式。北美地区许多大城市中央区域一直采用这种方式，欧洲城市也很少架设电线，但亚洲多数国家则通常沿街架设电线。地下铺设的常规做法为：将地下输电线包在连续的软管内，然后埋设在专门开挖的距地面1m的窄沟内。相当于将电缆通过软管“拉”设。埋设位置需方便维修，且应远离繁忙街道及给水排水管道。在人口密度较低的区域，变压器可安装在地上，并且尽量安装在不显眼的位置，以减少对街道通行的影响。在人口密集的城市地区，变压器一般安装在专用地坑内，通过大口径管道与多条输电线路相连。

地下输电线路布置有很多优点，特别是在冻雨和严重风暴频发的地区更加明显。受开挖费用、容量需求等因素的影响，人口密度较低区域的地下输电线路成本是架空输电线路成本的4~14倍。但在风暴情况下，地下输电线路的维护成本较低，因此可以抵偿部分上述成本。不过，从净现值角度来看，附加成本的回收期可能会很长，因而贴现率可能也会较低（Alonso & Greenwell 2013）。有的地方政府要求土地开发商将输电线路布设在地下，由房产业主承担一定的费用，而回报他们的是优美舒适的社区环境。受管制的电力供应商一般不愿意采用输电线路地下布设的方式，除非由用户来承担额外的成本费用。

图10.7

图10.8

图10.9

图10.7 日本东京原宿的架空输电线
图10.8 普雷亚维斯塔（Playa Vista）的变压器的遮蔽式外观（Josh Callaghan提供）
图10.9 加拿大新不轮瑞克省（New Brunswick）罗斯西市（Rothesay）的电线杆遭到冰暴破坏（Alan Good/Streetscape Canada提供）

分布式电网

发电设施已经不再局限于传统的大型发电厂，而是日渐多样化，也给电力规划带来一个新的维度指标，即电力生产和配送需求。这一转变受到多个因素的驱动，包括建设大型发电厂的难度和成本、燃料成本上升、排放限制、难以申请到大容量配电线路等，而且还有一条可能是最为重要的原因，即寻找更加环保的电力来源，以及国家要求的能源独立。目前，一系列替代电力来源正在推行电网平价（grid parity），即其接入电网的单位供电成本接近大型集中式发电设施的供电成本。

当前的替代电力来源包括光伏（太阳能）板 [photovoltaic (solar) panels]、风力发电（wind turbines）、地方废弃物能源电厂（waste-to-energy plants）、热电厂（cogeneration plants）、微型热电联产（micro combined heat and power installations，micro-CHP）、生物质焚烧发电（biomass incineration）、低水头水力发电（low-head hydropower）等。但是，这些电力来源面临一些问题，例如，发电能力无法满足整个区域的用电需求，主要依赖日照和风力等的周期性出现等。此外，与直接输向用户终端相比，发电机构更愿意将其生产的电力出售给电网。许多政府机构

表 10.1 世界各国平均家庭耗电量

国家	kWh/ 年
加拿大	11879
美国	11698
澳大利亚	7227
法国	6343
日本	5513
英国	4648
南非	4389
西班牙	4131
德国	3512
世界平均	3471
意大利	2777
俄罗斯	2419
巴西	1834
墨西哥	1809
中国	1349
印度	900
尼日利亚	570

数据来源：Enerdata via World Energy Council

已经颁布相关法律，保障地方发电企业以公平的价格向电网售电的权利。但是在很多地区，用户电力需求仍然难以得到保障。未来预计将会形成一个多来源、多用户的复杂电网体系（见图10.1）。电力流向地方电网，输电范围将会大大增加。在这种多元化的供电体系下，先进的监控系统将成为重要的管理手段。

分布式电网也会直接影响场地规划。在评价地方电力来源的供应能力时，普通家庭的平均耗电量是一项重要指标。表10.1列出了部分国家的家庭耗电量，其中加拿大和美国位居榜首，耗电量超过多数欧洲国家的两倍，是中国、巴西、印度耗电量的9～12倍。

光伏发电系统

光伏发电板（photovoltaic panels，PV板）是一种小范围独立发电结构，主要安装在屋顶和建筑物立面。随着技术的进步，光伏发电板电价持续降低，逐渐接近电网平均价。光伏发电板可以安装在单个建筑上，由建筑所有者独立管理，也可以纳入片区的整体规划，惠及各种用户类型（如公寓、业主委员会或大型地产开发商）。整体规划的好处是能够最大化利用土地或建筑物的立面和屋顶。与可能被树木遮挡的独幢房屋屋顶相比，住宅楼的大面积楼顶平面更适合安装光伏发电板。大型商业建筑或工业建筑的空闲屋顶也是光伏发电板的理想安装位置，并为附近居民区供电。此外，如果是给电网供电，任何潜在电力来源都可以发挥很好的效用。

如上卷第3章所述，在不同的区域地理位置和气候条件下，不同安装朝向的太阳能光伏发电板的发电量也明显不同。在北半球，根据场地在所处时区中的位置，光伏发电板的最佳朝向是中午正南方向。利用太阳位置计算器，可以依据场地经纬度准确计算出光伏发电板的安装朝向（National Renewable Energy Laboratory，未注明日期；Solar Electricity Handbook 2013；GreenerEnergy，未注明日期）。例如，在

纽约市

各月太阳能光伏板最佳倾斜角度

一月	二月	三月	四月	五月	六月
33°	41°	49°	57°	65°	72°
七月	八月	九月	十月	十一月	十二月
65°	57°	49°	41°	33°	26°

表内角度为太阳能板与垂直面夹角度数

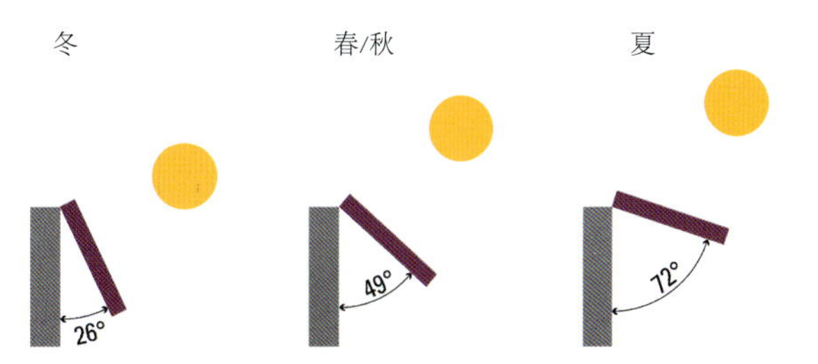

图10.10 光伏发电板的最佳安装倾角（Adam Tecza/ 根据my-diysolarwind计算结果）

图10.11 加利福尼亚州里士满Crescent Park装有光伏发电板的保障性住房（Crescent Park Apartments）
图10.12 纽约布朗克斯区Villa Verde住宅楼顶装有光伏发电板（© David Sundberg/Esto）
图10.13 德国弗莱堡市沃邦社区（Vauban）太阳能停车场
图10.14 纽约市远见高级公寓（Visionaire）屋顶机房装有光伏发电板（© Jeff Goldberg/Esto）

纽约，冬至日最佳安装倾角（与垂直面夹角）是26°，夏至日最佳安装倾角是72°；因而折中情况下，光伏发电板的合理安装角度是49°。在美国得克萨斯州达拉斯市或沃斯堡市，最佳安装倾角是33°；在加拿大阿尔伯塔省卡尔加里市（Calgary），最佳安装倾角是51°；在中国北京，最佳安装倾角是40°；在德国柏林，最佳安装倾角是53°。很多太阳位置计算器还可以估测各位置能够接收到的太阳辐射（solar radiation），单位是峰值日照时数（peak sun hours，PSH），即kWh/m^2/天。

基于一系列假设条件，可以快速测算满足一个场地用电需求的光伏阵列规模。例如，在美国达拉斯市，一个家庭的平均耗电量（注：新建住宅单位的耗电量可能远远超过这一平均值）大约是32kWh/天。该地区光伏发电板的峰值日照时数是5.46kWh/m^2/天。将两数相除，则可以得到在太阳电池板的工作效率达到100%（即将其接收到的日照量全部转化成电能）时所需的光伏发电板面积为5.86m^2。但是，假设光伏发电板在各季节都能达到最佳安装倾角，其最大日照转化效率也只能达到40%，通常平均转化效率为30%。此外，在电力输送过程中，还会有15%的电线耗损。因此，在以最佳安装倾角和平均转化效率布置光伏发电板的情况下，实际所需光伏阵列的面积大约为22.5m^2。当然，这只是一个理论计算值。考虑到冬季日照角度低，太阳辐射量减少，以及暴雨季节太阳辐射量很小等各种特殊情况，实际安装的光伏发电板面积至少要再增加30%。这样，光伏阵列的面积将达到大约30m^2。

虽然光伏发电板尺寸各异、性能特点不同，但通过互联网上的各类计算公式可以快速估算某一特定位置所需光伏发电板的面积和数量（参见Wholesale Solar，未注明日期；GoGreenSolar.com，未注明日期；Solar Power Authority，未注明日期）。假设在美国达拉斯市采用标准商业250W光伏发电板，尺寸为1490mm × 668mm，根据其中一种计算方法可得：为满足达拉斯市单位家庭的用电需求，需要安装31块此种光伏发电板。也就是说，一户普通两层斜顶房屋面积内用电需要29m^2光伏发电板。相比之下，德国柏林一户普通家庭则需要一套3738W光伏发电系统，或15块上述规格的光伏发电板。在北京只需825W光伏发电系统，仅4块光伏发电板（假设平均耗电量保持当

图10.15　加利福尼亚州圣莫尼卡市Colorado 502号垂直安装的光伏发电板阵列（Oliver Seely）
图10.16　中国天津生态城主干道两侧安装的光伏发电板阵列

今水平）。当然，场地的实际需求量数据会比全国平均值更有参考意义。

虽然在人口密度适中的地区，发电板的安装位置很充足，包括屋顶、车库顶、停车场顶等，但如果只依靠光伏发电板，仍然很难满足居住区的全部用电需求。通过网络化管理所有安装点位，可以最大限度地利用场地空间的发电潜力。如若将光伏发电板安装在车库或较高结构顶上，还可以同时实现遮光和发电的双重目的。在城市人口密集区，最佳安装位置是建筑垂直面，特别是建筑物顶部或电梯井周围的空白墙面。而在社区层面，则可以将光伏发电板安装在主街两侧的缓冲带等一些未得到充分利用的区域。

所有光伏发电系统均面临的一个根本问题是它们只能在白天发电，但用电时段主要在晚上。对于小规模光伏发电系统，可以通过一组电池阵列进行储能；随着电池技术的快速进步，大容量储能能力将很快实现并有望大幅度提高。但是当前较大规模的太阳能发电系统仍需要其他储能方式。白天在光伏发电使用过程中，水被加热并储存在保温罐中，用于夜晚的室内供暖。当然，如果条件允许，安装基于液体的光伏发电板可能效率更高。水还可以利用白天产生的电能被泵入位置较高的储罐或蓄水池内，在夜间用于驱动涡轮发电。自20世纪20年代起，美国的水电站一直采用泵抽储能系统，而38套设施只能储存全国总发电量的2%左右。在欧洲和日本，储能容量略大，分别占到5%和10%（Energy Storage Association，未注明日期）。但这些储能方法都会遭遇降效问题。归根结底，白天电能入网才是最有效的储能方法。若采用这种方法，当大型发电设施能量富余时，可以适当调低电厂本身的发电量。

光伏阵列

大规模项目开发若想降低对集中式供电的依赖度，可以考虑安装光伏阵列作为局域性发电装置。目前，全球正在运行的光伏阵列设施达几十座，发电能力从50MW到350MW不等，主要用于服务大量城镇或作为电网的重要组成部分。许多设施远离居住区，安装在日照充足的沙漠地区。阿布扎比的马斯达“零碳”新城修建了一座10MW太阳能光伏发电站，每年的清洁发电量达到17500MWh，有效保障了新城建设的电力需求。87780块光伏板面积达到21万m^2。光伏阵列设施还将继续扩大，在居住区整体用电需求中的比例也将不断增加。

光伏发电板阵列是最成熟的替代发电源，而较大规模的太阳能发电设施如果能够与抛物面反射器（parabolic reflector）或日光反射装置

(heliostats)(直接将收集到的阳光反射到发电塔顶端)技术相结合，发电效率可能会更高。抛物面反射器能够有效地将各光伏板收集到的日光反射到碟式太阳能接收器上。西班牙格拉纳达市分别于2008年和2009年启用了两座大型反射器阵列，名为安达索尔1号和2号（Andasol 1 and 2)，主要用于向电网供电。这两座反射器阵列采用抛物线槽状反射镜设置，捕捉并收集太阳辐射能，从而加热沟槽内管中的液体。产生的蒸汽再驱动涡轮发电。安达索尔1号阵列年发电量为175GWh，足以满足西班牙25000户普通家庭或美国约15000户家庭的用电需求。

在日光反射装置系统中，反射装置塔核心部位的温度极高——超过500℃。反射装置将能量以熔盐形式传递至换热器，然后转变成蒸汽，用于驱动涡轮发电。赫尔马发电站(Gemasolar)是西班牙塞维利亚市附近一处185hm^2场地上的实验性发电场，采用了2650块日光反射装置，以热盐为储能体，该设施在没有太阳照射的情况下仍能连续产生蒸汽达15h，全年生产蒸汽工时达到6500h，是其他可再生能源的1.5~3倍。该发电站额定发电量约为20MW，年发电能力为110GWh，足以满足西班牙16000户普通家庭或美国9400户家庭的用电需求。

图10.17 阿布扎比马斯达市太阳能光伏发电设施（Masdar City）
图10.18 西班牙格林纳达市（Grenada）安达索1号和2号太阳能发电设施（© Flagsol GmbH）
图10.19 西班牙塞维利尔赫尔马发电站（Gemasolar）日光反射装置发电设施（SENER/Torresol Energy）

风力发电机

早在公元前200年，风力涡轮机就已开始启用，最初主要用于从井中汲水、研磨谷物、控制河道水位、跨堤抽水等。19世纪末，苏格兰使用风力涡轮机给电池充电，美国开始在农场和偏远地区使用风力涡轮机进行发电。最近几十年，这项技术快速发展，大型风力涡轮机配套安装了优化叶片和高效发电机。配备

图10.20 俄勒冈州Shepherds Flat水平轴风电场（Steve Wilson/Wikimedia Commons）

图10.21 俄勒冈州波特兰市Twelve West大厦顶部安装的风力发电机（ZGF Architects LLP/© Timothy Hursley提供）

垂直叶片和大容量发电机的水平轴风力发电机（horizontal-axis wind turbines）（有专门的塔架）占据主导地位，有些建筑物顶部还安装了小型低容量涡轮机。垂直轴风力发电机（Vertical-axis wind turbines）占地面积较小，尤其适用于城市地区，既可以独立安装，也可以安装在附属建筑物上。

水平轴风力发电机尺寸较大。一般情况下，发电容量越大，塔架结构越高。例如，以美国境内为单个家庭或小型商厦供电的1.5kW型发电机为代表的小型发电机的旋翼直径为4m，则安装塔架高度为20～35m。根据平均风速、用电结构规模等实际因素，塔架高度可能在这一尺寸范围上下浮动。而且按照规定，旋翼至少应比其周围150m范围内各类树木或结构高出10m。发电容量达7.5MW的大型商用风力发电机则是个特例，其转子直径为125m，塔架高度140m。这种尺寸规模的风力发电机通常安装在海上。通用电气公司生产的1.5MW风力发电机是世界上常用机型之一，其旋翼直径82.5m，塔架高度80m。

垂直轴风力发电机的种类更多，用途范围更广。通常垂直轴风力发电机的发电效率是19%～40%，低于水平轴风力发电机（56%），但单位额定功率的成本也更低。此外，垂直轴风力发电机占用空间较小，更适用于城市地区。其最常见的两种类型为弯曲叶型风力发电机（Darrieus rotor）和螺旋钻头型风力发电机（Savonius）。其他类型还包括：采用直叶片的H型风力发电机、直帆发电机、文丘里管风力发电机（Venturi wind turbines）以及各种混合型发电机（Ragheb 2013）。除了尺寸小和成本低以外，垂直轴风力发电机还具有噪声小、应对风力环境反应快、高风速条件下制动容易等优势。针对城市环境中风速较低、风向变化频繁的特点，Quietrevolution公司还专门优化设计了QR5型风力发电机。

在美国，风力发电机的最佳地面安装位置通常远离大都市区。中部平原大部分地区的平均风速约为10m/s；在大都市汇集的东、西部沿海地区，平均风速仅为5m/s左右。海岸沿线的近海场地潜力巨大，主要开发场地附近的边界地区是理想的风力发电机安装位置。但通常这类场地受关注度较高，很多人极力反对安装机械化的装置破坏当地的自然环境。而偏远地区虽然安装风力发电机相对容易，但这些地区往往缺少电网系统，无法将电力输送至用电地区。

风力发电机的使用引发了一系列环境和健康问题，给对风力发电机选址带来了一定影响。噪声暴露是其中最大的问题。此外，反对者们还提出风力发电机存在许多其他危害，例如电磁场辐射暴露或干扰、遮挡阳光、叶片反光、结冰抛击/脱落、叶片或支撑件故障情况下的结构危险。在众多反对声中，一个虽未言明却让人感同身受的理由是对风力发电机美观性的质疑，大家觉得风力发电机影响了自然环境，也破坏了环境原有的宁静。

图10.22

图10.23

图10.24

图10.22 德国黑罗尔茨塔特市（Heroldstatt）的Darrieus风力发电机（W. Wacker/Wikipedia Commons）
图10.23 芬兰赫尔辛基市维基新区（Viikki）生态大厦（Eco-Building）上安装的4个Savonius风力发电机（Oy Windside Production, Ltd.提供）
图10.24 波士顿波伊斯顿街（Boylston Street）888号保诚中心（Prudential Center）顶部安装的垂直轴风力发电机（FXFOWLE提供）

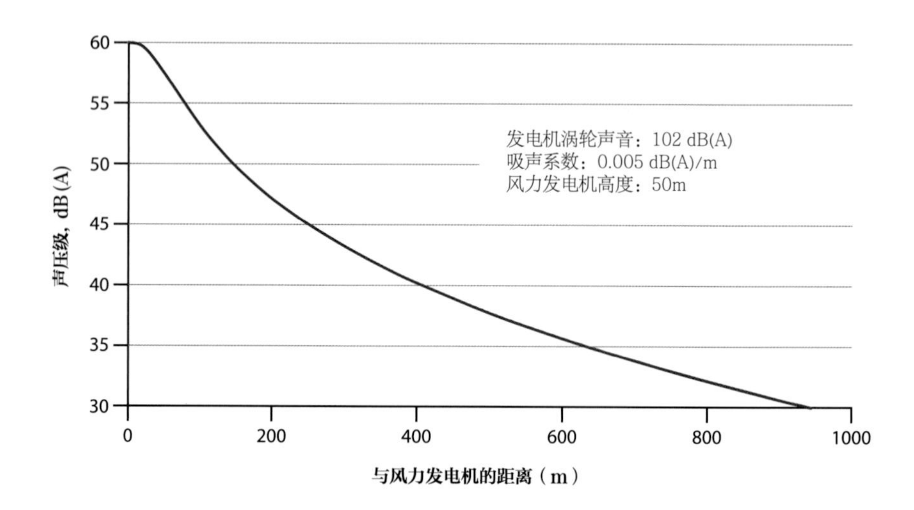

图10.25 水平轴风力发电机的声音等级（Anthony L. Rogers，James F. Manwell & Sally Wright/Adam Tecza）

一座大型现代化风力发电机本身发出的声音略高于100dB。如图10.25所示，距风力发电机塔架水平距离100m处，地面接收到的声音约为55dB；在350m处，声音降为40dB（Rogers，Manwell & Wright 2006）。其他研究还指出，对于一个建有10座风力发电机的风电场，350m以外地面接收到的声音是35～45dB（National Health and Medical Research Council 2010）。这些数据与农村地区20～40dB的背景噪声相当，且美国居住区的噪声标准是不得高于45dB。合理的风力发电机安装距离能够抵消一定的噪声影响。反对者还提出了低频次声（low-frequency infrasound）（低于多数人的听阈）的影响问题，但又有后续研究认为目前尚无确凿证据证明风力发电机的次声会对人产生生理或心理方面的影响（Chief Medical Officer of Health 2010；National Health and Medical Research Council 2010）。

针对反对者的其他异议，相关研究也得出了上述类似结论，即没有确凿证据证明其负面影响。但尽管如此，许多国家和地方政府仍然规定了风力发电机的选址标准，要求风力发电机和风电场远离任何有人使用或居住的建筑。表10.2展示了针对水平轴风力发电机的各国各地标准，可以看出其间存在巨大差异。在美国，风电领域广泛接受的与建筑物最小间距是350m，但这一标准似乎并无科学依据，且远低于国际标准（500～2000m）。而垂直轴风力发电机的类型差异更大，因此其安装距离应视具体情况而定。

美国2013年的风力发电量约占当年全国总发电量的4%，并一直在快速增长，2030年有望达到20%。丹麦的风力发电量也位居世界前列，其2012年风力发电量占比为30%；西班牙紧随其后，占比为25%。探索挖掘

表 10.2　风力发电机选址标准

国家 / 地区	与居住区最小间距	最大声级（dB）	遮光情况
爱尔兰共和国	500m	43（夜间），45（白天）	10 倍旋翼直径范围内不会遮光
荷兰	1000m	41（夜间），47（白天）	
德国	各省不同，300 ~ 1000m	35 ~ 50（夜间，取决于用途），45 ~ 77（白天）	最多每天 30min，每年 30h
丹麦	4 个风机高度或 600m	37 ~ 44	最多每年 10h
西班牙	500m	50	
法国	500m	25	
加拿大安大略省	550m	40	
加拿大曼尼托巴省	500 ~ 550m	40 ~ 53	
澳大利亚维多利亚州	2000m	40dB 或高于背景噪声 5dB 以下	
加利福尼亚州蒙特雷县	5 个风机高度		
通用电气推荐标准	1.5 个风机高度或 400m		

资料来源：Haugen（2011）；根据多种资料汇编

风力资源潜力的有效途径是实现可持续发展的关键。

低水头和微型水力发电系统

19世纪中叶，多数发电厂位于瀑布带和河滩，充分利用湍流的能量来驱动发电机。随着蒸汽发电机和化石燃料发电机的问世，许多用于驱动发电机的水闸和水道被废弃，堤坝被拆除，发电厂沦为废墟。进入20世纪，人们的关注点开始转向大型水电站，低水头水力发电被彻底遗忘。然而，作为一种成本低廉的电力来源，低水头水力发电如今又在一些交通不便的地区被重新启用。这种发电系统的原理是利用河流驱动涡轮机；跨越了几个世纪的梦想（潮汐能发电）正在慢慢变成现实。

微型水力发电（micro hydropower）系统是指装机发电能力低于100kW的小型水力发电厂。此类系统多为“河床式水力发电系统”，即不需要设置大坝或储水区。该系统是将较高水位的部分河流通过管道或沟渠引到较低位置，用于驱动小型涡轮机，然后再排回河流中。由于水流在管道输送过程中会发生较大耗损，因此，那些短距离内水头（落差）较大的河流最适宜采用微型水力发电系统（Natural Resources Canada 2004）。

河流的发电潜力可用以下公式进行估算：

$P = QHge$

式中　P = 输出电量（kW）；

Q = 有效流速（m^3/s）；

H = 毛水头（任意断面处单位质量水的能量）（m）；

图10.26 微型水力发电系统（US Department of Energy/Wikipedia）

g = 标准重力加速度（9.8m/s^2）；

e = 效率因子，取0.5~0.7。

例如，一个涡轮发电机组的工作水头是10m、流速为0.3m^3/s，假设系统总效率因子为50%，则发电量约为15kW（Natural Resources Canada 2005）。微型水力发电系统无需截流筑坝，安装和操作简便，且小型涡轮机购买方便，占用空间小。但该系统的缺点是主要依赖恒定水流。因此，河流不能有季节性干旱或不会受到大面积干旱的影响。

对于水头低于5m、流速较慢的较宽河流，可能更适合采用低水头水力发电系统（low-head hydro system）。一种方法是在河床上筑坝形成水库，在坝基或沟渠下流安装涡轮机。事实上，这就是仿效传统筑坝模式，只不过规模更小。另一种方法是将涡轮机直接安装在河道水流中。根据河流深度和用途（娱乐或航行），可以叠加安装在河底，紧贴桥墩或者由驳船悬拉。但在可能冻结的河流中直接安装涡轮机时需谨慎规划。

将涡轮机与潮汐变化相结合，能够充分发挥潮汐能的发电潜力。但是，这种发电方式需要潮差至少达到5m［如美国缅因州与加拿大新斯科舍省（Nova Scotia）之间的芬迪湾（Bay of Fundy）］或需要有一条驱动水道（如潮流湍急的纽约东河）。该发电系统成本较高，并需要接入电网，因此往往无法直接置入场地开发项目。

其他电力来源

场地上可能还有其他潜在电力来源。例如，对于大型场地，可以采用热电联产同时实现发电和区域供热。许多高校就采用了这种方式，其动力来源包括化石燃料、天然气、可燃废弃物等。耶鲁大学的热电联产设施能够发电

15MW，同时为校区及其医院空调系统输送蒸汽。这些设施最好设置在校园边缘，以免设施噪声和操作维护工作干扰校区内的各类活动。

生物质焚烧正在逐渐成为电力来源之一，可广泛应用于各种开发规模。最初主要是采伐区或者造纸厂或其他产品生产厂附近采用该方式发电，通过废料燃烧驱动蒸汽发电机。而如今，生物质焚烧发电系统正在开发专门的燃料源或通过长期合同保障燃料供应。主要燃料种类包括稻草、木屑颗粒、木质纤维、芒草（*Miscanthus*）、农业废弃物等。截至2013年，英国已建成20座生物质发电站，发电容量为2～44MW，约是计划发电容量的两倍。以苏格兰洛克比市（Lockerbie）44MW的Stevens Croft燃木发电厂为例，该发电厂以锯木厂副产品、轮作周期短的矮木（柳木）以及木制品厂的回收纤维为燃料，这些燃料源均取自发电厂方圆60mi（97km）范围内。其发电容量足以服务7万户家庭。

图10.27

图10.28

街道和场所照明

本章中我们介绍了场地的各种供电技术，也探讨了局部场地的发电潜力。另外，场地自身也是一个用电大户，特别是公共道路和公共场所需要照明用电。保障场地的夜间安全、便利和舒适，可以有效改善居民、购物者、工作者和游客的生活质量。

公共道路照明系统主要是指车行道和人行道的照明。多数地方政府和部分国家政府都颁布了相应的照明级别标准，有些还规定了可以采用的照明设备类型，以便实现设备、设施标准化。照明标准主要由照明工程领域专家起

图10.27 耶鲁大学中央发电厂兼具发电和供暖功能（Michael Raso/Divisionone Architects）
图10.28 苏格兰洛克比市Stevens Croft燃木发电厂（Mott Macdonald）

图10.29 广东佛山市彩虹路头式路灯（Hitech Lights）
图10.30 澳大利亚墨尔本市斯旺森大街（Swanson Street）人行道照明（City of Melbourne）

草，并与照明设备的生产相契合，但很少有实证研究探讨验证合适的光照标准与灯具点位布置。准确地说，是因为出现大量街头犯罪或交通事故，或者迫于社区压力，才安装了照明系统。虽然在降低能耗和改善空气质量的呼声下，有些人对现行标准提出了质疑，但是很少有人会要求市政机构减少街道照明数量。

街道照明主要有四个作用：①保障通行安全（safety），防止街道上的车辆与行人发生事故；②保障行人的人身安全（security），照明能让行人适当避开一些危险人物或状况；③创造舒适的环境，照明可作为街道两侧各项设施的有益补充，这些设施包括住宅、商店、公园、公司企业、院校机构等，在人行道上应可见到这些设施，但不能因为光照太强而影响其功能用途；④街道照明有助于寻路（wayfinding），如在路口设置预警标识、沿路设置路标灯箱等。

街道照明系统一般采用路灯，灯杆通常有8~10m高，柱臂延伸到街面1.2~2.4m，灯具安装在柱臂上（New York City Department of Transportation 2016）。灯柱和灯具类型根据不同城市的历史传统和设计规划风格而各种各样。当前，多数城市都鼓励使用LED（发光二极管）照明灯具；以前主要使用HPS（高压钠）灯和CCMH（陶瓷金卤）灯。车行道照明灯具安装位置较高，比人行道照明范围大；如果街道两侧有树，树下通常会有光线暗区。美国等国家的机动车行驶过程中一般会开启前大灯，因而车道照明的重要性可能低于人行道照明。

行人希望照明系统能够保证他们看到附近其他人，或在夜晚穿越道路时能被车行道上的机动车驾驶者看到。这里有一个标准，即两个行人相距4m时，路灯照明应能保证两人看到彼此的

表 10.3 美国推荐照明标准

	平均照度（lx）	均匀性（最大：最小）
车道		
干道	8 ~ 12	4 ： 1
支路	6 ~ 9	6 ： 1
路口		
干道 / 干道	16 ~ 24	4 ： 1
干道 / 支路	14 ~ 20	4 ： 1
支路 / 支路	12 ~ 18	4 ： 1
广场、人行道、自行车道	5 ~ 10	4 ： 1

资料来源：New York City Department of Transportation（2016）， based on IES standards

图10.31 江苏苏州滨湖路
图10.32 斯德哥尔摩的中心商业区，店面、标牌全部采用灯光照明，街道中央还悬吊了灯具
图10.33 阿塞拜疆巴库市尼札米大街（Nizami Street）（Urek Meniashvli/Wikimedia Commons）

脸，这意味着垂直面上需要照明良好，而不是高置灯具自上而下照射。此外，在树下暗区内，人眼无法快速适应明暗变化，因此，照明光级的均匀性比绝对光级更重要（Barr 1976）。鉴于以上因素，最佳人行道照明灯具应设置相对较低，如3~4m高，并辅以透镜扩大灯照范围。根据选用的灯具类型，路灯柱间距可以采用20~30m，保证一定范围内的照明均匀性。

最佳街道照明模式中，人行道路灯间距相对较小，沿车行道设置的高路灯间距略大。路口处的照明设备应相对较多，使重要位置清晰可见，并为路人通行提供充足的光照视野。许多国家都推出了量化的照明标准。表10.3列出了美国常用推荐照明标准。而在人口密度较低的地区，适宜采用最低标准。

装有照明系统的步行场所能够有效提高行人的通行自由度。独立灯具可以提供基础照明并标识出行人的流线。还有一些场所，在相邻建筑之间搭接电缆，并将灯具安装在电缆上，同时底层的商铺和其他功能的室内灯光都能够照亮整片场所，这样就不需要设置路灯。欧洲一些传统历史老城便采用了这种照明方案，以保证街道整洁。世界上许多历史街区都安装了反射光照明设备。公园可以采用埋设照明系统，为人行道提供间接照明。简而言之，照明系统的设计可以更具创造性。

第11章

地区供热和制冷

地区供热和制冷系统是实现可持续发展的重要条件，大型场地尤其如此。而对于中小规模项目来说，这些措施也开始显得越来越有必要，也逐渐成为应对全球变暖的有效推动力。地区供热和制冷能够利用的往往是单栋楼宇内部无法利用的能源，并且可向每一栋建筑物供暖、制冷和供给热水，这比每栋楼宇采用自有独立系统供给能源更具经济效益。

地区供热系统有悠久的历史，在美国可以追溯到18世纪。当时，本杰明·富兰克林（Benjamin Franklin）在费城发明了一种面向周边多所住宅的集中供热系统（Commission on Engineering and Technical Systems 1985）。第一个商业集中供热系统在1887年安装于纽约洛克波特（Lockport），而曼哈顿的蒸汽发电机和输配系统更是发明于1882年。丹佛的集中蒸汽供热系统创建于1880年，是全世界最古老的连续运行集中供热系统（Wagner and Kutska 2008）。欧洲的许多供热系统都是在同一个时代开发的，近年来又增加了冷却水管和大量新能源。冰岛目前有90%以上的楼宇连接了集中供热系统；斯堪的纳维亚的比例为50%～60%，其中许多城市地区的集中供热比例超过90%；中欧的这一比例为10%～20%；而在美国、英国和加拿大的比例不足10%（Euroheat & Power，未注明出版年）。然而，随着新技术的发展，加上传统燃料成本持续上升，迫使许多地区开始连接集中供热和制冷系统。

典型的地区集中供热和制冷系统包括能源（energy source）、分配管线（distribution lines）和交换器（exchangers），将获得的能量输送到楼宇内的供暖、制冷或生活热水管网。该系统还可以包括一个周期为24h或更长时间的蓄热或蓄冷槽（heat or cooling sink）用于储存能量，这样可以在能源价格低廉的时段生产能量，进而储存并在需要时释放冷、热能。供热和制冷系统的每一项要素都有多种类型可选，但不同选择的资本运营成本也差异很大。无论任何情况，任何选择都需要权衡考量建筑供热和制冷系统全生命周期内产生的总成本。

能源

传统燃料

燃油、天然气和煤是地区供热和制冷系统最常见的能源。如果使用混合型锅炉，当不同燃料价格发生波动时，可以从一种高价燃料转换为另一种较低价燃料，或凭此从供应商处争取优惠价格。随着化石燃料短缺及成本持续攀升，传统能源可能并非最佳解决方案。即便采用清洁燃烧技术，煤炭通常也会排放大量二氧化碳，相比之下，石油的排放量略低，天然气排放量最低。有些地区的夜间水力产电量往往有富余，而夜间正是供暖需求最大的时候，这或许可能成为一种经济能源。然而，如果在非高峰时期减少水力发电设施的流量，则需要考虑自然储能。

地区集中供热和制冷系统会采用分层使用能源的方式，即利用经济的能源来满足大部分需求，采用传统燃料满足系统高峰需求。其原则是首先使用成本最低的能源，辅以高成本燃料，这是地区供热和制冷的一项重要策略。

热电联产

热电联产设施利用发电产生的余热加热燃料，这是地区集中供热系统最具成本效益的方法之一（参见第10章）。在一个专用发电厂所用的能量中，有大约一半的能量都被浪费，或逐渐冷凝冷却下来，或变成气体从烟囱排出。对于地区集中供热和制冷设施来说，这些被浪费的能量恰恰有可能成为一种具有成本效益的热源。哥本哈根98%的城市供暖由集中供热系统提供，其中用于集中供热的能量有70%来自热电厂（CHP），小型专用锅炉仅在高峰时段作为辅助供暖措施使用。最新的热电联产设施使用包括木屑颗粒、秸秆在内的多种燃料，能效可达94%（C40 Cities 2011）。

现在各地区可自行安装成套的热电站，无须依赖城市尺度的系统。美国和加拿大的多所大学都已开始从建立热电联产设施中获利。印度的集中发电能力远无法满足需求，因而政府鼓励开发商建设和运营这类设施，并将此作为大型开发项目的一部分。余热能量还可以转化为冷却水，为周边楼宇提供服务。

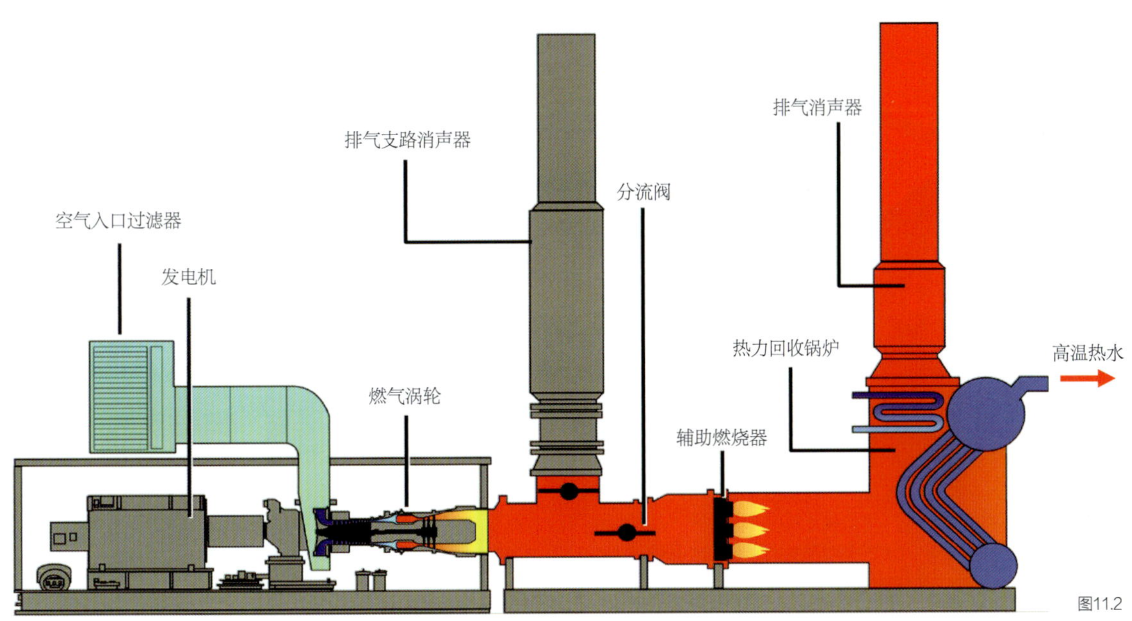

图11.1 荷兰代尔夫特的恩斯赫德（Enschede）热电联产设施，以天然气为动力，发电能力60MW，输出的热能用于区域供暖（© Hansenn|Dreamstime.com）

图11.2 加拿大卡尔加里大学热电联产装置的工艺流程（Solar Turbines提供）

地热

地下约30m以下的地下水全年保持相对恒定的温度，仅受地热梯度影响。美国东部地下水水温平均约为13℃，北方各州较低，仅为9℃，到了南方的佛罗里达州南部平均温度上升到23℃以上。全球各地的地下水温度差异很大，范围可从4℃到100℃。在地质活动比较活跃的地区，如冰岛，以及日本和意大利的部分温泉与天然水疗中心所在的地区，地下水温度可高达132℃。在冰岛的雷克雅未克，几乎所有楼宇的集中供热都来自地热能。

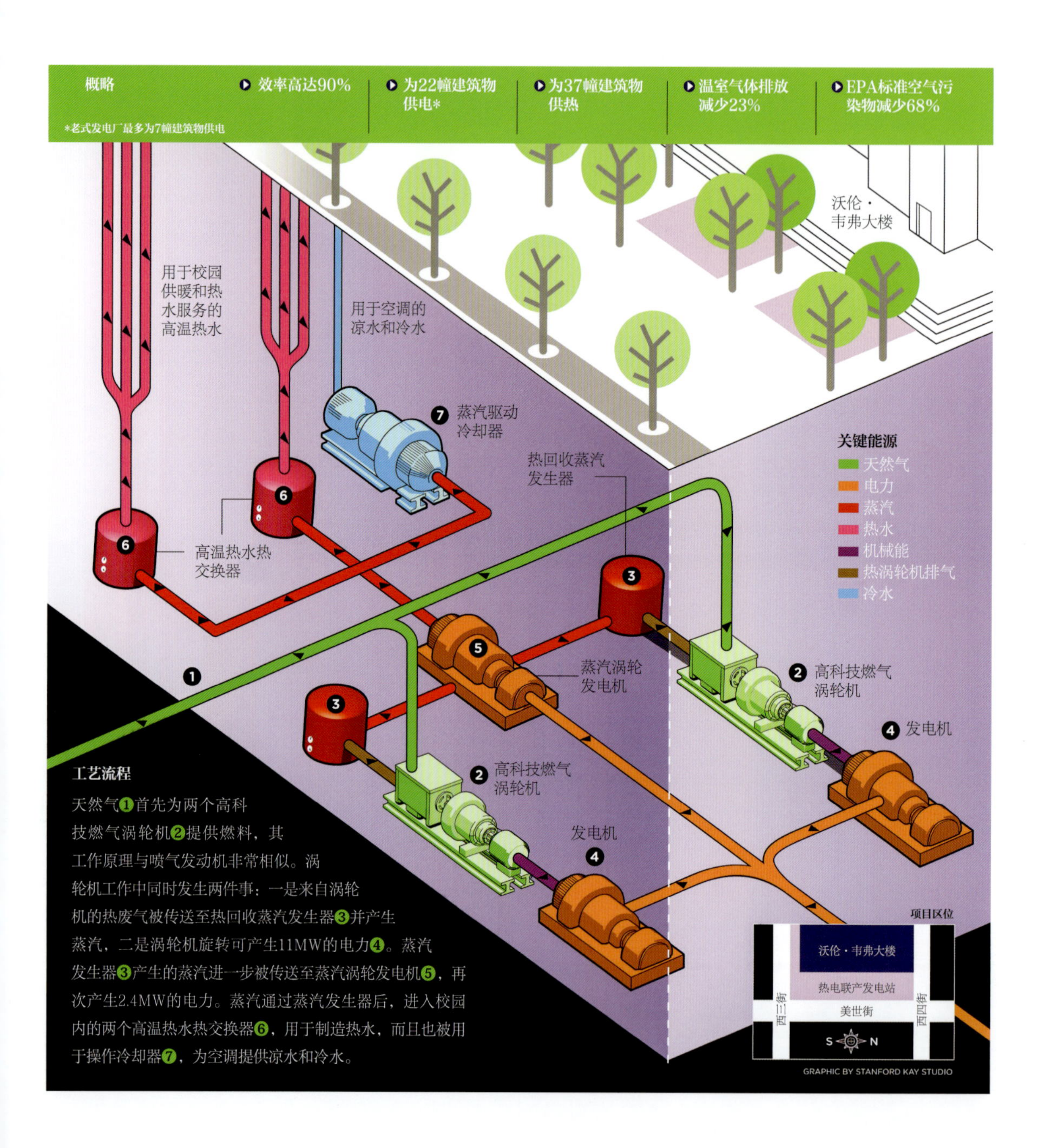

图11.3 美国纽约大学的地下热电联产设施（Stanford Kay Studio提供）

利用地下水与室外空气温度的差异，可实现全部或部分供热或制冷。当室外温度接近冰点（0℃）时，为使室内温度达到21℃，可利用13℃的地下水提供大部分热量；而当室外温度超过32℃，温度更低的地下水可以提供制冷所需的大部分冷量。

使用地温温差的技术有许多种，其中最简单的是开环系统（open-loop system），主要包括“打井—抽泵地下水—通过一台换热器循环水流实现加热或冷却—将水回流至地下”等环节。另一种闭环系统（closed-

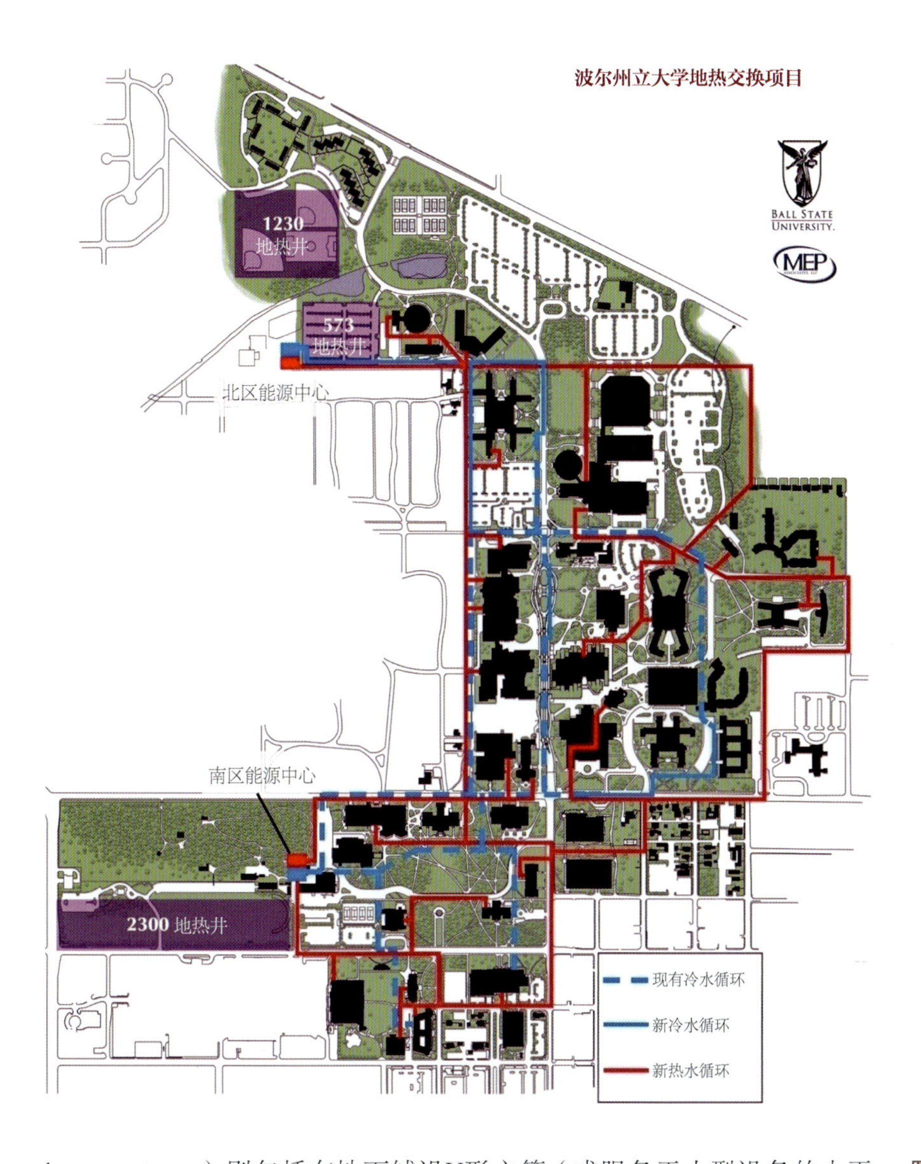

图11.4　美国印第安纳州曼西市（Muncie）的波尔州立大学（Ball State University）安装在停车场和运动场地下的地热井已成为供暖和制冷的主要来源（Ball State University）

loop systems）则包括在地下铺设U形立管（或服务于小型设备的水平管），并向管道中注入水、乙二醇或制冷剂，利用地下水使管道内的液体加热或冷却，进而通过一台热交换器把热量输送到楼宇的加热或冷却介质（通常是空气或水）。另一种方案是通过管道泵送空气，根据需要供热或制冷。

为了获得区域供暖系统所需的加热或冷却能力，闭环阵列可能包括成百上千条管路。据估计，为了提供36000BTU/h（3t）的供暖或制冷，一个普通的美国家庭需要140m长、直径25mm的管道（Lund 1990）。为了便于维护和转换，有必要将管道阵列进行集聚。许多大学院校现在也开始利用地热来满足部分供热和制冷需求。

地区供热和制冷系统还可以充分利用海洋、湖泊、池塘或人工水体

图11.5 印第安纳州曼西市的波尔州立大学将地热井安装在运动场地下（Ball State University）
图11.6 地热湖制冷系统，水体底部铺设了12t的盘管（© Mark Johnson/Wikimedia Commons）

与周围空气的温差来实现节约开支，例如，可以使用开环或闭环系统，使抽送出的水从交换器流过之后回流到源头，或者在水体底部铺设闭环阵列。但是必须注意不能改变原水体的生态系统，因为铺设阵列可能破坏水底的生态环境，例如，水温升高很可能给从浮游生物到候鸟的各种生物都带来很大影响。

多伦多拥有全世界最大的深湖制冷系统［deep lake water cooling（DLWC）system］，利用该系统从安大略湖83m深处抽送4℃的水，然后利用热交换器向多伦多市中心最大的商业综合体输送冷却水。这些水经过滤和处理之后还能成为城市的饮用水水源（www.enwave.com/district_cooling_system.html）。海水也可成为一种经济的制冷源。加拿大新斯科舍省的首府哈利法克斯市（Halifax）的海滨有一处面积达6.5万m^2的办公商业综合大楼，该市在博迪（Purdy）码头安装了深层海水冷却系统，抽泵7℃的海水来满足该综合大楼全年10.5个月的制冷需求。只在夏季用电高峰的几个月内需要增加辅助的电力制冷。

生物质

生物质是取代传统燃料用于地区供热和制冷的一种替代能源，特指近现代从植物或动物源获得的碳（及其他残留物）。石油、天然气和煤虽然也来自动植物，但需要历经数百万年才能形成。典型的生物质形式包括原木、林业副产品、专为能源应用而种植的能源作物、农业残留物、食品垃圾、消费垃圾（如纸张）和工业垃圾。这些材料可直接使用或粒化之后使用，通过燃烧（combustion）、热解（pyrolysis）或气化（gasification）转化为能量。生物质系统往往利用热电联产的形式，使用废弃物能源为家庭供暖和制冷。

在社区供热和制冷系统中使用生物质能源可明显减少人居场所的生态足迹。树木、植物和其他生物质材料通过吸收大气中的二氧化碳生长；当这些材料转化为能量时，部分二氧化碳被释放回空气中。最理想的情况是实现碳平衡，利用生物质的生长抵消向大气中释放的碳。这意味着应划拨或留出足够的土地来种植生物质材料，这样既满足当前能源需求，又可以吸收燃烧时排放到大气中的碳。生物质耕种所需的土地量取决于所种植的物质、生长气候、能源转换效率、供热和制冷需求量等一系列因素。表11.1显示了不同生物质燃料类型下土地生产能力的差异性。

需要多少土地面积才能提供人居点的能源需求？根据粗略且简化的估算，美国中纬度地区开发1hm^2土地用于建设25个住宅单元，每年需要18.5GJ的能源用于供暖。如果种植速生柳树用于生物质产热，则大约需要9.2hm^2的土地为该地区集中供热系统提供燃料。这还没有包括所有其他居住能耗，如空调、电灯、电器等，如果把这些居住能耗都算上，需要用于种植生物质的土地总量超过23hm^2。因此，我们可以这么认为，居住区的碳足迹（carbon footprint）约为自身占地面积的23倍。

为地区供热和制冷提供生物质能源不仅要向相关排放监管、农业和环境影响等主管机构申请许可，还要考虑其他一系列问题。例如，供热和制冷系统需要有长久而稳定的燃料供应，要么由运营商自持燃料，或通过签署长期合同获得稳定的燃料供应，且供应源最好位于供热和制冷设施周围30km以内。随着新技术的日新月异或既有技术的更新，还需要

表 11.1　生物燃料的潜在产量

生物质类型	净热值，MJ/kg	每公顷年产量，mts（烘干 mts）/hm^2/ 年	每年每公顷能源量，GJ/hm^2/ 年（MWh/hm^2/ 年）
木材（林业残留物、小圆木、薄料等）@30%MC	13	2.9（2）	37（10.3）
木材（短周期的矮柳木）@30% MC	13	12.9（9）	167（46）
芒草 @25%MC	13	17.3（13）	225（63）
麦秸 @20%MC	13.5	4.6（3.7）	47（13）
生物柴油（油菜籽或菜籽油制取）	37	1.1	41（11.3）
生物乙醇（甜菜制取）	27	4.4	119（33）
生物乙醇（小麦制取）	27	2.3	62（17）
沼气 @60%CH_4（牛场粪水制取）	30	0.88	26（7.3）
沼气 @60%CH_4（甜菜制取）	30	5.3	159（44）

注：数字都是近似值，受地理位置、耕作投入和耕作技术、收获和加工等因素影响。部分燃料可能每年都有收获，但有些燃料的收获周期较长，如短周期的矮柳木通常每 3 年收获 1 次。
资料来源：Biomass Energy Centre，UK，2011

图11.7 美国纽约州收割三年期的柳树林地用于生产生物能源（Tim Volk，SUNY-ESF）
图11.8 美国明尼苏达州圣保罗的地区能源公司使用生物质和太阳能集热器生产大部分能源（District Energy St. Paul）

有技术精湛的操作人员和定时备份系统以应对故障问题。作为碳减排目标的重要举措，英国现已安装了600多个生物燃料系统。目前，有许多系统在斯堪的纳维亚地区运行。奥地利格雷斯滕（Gresten）以生物质为燃料的热电厂采用当地企业废弃的木料，为拥有2000多户住宅和企业的社区集中供电、供暖。瑞典瓦克斯霍（Växjö）地区供热所用能源的三分之二来自工业过程产生的生物质木料和废木料，全部由本地生产。

美国圣保罗地区能源公司（www.districtenergy.com）是一个热电联产地区能源系统公司，由美国能源部、明尼苏达州和市中心商业社区以公私合作的形式于1983年成立。该系统的热、冷水管网为185栋楼宇和300栋独户住宅供暖，并为95栋楼宇制冷。最初该热电厂使用煤作为燃料，2003年起改为使用以地区废物流为原料的木材作为燃料，从而使其对煤炭的依赖度减少了70%，颗粒物排放量减少了50%，并显著减少了温室气体排放量。而且，该系统的效率是圣保罗市中心以往所用蒸汽供暖系统的两倍。

废水热回收

排污系统也蕴藏着大量能量，这些能量来自污水携带的废物温度。当洗衣机、洗碗机或淋浴器排出的水进入排水管时，附加其上的还有加热这些水所需的能量。排污管道连接热交换器可以对这些能量进行回收，并用于楼宇供暖。位于温哥华的东南福斯克里克社区能源公司（Southeast False Creek Neighborhood Energy Utility）是北美第一家实施这种做法的公司，在该地区，利用废水供暖占该地区热能需求总量的70%（Sauder School of Business 2011）。

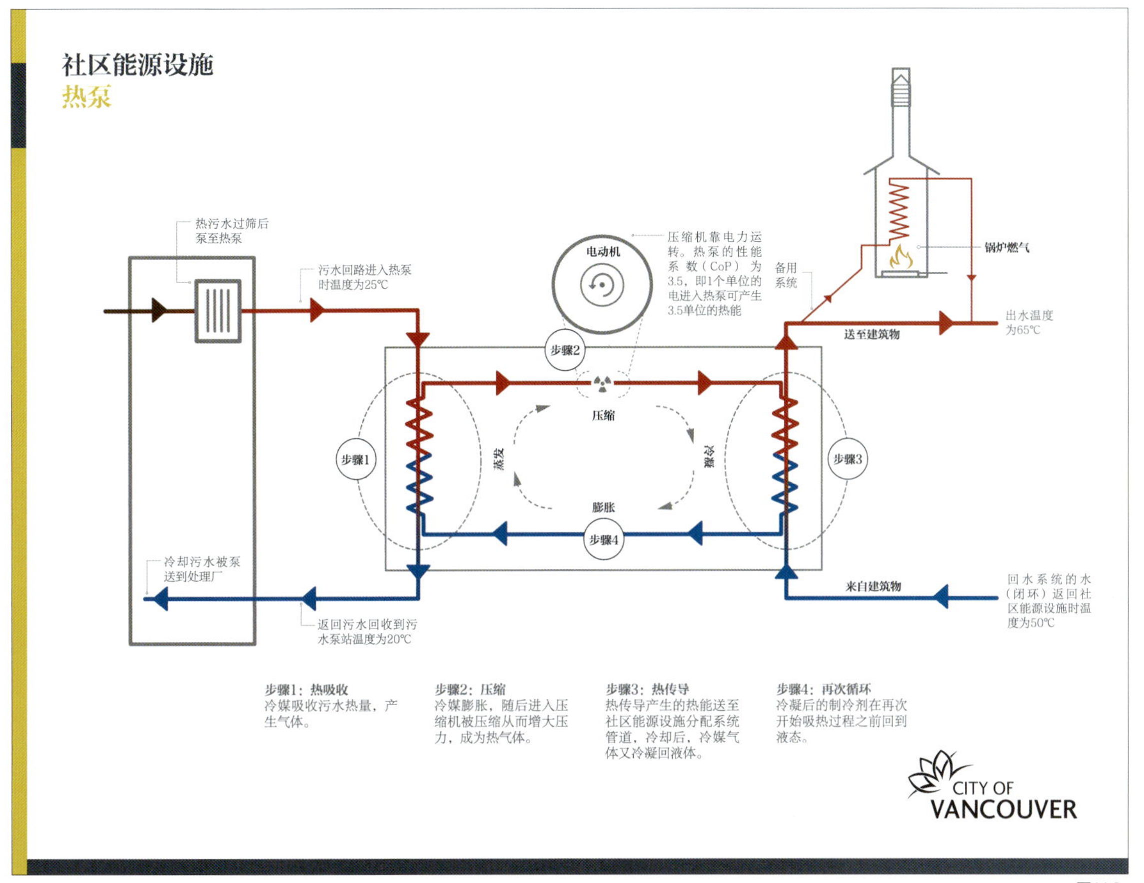

图11.9

图11.10

图11.9　温哥华东南福斯克里克社区能源设施的污水热交换示意（City of Vancouver）
图11.10　温哥华东南福斯克里克社区能源设施外观

在福斯克里克废水供暖厂，循环冷却水通过流经污水管的热交换器时被加热，而不会与污水混合。然后通过泵压，在地区内每栋楼宇中的集中热交换器里循环。该系统通常能够满足地区的大部分供暖需求，当需求处于高峰期时，可辅以天然气供暖（Roger Bayley，Inc. 2010）。挪威奥斯陆和日本东京也使用了类似的系统。

垃圾填埋场废气

垃圾填埋场产生的甲烷等气体通常排放到大气中，不仅浪费了宝贵的能源，还在很大程度上增加了温室气体排放，按质量计算，甲烷在大气中的危害性是二氧化碳的10倍。现在许多项目和城市都发现了这种资源，并将其纳入其区域能源系统。加利福尼亚州大学洛杉矶分校的能源系统用的燃料有35%是甲烷气体，这些甲烷气体是从4.5mi（7.2km）以外的一个垃圾填埋场收集而得，仅这一项举措就减少了该校园36%的温室气体排放量。

工业制造过程

有些社区可以利用当地工业生产的余热为地区集中供热和制冷提供燃料。炼油厂产生的余热是非常好的资源，这种资源与燃气发动机排出的废气一样，总是直接排放到大气中，未获有效利用。但工业余热的温度可能不符合循环热水或蒸汽的最佳温度要求，因此需要安装一台过程热回收交换器。

固体废物焚烧产生的余热也可以回收作为区域供暖和制冷的重要能源。丹麦的地区供暖所用能源的20%以上来自城市焚烧炉。英国谢菲尔德循环利用两座焚烧炉产生的余热向市中心的绝大部分楼宇供暖。由于供暖需求量波动幅度较大，还可增加传统锅炉作为辅助手段，仅在需求高峰时期使用。但出于排放控制的考虑，需要采用先进的烟气净化技术。

核电

核电站产生了巨大热量，但这些热量一般都未被加以利用，而是变成了蒸汽冷凝水。通常这些热量被排放在冷却塔中，或者通过附近水体的闭环系统冷却。出于安全考虑，核电设施通常远离城市地区；再加上公众对辐射问题的担心，导致通过核电站交换器的出水往往无法实现循环利用，但是在某些情况下，核电产生的余热也是可以合理利用的。在赫尔辛基，一项从洛维萨核电站铺设77km的高温蒸汽管道的提议指出，这种做法可以使芬兰的温室气体排放量减少6%（High Tech Finland 2010）。

太阳能

无论在何处，太阳都是最充裕的能源。几乎所有屋顶都可以利用太阳能储存热水，工业和商业建筑也有大面积的屋顶。但单凭太阳能的蓄集能力通常无法满足建筑物的供热和制冷需求，因而需要把太阳能整合入更大区域的集中供热系统以更好地发挥其优势。丹麦马斯塔尔（Marstal）太阳能区域能源系统满足该市32%的供暖需求，可服务1500名用户，使用七种类型的太阳能收集器，总面积达18365m^2，并需搭配1.4万m^{3}的储能空间（Solarge，未注明日期）。最近，圣保罗地区能源公司（District Energy St. Paul）在该市的会议中心（St. Paul　RiverCentre）的屋顶上建造了一块2.1万ft^2（1950m^2）的光伏阵列，并集成到该市的地区供热系统中。除此之外，太阳能电池板还可以满足会议中心自身的热水需求。

由于收集太阳能的高峰期发生在白天，而最大供暖需求量通常出现在夜间，因而要利用太阳能作为地区供暖的资源，就需要建造储能系统。

蓄热

地区供热和制冷系统的重要功能是：①以热能的形式保存能量，或者②减少或抵消冷却水所需的能量。最常见的蓄热系统（thermal storage systems）可利用白天和夜间的温差获取经济收益，即可以在一段周期内使用廉价能源进行储能，用以满足另一时间段的能源需求。例如，在夜间水电费率低的地区或者采用分时电价［time of use（TOU）tariffs］计算电费的地区，可以利用制冰技术生产制冷介质，以供白天时段的空调使用。反过来，如果白天太阳能充足而夜间需要供暖，则可以将热量储存到保温水箱中，进而向该地区供暖。还有更加创新的技术设计可以储存冷、热温度介质长达若干个月。例如，在有些地区，太阳能或其他能源的夜间可用性在一年中的变化较大，因此适合使用这类分期产热和储热系统。

储热的介质有许多种选择，到目前为止最常见的介质是水。储热系统最简单的形式是建造地下储热箱，用于储存热水或冷水供需要时使用。由于该系统适合建在运动场、停车场或其他大型开放场地的下面，因而大学校园是最适合的地方。美国乔治城大学（Georgetown University）在一个车库下面建造了一个100万gal（3800m^3）的水箱；新墨西哥州立大学在停车场下面建造了一个300万gal（11300m^3）的水箱；耶鲁大学在一处停车场、网球场和绿地下面埋设了一个300万gal（11300m^3）的冷水储箱；亚利桑那大学在地面上安装了205个储冰箱，每个储冰箱可以储水1600gal（6057L），这些水在夜间结冰，白天融化并制冷。在上述所有案例中，非高峰时储存的能量可以用于冷却水供制冷高峰时间使用，从而极大地节约了制冷成本。

从理论上来说，液态的水或固态冰可以用于日常能量循环，也可以用于季节性储能。德国慕尼黑开发了一个太阳能辅助地区供热系统，配备了一台5700m^{3}的水热能储罐，把夏季储存的能量一直保存到冬季。在夏季，太阳能收集器将热量收集到储热器中，到了冬季，这些储存的热量给11栋建筑中的300个公寓供暖（Schmidt，Mangold & Müller-Steinhagen 2004）。

由于冰的融化热很大（即融化成同温度的液体时所吸收的热量），所以是一种有效的储能方式。1mts的水仅占1m^3，就可以储存334MJ（93kWh）的能量——这也正是1“吨”冷却量的初始来源。在波士顿，对于一座280m^{2}的典型住宅来说，这是夏季制冷所需的日均能量。为了实现具有成本效益型的制冷，一种方法是使冷水机组24h均速运行；在夜间制冰储能，白天通过冷却水调节空气，利用融化的冰水补充冷气。一般情况下，这种系统每天以制冰模式运行16～18h，其余时间为融冰模式。此方案能够减少50%～60%的资金成本，也大大降低了运营成本，具体降幅程度则取决于气候条件。

岩石也是一种有效的储热介质。这类介质廉价易得，在低风速下具有良好的传热特性。但与水相比，其主要缺点是每储存1BTU（英国热量单位）的体积比较大，这意味着岩石需要占用更大的空间（Ataer 2006）。许多楼宇已经采用岩石储热技术，如西班牙马德里的EcoBox总部（Fondación Metrópoli 2008）。砾石也可以用于储热，其中比较典型的就是砾石—水储热系统。德国的施泰因富特-伯格（Steinfurt-Borghorst）的一个太阳能辅助地区供热系统安装了一座1500m^{3}的砾石—水蓄热库用于季节性储热，其供暖范围覆盖47座公寓（Bauer，Heidemann & Müller-Steinhagen 2007）。

最后，还可以利用地热储能，该技术对于季节性储热来说尤为有效。德国的某些实验性项目，以克莱斯海姆（Crailsheim-Hirtenwiesen）的一个住宅开发项目为例，就是利用钻孔循环加热地下水并储存能量，以供其他季节使用（Schmidt，Mangold & Müller-Steinhagen 2004）。

分配系统

地区供热和制冷系统的第三个组成部分是热水或冷水（也可两者兼有）分配系统。该系统通常利用保温的地下管道向每栋楼宇内的交换装置输送蒸汽或水。老旧系统一般采用单管系统，这样蒸汽或水在输送到目的地之后就会浪费掉。采用单管输热和输冷，一次只能发挥一种功能，通常每年切换两次。而现实中总会不可避免地遇到以下情况，即在需要制冷的季节，刚转换为冷水之后就遭遇一段时间的寒冷天气；或在需要供暖的季节，可能刚开始供暖就会出现几天高温天气，导致急需制冷。这些情况一旦发生，总是令人措手不及。

新的分配技术需要至少两根管道储水，并且更高端的新型预制绝缘管道束可以将五根管道装在一个隔热管套中。这种技术进步允许同时输送热水和冷水，使冷凝水或用过的水回流，以及增加高峰时期的供应量。高压或高温管道一般采用钢管，而低温水管可以采用PVC管或其他合成材料管道。当需要改变路线时，管道能够弯曲，从而节省了管件安装成本。

低密度地区的大多数管网都采用分支结构的布局。在高密度地区采用回路循环结构，这样如果一个链路发生紧急中断的情况，运行系统仍有其他链路供选择。在医疗中心、城市大学校园或中心市区等更高密度的地区，高压蒸汽管线可以随建筑物铺设于公用设施管沟（utility tunnel）中，从而方便执行检修或更换（见第1章）。利用公用设施管沟可以避免直接接触地面，从而最大限度地降低管线损失风险。

图11.11　亚利桑那大学的储冰罐（University of Arizona Facilities Management Utilities System提供）
图11.12　集中供热预制保温软管示例（Thermaflex International提供）
图11.13　比利时佛兰德斯（Flanders）在安装集中供热预制保温软管（Klaas de Jong/Energieprojecten提供）

第12章

通信系统

自电报发明的一个半世纪以来，通信基础设施一直采用的是在道路两旁的电线杆上架铜线电缆进行连接，或者在城市人口密集地区穿管线排列，抑或从水下铺设。在缓慢的技术变革过程中，电话线逐渐取代了电报用的电线，进而又采用了更精密的电缆。随着新技术的发明，不仅提高了容量，也提高了传输交换速度。20世纪80年代又增添了同轴电缆，使传输电视信号变成可能。在过去的25年里，随着光纤和无线网络的发展以及软硬件集成系统日益成熟，通信技术的潜力也大大增加，但新系统往往架设在旧设施上，既不合适又不好用。如今，通信基础设施与给水、排污管网以及交通枢纽一样，都是现代化居住区良好运行必不可少的重要部分。

图12.1 日本东京的架空通信和电力基础设施

关于有线通信和无线通信的争议至今不绝于耳，但其实二者对未来智能城市都至关重要。在迅猛发展的技术发展背景下，人们很难确切预测10年或20年后需要什么样的基础设施。最初，广播作为一种无线媒体，有固定的播送点，之后以有线电视为主。时至今日，借助卫星、笔记本电脑和手机设备的发展，又出现了重新回到无线服务的迹象。这种快速演变有可能呈加速发展，而且短时间内不会出现稳定的状态，对此，场地规划又应该如何考虑通信基础设施呢？

在可预见的未来，通信基础设施可能会在以下三个方面进行选择和投资：第一，继续通过布线系统（cabling system）给宽带通信（broadband communication）提供支持；第二，本地和卫星发射的无线系统将进一步激增；第三，随着城市和服务运营商将智能技术嵌入其他基础设施系统和环境中，城区范围内的系统将更大限度地实现集成化。无论哪种情况都对场地规划提出了相关要求（Agrawal 2002）。

场地布线

由于光缆（fiber-optic cables）的带宽（bandwidth）高（100Gbit/s）、承载能力强（100万条或者更多的电话线）、远程传输能力强（可覆盖100km）、传输速度快（光速）、低线损以及良好的抗电磁干扰性（光缆不带电），因此逐渐取代了曾经广泛覆盖城市地区的长途电话线（trunk lines）。长途电话线虽然不存在统一的安装方式，但是一条覆盖1000户左右居住区的长途电话线通常会由一股或多股纤维组成，使用聚合物覆盖层和钢框架提供保护，并

图12.2

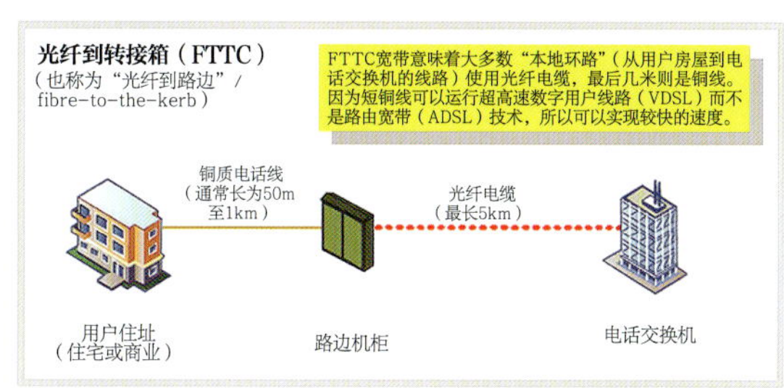

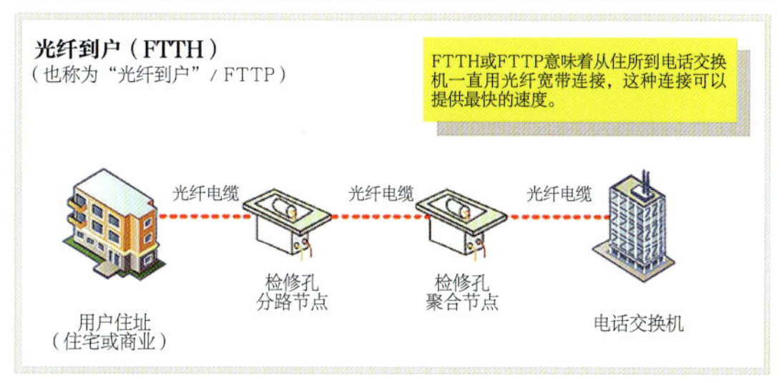

图12.3

图12.4

图12.2　安装地下通信基础设施（Long Wavelength Array/ University of New Mexico提供）
图12.3　光缆连接方案（thinkbroadband. com提供）
图12.4　爱达荷州洛克兰安装直埋电缆（Direct Communications, Inc. 提供）

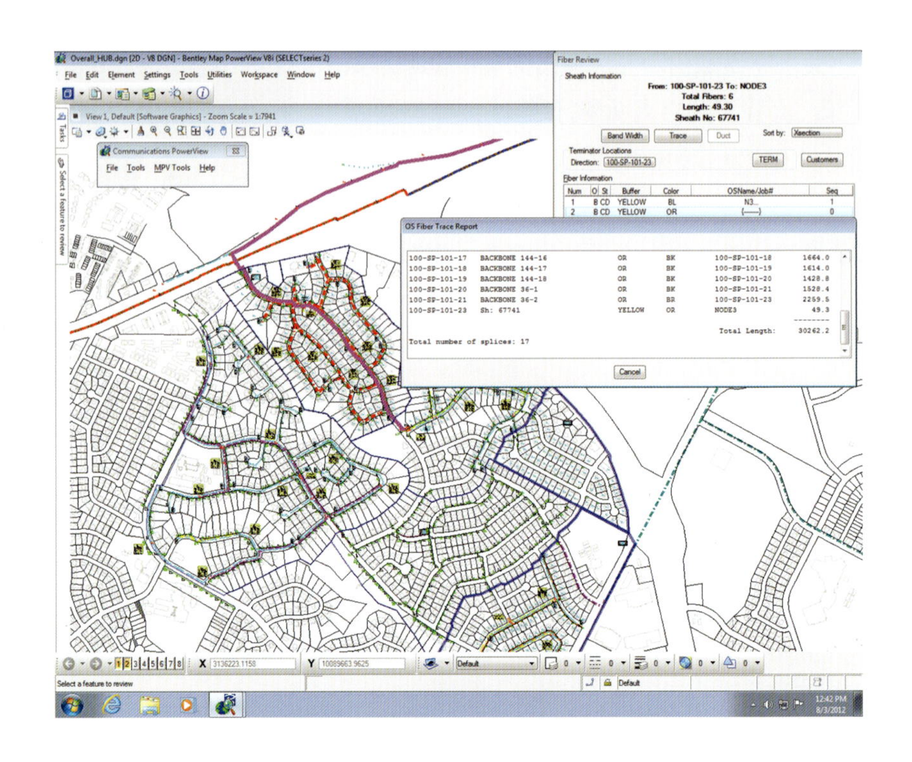

图12.5 用于绘制布线网络的软件工具（Bentley Systems提供）

且配套安装各种传输、转换和接收设备。

选择光纤的关键问题在于当地电信服务提供商如何解决“最后一公里”问题。理想方案是光纤到户或光纤到网络节点（FTTH或FTTN）。在韩国、新加坡、澳大利亚大部分地区与美国部分地区以及诸多欧洲国家，光纤到户预计将有新的进展。另一种方案是把光纤接到路边或者到建筑物外面的转接箱（FTTC结构），再使用电话线来连接剩下的距离，这种方案明显有些差强人意，但对于超高速数字用户线路（very-high-bit-rate digital subscriber line，VDSL）的家庭或企业来说却是可以接受的。

尽管长途电话线采用光纤技术具有优势，但是，有些地区不具备必要的基础设施，还有些地区仍然在使用铜线和数字用户线路（DSL）服务，因为它们更容易采用架空线路布线。但由于架空线路布线的信号衰减速度更快，需要安装中继器和放大器维持通信，导致需要在电线杆上或者在地面机柜中加装设备。

许多计算机工具可以自动计算线路长度等各项指标要素，以协助场地规划师设计场地的通信电缆铺设方案。通常的铺设做法是利用专业挖掘机挖掘狭长管沟，在地下直接铺设电缆。地方政府通常会出台规范标准，明确规定电缆在路权范围内的铺设位置以及铺设深度，以便与其他基础设施相协调。近年来，由于科技突飞猛进，线缆铺设在路面下方就会导致经常需要反复开挖道路调整线路，还可能造成不良后果。而除了开挖路面外，还有一种方案是开挖管沟。此外，为了从其他基础设施、铁轨或其他障碍物下方交叉穿行，还可能需要水平钻孔。在建筑密度大的市区，铺设的管道容量必须足以容纳多条线缆，同时还应具有足够的灵活性以适应未来的新技术。由于光纤技术不受电磁荷影响，因此可以与电气管组合铺设。

图12.6 伊利诺伊州帕拉廷市（Palatine）的手机信号塔（Joe Ravi/Wikimedia Commons）

无线通信

通信技术的长足发展在很大程度上归功于无所不在的无线服务。手机服务不仅覆盖了美国和欧洲的大部分居民区，现在也已覆盖到亚洲的大部分地区。许多发展中国家原来只有很少的固定电话线路，一跃之间，移动电话服务系统已经覆盖全国，而且智能手机的拥有量也成倍增长。手机信号站点可位于无线电发射塔、山顶或专门建造的发射塔或高楼上。大多数手机服务需要视距传播信号，地形和建筑物密集度会干扰信号传输，高密度的景观植被也会影响信号传输，影响或干扰的程度取决于信号强度。手机信号发射塔（cell tower）通常会安装天线、发射器/接收器、数字信号处理器、GPS接收器，以及预防电网断电的备用电源等，还可连接远程通信及配套安装微波天线、下行和上行链路发射器和接收器。由于当地居民反对在本地设置此类设施，所以，大部分地方政府都设法要求当地供应商提供的设备在综合基站收发台（base transceiver stations，BTS）或站点上协调工作，基站和站点建设可成为所在地权所有者的重要收入来源，甚至屋顶天线类的设施也由于其收入潜力而受到业主追捧。

关于发射塔的间距，目前尚无相关规定。

其间距大小一般取决于信号功率强弱、塔高、地形、干扰源和信号使用情况等要素。在低人口密度地区，发射塔间距可以达到30～40km，但在城市地区，间距可能缩短至1km。除了庞大的固定手机信号发射站之外，一种更低调的解决方案是建立一个分布式天线系统（distributed antenna system），该系统由一系列室内或室外天线节点组成，且节点之间的干扰程度满足要求，地铁站点区域通常很难收到地面发射塔发射的信号，因此适合采用这一方式。这一方式也常见于大学、研究园区等可以安装覆盖整个园区系统的场所。伦敦新建的碎片大厦（Shard）办公楼就拥有一套分布式天线系统，自上至下覆盖整栋楼宇。

关于就近建造发射塔的提议总是会激起反对和抗议，关于就近建造发射塔对健康的影响也总是充满争议，然而大量的研究成果已经阐述了这个问题。射频辐射（radio frequency radiation，RFR）是电磁场（EMF）能量的一种表现形式，人们担心该辐射可能致癌，但世界卫生组织的电磁场项目、国际癌症研究机构、美国癌症协会以及该课题的绝大多数研究者一致认为，手机信号塔不会增加患癌风险（American Cancer Society，未注明日期）。当然，目前的科学研究结论不排除未来获得新发现的可能性。与之类似的是第10章中简要介绍的对风力发电机的争议，相关研究结论也与电磁辐射的结论相吻合。

对于建造发射塔的提议，通常还会听到另外两种反对声音。有的周边业主认为发射塔将使他们的财产贬值，但只有少数研究涉及这个问题。在新西兰克赖斯特彻奇市（Christchurch）进行了一项民意调查，询问手机发射塔周边30m以内的房产价值是否低于1km以外的房产价值，结果众说纷纭，各执一词，有的说没有任何影响，有的说价值减少20%左右。但在同一城市中的交易研究表明，如果附近有手机信号塔，房地产将贬值12%～20%。2004年，在佛罗里达州奥兰治县（Orange County）进行的一项实证研究发现，建造发射塔对房产价值的影响具有统计学意义，但影响程度仅不到2%，而且距离越远影响越小（Bond 2007）。因此，反对者说的没错，财产价值将会受到影响，但具体影响程度则根据文化价值不同而各异。

值得注意的是，许多反对者认为手机信号塔破坏了美学景观。他们认为把发射塔建在山顶会破坏自然景观，另一些人则反对改变天际线或者反对碍眼的机械装置破坏有序的自然环境。把发射设备伪装成自然物体或许可以平息这些反对意见，但鲜见成功的案例。把发射设备安装在教堂尖塔、穹顶、钟楼等封闭的空间里，或安装在建筑物夹层或阁楼里，可能是

较令人满意的解决办法。而对于摩天大楼上的发射塔来说，倒不多见相关的美学反对意见，因为在摩天楼设计中已经将天线考虑在内，如帝国大厦、东京塔、多伦多的CN塔，以及其他城市的地标性建筑物等。或许最具创意的解决方案就是将发射塔设计成艺术品，使之成为可供人们欣赏的景观之一。

随着卫星电视服务用户成倍增长，加之许多企业安装卫星直连线路，卫星电视接收器已无处不在，并成为另一类美学问题。卫星电视接收器的安装位置很有限，只能是那些在清晰视线范围内出现多个卫星的场所，凡是存在阻挡信号的大树或建筑物的地方，便不能作为安装地点。因此，它们总是非常显眼，不易被忽视。一种解决方法就是使它们成为建筑物表面的一个创意作品或者成为景观的一部分。不过，还有一个更好的解决方案，即在屋顶或墙壁后面组建公共接收点，并与某个区域或大楼的所有用户联网，并在卫星天线周围安装织物覆盖物，既可以防尘、防风雨，又可以改善设备外观。

图12.7 弗吉尼亚州安南达尔市（Annandale）伪装成树木的手机信号塔（Ellie Ashford/Annandale blog提供）
图12.8 新泽西州海洋城隐藏在屋顶的手机信号塔（Stealth ® Concealment Solutions，Inc. 提供）
图12.9 意大利特雷维索市马泰奥蒂广场（Piazza Matteotti）上伪装成公共雕塑的手机信号塔（Roberto Pamio + Partners）

图12.10 阿姆斯特丹的卫星接收器荟萃（艺术家Peter Doeswijk）
图12.11 得克萨斯大学奥斯汀分校的碟形卫星天线罩（University of Texas, Austin提供）
图12.12 纽约利用人行道热点提供免费WiFi（LinkNYC提供）
图12.13 地下无线热点（Oldcastle Precast）

世界各地的城市都在使用热点覆盖公共领域，让居民和游客可以随时随地连接互联网。有些地方正在把废弃的公用电话亭改造成互联网站点，还有些地方设计了新型街景，使无线发射机成为街景的一部分。在开敞空间，还可以采用埋入地下等新的方案，并安装相关检修口便于后期维护。

智慧城市基础设施

城市地区的每家每户以及每条街道都连接高速光纤并接入卫星信号、有完全一体化的公共系统、可实时适应人类需求——这曾经只是一种展望，但现在好像只需要轻轻一跃即可实现。这种构想在拥有自动交通控制系统（ATC）的城市已成为现实，但全球一批新建城市的技术远远不止于此。这些新建城市包括韩国的新松岛新城（New Songdo）、卡塔尔的卢塞尔（Lusail）、阿布扎比的马斯达新城、沙特阿拉伯的阿卜杜拉国王经济城（King Abdullah Economic City）、印度的古吉拉特邦国际金融

图12.14　使用传感器的智慧城市构想（Libelium提供）

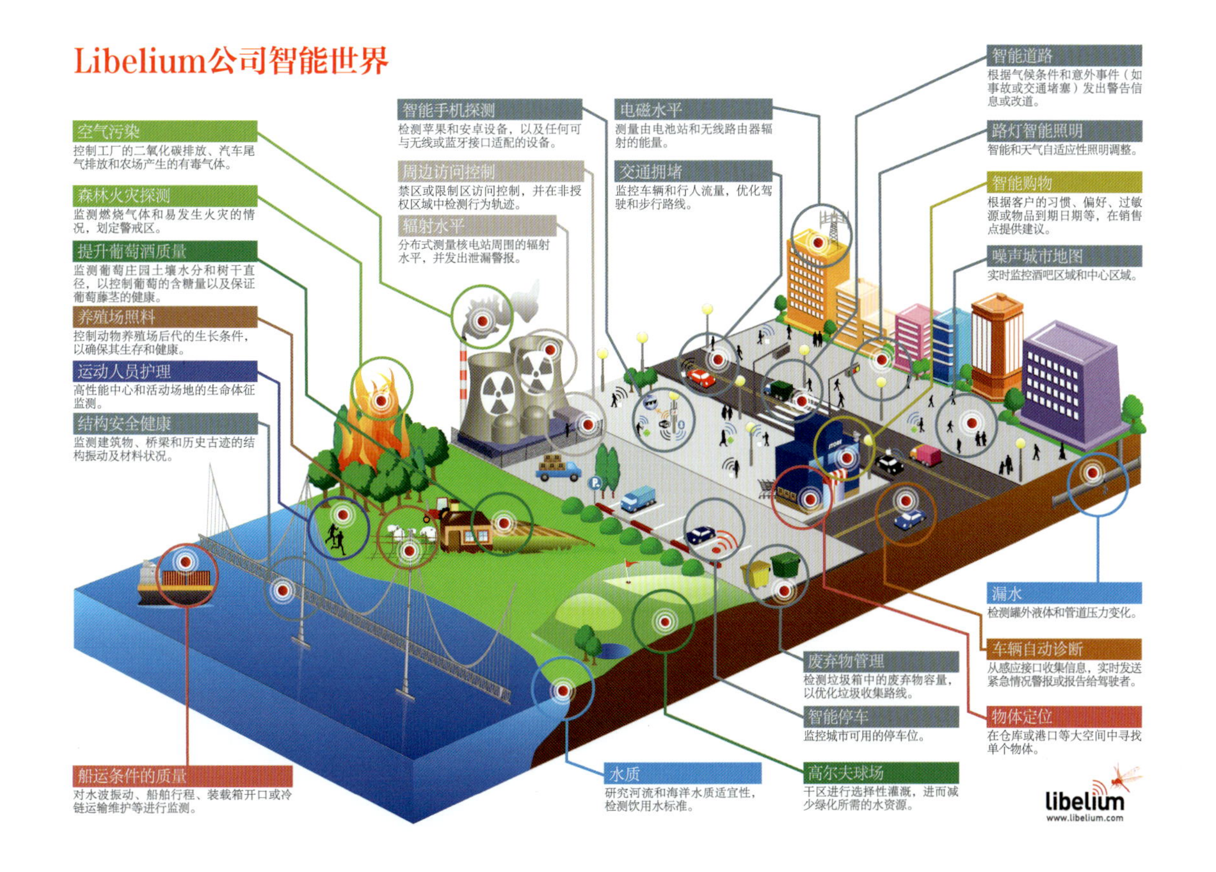

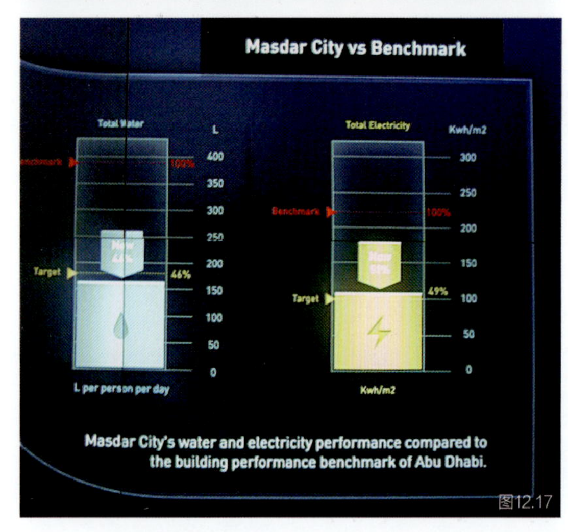

图12.15 里约热内卢向所有城市部门提供服务的运营中心
图12.16 LED交通信号菜单允许自定义交通管制（来源不明）
图12.17 阿布扎比马斯达城能源和水消耗情况实时报告

科技城（Gujarat International Finance Tec-City）等，此外还有自我宣称为“智能城市”“智慧城市”或“智能互联城市”的数十个新开发城市。与此同时，传统的城市正在竞相追赶，包括哥本哈根、桑坦德、巴塞罗那和其他欧洲城市。大型软件和集成系统公司以及设备制造商正在推动智慧城市的发展，其中包括IBM、西门子、思科、Libelium等，许多公司都是这些知名试点项目的幕后推手。当然，由于技术合作伙伴拥有的相关专业知识不同，每座城市的前景构想也都各有千秋。

智慧城市有五个基本组成部分。第一个是传感器（sensors），无论电子还是视频传感器都是实时收集和提供地面情况的关键部分。信息收集形式包括视频（收集交通流量或地方监测信息）、数字数据（温度、穿过十字路口的人数、垃圾箱内的垃圾量、水压）、二进制数据（停车位是否已经占用）或者复杂仪表的读值（水质、空气质量）等。传感器可以安装在立杆上或固定到建筑物上，也可嵌入建筑物或道路中。传感器所收集的数据可通过有线或无线网络传输。部分城市正在开发一系列的无线节点，这些节点能够把各种传感器收集的数据集中起来，然后发送到最终目的地。

第二个组成部分是显示屏幕（displays）——如果没有操作接口，数据就会毫无用处。包括纽约和里约热内卢在内的许多城市都建立了高端的运营中心，由城市各部门和机构派出代表现场办公。一旦显示屏幕上出现事件或即将出现灾难事故，就可以立即展开讨论，使各部门和机构能够迅速做出反应并改变服务模式。大学校园以及集成开发项目等大型企事业场所都有类似的操作中心，用于监视安全性、能耗和各种其他性能指标。显示屏幕还可以面向环境使用者，如道路和

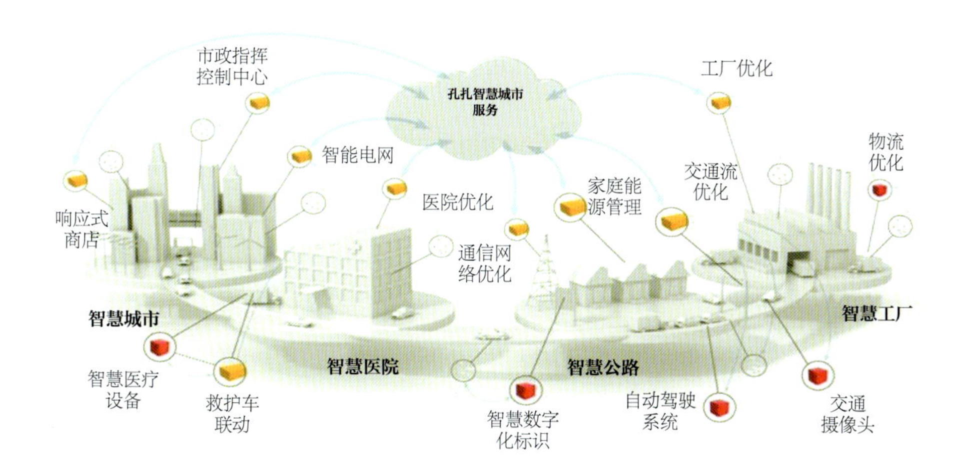

图12.18　数据中心成为智慧城市的枢纽（Konza Techno City提供）

新闻板上的方向标志或警告标志，或者为了鼓励节约能源而显示的能源使用信息。此外，利用LED交通信号可以更细化地管理疏导交通，显示屏幕系统采用信号计时，并且可以显示每个车道的通行条件。在马斯达新城，室内和室外的公共信息亭都在显著位置显示温度、能源消耗量和用水量等数据，并与其他发达地区的预测水平和标准进行比较。人们的手持设备上也可以显示数据，并可利用智能手机上的应用程序检索信息。

并非所有的数据操作都需要人工干预。例如，模型可根据现场感知的交通量来调整交通信号计时，还可以自动切换能源，实现成本和能源负荷最优化。因此，智慧城市的第三个组成部分就是数据中心（data center），数据中心的程序不仅显示信息（地理信息、标准比较信息，或按时间顺序显示的信息），而且可利用人工智能来调整各操作项。数据中心汇集了多种来源的海量数据，利用这些数据可以进行各种形态模式的分析，这是仅通过观察单一数据源不易发现的。例如，通过比较学校出勤率、购物率和交通载客量的数据，可发现影响交通和道路管理方式的社区形态模式。在更宏伟的构想下，数据中心将成为公共和私人智能中心，成为供整个社区使用的一种新型公共设施。

智慧城市的第四个组成部分是移动信息设备（mobile information devices），它们既是数据的发起者，又是数据的使用者。最常见的是智能手机，它已经成为大多数城市应急响应系统的一个重要环节，如可以报告事故或事件、发送洪水或其他自然灾害的图像。正如我们所注意到的，这些设备也是运营机构获取信息的平台，这个平台可以执行成百上千个任务，比如，居民借助这个平台可以查看下一辆公交车的到站时间、预约出租车、查找服务机构或餐厅位置，以及绘制抵达目的地的最短路线，这些

图12.19 人行道上的二维码，扫描后显示的是荷兰阿尔米尔（Almere）的历史
图12.20 法国第戎（Dijon）电信客服中心（Teletech Campus）办公楼外立面上的二维码（MVRDV/Philippe Rualt提供）
图12.21 智能感应地面和智能车辆可以使行人、骑行者与汽车共享街道和广场（© BIG—Bjarke Ingels Group提供）

都依赖于集中整合的数据。未来，自动驾驶汽车还将具备内置智能功能，使汽车能够读取十字路口的信号指示，避免与行人和其他车辆发生碰撞，并且能够在无人乘坐的情况下返回停车场。此外，其他形式的智能移动设备也将不断发展。

最后一个重要的组成部分将是智能技术在环境中的嵌入（embedded），这样利用移动设备可以直接感知或者获取相关信息。例如，使用二维码（QR code）可以迅速获取可见环境的相关信息。二维码可以使人们了解某个地方的历史，可以向楼里的所有住户介绍某个地方，而不需要张贴各种抢眼的宣传牌，还可以为打造无人接待博物馆或购物场所提供基础。在城市的人行道中也可嵌入设备，用于感知人或物体的存在，以及传输有意义的数据。此外，还有另一种推测的应用场景，即在一座城市中，如果将传感器/发射器与智能车辆相组合，可以使行人与汽车共享同一个空间。正如第1章所讨论的，消除道路上车辆与行人严格隔离的交通管制的同时还能保障安全，这才是真正具有革命性的突破。

第13章

场地景观

人们在对场所的日常访问中最终体验到的，通常是场所的形式和景观特征。建筑物之间的空间与建筑物本身共同创造了一种场所感。把景观作为场地的基础设施元素之一进行考量初看起来似乎有些不合常理，但实际上，景观既不能在工程结束之后才考虑，也不是为了美化场地上的剩余空间而增添的装饰物，更不是仅仅为了显示建筑物最美一面的锦上添花。景观形式需要从场地布局之初就开始考虑，直到最终完成场地景观平面图设计。而事实上，由于景观是一种不断变化而需要持续关注的生活现象，因此永远不会真正结束。

正如我们在上卷第2章中所指出的，场地规划的出发点应是场地形式以及场地上的景观生态。场地范围内的新建道路、建筑物和公共空间的布局设计应充分利用场地的天然特性、自然风光、排水模式、优良植物种植区域以及长期人工景观。为了使道路、人行道和建筑物获得有效坡度，我们不可避免地需要改变地形；随着场地的硬质铺面越来越多，径流量也将随之增加。反过来，当发生这些变化时，为了护坡、固坡、限定公共

图13.1 纽约世贸中心的纪念广场，既有纪念意义，又是休闲的好去处，给游客留下深刻印象

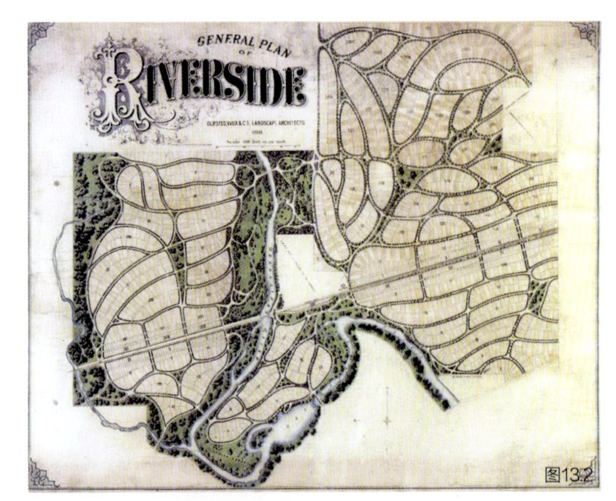

图13.2 伊利诺伊州的滨河社区是一个以自然为中心的规划案例（Olmsted，Vaux & Co.）
图13.3 贵州省六盘水市的明湖湿地公园（土人设计提供）
图13.4 纽约中央公园的人工景观
图13.5 西雅图奥林匹克雕塑公园的人造山坡（WEISS/MANFREDI/Ben Benschneider提供）

空间范围，以及为了在整个场地上树立标识导向，将产生新的景观需求。因此，景观初步规划设计是非常必要的，紧随其后的是制订场地平整方案，并在方案中明确说明新设计的场地地形。虽然这个过程是基于现有景观生态的考量，但是场地的新生态设计同样还是场地规划中最可发挥创意的机会之一。

有时，最难忘的场所往往是那些与环境融为一体，仿佛长久以来就一直在那里的新建项目，如美国加利福尼亚州北部旧金山太平洋海岸的海滨农庄（上卷第1章）或查尔斯河上的纽布里奇社区（上卷第2章）。场所同样也是人工营造的场地，包容着在场地上发生的各项活动，并被其影响着形态，留下标识和印记。规划师需要认真考量室外空间各种元素的几何形状、材料以及用法。营造花园和户外空间的传统由来已久，而主流景观随岁月流转已彻底转变了原来的理念，而是代表了自然演变与人类活动的结果。可以说，场所记忆与人性是打造景观形态必不可少的因素。

景观概念

“景观”（landscape）一词源于荷兰语的landschap（古英语写作landsceap和landscipe，德语写作landschaft）。该词语把土地或土壤（land）与形状（scape）这两个概念结合起来，字面意思是地面形状及其形成过程。景观一词的含义也随着时间改变，逐渐纳入了包括地面上的植物、植被、墙体和人工建筑等要素。画家使用这个词语的范围更广，用以涵盖能够观察发现的全部事物，包括“在那里”存在的一切，从冰雪覆盖的山顶，到地上的构筑物，再到树木和植物，无所不包。许多城市中，景观包含的自然元素极少，但街道和建筑物也可被称为城市景观。

在设计场地的景观时，最好的方法是从该地区的历史遗迹中寻找线索。奥姆斯特德（Frederick Law Olmsted）倡导景观的完整性原则（completeness），即景观应融入其所在的更大范围的区域景观之中。在他负责设计的伊利诺伊滨河社区（Riverside）中，用曲线街道模拟该地区平缓的山坡形态。北京土人城市规划设计公司在六盘水明湖湿地公园中采用了"辫状河"的几何形态。上述两种形式的设计都可以有效避免出现急转弯：滨河社区的街道能保障马车（现在是汽车）通行顺畅，六盘水的水流则净化了之前棕地的工业废料。创造一处与周边生态环境和谐共处的景观看似会限制场地的改造，但别忘了奥姆斯特德最著名的景观作品——纽约中央公园（与Calvert Vaux共同设计），在这个项目中，为了填平沼泽、建造平整的运动场以及岩壁，该工程搬运了上百万立方米的土壤和岩石，更不用说还搬迁了当地1300余户居民。又如西雅图的奥林匹克雕塑公园，场地和建筑物模拟了坡地地形，形成了一种景观连续性，而这个坡地地形可能存在过，也可能并不存在。

场地景观与更广阔的环境景观的结合既可以直接相连，也可以用象征主义的手法。本地植物树种可以帮助人们立即识别出地方的生态学特征，并形成新种植的景观植被与原始未开发地区的有效交织。当场地毗邻森林或湿地时，在交接的边缘地带可以种植本地树种，形成一条稳定的无缝过渡带。这类措施常用于修复人类曾经的改造活动场地，因为人类的改造活动可能形成过于陡峭的斜坡，或者使用混凝土硬化地面，进而破坏原有的生态功能，或者使本已成熟的景观区域面临侵蚀的威胁。

图13.6 上海后滩公园修复的湿地（土人设计提供）

图13.7 英国威尔特郡（Wiltshire）斯托海德花园（Stourhead Garden）的浪漫景致（Lechona/Wikimedia Commons）

但是，景观理念不能仅限于修复景观。“风景如画”这一传统（picturesque tradition）的审美观一直是景观设计的指导原则。这种审美观在19世纪达到鼎盛时期，它强调宁静、柔和的景观，周围则是原生态的、参差错落的风景，这也是当时画家所追求的对比手法。而如今，浪漫美好的风景不再局限于本地植物，越来越多的景观都开始栽种来自世界各地的奇异树种。奥姆斯特德所倾心的风景如画的景观，时至今日仍是一种流行的美学，这一景观无论是否有前景元素，都十分适合风光摄影的主题。

在中国和日本传统园林悠久的发展演变过程中，以小见大是经久不衰的主题，人们在悠闲漫步中获得美的体验，并从亭内一隅观赏美景。取景和借景并不一定是完全真实的，日本的造园师们常会借助抽象主义手法，打造具有象征意义的地标景观。例如，日本京都的银阁寺（又名慈照寺）采用砂砾造景形成了枯山水景观，极具代表性。我们可以从不同的层面欣赏这些景观形式——从柏拉图角度，赞赏其精确性和布置；从再现角度，它象征着日本极具特色的山和海；或者从理性角度，它更是景观造园思想的一大创新。

所有的景观最终都是人类思维的产物，景观所使用的材料都不是最原始的，就连植物也不是自然形成的，因为这些植物已经被连根拔起，并成为新生态系统的一部分。而且，这些植物的存活和生长还将依赖灌溉和人类劳动。

图13.8 京都西芳寺的青苔园（Ivanoff/Wikimedia Commons）
图13.9 京都银阁寺的枯山水
图13.10 明尼阿波利斯市联邦法院广场的鼓丘地形（Sifei Liu提供）
图13.11 沈阳建筑大学的中央广场稻田景观（土人设计提供）

许多设计师以此为由，把景观作为一种象征性的表达形式（symbolic expression），用于表现超出原有地域风土（terroir）的主题思想。在缺少大型景观参照物的一些城区，可能会采用完全抽象的景观，或者参考历史地貌进行复原设计。像沈阳建筑大学的稻田校园景观就展现了这里曾有过的长达几个世纪的水稻文化。

景观还能够表现时间的变迁。沈阳建筑大学的稻田四季风景各异：春播夏熟，秋冬收割。沿人行道种植的高高的植草也有着类似的生态循环，它们在风中摇摆婀娜，轻拂行人的衣袂，刺激着人们的感官。有些景观被设计成具有食用价值，与土地建立起一种与众不同的联系。景观管理者不是被动的旁观者，因为他们会觉得有必要对秋季成熟的庄稼负责。冬季降雪之时，植物又给大地涂上几抹色彩，带来了春回大地的希望。人工景观在自然界标识出不同的时段，使人们更深刻地感知和理解季节轮回。

场地的规划设计会受到景观理念的影响，但同时也必须应对各种影响场地形态的实际问题，并首先需要确保场地可以安全地供人类使用。

图13.12 法国维兰德里城堡（Château de Villandry）的大花园种植了可食用的景观植被（Manfred Heyde/Wikimedia Commons）

受污染场地的修复

随着城市地区的土地稀缺，棕地用地开始被列入待开发土地，被有害物质污染的土壤修复成为一个重要问题。在美国的城市中，这些问题在过去要么被忽视，要么难以解决或成本太高，造成许多地块往往被长期闲置。在受污染土地中，工业、石油和化学品生产场所高居榜首，但在美国的许多城市及周边地区，也有许多垃圾填埋场、地下储罐泄漏区、废弃的军用保留区、垃圾处理区、焚烧厂、铁路堆场、砾石坑、采石场和矿区等未得到充分利用。有的国家在城市边缘的农业密集区土地可能含有一定浓度的化学物质和有机残留物，如废弃的养虾场等，由此带来的不安全因素也会让这类地块不适合居住。所幸当前已有许多新策略和新技术可以让场地同步进行清理和开发。

在清理之前，首先要判断污染的性质：有哪些有毒物质，它们会造成什么危险，地上污染物的沉积程度、土壤表层的污染程度、地下污染程度分别如何，当前表现出何种污染程度，是否有多种污染物等问题，均需进行分析解答。这些问题涉及化学分析、工程测试和公共卫生分析等各领域（Suthersan 2002）。在分析问题前，需要收集场地以往使用情况的历史记录，用以识别可能的污染源；然后必须对场地进行测试和绘图，确定污染物的化学特征和地理特征。

危险物质可能位于场地地表，也可能存在于废弃建筑物中，比如石棉可能用作建筑物和设备的保温材料，建筑结构中可能掺有碳或纤维材料，储罐等容器中可能有残余的危险化学品等。在这种情况下，通常需要先清除这些危险物质。每种材料都有特定的清理过程，但共性问题是如何给这些材料找到一个合适的处理场地。有些危险材料可以通过焚烧的方式减少体量或消除危害。方法选择取决于现有的技术以及各种经济因素。

如果污染可能已经渗入土壤，那么再接触土壤就可能有危险，也会影响场地上的植物生长。例如，铁路修理厂旧址上的土壤可能含有砷等发动机清洗剂的残余物质，石油储存区可能有泄漏或排放产生的残余化合物，冬季堆雪地区可能有高浓度的来自汽车尾气的铅、碳纤维和镉等物质。确定污染物的类型和浓度以及在土壤中的渗透程度非常重要。

当有害物质进入地下水源时，其影响可能会扩散到整个场地，甚至以羽流的形式蔓延流动出去，而且羽流方向是沿着地下水的流动方向。这使得受影响面积的测量难度更大，而且可能需要通过钻测试井来绘制污染区域的范围。通过构建包括地下土层和受污染地区等高线等在内的地下空间信息三维数据模型，可将问题可视化，进而有助于下一步处理问题。

在识别了污染源、位置、范围和污染类型之后，土壤修复通常有以下四种普遍使用的策略：隔离（containment）、清除（removal）、异地处理（ex-situ treatment）或原址修复（in-situ remediation）（Suthersan 1997）。污染物可被隔离或控制在场地上的特定区域内或使用覆盖物遮盖，以尽量减少与人的接触。抑或可以将污染物运至有害废弃物填埋场或者对人类不构成危险的场地进行处置。异地处理还包括通过化学工程流程提取和处理污染物，然后把净化后的材料运回原来的位置。在许多情况下，这些传统的污染处理方法的性价比较高，但它们会对场地开发带来很大制约，而且往往会把责任转移到其他地点。当前涌现出的新方法包括原址处理有害物质的化学或生物方法，相关技术包括自然衰减（natural attenuation）、生物衰减（bioattenuation）、自然修复（natural remediation）以及监测下自然衰减（monitored natural attenuation）。其中最简单的形式是将有害物质暴露在空气、植物或有机化合物等自然物质中，随着时间的推移逐渐中和这些有害物质的危险性。这些方法可单独使用，也可与传统方法相结合。如果在进场之初就开始统筹启动这些工艺过程，往往能够给场地开发带来新的机会。

在某些特定情况下，最好的或者唯一可行的方法只能是将有害物质保留并控制在封闭区域内，从而限制其影响并尽量减少与人的接触；随着时间的推移自然地自我改善，或者通过适当的控制把危害性降低至最低程度。例如，一个将铺装大型停车场的场地可以利用停车场的不透水表面来覆盖某种潜在危险物质；又如，土壤污染程度较轻的场地仍然可以建造建筑物，但前提是不建造地下室，否则可能干扰或接触到有害物质。有些污染物本身可以固化（solidification），其固化过程是把废弃物封装在具有密封性的整块固体中，通过添加各种形式的硅酸盐水泥、粉煤灰、水泥窑粉尘、生石灰或矿渣，可以使其他化合物形成固体物质，从而将其稳固下来（Suthersan 1997）。通过技术，有害元素得以封存，并减少了与水和人类的接触程度。现在许多环境保护机构也都承认这种场地开发技术是减缓风险的合法策略和手段。

如果污染物的风险较高，则可通过在污染区域周围建造混凝土墙将其隔离，以防污染物进入地下水源。如果被污染地下水已形成羽流，可通过泥浆护壁限制其流动，并需要在隔离屏障附近处理污染物。此外，需要对隔离区域进行监测，确保有害物质没有迁移到人类可能接触的地方。

还有一种办法是直接清除有害物质。在土壤受污染严重的情况下，可能无法通过自然过程去除杂质，抑或含有无法去除的物质，这时就需要把污染物挖掘出来并运送到可接收的废弃物填埋场。采石场、枯竭的矿场以及几乎无人类出现的大片地区，如位于机场跑道下面的填埋场等往往是处理这类物质的备选场地。为了便于清除和处置污染严重的废弃物，可能需要对这些材料进行玻璃化，如通过加热使其变成玻璃，或将有害物质封装在混凝土块中。硫磺废料就可以熔融成块状固体。

对于许多物质而言，还可以异地进行污染处理。“泵送和处理”技术是处理地下水最常见的方法。美国有超过三分之二的清理场都采用了这种方法。这类处理技术有几十种方法可供选择，但一般都是利用水泵抽出地下水，然后对抽出的液体进行中和或去除有害物质的处理后，再使净化后的水重新返回地下水。连续的处理过程需要建造处理塔或者用于安装处理设备的建筑；抑或可以定期将移动设备运至现场，将该设备连接到一系列的井口处，对抽出的物质进行处理，并使处理后的水重新返回地下水。

异地处理的策略同样适用于仅上层土壤被污染时的情况。通常会将土壤处理形成风洞并与化学物质或自然物质混合发生反应，待其成分充分改变之后，就可以被安全使用了。如果待处理土壤量足够大，则可建造一个处理厂使处理过程机械化。在波士顿的中央干道/隧道项目建设中，为了中和盐水污染物，项目处理了数百万立方米的开挖土方量，然后又将处理后的材料运回施工现场作为回填料。

过去10年来，污染土壤和地下水的原址修复技术开始得到广泛关注。尽管形式多种多样，但所有技术都基于自然过程，即稀释、厌氧和好氧生物工艺、氧化、通过自然材料过滤、化学反应、微生物的作用、植物根系和枝干吸收等各种自然转换方式，这些过程都具有净化环境的能力。在其他技术收效甚微的低渗透土壤中，这些技术往往更划算，也可能更有效。

植物修复（Phytoremediation），又可称为利用植物进行环境修复的工程应用，当前已显示出巨大潜力，可用于清除土壤中某些含量超标的金属（如镍、钴、铜、锌、锰、铅或镉）和有机物（如多环芳烃、氯化苯、多氯联苯、苯系化合物、各种杀虫剂、氯苯、羧酸和三氯乙烯）。植物修复过程有多种不同形式。植物积累（Phytoaccumulation）又称为植物提取（phytoextraction），是指通过植物根系吸收土壤中的金属污染物，把这些污染物留在植物的地上部分，进而可以把这些污染物收集起来进行填埋、焚烧或堆肥处理。在某些情况下，还可以进行回收或循环利用。在经过几轮种植之后，土壤污染物水平就能降到可接受的范围。

能够吸收大量金属的植物可称为超富集植物（hyperaccumulators），它们通常天生就具备专门提取某些特定金属的能力。表13.2中列出了一系列被证实有效的物种。印度芥菜因产油籽而在世界各地都有种植，人们发现种植1hm^{2}印度芥菜可累积多达2mts的铅（Brown 等 1995）。在切尔诺贝利，向日葵已被证明可以有效吸收旧厂周围的重金属和放射性物质；不仅如此，大面积的向日葵也是颇具吸引力的风景。通常来说，超富集植物在深度不超过2ft（30cm）的浅层土壤中尤其有效。如果污染程度更深，

图13.13 法国圣劳伦斯（Saint-Laurent-des-Eaux）中央核电站用向日葵对有毒废物进行植物修复（Nitot/Wikimedia Commons）

表 13.1 植物修复综述

机制	处理目标	媒介	污染物	植物	状态
植物提取	污染物提取和收集	土壤、沉积物、污泥	金属：银、镉、钴、铬、铜、汞、锰、钼、镍、铅、锌；放射性核素：锶 90、铯 137、钚 239、铀 238、铀 234	印度芥菜、菥蓂、庭荠、向日葵、杂交杨树	实验室、试点和田间应用
根系过滤	污染物提取和收集	地下水、地表水	金属、放射性核素	向日葵、印度芥菜、水葫芦	实验室和试点级
植物稳定	污染物隔离	土壤、沉淀物、污泥	砷、镉、铬、铜、汞、铅、锌	印度芥菜、杂交杨树、草	田间应用
根系降解	污染物降解	土壤、沉淀物、污泥、地下水	有机化合物（总石油烃、多环芳烃、杀虫剂、氯化溶剂、多氯联苯）	红果桑木、草、杂交杨树、香蒲、水稻	田间应用
植物降解	污染物降解	土壤、沉淀物、污泥、地下水、地表水	有机化合物、氯化溶剂、酚类、除草剂、军需品	藻类、轮藻、杂交杨树、黑柳、落羽松	田间示范
植物挥发	通过媒介提供污染物，排放到空气中	地下水、土壤、沉淀物、污泥	氯化溶剂、部分无机物（硒、汞、砷）	杨树、苜蓿、刺槐、印度芥菜	实验室和田间应用
水力控制（羽流控制）	污染物降解或隔离	地下水、地表水	溶于水的有机物和无机物	杂交杨树、棉白杨、柳树	田间示范
植被（土壤储水量）	污染物隔离，防侵蚀控制	土壤、污泥、沉淀物	有机和无机化合物	杨树、草	田间应用
河岸走廊（面源控制）	污染物降解	地表水、地下水	溶于水的有机物和无机物	杨树	田间应用

资料来源：美国国家环境保护局

研究证明速生杨树可以有效地提取6～10ft（2～3m）深处的重金属，但是如何处理吸收了金属元素的树叶也是一个必须考虑的问题。

植物挥发（phytovolitilization）是一个鲜为人知的过程，在此过程中，植物吸收水分和硒或汞等无机化合物，并将它们转化为毒性较小的气体释放到空气中。植物降解（Phytodegradation）或称为植物转化（phytotransformation）是植物用以改善土壤条件的第三种自然方式，这一方式尤其适合用于那些含有有机污染物的土壤。各种常见的树木和水生植物都能有效降解有机化合物。

第四种植物修复方式是根系降解（rhizodegradation）或植物催化（phytostimulation），包括了自然的加速过程，主要原理是根区微生物（酵母、真菌或细菌）降解燃料或溶剂等有机物，并将其转化为无害产品。植物根系释放的糖、醇和酸等天然物质含有作为微生物营养素的有机化合物。此外，植物也可以发挥松土的作用，使更多氧气进入根区。深根草类，特别是有纤维根的草，可以促进降解。密集种植的草和开花作物也可以成为有吸引力的地被植物，营造四季各异的风景，并可根据环境调整种植规模。

与去除有害化合物或者吸收再处理的方法相比，植物修复（Phytoremediation）通常需要更多时间。然而，对于将持续多年分阶段开发的场地，或者对于作为土地储备的场地来说，这种修复方式具有相当大的吸引力。根据其在待修复场地上发挥的作用，修复植物种植可融入设计工作之中，成为不可分割的一个方面。而加盖的垃圾填埋场、采矿场以及废弃工业区等区域在等待进行积极开发的同时，也可以变得具有吸引力。只需投入少量资源，就可以改变这些区域荒废的面貌，使之成为开放空间资源。

平整场地

在规划道路、人行道、建筑物和户外活动的整个过程中，场地的最终形式始终出现在规划师的脑海中。在确定了上述设施的位置之后，需要绘制一份场地平整平面草图，这将有助于下一步确定排水方式、道路和人行道的坡度、场地上的建筑物海拔高度，以及判断是否能够维持现有植被等工作。

场地平整图还将确定场地周围必须搬运的土方量，这需要巨大的财

表 13.2　用于植物修复的植物

普通名称	科学名称	过程	对以下有效
菥蓂	*Thlaspi caerulescens*	HA	金属（锌）
印度芥菜植物	*Brassica juncea*	HA	金属（铅，铬，铜，镍）
		PV	非金属，金属（硒，汞）
阿比西尼亚芥菜或者卷心菜、埃塞俄比亚芥蓝	*Brassica carinata*	HA	金属（铅，铬，铜，镍）
向日葵	*Tithonia diversifolia*，*Helianthus annus*	HA	金属（铀、铅、锌）
麻类，夹竹桃	*Apocynum* spp.	HA	金属（铅）
豚草	*Ambrosia artemisiifolia*	HA	金属（铅）
臭椿	*Aeollanthus subacaulis* var. *linearis*	HA	金属（铜）
茶子树	*Leptospermum scoparium*	HA	金属（铬）
油菜	*Brassica napus*，*Brassica rapa oleifera*	PV	盐（硒）
洋麻（德干麻）	*Hibiscus cannabinus*	PV	盐（硒）
高羊茅	*Festuca arundinaceae*	PV	盐（硒）
		RD	有机物（多环芳烃）
鼠耳芥	*Arabidopsis thaliana*	PV	盐（汞盐）
杨树（山杨）	*Populus* spp.（多种类别）	PT	有机物（三氯乙烯，莠去津）
黑柳	*Salix nigra*	PT	有机除草剂
黄杨	*Liriodendron tulipifera*	PT	有机除草剂
美国水松	*Taxodium distichum*	PT	有机除草剂
河桦	*Betula nigra*	PT	有机除草剂
槲树	*Quercus viginiana*	PT	有机除草剂
狐尾藻	*Myriophyllum aquaticum*	PT	有机物三硝基甲苯（TNT）
水藻	*Nitella* spp.（多种类别）	PT	有机物三硝基甲苯（TNT）
大须芒草	*Andropogon gerardi*	RD	有机化合物，多环芳烃
假高粱属	*Sorghastrum nutans*	RD	有机化合物
柳枝稷草	*Panicum virgatum*	RD	有机化合物
加拿大野生黑麦	*Elymus canadensis*	RD	有机化合物
小须芒草	*Schizachyrium scoparium*	RD	有机化合物
西部麦草	*Agropyron smithii*	RD	有机化合物
蓝牧草	*Bouteloua gracilis*	RD	有机化合物
麦穗草	*Agropyron desertorum*	RD	有机物（多氯联苯）
红果桑木	*Morus rubra*	RD	有机物（多氯联苯）
海棠	*Malus ioensis*	RD	有机物（多氯联苯）
留兰香	*Mentha spicata*	RD	有机物（多氯联苯）
桑橙树	*Maclura pomifera*	RD	有机物（多氯联苯）
苜蓿	*Medicago sativa*	RD	有机物（多环芳烃）
苏丹草	*Sorghum vulgare sudanense*	RD	有机物（多环芳烃）

资料来源：Suthersan 2002; Environmental Protection Agency 2000c
注：HA = 超富集植物；PV = 植物挥发；PT = 植物降解或植物转换；RD = 植物降解或植物催化
金属包括：镍、钴、铜、锌、锰、铅、镉
有机物包括：多环芳烃（PAHs）、氯化苯、多氯联苯（PCBs）、苯、甲苯、乙苯、二甲苯（BTEX）化合物、各种农药、氯苯、羧酸、三氯乙烯

工具栏13.1

植物修复方案

下面四幅图展示了如何通过植物修复处理闲置待开发的场地。（a）污染严重的场地（燃料、石油残留物、重金属），垃圾和废弃物倒入低洼地区，上面铺有沥青路面；（b）首先清走这些材料，替换为就地回收的木材、混凝土和其他材料；（c）在场地上种植各类植物，所选品种应与土壤污染类型匹配，包括偃麦草、狗牙根、高羊茅、牛尾草、向日葵、北美圆柏、杨树、柳树和蒲草等；（d）随着时间推移，当植被覆盖整个场地，不仅可以清除杂质，同时也使土壤恢复健康。

图13.14 英国达根汉姆（Dagenham）南部的棕地植物修复方案（Anna Sieczak提供）

图13.15　在开垦的山坡上建设灌溉设施时为防侵蚀而设置的淤泥围栏（© Vadimgouida | Dreamstime.com）

务开支，因此不容小觑。改造一处5hm^{2}场地的地形，如果上下平均移动300mm，就可能需要15000m^{3}的土方工程量，相当于将近2000辆10轮卡车的载重量。因此，几毫米的海拔差异就可能对场地扰动量以及成本费用产生巨大影响。

如果场地未被开发，并且有优质的表层土壤，通常的做法是剥离并储存上层土壤（A和O土层），留待最后用于覆盖种植区域。这一工作需要分离岩石、树根和其他材料。尽管挖松土壤会使体积略有增加，但最终体积通常会减小10%～15%。然后需要改变B和E土层的形状，以调整形成场地的基本轮廓线（相关土层说明参见上卷第3章）。因为需要搬运的表层土方量不可预测，场地规划师通常会规定场地的最终海拔高度，把确定大致坡度的任务留给场地承包商。在改变场地地貌的过程中，由于场地失去了自然保护，因此需要做好防侵蚀的保护措施。

精确的场地轮廓图是确定最终海拔高度的依据。在一个中等规模的场地上，可在地面激光雷达勘测结果的基础上绘制场地等高线地形图；对于规模较大的场地，勘测费用可能极其高昂，因而可以利用航空摄影或遥感测绘生成等高线，并以关键地点的独立高程作为补充。粗略估计未来基准海拔高度有助于规划师开始绘制新的等高线地形图。场地规划需要判断竖向地形的决定因素是道路坡度，还是道路下方污水渠的流量，抑或保留优良树种的基准高度，还是容纳径流的必要性等方面。

表13.3提供了场地最小和最大坡度指导准则。如果道路有坡度限制，则需要确定主干道路中心线（垂直剖面）的定点准确高程，并应注意场地

的基础等高线轮廓。如果岩石靠近地表且不可进行爆破作业，则需要将道路抬升到足够高度，为道路下方的给水和污水管线提供足够空间。从道路剖面图可以确定两侧场地的标高。在执行道路钉桩时，可将场地平整图沿道路展开，应随时注意场地排水管线布局。有些场地的坡度可能太陡，无法用草等植被正常覆盖，则需要加建挡土墙。在道路跨越水路时，需要建设涵洞或桥梁。此外，还需要确定建筑物的底层架高，以及场地的坡度需要确保径流能够流出场地。场地坡度规划需要将室外公共空间、停车场和人行道一并考虑在内，并修建一定坡度以排出暴雨径流。

过去的场地平整图是通过在现有的等高线图上创建叠加层进行构建的，叠加的要素包括道路和建筑物轮廓、标记点的标高，以及偏离原来标记点的新等高线，并区分需要下降（开挖）和需要抬升（填埋）的区域。该方法至今仍应用于初步场地平整图绘制中，以便根据场地规划平面随时调整地形。并且通过此方法能够易于识别开挖量与必要的填埋量不平衡的情况。但开挖和填埋的完全平衡也比较难实现，如在陡坡开挖道路可能会产生大量土石方。如果填埋所需土方量与开挖量不平衡，则需要调整道路或建筑的基准版，并绘制新的等高线。这种试错法可以避免大的土方量施工，其目的是通过平衡土方，避免在场地上开展不必要的泥土运输。此外，工具栏13.2还列出了许多更加精确估算土方工程量的技术方法。

如今，规划师通常利用CAD程序中的嵌入技术来进行坡度和土方计算，该程序也应用了上面描述的几种技术。当输入道路的关键标高时，程序将确定最优垂直对齐线，提供道路的横断面图，并计算在场地中开辟道路所需的开挖和填埋量。又如，Bentley Systems的SITEOPS等计算机程序可根据规划师输入的基准标高自动生成场地平整图。这些程序还可生成3D模式便于快速观察场地，使规划师能够直观判断场地外观是否符合预期效果（参见上卷第13章）。

表 13.3 场地平整导则

	最小坡度	最大坡度
固坡和排水		
覆盖植被或大块硬质铺地	1%	
覆盖植被或大块硬质铺地（包括人工池塘）	0.5%	
建筑物周边回填	2%	
排水洼渠和排水沟	2%	10%
人工草坪区		25%

续表

	最小坡度	最大坡度
植草坡岸		60%
种植深根地被植物的植草坡岸		100%
土壤类型		
松散的、潮湿的黏土或粉土		30%
密实的干黏土		100%
湿砂		80%
干砂		65%
鹅卵石或干挡土墙		70%
林地		100%
石笼（最高可达 1m）		100%
道路和人行道		
横截面坡度、混凝土或沥青	2%	
横截面坡度、土质或砾石	4%	
横截面坡度、硬质铺砌人行道	2%	
纵向坡度、硬质铺面道路（常规）	0.5%	10%
纵向坡度、硬质铺面道路（无结冰）		12%
持续纵坡（货车）		17%
按设计速度（km/h）：		
20		12%
30		12%
40		11%
50		10%
60		9%
70		8%
80		7%
90		6%
100		5%
110		4%
上坡方向，分层道路交叉口		6%
下坡方向，分层道路交叉口		8%
平面交叉口，每侧 12 m		4%
停车场		4%
人行道		10%
长度 1 m 的无障碍坡度		10%
长度 2 m 的无障碍坡度		8.5%
长度 5 m 的无障碍坡度		7%
长度 10 m 的无障碍坡度		5%
公共台阶		50%
铁路岔道		2%

资料来源：根据各种规范标准汇编

工具栏13.2

土方工程估算技术

在对场地划定新的等高线轮廓时，有三种基本方法可用于评估所需的土方量：等高线面积法、断面法和地形法。三种方法都要从一个新的等高线平面开始，并且需要叠合场地原始等高线图。

等高线面积法

这一方法首先要确定需要开挖或填埋的区域，并对此进行不同区分。通常默认开挖量和填埋量相等，如若不同，则需要调整等高线轮廓。在地形被改变的区域，需要测量每一层等高线轮廓的面积。经验表明，土方工程量（C）约为变动面积的2/3乘以等高线间距（c）。待填埋土方量（F）也由类似推导得出，目的是保持填埋和开挖土方量相等。在本图所示的场地中，则为：

$$C = c\,[\,2/3\,(C_1+C_2+C_3+C_4+C_5)\,]$$
$$F = c\,[\,2/3\,(F_1+F_2+F_3+F_4)\,]$$

C应等于F。每一个C和F的面积粗略估值可以通过在相关区域上画一个网格，然后计算每个网格面积求得，更精确的估计则需要使用平面测量仪；如果是计算机作图，可使用CAD程序中的面积测量命令。

横截面法

横截面法尤其适用于只有一小部分场地受到改动的情况，如估计修路所需坡度。该方法是取固定间距下的横断面，测量每个断面的开挖和填埋面积。然后求所有面积的和，并乘以需要开挖或填埋区域的间隔数。当然，如果道路通过一个交叉坡，每个横断面可能既需要开挖又需要填埋。这种方法可以比较精确地估算所需土方量，并已应用于许多伴随道路设计软件发展起来的计算机程序。

地形法

地形法是指在网格上采集现状地形和拟建地形之间的高程差异，然后将这些差异乘以每个点周围的面积。因此，如果网格的缩放比例为40m×40m，其一个方格内的新旧高程差异为2m，该方格内的土方工程量约为3200m^3。此方法往往容易高估土方工程量，但随着网格缩放比例或等高线间距减小，估算结果会变得越来越精确。现在已将数字地形模型作为常用工具使用，它为施工作业提供了重要的交互界面，通过利用嵌入GPS基准的数字地形模型，有些土方设备可编程执行自动化的场地平整。

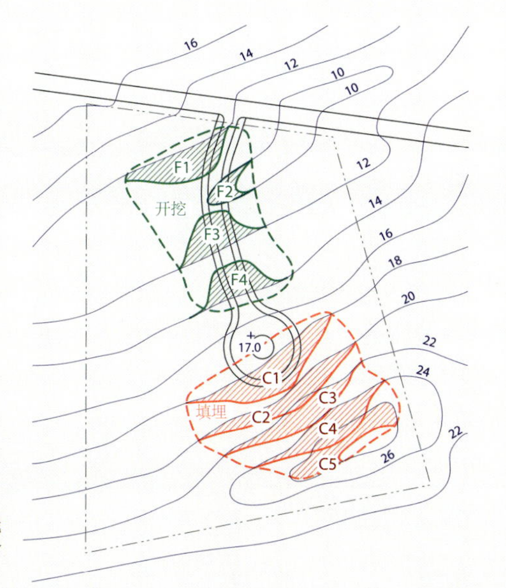

图13.16 土方估算：等高线面积法（Adam Tecza/ Gary Hack）

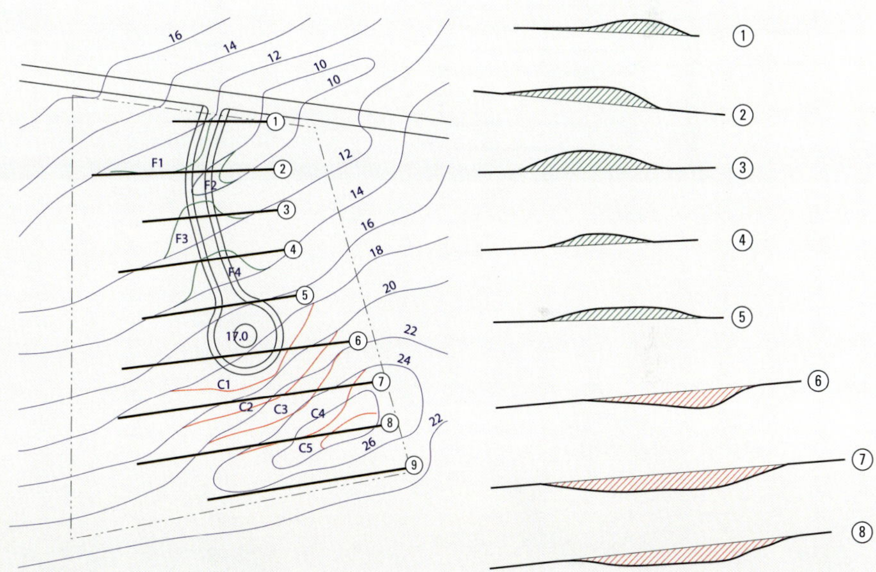

图13.17 土方估算：横截面法（Adam Tecza/Gary Hack）

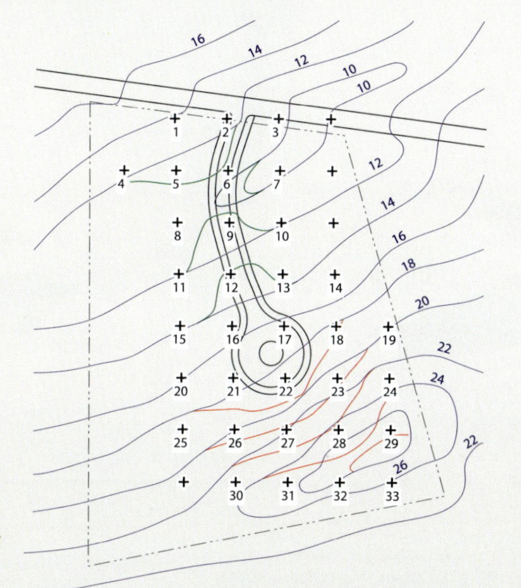

图13.18 土方估算：地形法（Adam Tecza/Gary Hack）

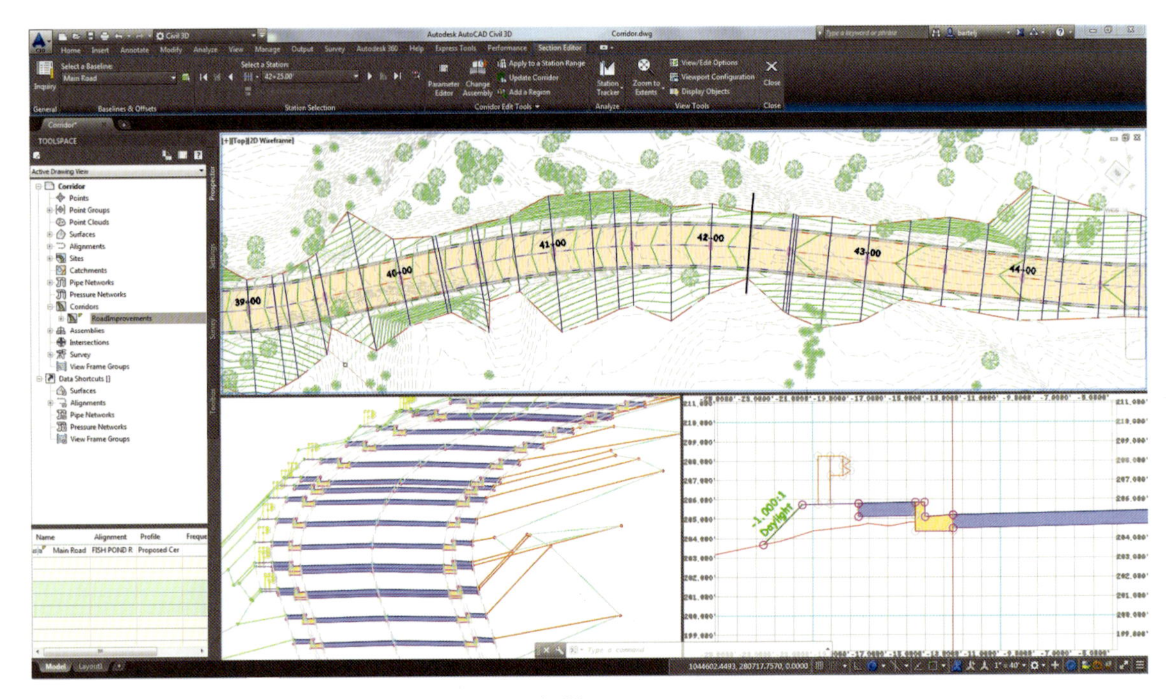

图13.19 道路几何形状和横截面图（Autodesk Inc./3DCivil提供）

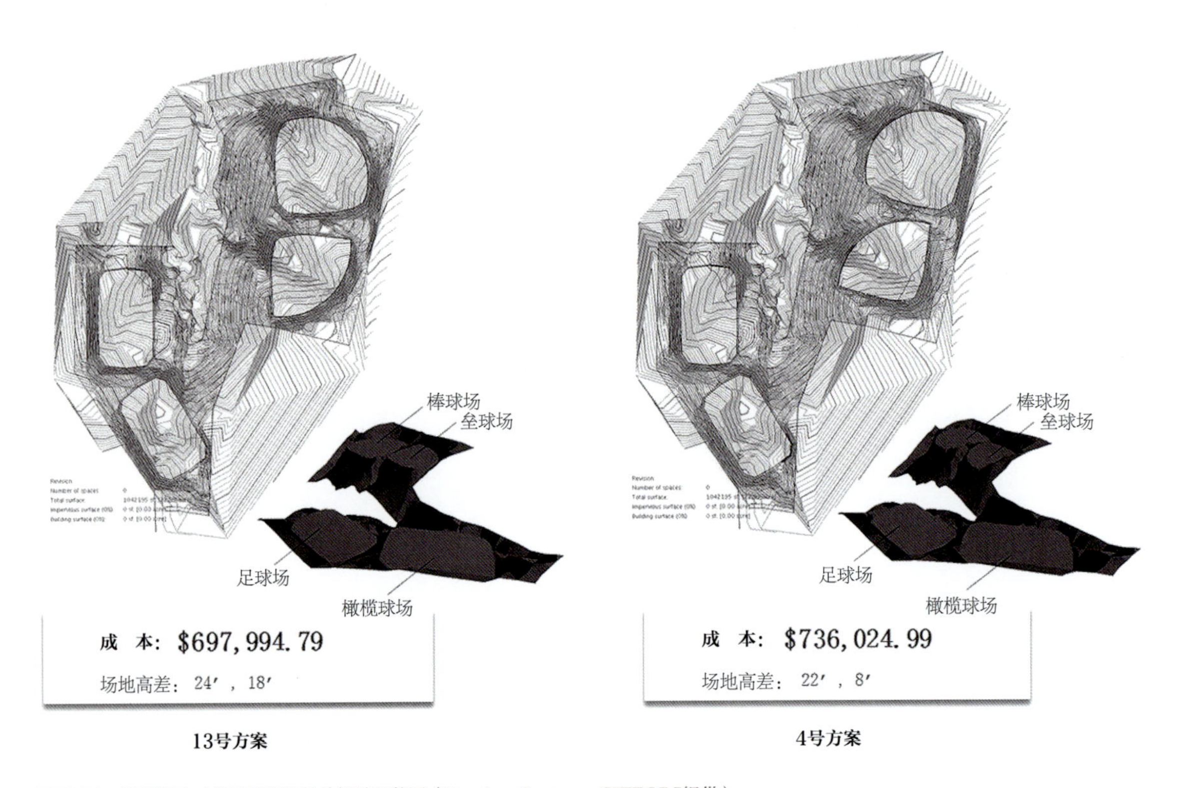

图13.20 计算机生成的运动场选址的场地平整图（Bentley Systems/SITEOPS提供）

场地平整需要兼顾美学以及功能技术问题。规划师需要设想在场地上行走时的景象，如街景将如何徐徐展开，公共空间如何展示场地的特征，如何保障使用者的隐私。当前数字模拟非常快捷便利，可以模拟开车或步行中的情景。许多规划师也仍然偏爱为场地建造小巧的黏土模型，把场地视作一系列肌理网络和物体要素的组合，以更加弹性的方式来了解和调整地形。此外，土地形态与景观材料也有着千丝万缕的联系。

选择景观搭配

成功的场地景观必须满足三方面要求：满足功能需求、符合美学要求以及在场地的气候和地形方面具有可持续性。功能需求包括固土和固坡、创建小微气候、场地遮阳挡风、明确边界、隔离不相容的用地，以及处理径流和冰雪等。此外，功能需求还涵盖了其他一些目标，如提供食物、吸收二氧化碳、湿润环境、为优雅的室内装饰提供鲜花等。景观可以发挥的美学作用包括呈现四季变迁和岁月荏苒、使人类接触自然之美、为环境增添色彩、创造戏剧性和神秘感等。除此之外，在场地特有的日照、降雨、风力、温度和生长季节环境中，场地上的景观必须能够可持续发展。这些因素在确定之后不易改变，因此也是景观设计搭配的起点。

首先需要考虑的是植物耐寒性能（plant hardiness）。以美国为例，美国农业部公布了植物耐寒分区表（表13.4），其中考虑了年均最低温度，并显示能够在冬季寒冷环境中生存是决定物种可以在某个特定地点繁衍生长的主要因素之一（Department of Agriculture，未注明日期）。其他国家广泛效仿该系统，进而可形成全世界大部分地区的植物耐寒区位图。美国农业部的分区编号从1到12排列，根据局部差异，每个区域有时也细分为a区和b区。大多数植物可以在一系列的分区内生存（例如，“3～5区”）。这些评定仅提供了大致指导，因此也有一些争议，例如，有人认为这种分区没有反映夏季的热量，而炎热的夏季可能会使许多植物物种死亡；也没有考虑日照时间或生长季节的长短，因为即使最低温度满足要求，如果植物没有充足的日照时间和生长期可能也无法生存。因此，虽然纽芬兰（Newfoundland）中部和内布拉斯加州（Nebraska）都在第7区，但彼此可生存的物种却存在极大差异。冬季积雪厚度和寒冷季节持续的时间也需要纳入考虑，因为如果积雪厚度不足或变化不定，可能导致地表附近的根系被破坏，同时，开花植物可能没有获得充分的春化

表 13.4 植物耐寒区

区位号	年均最低温度 ℃
12	10
11	4
10	-1
9	-7
8	-12
7	-17
6	-23
5	-29
4	-35
3	-40
2	-45
1	-51

资料来源：Department of Agriculture（未注明日期）

作用（vernalization）（寒冷天数）。对于那些不会定期灌溉的植物，降水也将成为这种植物生存的一个因素。随着全球变暖，植物分区将需要定期调整。

当前，包括合作推广机构和高校园艺专业在内的诸多机构均推出了一系列技术指导手册或大众性出版物，关注较小尺度的地理区域如何体现可共存气候区的多样性（Sunset Magazine，未注明日期；Davison，未注明日期）。哪怕在同一个地区，海拔高度、附近水体以及与附近山脉和丘陵相互作用的盛行风向等都会影响当地气候。在场地层面，斜坡朝向和小微气候，以及盆地中的冷湖等各种冷源，都是影响物种选择的其他因素（参见上卷第4章）。在国际上，许多国家和地区纷纷致力于生态区域类型学的研究。由于各区之间的界限通常模糊不清，导致特定场地的解释十分复杂。美国植物分类学（plant taxonomy）区分了以下各区：大区（domains）（极地、温湿带、干燥带和热带）、专区（divisions）（苔原、牧场、大草原、沙漠、热带草原等）以及领域（provinces）（草原公园、阶梯状混交林、大平原草原等）。在一个生态区域内，相似的本地物种占绝对优势，除以灌溉农业为主的地区之外，大部分地区的农业往往专门种植有限的几种作物。我们需要仔细研究本地自然生长的植被，并将本地多年生草本植物作为景观搭配的基础。本地物种容易唤起回忆，让人类将自身与更广阔的景观联系起来——当第一束番红z花吐蕊时，春天来到草原；当野玫瑰（*Rosa arkansana*）盛开时，方知夏季已至。而且，本地物种通常已非常适应当地自然气候，因此比引进其他植物物种需要更少的维护。

包括一年生植物在内的外来植物可以在特定区域内存活，它们在景观设计中也有着重要作用。但是这类植物通常需要更大的维护工作量，也需要一定的灌溉（可利用降雨进行灌溉）。它们可以与常见物种形成对比，增添色彩，彰显季节变化。在季节交替中，各自在自己盛放的时节绽放光彩。在阿拉斯加州的安克雷奇市（Anchorage），冬季的冰雪天气长达数月且黑夜漫长；到了夏季，繁花盛开，一年生植物竞相媲美，释放迷人的色彩。场地景观设计需要模拟该区域各季节的风景，比如，这些

图13.21

图13.22

图13.21　阿拉斯加州安克雷奇市中心夏季种植的一年生植物
图13.22　纽约高线公园景观

表 13.5　中国气候分区表

分区代号	分区名称	气候主要指标	辅助指标	各区辖行政区范围
Ⅰ	严寒地区	1 月平均气温≤ -10℃ 7 月平均气温≤ 25℃ 7 月平均相对湿度≥ 50%	年降水量 200 ~ 800mm，全年日平均气温≤ 5℃的天数 145 天	黑龙江、吉林全境，辽宁大部，内蒙古中、北部及陕西、山西、河北、北京北部的部分地区
Ⅱ	寒冷地区	1 月平均气温 -10 ~ 0℃ 7 月平均气温 18 ~ 28℃	全年日平均气温≥ 25℃的天数 <80 天，全年日平均气温≤ 5℃的天数 90 ~ 145 天	天津、山东、宁夏全境，北京、河北、山西、陕西大部，辽宁南部，甘肃中、东部，以及河南、安徽、江苏北部的部分地区
Ⅲ	夏热冬冷地区	1 月平均气温 0 ~ 10℃ 7 月平均气温 25 ~ 30℃	全年日平均气温≥ 25℃的天数 40 ~ 110 天，全年日平均气温≤ 5℃的天数 0 ~ 90 天	上海、浙江、江西、湖北、湖南全境，江苏、安徽、四川大部，陕西、河南南部，贵州东部，福建、广东、广西北部和甘肃南部的部分地区
Ⅳ	夏热冬暖地区	1 月平均气温 >10℃ 7 月平均气温 25 ~ 29℃	全年日平均气温≥ 25℃的天数 100 ~ 200 天	海南、台湾全境，福建南部，广东、广西大部，以及云南西南部和元江河谷地区
Ⅴ	温和地区	1 月平均气温 0 ~ 13℃ 7 月平均气温 18 ~ 25℃	全年日平均气温≤ 5℃的天数 0 ~ 90 天	云南大部，贵州、四川西南部、西藏南部一小部分地区
Ⅵ	严寒地区 寒冷地区	1 月平均气温 0 ~ -22℃ 7 月平均气温 <18℃	全年日平均气温≤ 5℃的天数 90 ~ 285 天	青海全境，西藏大部，四川西部，甘肃西南部，新疆南部部分地区
Ⅶ	严寒地区 寒冷地区	1 月平均气温 -5 ~ -20℃ 7 月平均气温≥ 18℃ 7 月平均相对湿度 <50%	年降水量 10 ~ 600mm，全年日平均气温≥ 25℃的天数 <120 天，全年日平均气温≤ 5℃的天数 110 ~ 180 天	新疆大部，甘肃北部，内蒙古西部

资料来源：中国《民用建筑设计通则》GB 50352—2005

图13.23 新墨西哥州圣达菲市（Santa Fe）冬季的节水型景观
图13.24 科罗拉多州丹佛市斯坦普莱顿社区种植的低耗水植物（William Wenk）
图13.25 沙特阿拉伯利雅得外交区的沙漠公园

植物在夏季能否遮阳，冬季将展现什么色彩，春季最先绽放的是什么花？当夏季到来，哪些植物又会成为这里的主角？当草木开始凋零，秋季色彩又该是什么样？纽约高线公园就采用了当地物种与外来多年生植物的混合设计，使该公园全年色彩纷呈，四季都充满了趣味性。

世界上大部分地区的水资源都有限，但即使是在这些地区也可以呈现五彩缤纷的景观。节水型景观（xeriscaping）[也称为无水景观（zero-scaping）或旱生景观（xeroscaping）]的目标就是创造完全依靠自然降雨的景观，现在已经成为一项非常发达的园艺技术。关于相关的植物物种和实践做法，水务公司和大学相关机构提供了大量资料（Denver Water，未注明日期；Klett & Wilson 2009）。这一技术需要遵守以下几项园艺原则：需要通过施加堆肥来改良土壤及保持水分，首选滴灌进行高效用水，树种要与光照量、风力和湿度匹配，地表需要覆盖护根物以保持水分避免侵蚀，草皮区域需要清除或限制在必要范围内，种植区域需要定期除草以避免营养物质转移。研究表明，拉斯维加斯等城市把草地区域改造成节水型花园景观后，家庭用水量减少了约30%（Sovocool 2005）。节水型景观起源于丹佛斯坦普莱顿（Stapleton）新邻里社区种植低耗水植物。此外，利雅得（Riyadh）外交区（Diplomatic Quarter）的开放空间也采用低耗水设计，展示了在不耗尽地下水源的情况下绿化沙漠的景观技术。

地被植物是沙漠和草原景观的主力军，但在林地和森林中，树种的选择更加重要。树种也是城市地区最明显的景观元素。新英格兰城镇提升计划始终围绕植树工作展开，并已成为地方规划工作的起点（Campanella 2003）。对于树木是一个重要的碳汇资源这一说法应持谨慎态度，因为仅仅吸收城市的人均二氧化碳排放量就需要近1000棵树木。但是，树木的确可以保持水分，通过蒸发、蒸腾作用帮助降温；树荫还可以降低热岛效应。树木能够发挥防风林的作用，使城市地区的风速减弱。此外，树木限定了街道边界，为公园提供遮阳。当树木完全成熟之后，无论是自然形态，还是由当地的艺匠调整塑造的形态，都是值得一看的风景。

园艺学家依照树木的生物学起源，按属（genus）、种（species）、变种（variety）和品种（cultivar）对树木进行分类。景观规划的同时还需要一并考虑其他问题，如树木是否四季常青，又如树木的形状和分布、根系结构类型、土壤偏好、最终生长高度和寿命等。景观设计师是一项有创造性的工作，其作用之一就是发现新物种，为场地空间带来新的视角和色彩。在政府、高校院所和植树基金会提供的园艺杂志中可以找到各物种及其生存能力的详细描述（National Arbor Foundation，未注明日期；Bassuk 等 2009；Cornell University，未注明日期）。

虽然树木可以通过修剪树冠和剪枝来改变形状，但其基本形状和特征仍需要与环境相适应。枫树和榆树等形状一致的树木，可以在街道两侧排列成行，而对于桉树等形状或高度差异很大的树种则更适合成片种植。虽然伦敦悬铃木的形状差异很大，但当树木长成之后，树枝和树叶就会交织在一起，像一整片巨大的树冠。悬铃木的树皮也很珍贵。伦敦悬铃木又称为英国梧桐，在中国城市有广泛的种植，却总被误称为“法国梧桐”，而后者是另外一种三球悬铃木。皂荚树的树叶细小，当太阳照在树冠上，树叶间的缝隙可以使斑驳的阳光洒落地面，因此格外适合种植在凉爽气候中的室外座位区。秋季是许多落叶乔木最缤纷的季节。枫树、白杨、洋槐和银杏等的树叶变成金色或红色，形成令人难忘的景致。当树叶掉落之后，树皮和树枝的形状及颜色仍将是大自然的标志，这也是为寒冷气候区选择树种的原则。当春天到来时，樱桃、山楂等树木鲜花盛开、色彩绚丽，又预示着新的生长和开始。

我们通常会根据美学价值和实用价值来选择树种，但是同时也必须注意到树木面临的危害。例如，榆树树皮上的甲虫能传播囊状真菌，这种虫害曾经波及美国东部的每座城市，所过之处榆树尽毁（Campanella 2003）。由此得到的教训就是尽量避免单一栽培，因为单一栽培会使整个地区容易受到病害侵袭。而混种能够保证当部分树种死亡时，其他树种仍可存活。另外，在被污染的城市空气中，以及在冬天撒盐的道路旁边，有些树种的存活能力优于其他树种，因此也要注意树种的选择。在沿海地

图13.26 法国普罗旺斯地区的米拉波大道（Cours Mirabeau）（Andrea Schaffer/Wikimedia Commons）
图13.27 意大利贝拉吉奥（Bellagio）的湖畔长廊（Douglas J. Navarick提供）
图13.28 旧金山金门公园截去了树梢的树，提供了一个适合打太极的舒适环境（Susan Caster提供）
图13.29 乔治亚州萨凡纳的橡树街（Sean Pavone/Dreamstime.com）
图13.30 印第安纳州哥伦布市康明斯公司园区秋天的皂荚树树列

区，树木的耐盐性也是一个选择因素，而在其他地区，甚至还需要考虑对野鹿等野生动物的抗侵扰能力。对于寒冷气候中的落叶树来说，分枝结构较好的树种抵御暴风雪的能力可能更好。

地表也是场地体验的一个因素。在场地地面上，设计师有无穷的结合自然材料和人工材料的创造想象与方案，而最终，往往会基于使用习惯或遵循管理而做出选择。例如，沥青道路、混凝土人行道、草坪混以若干一年生植物——这样的景观效果虽然有点儿缺乏想象力，却能给人带来熟悉而安定的舒适感。但在许多气候条件下，绿地表面需要经常浇水，在经历了冻融周期之后，人行道很快变得坑洼不平，出现危险隐患，因此每年春天都需要修补道路。

正如我们在“节水型景观”一节的讨论中所提到的，景观树种的选择有许多方面的实际原因。个别地方还需要对地表情况做进一步考察，例如，在两个密集场所的间隙处，利用群植植物和地被植物可创造斑斓的色彩美感。大多数地被植物都是多年生植物，可分布形成密集覆盖层，在提供控制侵蚀作用的同时，增加了景观的质感和趣味性。在遮阳区域，地被植物还可以保护那些无法铺草坪的地表，并且有

图13.31　深圳万科总部在陡峭山坡上种植地被植物（Natalie Echeverri提供）
图13.32　在华盛顿班布里奇岛（Bainbridge Island）布洛德尔保护区（Bloedel Reserve）的阴凉区域有非常规律的降雨，形成了地被植物的同时也限定了道路结构的边界
图13.33　芝加哥千禧年公园用草和薰衣草作为地被植物
图13.34　华盛顿布洛德尔保护区的石南花充分吸收了频繁的降雨，长势喜人

助于组织场地的路径结构。经过精心规划设计，即便只种植小草和多年生植物的花园也能充满趣味性，哪怕在休眠的冬季也能有生动的风景。无论是旱生景观，还是草木茂盛的景观，场地的气候都是灵感的重要来源。景观设计师能够主导植物树种的选择和布局，而场地规划师可以发挥主动性，创造出有创意的室外空间。

场地规划与设计术语表
（按英文术语首字母排序）

1. 架空索道（Aerial tramway，又可称为cable car、ropeway或aerial tram）：由单根或两根固定缆绳悬吊轿厢，并由移动缆绳推动的设施。90-91
2. 好氧生物工艺（Aerobic biological processes）：一种废水或固体处理工艺，主要通过与大气中的氧气接触，或者注入土壤或与土壤接触，如堆肥、湿地或机械处理池等。171，246
3. 上空使用权（Air rights）：垂直方向建造的法定权利，该使用权可以在场地间进行转移。85
4. 交流电（Alternating current）：每秒多次改变方向的电流，通常用于向场地供电。194、196
5. 一年生植物（Annual plants）：在一年内完成一个生命周期的植物，通常必须每年更换。259
6. 含水层（Aquifer）：包含或传输地下水的地质构造。159
7. 拱廊（Arcade）：一种带顶的走廊，通常在一侧或两侧设有商店。104，118，121
8. 人工智能（Artificial intelligence）：为执行任务需要，研究、开发用于模拟、延伸和扩展人的智能而设计的计算机系统，如视觉感知、引导动作的语音识别、语言翻译和自主行为等。237
9. 自动交通控制系统（Automated traffic control，ATC）：计算机控制的交通信号系统，基于时间算法和传感器获取的数据来控制信号灯。235
10. 垃圾自动收集系统（Automated waste collection systems，AWCS）：通过真空管收集废弃物的系统，通常位于地下，两端分别连接废弃物来源与垃圾处理点。185-186
11. 自动翻卸斗（Automatic dumping hoppers）：安装在废弃物收集车上的臂架，用于吊装和清空容器到车辆中，以便运输至垃圾处理厂。183-184
12. 自动驾驶车辆（Autonomous vehicles）：很少需要或无需人工指导的自动驾驶车辆。13，65
    无人驾驶公共汽车（driverless buses）：小型公共汽车，通常有定制的行驶路线，根据乘客呼叫前去搭载，并将乘客运送到目的地附近。64，71
    无人驾驶汽车（driverless cars）：自动驾驶的私家车，通常导航驾驶到目的地之后，会前往停车场。65-66，88
    无人驾驶出租车（driverless taxis）：根据智能手机或其他设备呼叫，自动驾驶出租车会前去搭载乘客，将乘客运送到目的地后再去接其他乘客。69，88
13. 日均交通量（Average daily traffic，ADT）：每天在道路上行驶的车辆（或等效车辆）的平均数。30-31
14. 人工街溪（Bächle）：高密度城市建设区中传输径流的河道。127，134
15. 平衡的生态系统（Balanced ecology）：生态群落中的一种动态平衡状态，其中遗传、物种和生态系统多样性保持相对稳定，并只有通过自然演替才会逐渐改变。135
16. 带宽（Bandwidth）：互联网连接等传输介质单位时间能传输的数据量。229
17. 基站收发台（Base transceiver station，BTS）：便于在移动设备与网络之间进行无线通信的设备，通常安装在塔楼或高层建筑物上。231
18. 美（Beauty）：产生美感的品质，例如形状、颜色或形式等，特指视觉感受。4，6，9，36，44，53，89，124，135，153，199，203，232-233，239，242，257，261，263
19. 基岩（Bedrock）：在可渗水土壤下方的坚固岩石。147，166
20. 自行车车库（Bicycle garage）：存放并保护自行车的场所。104-105
21. 骑行道（Bicycle path）：用以通勤或游憩中安全骑行的指定或专用车道。8，10，96-97，99，101-103
22. 共享单车系统（Bicycle sharing system）：可供短期使用的自行车系统。105-106
    叫车系统（call-a-bike system）：与城际快轨交通系统相匹配的自行车共享系统，可通过身份认证码自动锁定和解锁自行车。106

商业共享单车（commercial bicycle sharing）：收费使用的自行车共享系统，通常由私人经营，该系统具有固定的出租/退还地点，又或在自行车上安装了定位设备以便追踪定位。105-106
社区共享单车（community bicycle sharing）：社区持有和运营的自行车共享系统，通常会要求出租和退还到社区指定位置。105
OV-fiets自行车租赁（OV-fiets bicycle rentals）：荷兰预付费自行车和脚踏车租赁系统，可在300多处租赁自行车，并与公交系统配套使用。107
23. 大型零售店（Big box retailers）：专门经营特定产品线的大型品牌零售店（家具、服装、建筑材料和玩具等），通常独立选址或与其他大型批发商店聚集。128
24. 生物质（Biomass）：如木材、农作物或者可燃废弃物等有机物。200，211，220-222
25. 生物质转化为能量（Biomass conversion to energy）：将生物质材料转化为热能或其他形式能源的技术。220-221
燃烧（combustion）：在燃烧室中燃烧生物质，并将热量转化为蒸汽用于发电、机械能、供热或制冷。172，211，216，220-221
26. 生物固体（Biosolids）：从污水中回收利用的有机物，可用作农业上的土壤改良剂。171
27. 分支型路网（Branching layouts of roadways）：由较高等级道路延伸出多条支路，共同形成树状的街道布局。46
28. 宽带通信（Broadband communication）：一种电缆通信线路，包括同轴电缆、光纤、无线电或双绞线等，允许用宽传输带进行数据传输，并支持多种信号和业务类型。229
29. 棕地（Brownfield）：可感或可测的环境受到污染的场地，通常由于此前的工业或商业用途所致。241、243、250
30. 公共汽车（Buses）：用于在道路上载客的大型机动车辆，通常有固定行驶路线。8-9，21-23，33-34，39，64-65，68-74，76-77，83，96，99-100，102，108，112，114，118，131
铰接式公共汽车（articulated buses）：又称为两节巴士、弯曲巴士、串联巴士、伸缩巴士、双层巴士和折叠巴士等，指采用枢轴连接的双节公共汽车，可以有更快捷的转弯。22，68-69，72
双铰接式公共汽车（double-articulated megabuses）：采用枢轴连接的三节公共汽车。73-77
双层公共汽车（Routemaster double-decker buses）：在英国以及欧亚其他国家用于公共交通的两层公共汽车。69
标准公共汽车（standard buses）：用于公共交通的公共巴士，通常为单一刚体，有两套车门。72
旅游公共汽车（tourist buses）：用于旅游的大型公共巴士，通常只有一个入口、内设较高座椅、公交车下方有行李舱，有的车还设置了内部厕所。70
无轨电车（trolley buses）：从悬挂在接触网上的架空电缆进行驱动的电动公共汽车。68-69，74
31. 快速公交系统［Bus rapid transit (BRT) system］：包括快速公交专用道（公交车道或轨道）和公交车站系统，旨在提高公共汽车运输的通行能力和速度。77-78
32. 公共汽车站（Bus stops）：公共汽车的乘客候车和上车专用区。73-74，76，102，108，131
33. 快速公交车站（BRT station）：公交专用道附近的上车区，上车前乘客在此区域先买票。78
34. 公共汽车站台扩展区（bus bulbs）：加宽路缘，让乘客可在车道上车，避免了公交需要驶入停车道。73
35. 公共汽车站台（bus shelter）：为候车乘客提供天气防护的装置。73
远侧公共汽车站（far side stop）：位于有信号灯的交叉路口远侧的公交站。73
近侧公共汽车站（near side stop）：位于有信号灯的交叉路口近侧的公交站。73
36. 电容（Capacitance）：电池等系统收集和存储电荷的能力。195
37. 资金成本或支出（Capital costs or expenditures）：用于固定资产的财务支出，如建筑物、基础设施和景观等。3，226
38. 碳排放（Carbon emission）：由于石油、煤炭和天然气燃烧，或者自然物衰变，碳被释放到大气中的过程，其中碳通常以二氧化碳的形式存在。12，73，235，261
39. 碳足迹（Carbon footprint）：企业机构、活动、产品或个人通过交通运输、食品生产和消费以及各类生产过程等引起的碳排放的集合，可转化为受到这些碳排放影响的地理区域，或转化为提供相应服务所需的区域。221

40. 无车区（Car-free zone）：全天或特定时间禁止汽车行驶的建成区。125，126
41. 接触网（Catenaries）：悬挂在两点之间，用于输送电力（供电车或列车使用）或功率（供索道或缆车使用）的柔性电线或绳索。76，80-81，84
42. 发射塔（Cell tower）：天线和电子通信设备的垂直结构，可用于建立蜂窝网络。231-233
43. 集中式发电（Centralized electrical generation）：服务于社区或更大地区的大型发电设施。194，200
44. 污水坑（Cesspool）或黑水箱（blackwater tank）：在送走处理之前，暂时储存厕所废弃物或其他受污染物质的容器。166
45. 储水池（Cistern）：位于地下用于收集雨水的水池，可按需使用。148，154，156-158，161-162
46. 黏土（Clay）：一种天然的非常细颗粒的材料，在潮湿时呈塑性，主要由铝的含水硅酸盐组成。13，149，253，257
47. 闭环生态学（Closed-loop ecology）：不依赖于外部物质或变化的生态系统，通常废弃物被一个或多个物种重复利用。12
48. 闭环基础设施系统（Closed-loop infrastructure systems）：可回收利用场地废料或产品的系统，例如水循环（water loops）、能量循环（energy loops）、碳循环（carbon loops）和材料循环（material loops）。12
    闭环系统（closed-loop system）：将封闭管道中的水从地下汲取，在构筑物内的采暖或制冷装置中进行热交换，然后返回。12，218，220，224
    开环系统（open-loop system）：将地下水泵送至换热器，然后返回地下水或成为废水。218，220
49. 热电厂（Cogeneration plant）或热电联产（combined heat and power，CHP）：可同时产生电力和有效热量的设施。172，191，200，210，216-218，220，222
50. 粉碎机（Comminutors）：用于减小污水的固渣尺寸的粉碎或研磨设备。176
51. 共同管沟（Common trench）：沿街开挖的箱型槽沟，可共用多种市政管线。6-7，10-11
52. 通信系统（Communications systems）：全方位的通信媒介，各种通信方式都有相应的传输和交换装置。13，228
    有线（wired）：使用电缆和电线传输数据，例如电话网络、有线电视和互联网、光纤数据和用于大功率应用的波导（电磁）线等。5，8，10，198，229，236
    无线（wireless）：在发射塔与接收机之间使用无线电波传输信号。13-14，228-229，231，234-236
53. 社区（Community）：共享设施并共同参与活动和机构的本地社会团体或组织。12，18-19，29-36，91-94，105-107，135-137，143，153-164，223-224，237
54. 完整街道（Complete streets）：在机动车、公共交通、步行和骑行之间取得平衡的街道模式。7，9-10
55. 堆肥废弃物（Composting wastes）：通过好氧细菌、真菌和其他微生物加速有机物分解的过程，用于生产可用作肥料的物质。11，180，182，188-191，246，260
56. 公寓所有权（condominium ownership）、分层产权制度（strata title）、公寓共有（commonhold）、集团共管（syndicate of co-ownership）、共有产权（co-propriété）：一种所有权形式，单独的个人或公司拥有建筑物或建筑群的一部分，场地属于集体共同持有。201
57. 连接节点比率（Connected node ratio，CNR）：道路模式连通性指数，公式为实际交叉口数除以包括尽端路口在内的交叉口数。49
58. 连通性（Connectivity:）：在不迂回的情况下，在地区或邻近社区的街区之间建立连接的难易程度。48-50
59. 人工湿地（Constructed wetland）：为截留或处理城市和工业废水、灰水或雨洪径流而人为建造的湿地。172-174
60. 等高线图（Contour map）：在场地上绘制等高线的地图。252
61. 控制交叉路口（Controlled intersection）：具有可调控车流和人流的交通监控设备的交叉路口。24
62. 合作社/合作机构（Cooperative corporation，又称为co-op，coop）：用于集体所有财产（通常为住房）组建的合作制度，其中持有股份的个人对其所占有的部分财产拥有专有租赁权，并且实体的董事会有权批准所有股份转让。105
63. 穿行地役权（Cross easement）：记录在契约上的场地使用或通行的互惠权利。85

64. 单位（Danwei）：1949年后，计划经济体制下中国城市发展中生活和工作场所的基本单元。47
65. 数据中心（Data center）：服务于机构的大运量计算机装置或面向多用户的云计算服务。237
66. 自行车专用道（Dedicated bicycle lane）：仅限自行车使用的道路。98，102
67. 公交专用道（Dedicated bus lane）：仅限公共汽车通行的或公共汽车优先通行的车道。6，37，77，
68. 公共交通专用路权（Dedicated transit right-of-way）：仅限于公交通行的车行道之外的通行道，以尽量减少交叉口。76-77
69. 深湖制冷系统（Deep lake water cooling，DLWC）：一种空间冷却方式，从湖泊的4~10℃的深水区抽水，用于热交换器进行冷却。220
70. 密度（Density）：使用空间容量的度量单位，用家庭或人口数除以场地或地区的面积。5-8，11，13，20，23，31，33，35，44，46-49，64-65，68-69，71-73，76，80，93，96，107，111，113，116，121，123，131，137，142，146，150，154，156，158，165，189，199，204，213，227，231-232
71. 海水淡化（desalination）：海水除盐工艺。156，159
72. 海水淡化系统（Desalination system）：将海水转化为淡水的方法，包括蒸馏、离子交换、反渗透和其他膜工艺，以及太阳能海水淡化等。154
73. 设计、规划或开发竞赛（Design，plan，or development competition）：通过邀请专业人士提交方案来寻求想法或规划的方法。197
74. 设计速度（Design speed）：用以确定道路形状和尺寸的速度，通常其设定为比限速高10%~15%，或者在限速上增加8~16km/h。26-27，29-30，81，103，253
75. 设计车辆（Design vehicle）：作为转弯半径计算依据和满足其他道路设计要求的常用车辆。23
76. 建设规范（Development regulations）：对许可开发项目的用途、密度、形式、体量及其他特征的公共管理规定。159
77. 直流电（Direct current，DC）：沿同一方向流动的电流，例如光伏仪器或本地发电，现多用于大型数据中心。194，196
78. 排水点（Discharge location）：地表径流排入河流、滞洪区、湖泊或其他水体的位置。143
79. 显示屏幕（Displays）：数字标识或视频装置。236-237
80. 处理场（Disposal field）：特别准备的地下区域，存储化粪池流出的污水以进行下一步净化。165-166，188
81. 分布式天线系统（Distributed antenna system，DAS）：在一定空间或建筑内，由多个空间分离的天线节点，连接到多种信号源，组建而成的提供无线服务的通信网络。232
82. 分布式发电（Distributed electrical generation）：由本地源网络所产生的电能，可包括太阳能板（solar panels）、风力发电（wind turbines）和本地发电站（local generators）等。14，200-201
83. 地区供热（制冷）系统［District heating (and cooling) system］：基于某种能源（energy source），通过绝缘管道（insulated pipes）在一个地区内分配热水或蒸汽（和冷冻水），系统可包括热或冷储存（heart or coolingstorage）。215-216，219，225，227
84. 地区特色（District identity）：地区的布局、自然地貌、建造形式或景观等特征。129
85. 无桩共享单车（Dockless shared bicycles）：一种自行车共享系统，通过车辆上的收发器控制，包括定位、锁定和收费。106-107
86. 滴灌系统（Drip irrigation system）：一种节约用水的灌溉方式，水通过穿孔管缓慢滴落到地表或地下。164，166，260
87. 干旱（Drought）：降雨频率较低的长时期，如100年一遇的干旱（100-year-occurrence drought）等。146，157，210
88. 干井（Dry well）：将雨水径流灌入地下水的地下设施。149，150
89. 双管供水系统（Dual-pipe water system）：具有独立饮用水和灰水管道的配水管网，其中，中水主要用于农业、灌溉和工业用途。163-164
90. 大垃圾桶（Dumpsters）：可以自动倒入收集车或直接运至垃圾处理场的大型容器。181，184
91. 住宅单元（Dwelling unit）：带厨房和卫浴的独立居住单元。17-18，221

92. 地役权（Easement）：使用、转让或从邻近产权地块获益的权利，并登记在该产权的契据上。5，10，85，198
维修地役权（maintenance easement）：为了维护设施而进入他人地块的权利，如位于地界线上的建筑墙体（如地界零线住房）或穿过他人地块的下水道。198
93. 生态城市（Eco-city）：以可持续发展为导向的新区或现有建成区，旨在减少能源使用、减少出行以及实现自然与人工系统的融合。203
94. 生态学（Ecology）：生物体之间以及与所在物理环境之间的关系。241
95. 有效利用（Efficient use）：通过延长使用时间、扩大用户范围或活动类型来达到设备或空间的优化利用。63，224
96. 废水（Effluent）：排放到环境中的液体废物或污水。7，12，156，165-168，170，173，176-178，222，224
97. 配电线路（Electrical distribution lines）：从输电系统向个人消费者配送电力的最后阶段，通常以中压在电线杆上或地下管线中配送。198，200
98. 电磁场（Electromagnetic fields，EMFs）：由交流设备产生的不可见电场和磁场的组合。195，207，232
射频辐射（radio frequency radiation，RFR）：位于能量频谱低端的无线电波和微波，来自广播天线、便携式无线电系统、微波天线、卫星和雷达等。232
99. 电梯系统（Elevator system）：建筑物内的机械垂直运输设备，由电机和平衡绳或液压升降机驱动。62，132
100. 蕴藏能量（Embodied energy）：场地开发及建造过程所涉及的所有消耗的能量。191，222
101. 能耗（Energy consumption）：在过程或系统中，由机构、定居点或社会团体消耗的能量。13，212，221，236
102. 地区供热能源（Energy sources for district heating）：由地区供热系统的热源，如传统燃料、热电联产、地热输送、生物质、污水热量回收、垃圾填埋场废气、工业过程热、核电热和太阳能等。191，216，220-222，225-226
103. 工程芦苇地（Engineered reed bed）或工程湿地（engineered wetland）：利用生态过程分解废水中有机物的人工种植湿地。172
表面流型湿地 [free water surface (FWS) wetland]：水面暴露在空气中的湿地系统。172，174
植被浸润床型湿地 [vegetated submerged bed (VSB) wetland] 或潜流湿地 [subsurface flow (SSF) wetland]：含有岩石、砾石和适当植物培养基的滤床或沟渠，主要在地表以下处理或净化废水。172-174
104. 自动扶梯（Escalators）：室内外使用的机械式楼梯。83，86，89-90，94，120
105. 富营养化（Eutrophication）：湖泊或其他水体中的营养物质过量，通常由于农业或城市土地的化肥径流所致，可通过水面上藻类植物判断。171
106. 物品交换中心（Exchange center）：用户可在此处理不需要的物品，并可带走他们认为有用的物品。190
107. 有害废弃物的异地处理（Ex-situ treatment of hazardous wastes）：通过化学过程提取和处理污染物，再将处理过的材料送回到原址。244-246
108. 延时曝气（Extended aeration process）：采用改良活性污泥进行污水处理的方法，其中悬浮生长微生物用于分解废物。176
109. 超高压输电线路（Extra high voltage line）：远距离传输大量电力的电缆，在765kV以上电压输电。194
110. 轮渡（Ferry system）：一种接驳固定码头的水上运输系统。91-92
111. 光缆（Fiber optic communication lines）：通过光纤发送光脉冲传送信息的方式。229
光纤到路边（fiber to the curb，FTTC）：光纤线路提供服务到路边，下一步分配交由场地所有者自行完成。229-230
光纤到户（fiber to the home or premises，FTTH）：提供从中心点直接到住户或建筑物的光纤光缆。229-230

光纤到网络节点（fiber to the network or node，FTTN）：通过光纤光缆提供无线服务或分发到中心点。230

112. 过滤管（Filter drain）或填石暗沟（French drain）：用砾石或岩石组成的沟渠，或内含渗水管，以改变地表水和地下水流向。149
113. 细砂（Fines）：细粒碎石，通常用作人行道表面。10，117，160
114. 冻融周期（Freeze-thaw cycles）：温度低于和高于零度的24小时周期。116，263
115. 冻深线（Frost line）：在冬季易结冰地表以下的深度。168
116. 缆索铁道（Funicular）、悬崖铁路（cliff railway）或齿轨铁路（cog railway）：由导轨引导，采用绳索或铁轨之间移动的齿轮推动爬上陡坡的车辆。88-89
117. 气化（Gasification）：一个将以有机材料或化石燃料的生物质材料转化为合成气和二氧化碳的过程，通过使材料在不燃烧的情况下经受高温（>700℃）来完成该过程。该过程与合成气的使用相结合可以成为能源的来源之一。191，220
118. 总体规划（General plan）：请参阅综合规划（Comprehensive plan）。
119. 地热能（Geothermal energy）：利用相对恒定的地下温度对建筑空间进行采暖或制冷，通常通过从地下抽水或从岩浆中释放蒸汽来实现。194，217
120. 地理信息系统（GIS）：用于捕获、存储、操作、分析、管理、绘制和呈现空间或地理数据的计算机软件。137
121. 坡度（Gradient）：对场地或道路倾斜程度的度量，通常采用高度与距离之比或百分比表示。25，27-29，79-80，88，102，112，114-116，132，139，141，143-144，149，151-152，168-170，173，239，251-254
122. 砾石（Gravel）：由小型水磨石或碎石组成的松散集合体，通常直径在0.25in（6mm）与0.75in（19mm）之间。4，145，164-166，172，226，244，253
123. 重力排污管道系统（Gravity sewer system）：一种依靠下坡流将废水移至处置场的系统。168
   集流管（collector lines）：聚集来自多个来源的废水。152，168
   侧线（lateral lines）：从建筑物到公共污水管道的支线。151-152，163
   检修孔（manholes）：在关键连接点处设置的用来清理系统的地点。人行道或道路上通往下水道或拱顶，允许人进入的有盖小开口。7，150-153，168-170，179，229
   污水处理厂（sewage treatment plants）：在排放或回收利用水之前去除杂质的设施场所。166，168，170-172
   主管道（trunk lines）将废物运至污水处理厂的管道。153，165，168，170，178
124. 中水（Gray water）：来自浴缸、水槽、洗衣机和厨房用具，无粪便污染的相对清洁的废水。11，137，163-165，176
125. 温室气体排放［Greenhouse gas (GHG) emissions］：通过吸收太阳暖化地球表面所产生的红外线辐射而造成温室效应的气体排放，包括二氧化碳（CO_2）、甲烷（CH_4）、二氧化氮（NO_2）和水蒸气。66，218，222，224
126. 绿色基础设施（Green infrastructure）：利用自然系统收集、过滤、滞洪和运输水，提高空气质量，回收利用废弃物，并实现其他基本功能。11-12，150
127. 绿色屋顶（Green roof，又称生态屋顶living roof）：一种由防水卷材、生长介质和植物覆盖的屋顶，可用于吸收雨水和降低屋顶温度。12，136，141，145-147
   拓展型屋顶绿化（extensive green roof）：一种部分或全部被植物覆盖的屋顶。146-147
   密集型屋顶绿化（intensive green roof）：一种部分种植更广泛，用于户外生活或娱乐的屋顶。146-147
128. 网格规划（Gridiron plan）：定居点中的街道和街区呈直线正交布局。43-45
129. 电网平价（Grid parity）：太阳能或风能替代能源发电价格小于或等于传统能源发电价格的情况。200
130. 地被植物（Ground cover）：用于防止地表受到侵蚀和抑制杂草的水平分布种植物。164，248，253，260，263
131. 地下水（Groundwater）：在地表以下土壤、沙子和岩石的裂缝和空间中发现的水，是地球上20%淡水的来源。4，52，60，62，135-136，140，144-145，149，156-161，176-177，190，217-219，226，244-

247，260

132. 候车厅（Headhouse）：交通系统的区域，用于容纳候车（船）人员，例如轮渡码头、候车室和装货区。85
133. 发车时间间隔/行车间隔（Headways）：在路线上沿同一方向行驶的车辆或列车之间的平均间隔。69，73，77-78
134. 健康（Health）：身体、思想或精神健全，相对无疾病或顽疾的状态。9，95，126，172，190，192，195，207，232，235，250
135. 热交换器（Heat exchanger）：一种将热量从一种介质传递到另一种介质（例如管道蒸汽与循环空气之间）的装置。218-220，222，224
136. 热岛效应（Heat island effect）：由于硬质表面材料的吸热和保温，城区人口密集的建成区的温度明显高出周围乡村地区。60，146，261
137. 日光反射装置阵列和集热器（Heliostat array and collector）：将阳光反射到包含介质的单个集热器上的镜状表面，例如水或熔盐，以驱动涡轮机发电。204-205
138. 屋主联合会、业主协会、产权委员会、业主委员会、财产信托、业主公司或共同利益不动产协会（Homeowners' association, property owners' association, property board, property committee, property trust, owners' corporation, or common interest realty association）：为管理场地的共同拥有部分而设立的实体，有权按比例向业主收取费用。201
139. 住房密度（Housing density）：单位用地面积的住房单元数（如果分母是整个场地，则为总密度。如果只包括住宅区，则为净密度）。5-7，33-35
140. 腐殖质（Humus）：由土壤微生物分解树叶和其他植物材料而形成的土壤有机成分。189
141. 水生植物（Hydrophytic vegetation）：适合在具有永久性或交替性干旱、淹没或饱和土壤条件的栖息地生活的湿地植物。又称为强制性湿地物种（obligate wetland species）。172，248
142. 特色（Identity）。请参阅地区特色（District identity）。
143. 沉淀池（Imhoff tank，septic tank）：一种通过提取污泥的简单沉积和沉淀或厌氧消化来储存和处理污水的小室。165-166，170，172
144. 渗透池或渗透区，或生物滞留池 [Infiltration basin or zone (or bioretention or recharge basin)]：专门用于储存雨水径流或洪水，允许它们缓慢渗入地下水的区域。148-149
145. 基础设施（Infrastructure）：支持使用场地所需的基本设施和系统，包括公共设施、交通工具、通信和社会服务设施。3-14
146. 原址修复（In-situ remediation）：应用自然景观和生物修复技术，以吸收土壤中的有害物质。244-246
    生物衰减（bioattenuation）：氯化溶剂的生物降解过程，该过程通常为厌氧过程，有时称为还原脱氯（reductive dechlorination）。245
    自然衰减（natural attenuation）：在没有人为干预的情况下，用于减少土壤或地下水中污染物的质量、毒性、流动性、体积或浓度的各种物理、化学和生物过程。245
    自然修复（natural remediation）：利用自然过程去除土壤、地下水沉积物或地表水中的污染或污染物。245
147. 智慧城市（Intelligent cities）：提供人类和社会基础设施的定居点，以支持可持续发展及促进就业、社会交流和交通方面的创新。又称为智能城市（smart cities）和智能互联城市（smart connected cities）。14，235-237
148. 交叉口类型（Intersection types）：道路连接点的布局。42
    十字交叉口（four-way intersections）：通常为两条道路交叉。41-42
    环岛（roundabout）/环形交叉口（traffic circles）：围绕中心圆点循环的连续流交叉口。41-43，45，52-53
    三向交叉口（three-way intersections）：通常为一条直通路线与一条尽端路路线的T形连接。42
    地下通道（underpass）/天桥（overpass configurations）：允许直行交通自由通行的连接。可能包括布局为菱形、苜蓿叶形或定向式的连接。11，30，42，82，120，122，130-133
149. 废弃物填埋场（Landfill or tip）：通过掩埋和覆盖土壤来处置废料的区域。244-245

150. 景观（Landscape）：土地的所有可见特征，包括地形、植被、地表以及人为改进，又称为田园景色（landschap，荷兰）、自然景色（landsceap，古英语）或风景（landschaft，德 国）。6，8-9，11-12，31，35，39-40，51-53，58，60，62，92，101，103，124-125，128-129，135，139-140，145-146，148-149，154，164，172，175，182，184，189，195，232-233，239-264
151. 景观传统（Landscape traditions）：形成景观的长期文化诠释，包括对风景如画（picturesque）的渴望、压缩（compressing）园林中较大景观的想法以及构建涉及更广泛背景的象征性（symbolic）景观。240-243
152. 排污侧线（Lateral sewer lines）：将建筑排水连接至公共下水道的支线，通常为私有。150-152，163
153. 落客区（Layover area）：公共汽车和其他车辆在等待其预定出行时间时的停靠区域。33，71，73，77
154. 矿层（Ledge）：呈现为岩架，通常是从墙壁或悬崖上突出的狭窄水平面。166，169，177
155. 服务水平（Level of service，LOS）：一种用于根据交通流量、速度和延误情况预测通行质量的定性度量。常用服务水平包括车辆服务水平（vehicular LOS）、自行车服务水平（bicycle LOS）和行人服务水平（and pedestrian LOS）。23-25，93，113-114
156. 激光雷达勘测（LIDAR survey）：激光探测和测距，一种利用脉冲雷达来测量距离和绘制地形图的遥感方法。251
157. 生命周期成本（Life cycle costs）：在设施使用寿命期间产生的总成本，通常表示为以反映货币价值的适当利率贴现的年度成本之和。4，16
158. 生活方式（Lifestyle）：反映个人或群体的态度和价值观的生活方式或生活习惯。14，154，181
159. 照明灯具（Lighting fixtures）：通常安装在街道灯杆上的照明装置，这些装置采用发光二极管（light-emitting diode，LED）、高压钠（high-pressure sodium，HPS）和致密陶瓷金属卤化物（compact ceramic metal halide，CCMH）等照明技术。8，212-213
160. 轻轨交通系统［Light rail transit (LRT) systems］：在街道路权范围内或专用廊道内，于轨道上行驶的多车组自供电车辆，该系统在大容量轨道交通与单个有轨电车之间提供中间水平的轨道交通。又称为电车（trolleys）、有轨电车（trams）、城市铁路（munis）、地面地铁线（subway-surface lines）或城际有轨电车（interurbans）。77-83
161. 残障（Limited mobility）：由于疾病、先天性疾病、意外或神经肌肉和骨科损伤，导致在没有他人陪伴的情况下行走或移动能力减弱。9，58，71，112
162. 线性系统（Linear systems）：沿着一条路线行进的街道模式，可以从该路线进入所有次干道。46
163. 装卸平台（Loading dock）：卡车装卸的专用区域，通常具有可升高到卡车底盘高度的平台。184
164. 壤土（Loam）：砂、粉土和黏土比例大致相等的土壤，通常还含有腐殖质。141，164
165. 低频次声（Low-frequency infrasound）：20Hz以下，低于人耳听觉阈值的声音，这种声音可能影响人和动物的感觉和健康。208
166. 低水头水力发电（Low-head hydropower）：利用20m（66ft）或以下水头的水流或潮流产生能量，又称为微型水力发电（micro hydropower）。200，209-210
167. 大运量交通系统（Mass transit systems）：通常可指代所有模式的公共交通系统，但具体而言，指基于地面或地下独立路权的重轨交通系统，该系统还有各种名称：地铁、快速公交、地下铁路、地下铁路（德国）、哥本哈根市郊铁路、地铁、快速铁路等，在世界各国称呼各不相同，如：Metropolitaine、subterraneo、T、MTA、CTA、Sky Train、MRT、MetroTrain、MetroRail、Marta、WMATA和EI等。83-86
168. 垃圾回收站（Material recovery station）：分离和回收利用有可能再利用的固体废弃物的地点，又称为回收站或中转站。188
169. 膜生物反应器（Membrane bioreactor，MBR）：薄膜法与悬浮生长生物反应器相结合，例如微滤或超滤，广泛用于市政和工业废水处理。171，176
170. 减缓措施（Mitigation measures）：场地开发商被要求抵消开发场地的负面环境影响所采取的措施。51
171. 移动信息设备（Mobile information devices）：能够连接到互联网资源的手持个人通信设备，例如智能手机。237
172. 单轨系统（Monorail system）：通常为由单轨引导和供电的高架交通系统。66-67，84，86-87

173. 自动步道（Moving sidewalks）：沿路线运送行人的自动传送带或链环。87，89-90
174. 多层零售中心（Multilevel retail center）：有两层或两层以上商店的购物区。85，132
175. 邻里（Neighborhood）：个人分享社会关系、使用设施或价值观的特定区域。33，42，260
176. 新城（New city）：规划的规模足够大的新定居点，以支持各种商业和就业设施，并提供多样化住房、娱乐和文化活动，又称为新城（new town）和新社区（new community）。44，72，90
177. 新城市主义（New urbanism）：一种城市设计运动，该运动提倡混合宜与步行的步行社区和多样化社区以包括广泛的工作和职能，其社区建造具有连续性的特点。53
178. 新村或新邻里（New village or neighborhood）：小规模的新开发项目，该项目通常以学校或当地购物区为中心，以鼓励本地互动。260
179. 办公（Offices）：行政、职业和文书工作领域，例如办公园区（office parks）、商务园区（business parks）、高科技办公园区（high-tech office parks）和总部园区（headquarters campuses）。17，56-57，126，168，181，184，232，238
180. 运营和维护支出（Operating and maintenance expenditures）：使用空间或基础设施所需的照明、供暖、制冷、燃气、维护、清洁，及其他活动的年度费用。13，87
181. 正交街区模式（Orthogonal block pattern）：开发区周边街道的直线性布局［请参阅网格规划（Gridiron plan）］。45
182. 所有权（或产权）（Ownership）：业主拥有使用和享有财产的一系列权利（传统形式包括普通采邑权、部分采邑权、终生产业、公寓所有权和合作所有权等）；所有权可以包括矿业权、开发权、空间所有权和用水权。85，90
183. 氧化沟（Oxidation ditch）：一种利用长固体保留时间（SRT）去除可生物降解有机物的污水活性污泥生物处理工艺。176
184. 污水处理成套装置（Package plants for sewage treatment）：用于处理有限区域或单个场地废水的预制小型处理设施，通常处理流量为0.01-0.25MGD；这些装置可以集成曝气、序批式反应器、氧化沟、膜生物反应器、氯化或紫外线处理。174，176-177
185. 抛物面反射器阵列（Parabolic reflector array）：一组水平和垂直弯曲的反射器阵列，用于将能量集中在反射器焦线上的充满液体的收集器上。204-205
186. 辅助客运系统（Paratransit）：根据需要提供乘车服务的公共或集体交通，通常为私人运营，包括拼车、电话叫车服务、机场巴士、派对车辆、通勤小巴、无障碍通行车辆、观光车、小型巴士、吉普车巴士、公共出租车、小型公交和小型公共汽车出租车。66，68-71
187. 停车位使用权（Parking access）：单个停车位的状态，这些停车位可以是：
公共停车位（public parking）：免费或收费提供给所有人。61-62
共享停车位（shared parking）：为团体中的个人预留。57，98
188. 停车配置（Parking configurations）：与车流模式、可用尺寸和停车场运营相对应的停车位基本布局，包括平行停车位、倾斜停车位、代客停车位、专用停车位和共享停车场。58-59
189. 车库（或停车库、停车场）（Parking garage）：在不使用时容纳车辆的构筑物，包括自助停车库、代客泊车场库和自动停车库、带坡道的平地板停车库以及车道用作坡道的斜地板停车库；又称为多层停车场（multilevel carparks）、停车设施（parking structures）、停车坡道（parking ramp）、停车甲板（parking decks）、停车平台（parking podiums）或停车场（parkades）。16，31，40，54-55，56-58，60-63，65，68，85-86，88，92，94，105，107-108，125-128，131，136，142，145-146，148-150，156，202，204，219，225-226，238，245，252-253
190. 停车需求/停车要求（Parking requirements）：根据惯例、法规或驾驶员调查所估计的停车的需求。54-59，61
191. 标准车当量（Passenger car equivalents）/当量交通量（passenger car units）：一种用于评估道路交通流量的度量标准，通过将不同类型的车辆与 单一车辆进行比较，使得交通流量规范化。21，23-24
192. 峰值日照时数（Peak sun hours）：如果太阳以其辐射功率的最大值照射数小时，一个地点受到的太阳辐射量。202-203
193. 步行模块（Pedestrian area module）：沿着人行道方向的行人车道的尺寸。113

194. 人行天桥（Pedestrian bridge）：供行人安全通过繁忙街道的天桥。11，39，90，118，120，122
195. 人行通道（Pedestrian concourse）：位于街道上方、下方或地面上，没有车辆通行的人行道系统，通常在两边布满商店和建筑入口，有时称为空中走廊（skyway）、步行小道（catwalk）、天桥（sky bridge）、人行天桥（skywalk）、15号步行区（plus-15 pedestrian area）、地下城市（underground city）、蒙特利尔地下城（ville souterraine）、地穴（catacomb）、步行桥（pedway）或地下商业街（underground shopping street）。39，108，116-117，130-132
196. 行人密度（Pedestrian density）：每平方米或其他空间维度的行人数量。111，131
197. 步行街（Pedestrian promenade）：沿着水边、沿着有景色的隆起（观景楼）或在宽阔的中间隔离带愉快散步的步行街，例如巴塞罗那的拉兰布拉。122-131
198. 步行区（Pedestrian zone）：主要或专门为行人预留的区域，又称为无车区（car-free zone）、步行区域（pedestrian precinct）或步行街（pedestrian mall）。52，109，118-131
199. 旅客捷运系统（People-mover systems）：在轨道或自由车道上行驶的小型自动化车辆，可以根据需要将行人运送到目的地，例如个人快速交通系统［personal rapid transit (PRT) systems］［请参阅自动驾驶车辆（Autonomous vehicles）］。86-87
200. 透水路面（Permeable pavement）：一种强度足以支撑车辆，同时允许水分通过的地面，包括透水混凝土（permeable concrete）、多孔沥青（porous asphalt）、密实碎石（compacted grave）、透水砖（unit pavers）、可回收玻璃透水性路面（recycled-glass porous pavement）和植草砖（reinforced grass）。145
201. 光伏发电板［Photovoltaic (PV) panels］：通过光伏效应产生流动电子，将太阳能直接转化为电能的太阳能电池板。201-204
202. 植物修复（Phytoremediation）：直接利用活的绿色植物，现场清除、降解或遏制土壤、淤泥、沉积物、地表水和地下水中的污染物。172，246-250

    超富集植物（hyperaccumulation）：通过植物根系吸收重金属，然后将其清除。246，249

    植物积累（phytoaccumulation 或植物提取(phytoextraction)）：萃取和储存植物中的污染物，然后将其清除。246

    植物降解（phytodegradation或植物转化(phytotransformation)）：分解植物吸收的物质的过程。247-249

    植物挥发（phytovolatilization）：将土壤中的有害物质释放到空气中，有时在将有害物质分解成挥发性成分之后释放。247-249

    根系降解［rhizodegradation或植物催化(phytostimulation)］：通过微生物活性降解根际（植物根系周围土壤区域）中的污染物，其中根系增强了微生物活性。247-248
203. 试点项目（Pilot project）：为改进未来项目而作为概念测试进行的项目。236
204. 场所（Place）：场地的特定位置，通常充满活动，居住者在其中有归属感。12，15-17，32-37，49，53，55，57，58，64，90-93，101，108-110，117，122-134，147，182，211-214，221，232-233，236-240，243，263
205. 规划单元开发［Planned unit development (PUD) 或规划开发区（planned development (PD) area）］：一种多阶段开发项目，其中开发密度从通常的规则修改为有利于建设的方式，如规定了设施、开放空间、场地布置和开发时间的场地特定要求，并对场地使用进行一定优化。17
206. 植物分类（Plant classification）：根据属、种、变种和品种进行的植物正式命名，例如普林斯顿美国榆。260
207. 植物耐寒区（Plant hardiness zones）：以10°F为间隔划分的平均最低冬季温度区间，有助于确定最有可能在某个地点茁壮生长的是哪些植物。257-258
208. 基于本辖区的交通模式（Precinct traffic pattern）：邻里交通组织，对出入流线进行一定限制，并防止邻里之间交叉穿行。44
209. 预制绝缘加热和制冷管道（Preinsulated heating and cooling pipes）：用于输送热水、蒸汽或冷冻水的管道，这些管道周围有隔热层，以最大限度地减少热量损失或增加。227
210. 现值（Present value）：投资者今天为一项未来回报资金的投资支付的金额，根据投资者的货币时间价

值对未来收益进行折现。4，199

211. 隐私（Privacy）：通过隔绝视觉、声音和人的存在以远离他人。257
212. 策划（Program）/计划（brief）/项目范围（project scope）：对所寻求的场地改进的范围、目的和质量进行的书面说明。4，10，27，64，105
213. 原型（或模式）（Prototype）：建筑或场地开发的一种常见形式，不同于具有完全独特程序的建筑物。37，41，64
214. 空间关系学（Proxemics）：一门用于处理在特定文化中人们认为有必要在自己与他人之间保留一定空间的学科，以区分亲密空间（intimate space）、与熟人的私人空间（personal space）和群体中的社交空间（social space）。109
215. 泵站（Pumping stations）：将水或污水从一个高程提升到另一个高程的地点，通常设在相对平坦的地形上。151，153，169-170，177，223
216. 热解（Pyrolysis）：在无氧条件下分解生物质，以产生生物炭、生物油和气体，包括甲烷、氢气、一氧化碳和二氧化碳等。182，191，220
217. 二维码（Quick response codes，QR）：一种机器可读的矩阵条形码，该条形码包含或连接到与之相连物品相关的信息。238
218. 放射状形态（Radial form）：从共同原点向外延伸的道路；也可与环形道路相结合，形成同心放射模式。36，43，45-48
219. 雨量图（Rainfall maps）：提供局部地区降雨频率和强度数据的地图。137
220. 雨水花园（Rain garden）：一个用于收集不透水区域雨水的浅凹陷区，例如屋顶、车道、道路、人行道、停车场和压实草坪区，该区域种植有能快速吸收水分的植物。11，58，144-146
221. 合理径流计算方法（Rational method for computing runoff）：一项根据暴雨强度、面积以及反映土地吸收能力的系数，估算场地暴雨洪峰流量的简单技术。140-142
222. 填海（Reclamation）：填土或筑堤以供耕种或开发之用。177
223. 休闲娱乐区（或休闲区、休闲场地、游乐区）（Recreation areas）：设计用于运动、公共和家庭活动、团队比赛和娱乐休闲的各种设施或场地。17，116，128，135-136，147-148，153
224. 修复（Remediation）：通过隔离（containment）、清除（removal）、异地处理（ex-situ treatment）或原址修复（in-situ remediation）来减少场地污染物。149，156，241-250
225. 可再生能源（Renewable energy sources）：使用时不会耗尽的能源，例如风能或太阳能。190，205
226. 路权（Right-of-way）：公众通过购买、奉献或地役权获得的，用于车辆、行人和基础设施通行的土地。79
227. 河岸走廊（Riparian corridor）：以河流两侧或湖泊或其他水体边缘为边界的土地。247
228. 道路密度（Roadway density，RD）：单位面积的道路公里（英里）数（通常为平方公里或平方英里）；另外，还可采用单位面积的路段数除以相同面积的交叉口数计算路段节点比 [link: node ratio (LNR)]。49
229. 道路等级（Roadway hierarchy）：一种按类型区分道路的功能分类系统，每个等级的道路都有自己的标准。30-31

    主干道（arterials）：城市的主干道，强调直通交通，通常将相邻物业的出入限制在不干扰交通流量的位置；其中包括公园大道（parkways）、复合型林荫大道（multiway boulevards）和大马路（grand avenues）。23-40

    次干道（collector streets）：将车辆从支路运输到城市主干道的街道。次干道还可以提供进入邻近房屋的通道。27-36，41，44，47-48，53，72

    封闭式高速公路（limited-access highways）：进出位置有限的长距离通行道路。其中包括高速公路（expressways）、快车道（freeways）和机动车道（motorways）。23，27，30，39

    本地级道路（local access streets）：提供进入邻近房屋的街道。其中包括网格道路（grid streets）、环路（loops）、尽端路（cul-de-sacs）、小巷（alleys）、小街（mews）和车行道（auto courts）。33，36，41-42，53
230. 减速带（Rumble strip）：横穿道路或沿着道路边缘的一系列凸起带，以警告驾驶员前方有限速或危险。

52，99

231. 径流（Runoff）：不被土壤吸收，而是在重力作用下流向池塘、溪流或湖泊的部分降水。3，6，8，11-15，60，117-118，134-167，239，251-252，257
232. 安全（Safety）：基本上没有危险、风险或伤害的环境。9，13，27，30，41，49，51，75，93，97，145，236
233. 售货亭（或摊位）（Sales kiosks）/手推车（pushcarts）：在购物区的公共场所出售专门物品的小摊位或手推车。117-118
234. 砂（Sand）：崩解性岩石的小颗粒，通常被水流运动包围，典型尺寸为0.0625-2mm。136，141，149，160，172
235. 生活废水（Sanitary wastes）：来自农业、商业、生活或工业来源的非危险和非放射性液体或废弃物。167
236. 安全（Security）：相对没有犯罪、人身攻击和威胁的环境。48，93-94，103-104，118，120，131-133，212，236
237. 场所感（Sense of place）/恋地情结（topophilia）：当地居民和许多游客在建筑物或某些场所时深切感受到的强烈认同感和特色。239
238. 传感器（Sensors）：位于环境中，能够记录、传输和在某些情况下分析环境条件的设备；传感器可以收集视频（video）、数值数据（numeric data）、二进制数据（binary data）或计量数据（metering data）。14，65，183，235-236，238
239. 化粪池垃圾（Septage）/污泥（sludge）：从化粪池、污水坑或其他一次处理源泵送的液体和固体材料。166
240. 化粪池系统（Septic system）：一种在化粪池（septic tank）或沉淀池（Imhoff tank）中分离和沉淀固体，然后将液体废弃物分配到地下多孔排水瓦管化粪池处理场（septic disposal field）进行进一步处理的系统。165
241. 化粪池污水泵送系统［Septic tank effluent pumping (STEP) system］：一种用来把灰水泵送到社区低压污水管道系统的沉淀池。170
242. 序批式反应器（Sequencing batch reactors）：一种向废水中通入氧气来减少生化需氧量（BOD），然后排出高质量废水进行进一步处理的分批处理废水的技术。176
243. 共享停车（Shared parking）：用途共享的停车位，例如白天用于办公，晚上用于住宿。56-57，93，98
244. 机动车和自行车共用混行（Sharrow）：自行车和其他车辆联合使用街道空间的共用车道标志。99
245. 商业街（Shopping streets）：布满一系列商店的街道，最好街道两边都有商店，而且街道很容易穿过。36，130
246. 人行道（Sidewalk）：用于沿街步行的人行道路，一般有三个区域：用于灯杆、公用设施或座椅的路缘区（curb zone），家具区（furniture zone），用于行走的步行区（pedestrian zone），和商家通常用于展示商品或标志的界面（interface）或临街区（frontage zone）；人行道又称为通道（pathway）、平台（platform）、小路（footway）或小径（footpath）。4-6，9-11，31，33，37，39，50，58，66，73，76，89-90，100，108，110-149，211-214，234-238
247. 粉土（Silt）：由流水携带并沉淀为沉积物的细黏土或其他材料。149，253
248. 人行天桥（Skywalk）/上层人行道（upper-level pedestrian walkway）。请参阅人行通道（Pedestrian concourse）。
249. 污泥（Sludge）：由于在污水池或处理设施中处理污水产生的半固态泥浆。165，170-172，177，247
250. 泥浆护壁（Slurry wall）：建筑工地边缘的地下墙，通常通过挖沟和用混凝土填充空腔来建造，以保护场地免受土壤和地下水的侵入。245
251. 土壤（Soil）：植物生长的上层土地，通常为有机残留物、黏土、壤土和矿岩颗粒的混合物。60，117，135-139，146-149，156，165-167，172，174，235，240-241，243-253，260-261
252. 光伏阵列（Solar array）：一组相连的太阳能电池板或反射镜，用于为太阳能炉供电或为电网和当地消费发电。64，203-204，225
253. 固化（Solidification）：从液体或气体物质中产生固体的过程。245

254. 减少固体废弃物策略（Solid waste reduction strategies）：减少某一地区或管辖区固体废弃物产生的战略，其中包括减少原材料的使用（reducing，例如通过消除纸盘或不打印计算机接收的信息）、再利用材料（reusing，例如采用可重用瓶子代替一次性瓶子或者燃烧可燃废弃物来产生能量）或者回收利用（recycling，通过粉碎或熔化并将其转化为新材料以再利用材料）。180-183
255. 固体废弃物（Solid wastes）：通过住宅、商业、农业或工业用途产生的废弃物物，又称为垃圾（garbage）、废弃物（refuse）或废品（trash）。180-189
256. 源头分离（Source separation）：在收集之前分离固体废物流中的可回收材料。182
257. 标准轨距轨道（Standard-gauge track）：轨距为1435mm的铁路。但是在某些国家，标准轨距与此不同。80
258. 沉降（Subsidence）：一片土地由于地下水开采、采矿或石油开发活动而逐渐下沉。84，143，159，173，177
259. 贮水槽（Sump tank）：沉入地下的无底水罐，用于在地下水位高的地区取水。178
260. 超大型街区（Superblock）：无法直接交叉通行的大街区。47-48
261. 可持续性（Sustainability）：在开发中，避免消耗自然资源以维持生态平衡，尽量减少对气候和大环境的影响，以及培养场地在极端压力后迅速恢复的能力［请参阅韧性（Resilience）］。12，257
262. 排水沟（Swale or swail）：一种浅的洼地，通常用来收集和滞留径流；生态调节沟（vegetated swales）或生物洼地（bioswales）也会吸收一些径流并过滤掉，改善水质。4，6，117，119，136，143，149，151，153，165，168，252
263. 出租车停靠站（Taxi queue）/出租车候客处（cab stand）/出租车停车场（hack stand）：允许出租车等候乘客的区域。68-70
264. 风土（Terroir）：一个地方的独特特征，地形、土壤和底土、降雨、气候和人类传统的微妙融合。243
265. 蓄热系统（Thermal storage systems）：使用包括水、冰、岩石、砾石或盐的材料或将水注入地表下面的岩石中，隔夜或季节性地储存能量的系统。225
266. 分时电价［Time of use (TOU) tariffs］：对电力或其他商品定价，以减少高峰时使用量。225
267. 地形（Topography）：土地的表面形态。30-32，39，44-46，67，84，88，95，102，112，115，119-120，134，151，153，169，174，177，231-232，239-243，251-257
268. 传统排污系统［Traditional sewage (or sewer or sewerage) system］：一种收集、处理和处置液体废弃物的系统，其组成部分可以包括侧向污水管（lateral sewer）、集水管或主污水管（collector or main sewer）、截流污水管（interceptor sewer）、一级处理（primary treatment）、二级处理（secondary treatment）和三级处理（tertiary treatment）［请参阅重力排污系统（Gravity sewer system）］150，170-177
269. 交通稳静化措施（Traffic calming measures）：街道设计和细部设计中减缓交通和提高行人通过道路安全性的要素，又称为交通安宁区（Verkehrsberuhigung）、交通减缓（traffic mitigation）、交通减少（traffic abatement）、安静道路（stille veje）、速度30区域（tempo 30 zones）和局部地区交通管理（local area traffic management）。其中可以采取的措施包括：减速带（speed bumps）、减速丘或减速台（speed humps or tables）、减速带（rumble strips）、收窄车道宽度（narrowing lane widths）、道路瘦身计划（road diets）、路缘拓宽或压叠或扼窄路段宽度（curb extensions or pinchers or chokers）、减速弯或分流道（chicanes or diverters）以及中央隔离带（medians）。31-51
270. 电力变压器［Transformer (electrical)］：一种用于将功率从一个电路转移到另一个电路的装置，以便改变电压，但是不能改变频率。11，120，195，198-199
271. 公交导向开发（Transit-oriented development，TOD）：一种围绕公交车站的高密度发展模式，鼓励步行和乘坐公共交通工具，而不是驾驶汽车；又称为公交村（transit village）。92-94
272. 公交站台（Transit platforms）：公共交通装载区，配置为侧面装载平台（服务于一个方向）或中心装载平台（服务于两个方向）。9
273. 无轨电车（Trolleybuses）：胶轮电动公共汽车，从架空电力线路获取能量。68-69，74
274. 地下固体废弃物储藏室（Underground solid waste storage chambers）：通过提升并倾倒容器或真空抽吸的方式清空地下储存区。184-185

275. 地下雨洪排水系统（Underground storm drainage system）：清除场地多余径流的管道系统。其组成部分包括集水区（catch basins）、用于接收水的截流式进水口或排水箱（trapped inlets or drainage boxes）、将水从私人财产输送至公共路权上运行的污水集水管（collector sewer）的侧线（lateral lines）、连接点处的检修孔（manholes）、相对平坦地形中的提水泵站（pumping stations）以及将水排放到更大水体的排水口（outfalls）。5-7，118，167
276. 下层空间（Underspace）：高架快速路、铁路线或公交线路下方的区域。84
277. 大学（Universities）：通常将本科教育与研究生科研、专业学校相结合的高等院校。11，105，126，167，181，216，219，225-236，260
278. 用户（User）：使用场地，但可能没有所有权权益的个人。63，65，70-71，75，88，102，128，156，161，163，178，185，195-196，199-201，225，229-230，233
279. 公用设施管沟（Utility corridors）：采用多个基础设施部件为获得多用途而建造的管道或结构，有时加倍以作为服务连接。227
280. 真空排污系统（Vacuum sewer system）：一种地下废弃物收集系统，其中通过压力密封收集管道（pressure-sealed collection lines）将固体废弃物从本地贮存箱（local holding tanks）抽取到收集罐，以便进行处置或再利用。177-179
281. 代客泊车服务（Valet parking）：一种服务员将车辆从下车点开往停车场，并在需要时随叫随到地取回的安排。55，58
282. 生态调节沟（Vegetated swales）：有植被覆盖的露天渠道，这种渠道有助于过滤和减缓径流，然后将其排放到蓄水区。143-144，149，151，153
283. 春化作用（Vernalization）：将植物或种子暴露于寒冷天气中以刺激开花，通常用寒冷的天数表示。257-258
284. 超高速数字用户线路（Very-high-bit-rate digital subscriber line，VDSL）：通过多信道，可在相对较短的距离（最长1.5公里）内更快传输数据的技术。一种本地用户技术，可在双绞线铜线电话线上运行，并以12Mbps的上行速率和52Mbps的下行速率提供数据服务。229-230
285. 零伤亡愿景（Vision Zero）：道路改造和交通安全计划，旨在实现无死亡或重伤的系统。27
286. 弱势群体（Vulnerable populations）：可能承受环境变化的最大影响，并且没有资源或手段抵御这些影响的群体。9
287. 可步行性（Walkability）：用步行进行日常生活的能力，一部分由附近的目的地、安全人行道的存在和缺少威胁所产生，一部分通过计算步行指数（WalkScore）进行量化。6
288. 步行缓冲区（Walking buffer zone）/羞怯距离（shy distance）：通过道路时行人之间的相互距离。110
289. 步行速度（Walking speed）：行人在道路上的速度，该速度由文化决定并受边界机会影响。53，111-113
290. 废弃物能源系统（Waste-to-energy systems）：废弃物转化为能源的系统，包括焚烧（incineration）、热解（pyrolyzation）（无氧燃烧）、厌氧消化（anaerobic digestion）（微生物分解）、气化（gasification）（采用受控氧气或蒸汽进行高温处理）和等离子弧气化（plasma arc gasification）（利用等离子体产生合成气）。191，193-194
291. 废弃物中转站（Waste transfer station）：一种固体废弃物接收站，其中通过交付材料（在本地小型设施中）或通过接收站内的机械化操作（在大型设施中）进行物品分类。188
292. 节约用水（Water conservation）：减少用水的策略，例如低水分种植、灰水再利用和排出蒸发冷却器。137
293. 水压（Water pressure）/静水压力（hydrostatic pressure）：由测量高度以上水的重量产生的流体压力。这种压力还可以由压力泵产生。161-164，236
294. 水质（Water quality）：水的化学、物理、生物和辐射特性，标准通常规定了特定用途的最低质量。136，143，153，158-160，162，164，170-171，235-236
295. 水资源（Water sources）：饮用或灌溉用的水源。3，12，134-137，140，147，154-160，164，169，190，235，260
    地表水（surface water）：雨水和融雪产生的水。134-153，156-159，172，247

296. 储水系统（Water storage system）：收集和贮存用水的方法。161–162
蓄水池（reservoirs）：露天蓄水区。157，160，162，204
蓄水箱（storage tanks）：封闭式地上构筑物，通常升高以增大配水管线中的水压。148，156–157，161–162，225
297. 地下水位（Water table）：浸水土壤的上层。135–136，149，166，177–178
298. 水处理系统（Water treatment systems）：确保供水安全的各种技术。160
混凝和絮凝（coagulation and flocculation）：加入带正电荷的化学物质，以中和污垢和其他形成絮状物的溶解颗粒的负电荷。160
消毒（disinfection）：向水中添加化学物质，或者采用电磁辐射（紫外线）进行处理，以杀死任何残留的寄生虫、细菌和病毒。160
过滤（filtration）：使水通过过滤器以溶解颗粒物，例如灰尘、寄生虫、细菌、病毒和化学品。160–161，175–176
氟化（fluoridation）：添加氟化物有助于预防蛀牙。160
反渗透系统（reverse osmosis systems）：推动水通过半透膜以去除杂质的系统。159–160
沉淀（sedimentation）：利用自重沉降去除絮状物。160，170
299. 寻路（Wayfinding）：辨认穿过城市的路线，通常借助于地图和其他设备。132，212
300. 风力发电（Wind power）：各种风力发电机产生的电力，包括传统的水平轴风力发电机（horizontal axis）、垂直轴风力发电机（vertical axis）（围绕垂直轴旋转的垂直叶片）、Darrieus型风力发电机（rotor）（垂直轴上的弯曲翼型叶片）和Savonius型风力发电机（垂直轴上的杯状垂直叶片）。205–209，232
301. 庭院式道路（荷兰）（Woonerf）/生活性街道（living street）/家庭区域（home zone）：设计用于减缓或限制交通的本地街道，以便街道可以用于娱乐或社交活动。33
302. 节水型景观（Xeriscaping）[或无水景观或旱生景观（zeroscaping or xeroscaping）]：减少或消除灌溉需求的景观形式、材料和实践。260–263
303. 零净准则（Zero net criterion）：现场生产或补偿等于或大于现场消费的目标，例如零净能源、零净径流或零净碳排放。135，152

参考文献

AASHTO. 1999. *Guide for the Development of Bicycle Facilities*. 3rd ed. Washington, DC: American Association of State Highway and Transportation Officials.

AASHTO. 2011. *A Policy on Geometric Design of Highways and Streets*. 6th ed. Washington, DC: American Association of State Highway and Transportation Officials.

Abu Bakar, Abu Hassan, and Soo Cheen Khor. 2013. A Framework for Assessing the Sustainable Urban Development. *Precedia—Social and Behavioral Sciences* 85: 484–492. http://www.sciencedirect.com/science/article/pii/S1877042813025044.

A. C. M. Homes. n.d. Silang Township Project. http://www.acmhomes.com/home/?page=project&id=23.

Acorn. 2013. Acorn UK Lifestyle Categories. http://www.businessballs.com/freespecialresources/acorn-demographics-2013.pdf.

Adams, Charles. 1934. *The Design of Residential Areas: Basic Considerations, Principles and Methods*. Cambridge, MA: Harvard University Press.

Adams, David, and Steven Tiesdell, eds. 2013. *Shaping Places: Urban Planning, Design and Development*. London: Routledge.

Adams, Thomas. 1934. *The Design of Residential Areas: Basic Considerations, Principles and Methods*. Cambridge, MA: Harvard University Press.

Adnan, Muhammad. 2014. Passenger Car Equivalent Factors in Heterogenous Traffic Environment: Are We Using the Right Numbers? *Procedia Engineering* 77:106–113. http://www.sciencedirect.com/science/article/pii/S1877705814009813.

Agili, d.o.o. 2017. Modelur Sketchup Tool. http://modelur.eu.

Agrawal, G. P. 2002. *Fiber-Optic Communication Systems*. Hoboken, NJ: Wiley.

Alexander, Christopher. 1965. The City Is Not a Tree. *Architectural Forum* 172 (April/May). http://www.bp.ntu.edu.tw/wp-content/uploads/2011/12/06-Alexander-A-city-is-not-a-tree.pdf.

Alexander, Christopher, and Serge Chermayeff. 1965. *Community and Privacy: Towards a New Architecture of Humanism*. Garden City, NY: Anchor Books.

Alexander, Christopher, Sara Ishikawa, Murray Silverstein, Max Jacobson, Ingrid Fiksdahl-King, and Shlomo Angel. 1977. *A Pattern Language: Towns, Buildings, Construction*. New York: Oxford University Press. See also https://www.patternlanguage.com/.

Al-Kodmany, Kheir. 2015. Tall Buildings and Elevators: A Review of Recent Technological Advances. *Buildings* 5:1070–1104. doi:10.3390/buildings5031070.

Al-Kodmany, Kheir, and M. M. Ali. 2013. *The Future of the City: Tall Buildings and Urban Design*. Southampton, UK: WIT Press.

Alonso, Frank, and Carolyn A. E. Greenwell. 2013. Underground vs. Overhead: Power Line Installation Cost Comparison and Mitigation. *PowerGrid International* 18:2. http://www.elp.com/articles/powergrid_international/print/volume-18/issue-2/features/underground-vs-overhead-power-line-installation-cost-comparison-.html.

Alshalalfah, B. W., and A. S. Shalaby. 2007. Case Study: Relationship of Walk Access and Distance to Transit with Service, Travel and Personal Characteristics. *Journal of Urban Planning and Development* 133 (2): 114–118.

Alterman, Rachel. 2007. Much More Than Land Assembly: Land Readjustment for the Supply of Urban Public Services. In Yu-Hung Hong and Barrie Needham, eds., *Analyzing Land Readjustment: Economics, Law and Collective Action*, 57–85. Cambridge, MA: Lincoln Institute of Land Policy.

Altunkasa, M. Faruk, and Cengiz Uslu. 2004. The Effects of Urban Green Spaces on House Prices in the Upper Northwest Urban Development Area of Adna (Turkey). *Turkish Journal of Agriculture and Forestry* 28:203–209.

American Cancer Society. n.d. EMF Explained Series. http://www.emfexplained.info/?ID=25821.

American Institute of Architects. 2012. Insights and Innovations: The State of Senior Housing. Design for Aging Review 10. http://www.greylit.org/sites/default/files/collected_files/2012-11/Insights-and-Innovation-The-State-of-Senior-Housing-AARP.pdf.

American Planning Association. 2006. *Planning and Urban Design Standards*. Hoboken, NJ: Wiley.

Andris, Clio. n.d. Interactive Site Suitability Modeling: A Better Method of Understanding the Effects of Input Data. Esri, ArcUser Online. http://www.esri.com/news/arcuser/0408/suitability.html.

Appleyard, Donald. 1976. *Planning a Pluralist City: Conflicting Realities on Ciudad Guayana.* Cambridge, MA: MIT Press.

Applied Economics. 2003. Maricopa Association of Governments Regional Growing Smarter Implementation: Solid Waste Management. https://www.azmag.gov/Documents/pdf/cms.resource/Solid-Waste-Management.pdf.

Aquaterra. 2008. International Comparisons of Domestic Per Capita Consumption. Prepared for the UK Environment Agency, Bristol, England.

Arbor Day Foundation. Tree Guide. http://www.arborday.org.

ArcGIS 9.2. n.d. http://webhelp.esri.com/arcgisdesktop/9.2/index.cfm?TopicName=Performing_a_viewshed_analysis.

Arch Daily. n.d. Shopping Centers. http://www.archdaily.com/search/projects/categories/shopping-centers.

Architectural Energy Corporation. 2007. Impact Analysis: 2008 Update to the California Energy Efficiency Standards for Residential and Nonresidential Buildings. California Energy Commission. http://www.energy.ca.gov/title24/2008standards/rulemaking/documents/2007-11-07_IMPACT_ANALYSIS.PDF.

Ataer, O. Ercan. 2006. Storage of Thermal Energy. In Yalcin Abdullah Gogus, ed., *Energy Storage Systems: Encyclopedia of Life Support Systems (EOLSS). Developed under the Auspices of UNESCO.* Oxford: Eolss Publishers; http://www.eolss.net.

Atkins. 2013. Facebook Campus Project, Menlo Park, EIR Addendum. City of Menlo Park, Community Development Department. https://www.menlopark.org/DocumentCenter/View/2622.

Audubon International. n.d. Sustainable Communities Program. http://www.auduboninternational.org/Resources/Documents/SCP%20Fact%20Sheet.pdf.

Austin Design Commission. 2009. Design Guidelines for Austin. City of Austin. https://www.austintexas.gov/sites/default/files/files/Boards_and_Commissions/Design_Commission_urban_design_guidelines_for_austin.pdf.

Ayers Saint Gross Architects. 2007. Comparing Campuses. http://asg-architects.com/ideas/comparing-campuses/.

Bailie, R. C., J. W. Everett, Bela G. Liptak, David H. F. Liu, F. Mack Rugg, and Michael S. Switzenbaum. 1999. *Solid Waste.* Chapter 10. Boca Raton, FL: CRC Press. https://docs.google.com/viewer?url=ftp%3A%2F%2Fftp.energia.bme.hu%2Fpub%2Fhullgazd%2FEnvironmental%2520Engineers%27%2520Handbook%2FCh10.pdf.

Barber, N. L. 2014. Summary of Estimated Water Use in the United States in 2010. US Geological Survey, Fact Sheet 2014-3109. doi:10.3133/fs20143109.

Barker, Roger. 1963. On the Nature of the Environment. *Journal of Social Issues* 19 (4): 17–38.

Barr, Vilma. 1976. Improving City Streets for Use at Night – The Norfolk Experiment. *Lighting Design and Application* (April), 25.

Barton-Aschman Associates. 1982. *Shared Parking.* Washington, DC: Urban Land Institute.

Bassuk, Nina, Deanna F. Curtis, B. Z. Marrranca, and Barb Nea. 2009. Site Assessment and Tree Selection for Stress Tolerance: Recommended Urban Trees. Urban Horticulture Institute, Cornell University. http://www.hort.cornell.edu/uhi/outreach/recurbtree/pdfs/~recurbtrees.pdf.

Battery Park City Authority. n.d. Battery Park City. http://bpca.ny.gov/.

Bauer, D., W. Heidemann, and H. Müller-Steinhagen. 2007. Central Solar Heating Plants with Seasonal Heat Storage. CISBAT 2007, Innovation in the Built Environment, Lausanne, September 4–5. http://www.itw.uni-stuttgart.de/dokumente/Publikationen/publikationen_07-07.pdf.

Beatley, Timothy. 2000. *Green Urbanism: Learning from European Cities.* Washington, DC: Island Press.

Beckham, Barry. 2004. *The Digital Photographer's Guide to Photoshop Elements: Improve Your Photos and Create Fantastic Special Effects.* London: Lark Books.

Belle, David. 2009. *Parkour.* Paris: Éditions Intervista.

Ben-Joseph, Eran. n.d. Residential Street Standards and Neighborhood Traffic Control: A Survey of Cities' Practices and Public Official's Attitudes. Institute of Urban and Regional Planning, University of California at Berkeley. nacto.org/docs/usdg/residential_street_standards_benjoseph.pdf.

Benson, E. D., J. L. Hansen, A. L. Schwartz, Jr., and G. T. Smersh. 1998. Pricing Residential Amenities: The Value of a View. *Journal of Real Estate Finance and Economics* 16:55–73.

Bentley Systems, Inc. n.d. PowerCivil for Country. https://www.bentley.com/en/products/product-line/civil-design-software/powercivil-for-country.

Berger, Alan. 2007. *Drosscape: Wasting Land in Urban America.* New York: Princeton Architectural Press.

Berhage, Robert D., et al. 2009. *Green Roofs for Stormwater Runoff Control.* National Risk Management Research Laboratory, Environmental Protection Agency.

Beyard, Michael D., Mary Beth Corrigan, Anita Kramer, Michael Pawlukiewicz, and Alexa Bach. 2006. *Ten Principles for Rethinking the Mall.* Washington, DC: Urban Land Institute; http://uli.org/wp-content/uploads/ULI-Documents/Tp_MAll.ashx_.pdf.

Bidlack, James, Shelley Jansky, and Kingsley Stern. 2013. *Stern's Introductory Plant Biology.* 10th ed. New York: McGraw-Hill. http://www.mhhe.com/biosci/pae/botany/botany_map/articles/article_10.html.

Biohabitats. n.d. Hassalo on Eighth Wastewater Treatment and Reuse System. http://www.biohabitats.com/projects/hassalo-on-8th-wastewater-treatment-reuse-system-2/.

Bioregional Development Group. 2009. BedZED Seven Years On: The Impact of the UK's Best Known Eco-Village and Its Residents. http://www.bioregional.com/wp-content/uploads/2014/10/BedZED_seven_years_on.pdf.

Blakely, Edward J., and Mary Gail Snyder. 1997. *Fortress America: Gated Communities in the United States*. Washington, DC: Brookings Institution Press.

Blondel, Jacques-François, and Pierre Patte. 1771. *Cours d'architecture ou traité de la décoration, distribution et constructions des bâtiments contenant les leçons données en 1750, et les années suivantes*. Paris: Dessaint.

Bloomington/Monroe County Metropolitan Planning Organization. 2009. Complete Streets Policy. https://www.smartgrowthamerica.org/app/legacy/documents/cs/policy/cs-in-bmcmpo-policy.pdf.

Bohl, Charles C. 2002. *Place Making*. Washington, DC: Urban Land Institute.

Bond, Sandy. 2007. The Effect of Distance to Cell Phone Towers on House Prices in Florida. *Appraisal Journal* 75 (4): 362. https://professional.sauder.ubc.ca/re_creditprogram/course_resources/courses/content/appraisal%20journal/2007/bond-effect.pdf.

Bonino, Michele, and Filippo De Pieri, eds. 2015. *Beijing Danwei: Industrial Heritage in the Contemporary City*. Berlin: Jovis.

Botma, H., and W. Mulder. 1993. Required Widths of Paths, Lanes, Roads and Streets for Bicycle Traffic. In *17 Summaries of Major Dutch Research Studies about Bicycle Traffic*. De Bilt, Netherlands: Grontmij Consulting Engineers.

Bourassa, Steven C., and Yu-Hung Hong, eds. 2003. *Leasing Public Land*. Cambridge, MA: Lincoln Institute for Land Policy.

BRE Global Ltd. 2008. BREEAM GULF. http://www.breeam.org.

BRE Global Ltd. 2012. BREEAM Communities Technical Manual. http://www.breeam.org/communitiesmanual/.

Brewer, Jim, et al. 2001. *Geometric Design Practices for European Roads*. Washington, DC: US Federal Highway Administration.

British Water. 2009. Flows and Loads – Sizing Criteria, Treatment Capacity for Sewage Treatment Systems. http://www.clfabrication.co.uk/lib/downloads/Flows%20and%20Loads%20-%203.pdf.

Brooks, R. R. 1998. *Plants That Hyperaccumulate Heavy Metals*. New York: CAB International.

Brown, Michael J., Sue Grimmond, and Carlo Ratti. 2001. Comparison of Methodologies for Computing Sky View Factor in Urban Environments. Los Alamos National Laboratory. http://senseable.mit.edu/papers/pdf/2001_Brown_Grimmond_Ratti_ISEH.pdf.

Brown, Peter Hendee. 2015. *How Real Estate Developers Think: Design, Profits and the Community*. Philadelphia: University of Pennsylvania Press.

Brown, Sally L., Rufus L. Chaney, J. Scott Angle, and Alan J. M. Baker. 1995. Zinc and Cadmium Uptake by Hyperaccumulator Thlaspi caerulescens and Metal Tolerant Silene vulgaris Grown on Sludge-Amended Soils. *Environmental Science and Technology* 29:1581–1585.

Brown, Scott A., Kelleann Foster, and Alex Duran. 2007. Pennsylvania Standards for Residential Site Development. Pennsylvania State University. http://www.engr.psu.edu/phrc/Land%20Development%20Standards/PP%20presentation%20on%20Pennsylvania%20Residential%20Land%20Development%20Standards.pdf.

Bruun, Ole. 2008. *An Introduction to Feng Shui*. Cambridge: Cambridge University Press.

Bruzzone, Anthony. 2012. Guidelines for Ferry Transportation Services. National Academy of Sciences, Transit Cooperative Research Program Report 152.

Brydges, Taylor. 2012. Understanding the Occupational Typology of Canada's Labor Force. Martin Prosperity Institute, University of Toronto. http://martinprosperity.org/papers/TB%20Occupational%20Typology%20White%20Paper_v09.pdf

Buchanan, Colin. 1963. *Traffic in Towns: A Study of the Long Term Problems of Traffic in Urban Areas*. London: Her Majesty's Stationery Office.

Burian, Steven J., Stephen J. Nix, Robert E. Pitt, and S. Rocky Durrans. 2000. Urban Wastewater Management in the United States: Past, Present, and Future. *Journal of Urban Technology* 7 (3): 33–62. http://www.sewerhistory.org/articles/whregion/urban_wwm_mgmt/urban_wwm_mgmt.pdf.

C40 Cities. 2011. 98% of Copenhagen City Heating Supplied by Waste Heat. http://www.c40.org/case_studies/98-of-copenhagen-city-heating-supplied-by-waste-heat.

Calabro, Emmanuele. 2013. An Algorithm to Determine the Optimum Tilt Angle of a Solar Panel from Global Horizontal Solar Radiation. *Journal of Renewable Energy* 2013:307547.

Calctool. n.d. http://www.calctool.org/CALC/eng/civil/hazen-williams_g.

California Department of Transportation. 2002. Guide for the Preparation of Traffic Impact Studies. Department of Transportation, State of California, Sacramento. http://www.dot.ca.gov/hq/tpp/offices/ocp/igr_ceqa_files/tisguide.pdf.

California Department of Transportation. 2011. California Airport Land Use Planning Handbook. http://www.dot.ca.gov/hq/planning/aeronaut/documents/alucp/AirportLandUsePlanningHandbook.pdf.

California School Garden Network. 2010. Gardens for Learning. Western Growers Foundation, California School Garden Network. http://www.csgn.org/sites/csgn.org/files/CSGN_book.pdf.

California State Parks. 2017. California Register of Historic Places. Office of Historic Preservation. http://ohp.parks.ca.gov/?page_id=21238.

Callies, David L., Daniel J. Curtin, and Julie A. Tappendorf. 2003. *Bargaining for Development: A Handbook of Development Agreements, Annexation Agreements, Land Development Conditions, Vested Rights and the Provision of Public Facilities*. Washington, DC: Environmental Law Institute.

Calthorpe, Peter. 1984. *The Next American Metropolis: Ecology, Community and the American Dream*. New York: Princeton Architectural Press.

Campanella, Thomas J. 2003. *Republic of Shade*. New Haven: Yale University Press.

Campbell Collaboration. n.d. http://www.campbellcollaboration.org.

Canada Mortgage and Housing Corporation. 2002. *Learning from Suburbia: Residential Street Pattern Design*. Ottawa: CMHC.

Canadian Environmental Assessment Agency. 2014. Basics of Environmental Assessment. https://www.ceaa-acee.gc.ca/default.asp?lang=en&n=B053F859-1.

Carmona, Matthew, Tim Heath, Taner Oc, and Steve Tiesdell. 2010. *Public Places, Urban Spaces: The Dimensions of Urban Design*. Abingdon, UK: Routledge.

Carr, Stephen, Mark Francis, Leanne G. Rivlin, and Andrew M. Stone. 1992. *Public Space*. Cambridge: Cambridge University Press.

Casanova, Helena, and Jesus Hernandez. 2015. *Public Space Acupuncture*. Barcelona: Actar.

Cascadia Consulting Group. 2008. Statewide Waste Characterization Study. California Integrated Waste Management Board. http://www.calrecycle.ca.gov/Publications/Documents/General%5C2009023.pdf.

Caulkins, Meg. 2012. *The Sustainable Sites Handbook: A Complete Guide to the Principles, Strategies, and Best Practices for Sustainable Landscapes*. New York: Wiley.

Center for Applied Transect Studies. n.d. (a) Resources & Links. http://transect.org/resources_links.html.

Center for Applied Transect Studies. n.d. (b) Smart Code. http://www.smartcodecentral.com.

Center for Design Excellence. n.d. Urban Design: Public Space. http://www.urbandesign.org/publicspace.html.

Cervero, Robert. 1997. *Paratransit in America: Redefining Mass Transportation*. New York: Praeger.

Cervero, Robert, and Erick Guerra. 2011. Urban Densities and Transit: A Multi-dimensional Perspective. UC Berkeley Center for Future Urban Transport, Working Paper UCB-ITS-VWP-2011-6. http://www.its.berkeley.edu/publications/UCB/2011/VWP/UCB-ITS-VWP-2011-6.pdf.

Chakrabarti, Vibhuti. 1998. *Indian Architectural Theory: Contemporary Uses of Vastu Vidya*. Richmond, UK: Curzon.

Chapin, Ross, and Sarah Susanka. 2011. *Pocket Neighborhoods: Creating Small Scale Community in a Large Scale World*. Newtown, CT: Taunton Press. See: http://www.pocket-neighborhoods.net/whatisaPN.html.

Chapman, Perry. 2006. *American Places: In Search of the Twenty-first Century Campus*. Lanham, MD: Rowman and Littlefield.

Chee, R., D. S. Kang, K. Lansey, and C. Y. Choi. 2009. Design of Dual Water Supply Systems. World Environmental and Water Resources Congress 2009. doi:10.1061/41036(342)71.

Chen, Liang, and Edward Ng. 2009. Sky View Factor Analysis of Street Canyons and Its Implication for Urban Heat Island Intensity: A GIS-Based Methodology Applied in Hong Kong. PLEA 2009 – 26th Conference on Passive and Low Energy Architecture, Quebec City, Canada, p. 166.

Chief Medical Officer of Health. 2010. The Potential Health Impact of Wind Turbines. Ontario Government, Toronto. http://www.health.gov.on.ca/en/common/ministry/publications/reports/wind_turbine/wind_turbine.pdf.

Childress, Herb. 1990. The Making of a Market. *Places* 7 (1). http://escholarship.org/uc/item/65g000cb#page-1.

Chrest, Anthony P., Mary S. Smith, and Sam Bhuyan. 1989. *Parking Structures: Planning, Design, Construction, Maintenance, and Repair*. New York: Van Nostrand Reinhold.

Chung, Chuihua Judy, Jeffrey Inaba, Rem Koolhaas, and Sze Tsung Leong, eds. 2001. *Harvard Design School Guide to Shopping*. Cologne: Taschen.

Cisco, Inc. 2007. How Cisco Achieved Environmental Sustainability in the Connected Workplace. Cisco IT Case Study. http://www.cisco.com/c/dam/en_us/about/ciscoitatwork/downloads/ciscoitatwork/pdf/Cisco_IT_Case_Study_Green_Office_Design.pdf.

City of Austin. n.d. Water Quality Regulations. https://www.municode.com/library/tx/austin/codes/environmental_criteria_manual?nodeId=S1WAQUMA_1.6.0DEGUWAQUCO_1.6.8RUIMTECOTARST.

City of Carlsbad. 2006. Design Criteria for Gravity Sewer Lines and Appurtenances. City of Carlsbad, California. http://www.carlsbadca.gov/business/building/Documents/EngStandVol1chap6.pdf.

City of Chicago. n.d. A Guide to Stormwater Best Management Practices. https://www.cityofchicago.org/dam/city/depts/doe/general/NaturalResourcesAndWaterConservation_PDFs/Water/guideToStormwaterBMP.pdf.

City of Fort Lauderdale. 2007. Building a Liveable Downtown. http://www.fortlauderdalegov/planning_zoning/pdf/downtown_mp/120508downtown_mp.pdf.

City of Portland. 1991. Downtown Urban Design Guidelines. City of Portland (Maine), Planning Department. http://www.portlandmaine.gov/DocumentCenter/Home/View/3375.

City of Portland. 2001. Central City Fundamental Design Guidelines. City of Portland (Oregon), Bureau of Planning and Sustainability. https://www.portlandoregon.gov/bps/article/58806.

City of Seattle. 2007. *Jefferson Park Site Plan Final Environmental Impact Statement.* Prepared by Adolfson Associates for the Department of Planning and Development.

City of Toronto. 2002. Water Efficiency Plan. Department of Works and Emergency Services, Toronto, and Veritec Consulting Limited. https://www1.toronto.ca/City%20Of%20Toronto/Toronto%20Water/Files/pdf/W/WEP_final.pdf.

City of Vancouver. n.d. Subdivision Bylaw. https://vancouver.ca/your-government/subdivision-bylaw-5208.aspx.

City of York Council. n.d. York New City Beautiful: Toward an Economic Vision. http://www.urbandesignskills.com/_uploads/UDS_YorkVision.pdf.

CityRyde LLC. 2009. Bicycle Sharing Systems Worldwide: Selected Case Examples. http://www.cityryde.com.

Claritas. n.d. Claritas PRIZM$_{NE}$ Lifestyle Categories. http://www.claritas.com.

Clark, Robert R. 2009 [1984]. General Guidelines for the Design of Light Rail Transit Facilities in Edmonton. http://www.trolleycoalition.org/pdf/lrtreport.pdf.

Clark, William R. 2010. Principles of Landscape Ecology. *Nature Education Knowledge* 3(10): 34. http://www.nature.com/scitable/knowledge/library/principles-of-landscape-ecology-13260702.

Claytor, Richard A., and Thomas R. Schueler. 1996. *Design of Stormwater Filtering Systems.* Ellicot City, MD: Center for Watershed Protection.

Clinton Climate Initiative. n.d. https://www.clintonfoundation.org/our-work/clinton-climate-initiative.

Cochrane Collaboration. n.d. http://www.cochrane.org.

Coleman, Peter. 2006. *Shopping Environments: Evolution, Planning and Design.* Oxford: Architectural Press. http://samples.sainsburysebooks.co.uk/9781136366512_sample_900897.pdf.

Collyer, G. Stanley. 2004. *Competing Globally in Architectural Competitions.* London: Academy Press.

Collymore, Peter. 1994. *The Architecture of Ralph Erskine.* London: Academy Editions.

Commission for Architecture and the Built Environment. n.d. Case Studies. http://webarchive.nationalarchives.gov.uk/20110118095356/http://www.cabe.org.uk/case-studies.

Commission on Engineering and Technical Systems. 1985. *District Heating and Cooling in the United States: Prospects and Issues.* Washington, DC: National Academies Press.

Community Planning Laboratory. 2002. New Towns: An Overview of 30 American New Communities. CRP 410, City and Regional Planning Department, California Polytechnic State University, Zeljka Pavlovich Howard, faculty advisor. http://planning.calpoly.edu/projects/documents/newtown-cases.pdf.

Condon, Patrick M., Duncan Cavens, and Nicole Miller. 2009. *Urban Planning Tools for Climate Change Mitigation.* Cambridge, MA: Lincoln Institute of Land Policy. http://www.dcs.sala.ubc.ca/docs/lincoln_tools%20_for_climate%20change%20final_sec.pdf.

Conference Board of Canada. 2017. Municipal Waste Generation. http://www.conferenceboard.ca/hcp/details/environment/municipal-waste-generation.aspx.

Consumer Product Safety Commission. 2010. Public Playground Safety Handbook. http://www.cpsc.gov//PageFiles/122149/325.pdf.

Corbin, Juliet, and Anselm Strauss. 2007. *Basics of Qualitative Research: Techniques and Procedures for Developing Grounded Theory.* 3rd ed. New York: Sage.

Corbisier, Chris. 2003. Living with Noise. *Public Roads* 67 (1). https://www.fhwa.dot.gov/publications/publicroads/03jul/06.cfm.

Cornell University. Recommended Urban Trees: Site Assessment and Tree Selection for Stress Tolerance. http://www.hort.cornell.edu/uhi/outreach/recurbtree/pdfs/~recurbtrees.pdf.

Correll, Mark R., Jane H. Lillydahl, and Larry D. Singell. 1978. The Effects of Greenbelts on Residential Property Values: Some Findings on the Political Economy of Open Space. *Land Economics* 54 (2):207–217.

Cotswold Water Park. n.d. http://www.waterpark.org.

Coulson, Jonathan, Paul Roberts, and Isabelle Taylor. 2015. *University Planning and Architecture: The Search for Perfection.* 2nd ed. Abingdon, UK: Routledge.

Crankshaw, Ned. 2008. *Creating Vibrant Public Spaces: Streetscape Design in Commercial and Historic Districts.* 2nd ed. Washington, DC: Island Press.

Craul, Phillip J. 1999. *Urban Soils: Applications and Practices.* New York: Wiley.

Creative Urban Projects. 2013. Cable Car Confidential: The Essential Guide to Cable Cars, Urban Gondolas, and Cable Propelled Transit. http://www.gondolaproject.com.

Crewe, Catherine, and Ann Forsyth. 2013. LandSCAPES: A Typology of Approaches to Landscape Architecture. *Landscape Journal* 22 (1): 37–53.

C.R.O.W. 1994. *Sign Up for the Bike: Design Manual for a Cycle-Friendly Infrastructure.* C.R.O.W. Record 10. The Netherlands: Centre for Research and Contact Standardization in Civil and Traffic Engineering.

DAN. 2013. Making a Site Model. SectionCut blog. http://sectioncut.com/make-a-site-model-workflow/.

Darin-Drabkin, H. 1971. Control and Planned Development of Urban Land: Toward the Development of Urban Land Policies. Paper presented at the Interregional Seminar on Urban Land Policies and Land-Use Control Measures, Madrid, November. ESA/HPB/AC.5/6.

Davenport, Cyndy, and Ishka Voiculescu. 2016. *Mastering AutoCAD Civil 3D 2016: Autodesk Official Press*. 1st ed. New York: Wiley.

Davison, Elizabeth. n.d. Arizona Plant Climate Zones. Cooperative Extension, College of Agriculture and Life Sciences, University of Arizona. http://cals.arizona.edu/pubs/garden/az1169/#map.

Del Alamo, M. R. 2005. *Design for Fun: Playgrounds*. Barcelona: Links International.

Denver Water. n.d. Water Wise Landscape Handbook. http://www.denverwater.org/docs/assets/6E5CC278-0B7C-1088-758683A48CE8624D/Water_Wise_Landscape_Handbook.pdf.

Department of Agriculture. n.d. Plant Hardiness Zone Map. Agricultural Research Service, US Department of Agriculture. http://planthardiness.ars.usda.gov/PHZMWeb/.

Department of Agriculture, Soil Survey Staff. 1975. Soil Taxonomy – A Basic System of Soil Classification for Making and Interpreting Soil Surveys. US Department of Agriculture, Agricultural Handbook 436.

Department of Agriculture, Soil Survey Staff. 2015. Illustrated Guide to Soil Taxonomy. Version 2.0. US Department of Agriculture, Natural Resources Conservation Service, National Soil Survey Center.

Department of Commerce. 1961. Rainfall Frequency Atlas of the United States. Prepared by David M. Hershfield. Technical Paper no. 40. http://www.nws.noaa.gov/oh/hdsc/PF_documents/TechnicalPaper_No40.pdf.

Department of Housing and Urban Development. n.d. 24 CFR Part 51 Environmental Criteria and Standards, Subpart B – Noise Abatement and Control. US Consolidated Federal Register. http://www.hudnoise.com/hudstandard.html.

Design Trust for Public Space. 2010. High Performance Landscape Guidelines: 21st Century Parks for New York City. http://designtrust.org/publications/hp-landscape-guidelines/.

Dezeen. n.d. (a). Playgrounds. https://www.dezeen.com/tag/playgrounds/.

Dezeen. n.d. (b). Shopping Centers. https://www.dezeen.com/tag/shopping-centres/.

Diepens and Okkema Traffic Consultants. 1995. *International Handbook for Cycle Network Design*. Delft, Netherlands: Delft University of Technology.

Dionne, Brian. n.d. Escalators and Moving Sidewalks. Catholic University of America. http://architecture.cua.edu/res/docs/courses/arch457/report-1/10b-escalators-movingwalks.pdf.

District Energy St Paul. n.d. http://www.districtenergy.com.

Ditchkoff, Stephen S., Sarah T. Saalfeld, and Charles J. Gibson. 2006. Animal Behavior in Urban Ecosystems: Modifications Due to Human-Induced Stress. *Urban Ecosystems* 9:5–12. https://fp.auburn.edu/sfws/ditchkoff/PDF%20publications/2006%20-%20UrbanEco.pdf.

Do, A. Quang, and Gary Grudnitski. 1995. Golf Courses and Residential House Prices: An Empirical Examination. *Journal of Real Estate Finance and Economics* 10 (10): 261–270.

Dober, Richard P. 2010 [1992]. Campus Planning. Digital Version. Society for College and University Planning. https://www.scup.org/page/resources/books/cd.

Doebele, William. 1982. *Land Readjustment*. Lexington, MA: Lexington Books.

Domingo Calabuig, Débora, Raúl Castellanos Gómez, and Ana Ábalos Ramos. 2013. The Strategies of Mat-building. *Architectural Review*, August 13. http://www.architectural-review.com/essays/the-strategies-of-mat-building/8651102.article.

Dorner, Jeanette. n.d. An Introduction to Using Native Plants in Restoration Projects. National Park Service, US Department of the Interior, Washington, DC. http://www.nps.gov/plants/restore/pubs/intronatplant/toc.htm.

Dowling, Richard, David Reinke, Amee Flannery, Paul Ryan, Mark Vandehey, Theo Petritsch, Bruce Landis, Nagui Rouphail, and James Bonneson. 2008. *Multimodal Level of Service Analysis for Urban Streets. NCHRP Report 616*. Washington, DC: Transportation Research Board; http://onlinepubs.trb.org/onlinepubs/nchrp/nchrp_rpt_616.pdf.

Downey, Nate. 2009. Roof-Reliant Landscaping: Rainwater Harvesting with Cistern Systems in New Mexico. New Mexico Office of the State Engineer. http://www.ose.state.nm.us/water-info/conservation/pdf-manuals/Roof-Reliant-Landscaping/Roof-Reliant-Landscaping.pdf).

Duany, Andres, Elizabeth Plater-Zyberk, and Robert Alminana. 2003. *New Civic Art: Elements of Town Planning*. New York: Rizzoli.

Dubbeling Martin, Michaël Meijer, Antony Marcelis, and Femke Adriaens, eds. 2009. *Duurzame stedenbouw: perspectieven en voorbeelden / Sustainable Urban Design: Perspectives and Examples*. Wageningen, Netherlands: Plauwdrukpublishers.

Duffy, Francis, Colin Cave, and John Worthington. 1976. *Planning Office Space*. London: Elsevier.

Dunphy, Robert T., et al. 2000. *The Dimensions of Parking*. 4th ed. Washington, DC: Urban Land Institute and National Parking Association.

EarthCraft Communities. n.d. http://www.earthcraft.org/builders/resources/.

East Cambridgeshire District Council. 2008. Percolation Tests. Technical Information Note 6. http://www.eastcambs.gov.uk/sites/default/files/Guidance%20Note%206%20-%20Percolation%20Tests.pdf.

Eden Project. n.d. www.edenproject.com.

Edwards, J. D. 1992. *Transportation Planning Handbook*. Washington, DC: Institute of Transportation Engineers.

Effland, William R., and Richard V. Pouyat. 1997. The Genesis, Classification, and Mapping of Soils in Urban Areas. *Urban Ecosystems* 1:217–228.

Egan, D. 1992. A Bicycle and Bus Success Story. In *The Bicycle: Global Perspectives*. Montreal: Vélo Québec.

Ellickson, Robert C. 1992–1993. Property in Land. *Yale Law Journal* 102:1315.

Energy Storage Association. n.d. Pumped Hydroelectric Storage. http://energystorage.org/energy-storage/technologies/pumped-hydroelectric-storage.

Engineering Tool Box. n.d. http://www.engineeringtoolbox.com/sewer-pipes-capacity-d_478.html.

Enright, Robert, and Henriquez Partners. 2010. *Body Heat: The Story of the Woodward's Redevelopment*. Vancouver: Blueimprint Press.

Envac. n.d. Waste Solutions in a Sustainable Urban Development: Envac's Guide to Hammarby Sjöstad. http://www.solaripedia.com/files/719.pdf.

Environmental Protection Agency. 1994. Composting Yard Trimmings and Municipal Solid Waste. http://www.epa.gov/composting/pubs/cytmsw.pdf.

Environmental Protection Agency. 2000a. Constructed Wetlands Treatment of Municipal Wastewaters. http://water.epa.gov/type/wetlands/restore/upload/constructed-wetlands-design-manual.pdf.

Environmental Protection Agency. 2000b. Decentralized Systems Technology Fact Sheet: Small Diameter Gravity Sewers. http://water.epa.gov/scitech/wastetech/upload/2002_06_28_mtb_small_diam_gravity_sewers.pdf.

Environmental Protection Agency. 2000c. Introduction to Phytoremediation. National Risk Management Research Laboratory, Cincinnati, US Environmental Protection Agency. EPA/600/R-99/107. http://www.cluin.org/download/remed/introphyto.pdf.

Environmental Protection Agency. 2002a. Collection Systems Technology Fact Sheet: Sewers, Conventional Gravity. http://water.epa.gov/scitech/wastetech/upload/2002_10_15_mtb_congrasew.pdf.

Environmental Protection Agency. 2002b. Wastewater Technology Fact Sheet: Anaerobic Lagoons. http://water.epa.gov/scitech/wastetech/upload/2002_10_15_mtb_alagoons.pdf.

Environmental Protection Agency. 2002c. Wastewater Technology Fact Sheet: Package Plants. http://water.epa.gov/scitech/wastetech/upload/2002_06_28_mtb_package_plant.pdf.

Environmental Protection Agency. 2002d. Wastewater Technology Fact Sheet: Sewers, Pressure. http://water.epa.gov/scitech/wastetech/upload/2002_10_15_mtb_presewer.pdf.

Environmental Protection Agency. 2002e. Wastewater Technology Fact Sheet: Slow Rate Land Treatment. http://water.epa.gov/scitech/wastetech/upload/2002_10_15_mtb_sloratre.pdf.

Environmental Protection Agency. 2002f. Wastewater Technology Fact Sheet: The Living Machine®. http://water.epa.gov/scitech/wastetech/upload/2002_12_13_mtb_living_machine.pdf.

Environmental Protection Agency. 2006. Biosolids Technology Fact Sheet: Heat Drying. http://water.epa.gov/scitech/wastetech/upload/2006_10_16_mtb_heat-drying.pdf.

Environmental Protection Agency. 2012a. Municipal Solid Waste Generation, Recycling and Disposal in the United States: Facts and Figures for 2012. http://www.epa.gov/waste/nonhaz/municipal/pubs/2012_msw_fs.pdf.

Environmental Protection Agency. 2012b. Part 1502 – Environmental Impact Statement. Code of Federal Regulations, Title 40. US Government Publishing Office. https://www.gpo.gov/fdsys/pkg/CFR-2012-title40-vol34/pdf/CFR-2012-title40-vol34-part1502.pdf.

Environmental Protection Agency. 2014. Energy Recovery from Waste. http://www.epa.gov/epawaste/nonhaz/municipal/wte/index.htm.

Environmental Protection Agency. 2016. Heat Island Cooling Strategies. https://www.epa.gov/heat-islands/heat-island-cooling-strategies.

Environmental Protection Agency. 2017. Environmental Impact Statement Rating System Criteria. https://www.epa.gov/nepa/environmental-impact-statement-rating-system-criteria.

Environmental Protection Agency. n.d. (a). Electric and Magnetic Fields (EMF) Radiation from Power Lines. http://www.epa.gov/radtown/power-lines.html.

Environmental Protection Agency. n.d. (b). Mixed-Use Trip Generation Model. https://www.epa.gov/smartgrowth/mixed-use-trip-generation-model.

Envision Utah. n.d. http://www.envisionutah.org.

Enwave. n.d. http://www.enwave.com/disstrict_cooling_system.html.

EPA Victoria. 2005. Dual Pipe Water Recycling Schemes – Health and Environmental Risk Management. http://www.epa.vic.gov.au/~/media/Publications/1015.pdf.

Eppley Institute et al. 2004. Anchorage Bowl: Parks, Natural Open Space and Recreation Facilities Plan. Draft Plan. Land Design North; Eppley Institute for Parks and Public Lands, Indiana University; and Alaska Pacific University. http://eppley.org/wp-content/uploads/uploads/file/62/Anchorage.pdf.

Eppli, Mark J., and Charles C. Tu. 1999. *Valuing the New Urbanism: The Impact of New Urbanism on Prices of Single Family Homes*. Washington, DC: Urban Land Institute.

Eriksen, Aase. 1985. *Playground Design: Outdoor Environments for Learning and Development*. New York: Van Nostrand Reinhold.

Ernst, Michelle, and Lilly Shoup. 2009. Dangerous by Design: Transportation for America and the Surface Transportation Policy Partnership. http://culturegraphic.com/media/Transportation-for-America-Dangerous-by-Design.pdf.

Ervin, Stephen, and Hope Hasbrouck. 2001. *Landscape Modeling: Digital Techniques for Landscape Visualization*. New York: McGraw-Hill.

Esri. n.d. GIS Solutions for Urban and Regional Planning: Designing and Mapping the Future of Your Community with GIS. http://www.esri.com/library/brochures/pdfs/gis-sols-for-urban-planning.pdf.

Euroheat and Power. n.d. District Heating and Cooling Explained. http://www.euroheat.org.

Ewing, Reid. 1996. *Best Development Practices*. Washington, DC: Planners Press.

Ewing, Reid H. 1999. Traffic Calming: State of the Practice. Institute of Transportation Engineers, Washington, DC, Publication no. IR-098.

Faga, Barbara. 2006. *Designing Public Consensus: The Civic Theater of Community Participation for Architects, Landscape Architects, Planners and Urban Designers*. New York: Wiley.

Farvacque, C., and P. McAuslan. 1992. Reforming Urban Policies and Institutions in Developing Countries. Urban Management Program Paper No. 5. World Bank, Washington, DC.

Federal Communications Commission. 1999. Questions and Answers about Biological Effects and Potential Hazards of Radiofrequency Electromagnetic Fields. OET Bulletin 56, 4th ed. http://transition.fcc.gov/Bureaus/Engineering_Technology/Documents/bulletins/oet56/oet56e4.pdf.

Federal Emergency Management Agency. n.d. FEMA 100 Year Flood Zone Maps. http://msc.fema.gov.

Federal Highway Administration. 2000. Roundabouts: An Informational Guide. US Department of Transportation, FHWA Publication No. RD-00–067.

Federal Highway Administration. 2001. Geometric Design Practices for European Roads. https://international.fhwa.dot.gov/pdfs/geometric_design.pdf.

Federal Highway Administration. 2003. *Manual on Uniform Traffic Control Devices for Streets and Highways*. Washington, DC: US Department of Transportation.

Federal Highway Administration. 2006. Pedestrian Characteristics. https://www.fhwa.dot.gov/publications/research/safety/pedbike/05085/chapt8.cfm.

Federal Highway Administration. 2008. Traffic Volume Trends. http://www.fhwa.dot.gov/ohim/tvtw/08dectvt/omdex/cfm.

Federal Highway Administration. 2013a. Highway Functional Classification Concepts, Criteria and Procedures. https://www.fhwa.dot.gov/planning/processes/statewide/related/highway_functional_classifications/fcauab.pdf.

Federal Highway Administration. 2013b. Traffic Analysis Toolbox Volume VI: Definition, Interpretation and Calculation of Traffic Analysis Tools Measures of Effectiveness. http://ops.fhwa.dot.gov/publications/fhwahop08054/sect4.htm.

Federal Highway Administration. 2014. Road Diet Informational Guide. http://safety.fhwa.dot.gov/road_diets/info_guide/ch3.cfm.

Federal Highway Administration. n.d. (a). Noise Barrier Design – Visual Quality. http://www.fhwa.dot.gov/environment/noise/noise_barriers/design_construction/keepdown.cfm.

Federal Highway Administration. n.d. (b). Separated Bike Lane Planning and Design Guide. https://www.fhwa.dot.gov/environment/bicycle_pedestrian/publications/separated_bikelane_pdg/page00.cfm.

Ferguson, Bruce K. 1994. *Stormwater Infiltration*. Ann Arbor, MI: CRC Press.

Ferguson, Bruce K. 1998. *Introduction to Stormwater: Concept, Purpose, Design*. Hoboken, NJ: Wiley.

Ferguson, Bruce K. 2005. *Porous Pavements. Integrative Studies in Water Management and Land Development*. Ann Arbor, MI: CRC Press.

Fibre to the Home Council. 2011. FTTH Council – Definition of Terms. http://ftthcouncil.eu/documents/Publications/FTTH_Definition_of_Terms-Revision_2011-Final.pdf.

Field, Barry. 1989. The Evolution of Property Rights. *Kyklos* 42:319–345.

Fiorenza, S., C. L. Oubre, and C. H. Ward. 2000. *Phytoremediation of Hydrocarbon Contaminated Soil*. Boca Raton: Lewis Publishers.

Fischer, Richard A., and J. Craig Fischenich. 2000. Design Recommendations for Riparian Corridors and Vegetated Buffer Strips. US Army Engineer Research and Development Center, EDRC TN-EMRRP-SR-24. http://el.erdc.usace.army.mil/elpubs/pdf/sr24.pdf.

Fish and Wildlife Service. 2012. Land-Based Wind Energy Guidelines. http://www.fws.gov/windenergy/docs/WEG_final.pdf.

Fish and Wildlife Service. n.d. National Spatial Data Infrastructure: Wetlands Layer. http://www.fws.gov/wetlands/Documents/National-Spatial-Data-Infrastructure-Wetlands-Layer-Fact-Sheet.pdf.

Fisher, Scott. 2010. How to Make a Contour Model Correctly. Salukitecture. http://siuarchitecture.blogspot.com/2010/10/how-to-make-contour-model-correctly.html.

Fitzpatrick, Kay, et al. 2006. Improving Pedestrian Safety at Unsignalized Crossings. NCHRP Report #562. Transportation Research Board, Washington, DC.

Fleury, A. M., and R. D. Brown. 1997. A Framework for the Design of Wildlife Conservation Corridors with Specific Application to Southwestern Ontario. *Landscape and Urban Planning* 37:163–186.

Florida, Richard. 2002. *The Rise of the Creative Class: And How It Is Transforming Work, Leisure, Community and Everyday Life.* New York: Basic Books.

Florida Department of Transportation. 2009. Quality/Level of Service Handbook. http://www.fltod.com/research/fdot/quality_level_of_service_handbook.pdf.

Foletta, Nicole, and Simon Field. 2011. Europe's Vibrant New Low Car(bon) Communities. Institute for Transportation and Development Policy, New York. https://www.itdp.org/europes-vibrant-new-low-carbon-communities-2/.

Foley, Conor. 2007. *A Guide to Property Law in Uganda.* Nairobi: United Nations Centre for Human Settlements (Habitat).

Fondación Metrópoli. 2008. Ecobox: Building a Sustainable Future. Fondación Metrópoli, Madrid. http://www.fmetropoli.org/proyectos/ecobox.

Forman, Richard T. T. 1995. *Land Mosaics: The Ecology of Landscapes and Regions.* Cambridge: Cambridge University Press.

Frank, L. D., and D. Hawkins. 2008. *Giving Pedestrians an Edge: Using Street Layout to Influence Transportation Choice.* Ottawa: Canada Mortgage and Housing Corporation.

Fregonese Associates. n.d. Envision Tomorrow: A Suite of Urban and Regional Planning Tools. http://www.envisiontomorrow.org/about-envision-tomorrow/.

Fruin, J. J. 1970. Designing for Pedestrians, a Level of Service Concept. PhD dissertation, Polytechnic Institute of Brooklyn.

Fujiyama, T., C. R. Childs, D. Boampomg, and N. Tyler. 2005. Investigation of Lighting Levels for Pedestrians – Some Questions about Lighting Levels of Current Lighting Standards. In *Walk21-VI, Everyday Walking Culture. 6th International Conference of Walking in the 21st Century*, 1–13. Zurich, Switzerland Walk21. https://docs.google.com/viewer?url=http%3A%2F%2Fdiscovery.ucl.ac.uk%2F1430%2F1%2FWalk21Fujiyama.pdf.

Gaborit, Pascaline, ed. 2014. *European and Asian Sustainable Towns: New Towns and Satellite Cities in Their Metropolises.* Brussels: Presses Interuniversitaires Européennes.

Gaffney, Andrea, Vinita Huang, Kristin Maravilla, and Nadine Soubotin. 2007. Hammarby Sjöstad, Stockholm, Sweden: A Case Study. http://www.aeg7.com/assets/publications/hammarby%20sjostad.pdf.

Galbrun, L., and T. T. Ali. 2012. Perceptual Assessment of Water Sounds for Road Traffic Noise Masking. Proceedings of the Acoustics 2012 Nantes Conference. http://hal.archives-ouvertes.fr/docs/00/81/12/10/PDF/hal-00811210.pdf.

Gatje, Robert F. 2010. *Great Public Squares: An Architect's Selection.* New York: W. W. Norton.

Gautier, P-E, F. Poisson, and F. Letourneaux. n.d. High Speed Trains External Noise: A Review of Measurements and Source Models for the TGV Case up to 360 km/h. http://uic.org/cdrom/2008/11_wcrr2008/pdf/S.1.1.4.4.pdf.

Gaventa, Sarah. 2006. *New Public Spaces.* London: Mitchell Beazley.

Gehl, Jan, and Lars Gemzøe. 1996. *Public Life—Public Space.* Copenhagen: Danish Architectural Press and Royal Academy of Fine Arts.

Gehl, Jan, and Lars Gemzøe. 2004. *Public Spaces, Public Life.* Copenhagen: Danish Architectural Press.

Gehl, Jan, and Lars Gemzøe. 2006. *New City Spaces.* Copenhagen: Danish Architectural Press.

Geist, Johann F. 1982. *Arcades: The History of a Building Type.* Cambridge, MA: MIT Press.

Geller, Roger. n.d. Four Types of Cyclists. http://www.portlandonline.com/transportation/index.cfm?&a=237507&c=44597.

Giannopoulos, G. A. 1989. *Bus Planning and Operation in Urban Areas.* Aldershot: Avebury Press.

Gibbs, Steve. 2005. A Solid Foundation for Future Growth. *Land Development Today* 1 (7): 8–10.

Giddens, Anthony. 1991. *Modernity and Self-Identity: Self and Society in the Late Modern Age.* Cambridge: Polity Press.

Glaser, Barney G., and Anselm L. Strauss. 1967. *The Discovery of Grounded Theory: Strategies for Qualitative Research.* Chicago: Aldine.

Global Designing Cities Initiative. 2016. *Global Street Design Guide.* Washington, DC: Island Press. https://gdci-pydi2uhbcuqfp9wvwe.stackpathdns.com/wp-content/uploads/guides/global-street-design-guide.pdf.

Global Legal Group. 2008. International Comparative Legal Guide to Real Estate. www.ilgc.co.uk.

GoGreenSolar.com. n.d. How Many Solar Panels Do I Need? https://www.gogreensolar.com/pages/how-many-solar-panels-do-i-need.

Gold, Martin E. 1977. *Law and Social Change: A Study of Land Reform in Sri Lanka.* New York: Nellen Publishing.

Gold, Martin E., and Russell Zuckerman. 2015. Indonesian Land Rights and Development. *Columbia Journal of Asian Law* 28 (1): 41–67.

Goldberger, Paul. 2005. *Up from Zero: Politics, Architecture and the Rebuilding of New York.* New York: Random House.

Gold Coast City Council et al. 2013. SEQ Water Supply and Sewerage Design and Construction Code: Design Criteria. http://www.seqcode.com.au/storage/2013-07-01%20-%20SEQ%20WSS%20DC%20Code%20Design%20Criteria.pdf.

Google. 2016. Google Charleston East Project. Informal Review Document, City of Mountain View. http://www.mountainview.gov/depts/comdev/planning/activeprojects/charleston_east.asp.

Google Earth Pro. n.d. https://support.google.com/earth/answer/3064261?hl=en.

Gordon, David L. A. 1997. *Battery Park City: Politics and Planning on the New York Waterfront*. Philadelphia: Gordon and Breach.

Gordon, Kathi. 2004. The Sea Ranch: Concept and Covenant. The Sea Ranch Association. http://www.tsra.org/photos/VIPBooklet.pdf.

GRASS. n.d. http://grass.osgeo.org/.

Grava, Sigurd. 2002. *Urban Transportation Systems: Choices for Communities*. New York: McGraw-Hill.

Great Lakes-Upper Mississippi River Board of State and Provincial Public Health and Environmental Managers. 2004. Recommended Standards for Wastewater Facilities. Health Research Inc. http://10statesstandards.com/wastewaterstandards.html.

Greenbaum, Thomas. 2000. *Moderating Focus Groups*. Thousand Oaks, CA: Sage.

Green Dashboard. n.d. Waste Diverted from Landfills. District of Columbia Government, Washington, DC. http://greendashboard.dc.gov/Waste/WasteDivertedFromLandfills.

GreenerEnergy. n.d. Tilt and Angle Orientation of Solar Panels. http://greenerenergy.ca/PDFs/Tilt%20and%20Angle%20Orientation%20of%20Solar%20Panels.pdf.

Greywater Action. n.d. How to Do a Percolation Test. http://greywateraction.org/content/how-do-percolation-test.

Gulf Organization for Research and Development. n.d. QSAS: Qatar Sustainability Assessment System Technical Manual, Version 2.1. http://www.gord.qa/uploads/pdf/GSAS%20Technical%20Guide%20V2.1.pdf.

Gustafson, David, James L. Anderson, Sara Heger Christopherson, and Rich Axler. 2002. Constructed Wetlands. University of Minnesota Extension. http://www.extension.umn.edu/environment/water/onsite-sewage-treatment/innovative-sewage-treatment-systems-series/constructed-wetlands/index.html.

Gustafson, David, and Roger E. Machmeier. 2013. How to Run a Percolation Test. University of Minnesota Extension. http://www.extension.umn.edu/environment/housing-technology/moisture-management/how-to-run-a-percolation-test/.

GVA Grimley LLP. 2006. Milton Keynes 2031: A Long Term Sustainable Growth Strategy. Milton Keynes Partnership. http://milton-keynes.cmis.uk.com/milton-keynes/Document.

Gyourko, Joseph E., and Witold Rybczynski. 2000. Financing New Urbanism Projects: Obstacles and Solutions. *Housing Policy Debate* 11 (3): 733–750.

Habraken, N. John. 2000. *Supports: An Alternate to Mass Housing*. Urban International Press.

Hack, Gary. 1994a. Discovering Suburban Values through Design Review. In Brenda Case Scheer and Wolfgang F. E. Preiser, eds., *Design Review: Challenging Aesthetic Control*. New York: Chapman and Hall.

Hack, Gary. 1994b. Renewing Prudential Center. *Urban Land*, November.

Hack, Gary. 2013. Business Performance in Walkable Shopping Areas. Active Living Research Program, Robert Wood Johnson Foundation. http://activelivingresearch.org/business-performance-walkable-shopping-areas.

Hack, Gary, and Lynne Sagalyn. 2011. Value Creation through Urban Design. In David Adams and Steven Tiesdell, eds., *Urban Design in the Real Estate Development Process*, 258–281. Hoboken, NJ: Wiley-Blackwell.

Hall, Edward. 1966. *The Hidden Dimension*. Garden City, NY: Doubleday.

Halprin, Lawrence. 2002. *The Sea Ranch ... Diary of an Idea*. Berkeley, CA: Spacemaker Press.

Hammer, Thomas R., Robert E. Coughlin, and Edward T. Horn. 1974. The Effect of a Large Urban Park on Real Estate Value. *Journal of the American Institute of Planners* 40 (4): 274–277.

Handy, Susan, Robert G. Paterson, and Kent Butler. 2003. Planning for Street Connectivity: Getting from Here to There. American Planning Association, Chicago, Planning Advisory Service Report 515.

Harris, P., B. Harris-Roxas, E. Harris, and L. Kemp. 2007. Health Impact Assessment: A Practical Guide. Centre for Health Equity Training, Research and Evaluation (CHETRE), University of New South Wales Research Centre for Primary Health Care and Equity, Sydney. http://hiaconnect.edu.au/wp-content/uploads/2012/05/Health_Impact_Assessment_A_Practical_Guide.pdf.

Haugen, Kathryn M. B. 2011. International Review of Policies and Recommendations for Wind Turbine Setbacks from Residences: Noise, Shadow Flicker and Other Concerns. Minnesota Department of Commerce, Energy Facility Permitting. http://mn.gov/commerce/energyfacilities/documents/International_Review_of_Wind_Policies_and_Recommendations.pdf.

Heaney, James P., Len Wright, and David Sample. 2000. Sustainable Urban Water Management. In Richard Feld, James P. Heaney, and Robert Pitt, eds., *Innovative Urban Wet-Weather Flow Management Systems*. Lancaster, PA: Technomic Publishing Company; http://unix.eng.ua.edu/-rpitt/Publications/BooksandReports/Innovative/achap03.pdf.

Heath, G. W., R. C. Brownson, J. Kruger, et al. 2006. The Effectiveness of Urban Design and Land Use and Transport Policies and Practices to Increase Physical Activity: A Systematic Review. *Journal of Physical Activity and Health* 3 (Suppl 1): S55–S76.

Hebrew Senior Housing. n.d. NewBridge on the Charles. http://www.hebrewseniorlife.org/newbridge.

Hegemann, Werner, and Elbert Peets. 1996 [1922]. *American Vitruvius: An Architect's Handbook of Civic Art*. New York: Princeton Architectural Press.

Heller, Michael, and Rick Hills. 2009. Land Assembly Districts. *Harvard Law Review* 121 (6): 1466–1527.

Hendricks, Barbara E. 2001. *Designing for Play*. Aldershot, UK: Ashgate.

Henthorne, Lisa. 2009. Desalination – a Critical Element of Water Solutions for the 21st Century. In Jonas Forare, ed., *Drinking Water—Sources, Sanitation and Safeguarding*. Swedish Research Council Formas. http://www.formas.se/formas_shop/ItemView.aspx?id=5422&epslanguage=EN.

Hershberger, Robert G. 2000. Programming. In American Institute of Architects, *The Architect's Handbook of Professional Practice*. 13th ed. http://www.aia.org/aiaucmp/groups/aia/documents/pdf/aiab089267.pdf.

Hershfield, David M. 1961. Rainfall Frequency Atlas of the United States: For Durations from 30 Minutes to 24 Hours and Return Periods from 1 to 100 Years. Technical Paper No. 40. US Department of Commerce; http://www.nws.noaa.gov/oh/hdsc/PF_documents/TechnicalPaper_No40.pdf.

High Tech Finland. 2010. District Heat from Nuclear. http://www.hightech.fi/direct.aspx?area=htf&prm1=898&prm2=article.

Hillier, Bill. 1996. *Space Is the Machine*. Cambridge: Cambridge University Press. See also http://www.spacesyntax.org/publications/commonlang.html.

Hirschhorn, Joel S., and Paul Souza. 2001. *New Community Design to the Rescue: Fulfilling Another American Dream*. Washington, DC: National Governors Association.

Hodge, Jessica, and Julia Haltrecht. 2009. *BedZED Seven Years On: The Impact of the UK's Best Known Eco-Village and Its Residents*. London: Peabody. http://www.bioregional.com/wp-content/uploads/2014/10/BedZED_seven_years_on.pdf.

Holl, Steven. 2011. *Horizontal Skyscraper*. Richmond, CA: William Stout Publishers.

Holsum, Laura M. 2005. The Feng Shui Kingdom. *New York Times*, April 25.

Hong, Yu-Hung, and Barrie Needham. 2007. *Analyzing Land Readjustment: Economics, Law and Collective Action*. Cambridge, MA: Lincoln Institute of Land Policy.

Hong Kong BEAM Society. 2012. BEAM Plus New Buildings, Version 1.2. http://www.beamsociety.org.hk/files/download/download-20130724174420.pdf.

Hong Kong Government. 1995. Sewerage Manual: Part 1, Key Planning Issues and Gravity Collection System. Drainage Services Department. http://www.dsd.gov.hk/TC/Files/publications_publicity/other_publications/technical_manuals/Sewer%20Manual%20Part%201.pdf.

Hoornweg, Daniel, and Perinaz Bhada-Tata. 2012. What a Waste: A Global Review of Solid Waste Management. World Bank Urban Development Series. http://www-wds.worldbank.org/external/default/WDSContentServer/WDSP/IB/2012/07/25/000333037_20120725004131/Rendered/PDF/681350WP0REVIS0at0a0Waste20120Final.pdf.

Horose, Caitlyn. 2015. Let's Get Digital! 50 Tools for Online Public Engagement. Community Matters. http://www.communitymatters.org/blog/let%E2%80%99s-get-digital-50-tools-online-public-engagement.

Horton, Mark B. 2010. A Guide for Health Impact Assessment. California Department of Public Health. http://www.cdph.ca.gov/pubsforms/Guidelines/Documents/HIA%20Guide%20FINAL%2010-19-10.pdf.

Huat, Low Ing, Dadang Mohamad Ma'soem, and Ravi Shankar. 2005. Revised Walkway Capacity Using Platoon Flows. *Proceedings of the Eastern Asia Society for Transportation Studies* 5:996–1008.

Hughes, Philip George. 2000. *Ageing Pipes and Murky Waters: Urban Water System Issues for the 21st Century*. Wellington, New Zealand: Office of the Parliamentary Commissioner for the Environment.

Hunter, William W, J. Richard Stewart, Jane C. Stutts, Herman H. Huang, and Wayne E. Pein. 1998. A Comparative Analysis of Bicycle Lanes versus Wide Curb Lanes: Final Report. US Department of Transportation, Federal Highway Administration, Report #FHWA-RD-99-034, May.

Hwangbo, Alfred B. 2002. An Alternative Tradition in Architecture: Conceptions in Feng Shui and Its Continuous Tradition. *Journal of Architectural and Planning Research* 19 (2): 110–130.

Hyodo, T., C. Montalbo, A. Fujiwara, and S. Soehodho. 2005. Urban Travel Behavior Characteristics of 13 Cities Based on Household Interview Survey Data. *Journal of the Eastern Asia Society for Transportation Studies* 6:23–38.

IBI Group. 2000. *Greenhouse Gas Emissions from Urban Travel: Tool for Evaluating Neighborhood Sustainability*. Ottawa: Canada Mortgage and Housing Corporation. http://www.cmhc-schl.gc.ca/odpub/pdf/62142.pdf.

Illumination Engineering Society. 2014. Standard Practice for Roadway Lighting. ANSI/IES RP-8.

India Green Building Council. n.d. LEED-NC India. http://www.igbc.in.

Ingram, Gregory K., and Yu-Hung Hong. 2012. *Value Capture and Land Policies*. Cambridge, MA: Lincoln Institute of Land Policy.

Ingram, Gregory K., and Zhi Liu. 1997. Determinants of Motorization and Road Provision. World Bank Working Paper. http://www-wds.worldbank.org/external/default/WDSContentServer/WDSP/IB/2000/02/24/000094946_99031911113162/additional/127527322_20041117172108.pdf.

Ingram, Gregory K., and Zhi Liu. 1999. Vehicles, Roads and Road Use: Alternative Empirical Specifications. World Bank Working Paper. www.siteresources.worldbank.org/Interurbantransport/resources/wps2038.pdf.

Institute for Building Efficiency. 2011. Green Building Asset Valuation: Trends and Data. http://www.institutebe.com/InstituteBE/media/Library/Resources/Green%20Buildings/Research_Snapshot_Green_Building_Asset_Value.pdf.

Institute of Transportation Engineers. 1999. *Traffic Engineering Handbook*. 5th ed. Englewood Cliffs, NJ: Prentice-Hall.

Institute of Transportation Engineers. 2004. *Parking Generation*. Washington, DC: ITE.

Institute of Transportation Engineers. 2006. Context Sensitive Solutions for Designing Major Thoroughfares for Walkable Communities. http://www.ite.org/css/.

Institute of Transportation Engineers. 2010. Designing Walkable Urban Thoroughfares: A Context Sensitive Approach. Institute of Transportation Engineers and Congress for the New Urbanism. http://www.ite.org/css/rp-036a-e.pdf.

Institute of Transportation Engineers. 2014. *Trip Generation Handbook*. 3rd ed. Washington, DC: ITE.

Institute of Transportation Engineers. 2017. *Trip Generation*. 10th ed. Washington, DC: ITE.

Intergovernmental Panel on Climate Change. 2007. Magnitudes of Impact. United Nations Environment Program and World Health Organization. http://www.ipcc.ch/publications_and_data/ar4/wg2/en/spmsspm-c-15-magnitudes-of.html.

International Labor Organization. n.d. International Standard Classification of Occupations, ISCO-88. http://www.ilo.org/public/english/bureau/stat/isco/isco88/index.htm.

International Standards Organization. 2009. Environmental Management: The ISO 14000 Family of International Standards. http://www.iso.org/iso/theiso14000family_2009.pdf.

International Water Association. 2010. International Statistics for Water Services. Specialist Group – Statistics and Management, Montreal. http://www.iwahq.org/contentsuite/upload/iwa/document/iwa_internationalstats_montreal_2010.pdf.

Iowa State University, University Extension. 1997. Farmstead Windbreaks: Planning. Pm-1716.

Itami, Robert M. 2002. *Estimating Capacities for Pedestrian Walkways and Viewing Platforms: A Report for Parks Victoria*. Brunswick, Victoria, Australia: GeoDimensions Pty Ltd.

Jacobs, Allan B. 1993. *Great Streets*. Cambridge, MA: MIT Press.

Jacobs, Allan B., Elizabeth Macdonald, and Yodan Rofe. 2002. *The Boulevard Book*. Cambridge, MA: MIT Press.

Jacobs, Jane. 1992 [1962]. *The Death and Life of Great American Cities*. New York: Vintage Press.

Jacobsen, P. L. 2003. Safety in Numbers: More Walkers and Bicyclists, Safer Walking and Biking. *Injury Prevention* 9:205–209.

Jacquemart, G. 1998. *Modern Roundabout Practice in the United States*. National Cooperative Highway Research Program, Synthesis of Highway Practice 264. Washington, DC: National Academy Press.

James Corner Field Operations and Diller, Scofidio & Renfro. 2015. *The High Line*. London: Phaidon Press.

Japan Sustainable Building Consortium and Institute for Building Environment and Energy Conservation. 2017. CASBEE: Comprehensive Assessment System for Built Environment Efficiency. http://www.ibec.or.jp/CASBEE/english/.

Jarzombek, Mark M. 2004. *Designing MIT: Bosworth's New Tech*. Boston: Northeastern University Press.

Jefferson Center. n.d. Citizens Juries. http://jefferson-center.org/.

Jewell, Nicholas. 2015. *Shopping Malls and Public Space in Modern China*. London: Routledge.

Jim, C.Y., and Wendy Y. Chen. 2009. Value of Scenic Views: Hedonic Assessment of Private Housing in Hong Kong. *Landscape and Urban Planning* 91:226–234.

Katz, Robert. 1977. *Design of the Housing Site*. Champaign: University of Illinois Press.

Kayden, Jerold S. 1978. *Incentive Zoning in New York City: A Cost-Benefit Analysis*. Cambridge, MA: Lincoln Institute of Land Policy.

Kayden, Jerold S. 2000. *Privately Owned Public Space: The New York City Experience*. New York: Wiley.

Kelo. 2005. Kelo et al. v. City of New London et al., 545 U.S. 369.

Kenny, J. F., N. L. Barber, S. S. Hutson, K. S. Linsey, J. K. Lovelace, and M. A. Maupin. 2009. Estimated Use of Water in the United States in 2005. Geological Survey Circular 1344.

Kenworthy, Jeff. 2013. Trends in Transport and Urban Development in Thirty-Three International Cities 1995–6 to 2005–6: Some Prospects for Lower Carbon Transport. In Steffen Lehmann, ed., *Low Carbon Cities: Transforming Urban Systems*. London: Routledge.

Kenworthy, Jeff. 2015. Non-Motorized Mode Cities in a Global Cities Cluster Analysis: A Study of Trends in Mumbai, Shanghai, Beijing and Guangzhou since 1995. Working paper prepared for Hosoya Schaefer Architects AG.

Kenworthy, Jeff, and Felix B. Laube. 2001. *Millennium Cities Database for Sustainable Transport. Brussels: International Union of Public Transport*. Perth: Murdoch University Institute for Sustainability and Technology Policy.

Kenworthy, Jeff, and Craig Townsend. 2002. An International Comparative Perspective on Motorization in Urban China. *IATSS Research* 26 (2): 99–109.

Khan, Adil Mohammed, and Md. Akter Mahmud. 2008. FAR as a Development Control Took: A New Growth Management Technique for Dhaka City. *Jahangirnagar Planning Review* 6:49–54.

Khattak, Asad J., and John Stone. 2004. Traditional Neighborhood Development Trip Generation Study. Final Report. Center for Urban and Regional Studies, University of North Carolina at Chapel Hill.

Kittelson and Associates et al. 2003. Transit Capacity and Quality of Service Manual. 2nd ed. Transportation Research Board of the National Academies, Washington, DC, TCRP Report 100.

Klett, J. E., and C. R. Wilson. 2009. Xeriscaping: Ground Cover Plants. Colorado State University Extension. http://www.ext.colostate.edu/pubs/garden/07230.html.

Knoll, Wolfgang, and Martin Hechinger. 2007. *Architectural Models: Construction Techniques*. Plantation, FL: J. Ross Publishing.

Kohn, A. Eugene, and Paul Katz. 2002. *Building Type Basics for Office Buildings*. New York: Wiley.

Kost, Christopher, and Mathias Nohn. 2011. Better Streets, Better Cities: A Guide to Street Design in Urban India. Institute for Transportation and Development Policy and Environmental Planning Collaborative. http://www.itdp.org/documents/Better Streets111221.pdf.

Kroll, B., and R. Sommer. 1976. Bicyclists' Response to Urban Bikeways. *Journal of the American Institute of Planners* 42 (January): 41–51.

Kulash, Walter M. 2001. *Residential Streets*. 3rd ed. Washington, DC: Urban Land Institute.

Kulash, Walter M., Joe Anglin, and David Marks. 1990. Traditional Neighborhood Development: Will the Traffic Work? *Development* 21 (July/August): 21–24.

Kumar, Manish, and Vivekananda Biswas. 2013. Identification of Potential Sites for Urban Development Using GIS Based Multi Criteria Evaluation Technique. *Journal of Settlements and Spatial Planning* 4 (1): 45–51.

Kuusiola, Timo, Maaria Wierink, and Karl Heiskanen. 2012. Comparison of Collection Schemes of Municipal Solid Waste Metallic Fraction: The Impacts on Global Warming Potential for the Case of the Helsinki Metropolitan Area, Finland. *Sustainability* 4:2586–2610.

LaGro, James A., Jr. 2008. *Site Analysis: Linking Program and Concept in Land Planning and Design*. 2nd ed. New York: Wiley.

Lancaster, R. A., ed. 1990. *Recreation, Park and Open Space Standards and Guidelines*. Ashburn, VA: National Recreation and Park Association. http://www.prm.nau.edu/prm423/recreation_standards.htm.

Landcom. Inc. n.d. Street Tree Design Guidelines (Australia). http://www.landcom.com.au/publication/download/street-tree-design-guidelines/.

LaPlante, John, and Thomas P. Kaeser. 2007. A History of Pedestrian Signal Walking Speed Assumptions. Third Urban Street Symposium, June 24–27, Seattle, Washington.

Larco, Nico and Kristin Kelsey. 2014. *Site Design for Multifamily Housing: Creating Livable, Connected Neighborhoods*. 2nd ed. Washington, DC: Island Press.

Larwood, Scott, and C. P. van Dam. 2006. Permitting Setback Requirements for Wind Turbines in California. California Wind Energy Collaborative. http://energy.ucdavis.edu/files/05-06-2013-CEC-500-2005-184.pdf.

Law Handbook. 2017. Environmental Impact Assessment. Fitzroy Legal Services, Inc., Victoria, Australia. http://www.lawhandbook.org.au/2016_11_03_03_environmental_impact_assessment_eia/.

Leaf, W. A., and D. F. Preusser. 1998. Literature Review on Vehicle Travel Speeds and Pedestrian Injuries. National Highway Traffic Safety Administration, US Department of Transportation.

Lee, Jennifer H., Nathalie Robbel, and Carlos Dora. 2013. Cross Country Analysis of the Institutionalization of Health Impact Assessment. Social Determinants of Health Discussion Paper Series 8 (Policy and Practice). Geneva: World Health Organization; http://apps.who.int/iris/bitstream/10665/83299/1/9789241505437_eng.pdf.

Leinberger, Christopher B. 2008. *The Option of Urbanism: Investing in a New American Dream*. Washington, DC: Island Press.

Lennertz, Bill, and Aarin Kutzenhiser. 2006. *The Charrette Handbook*. Chicago: American Planning Association Publishing.

Letema, Sammy, Bas van Vliet, and Jules B. van Lier. 2011. Innovations in Sanitation for Sustainable Urban Growth: Modernised Mixtures in an East African Context. On the Waterfront 2011. https://www.researchgate.net/publication/233740032_Innovations_in_sanitation_for_sustainable_urban_growth_Modernised_mixtures_in_an_East_African_context.

Levlin, Erik. 2009. Maximizing Sludge and Biogas Production for Counteracting Global Warming. http://urn.kb.se/resolve?urn=urn:nbn:se:kth:diva-81528.

Li, Huan, and Robert L. Bertini. 2008. Optimal Bus Stop Spacing for Minimizing Transit Operation Cost. ASCE, Proceedings of the Sixth International Conference of Traffic and Transportation Studies Congress.

Lin, Zhongjie. 2014. Constructing Utopias: China's Emerging Eco-cities. ARCC/EAAE 2014 Architectural Research Conference, "Beyond Architecture: New Intersections & Connections." http://www.arcc-journal.org/index.php/repository/article/download/310/246.

Lincolnshire. n.d. Design Guide for Residential Areas. http://www.e-lindsey.gov.uk/CHttpHandler.ashx?id=1647&p=0.

Listokin, David, and Carole Walker. 1989. *The Subdivision and Site Plan Handbook*. New Brunswick, NJ: Rutgers Center for Urban Policy Research.

Locke, John. 1988 [1689]. *Two Treatises of Government*. Cambridge: Cambridge University Press.

Los Angeles County. 2011. Model Street Design Manual for Living Streets. http://www.modelstreetdesignmanual.com/.

Los Angeles Department of City Planning. 1983. Land Form Grading Manual. http://cityplanning.lacity.org/Forms_Procedures/LandformGradingManual.pdf.

Los Angeles Urban Forestry Division. n.d. Street Tree Selection Guide. http://bss.lacity.org/UrbanForestry/StreetTreeSelectionGuide.htm.

Lowe, Will. n.d. Software for Content Analysis – A Review. http://dl.conjugateprior.org/preprints/content-review.pdf.

Low Impact Development Center. n.d. Low Impact Development (LID): A Literature Review. US Environmental Protection Agency.

Lund, John W. 1990. Geothermal Heat Pump Utilization in the United States. Klamath Falls: Oregon Institute of Technology Geo-Heat Center.

Luttik, Joke. 2000. The Value of Trees, Water and Open Space as Reflected by House Prices in the Netherlands. *Landscape and Urban Planning* 48 (3–4): 161–167.

Lynch, Kevin. 1960. *Image of the City*. Cambridge, MA: MIT Press.

Lynch, Kevin. 1962. *Site Planning*. Cambridge, MA: MIT Press.

Lynch, Kevin. 1973. *Site Planning*. 2nd ed. Cambridge, MA: MIT Press.

Lynch, Kevin, and Gary Hack. 1984. *Site Planning*. 3rd ed. Cambridge, MA: MIT Press.

Lyndon, Donlyn, and Jim Alinder. 2014. *The Sea Ranch: Fifty Years of Architecture, Landscape, Place, and Community on the Northern California Coast*. New York: Princeton Architectural Press.

Macdonald, Elizabeth. n.d. Graphics for Planners: Tutorials in Computer Graphics Programs. http://graphics-tutorial.ced.berkeley.edu/photoshop.htm.

Mahmood, Qaisar, et al. 2013. Natural Treatment Systems as Sustainable Ecotechnologies for the Developing Countries. *BioMed Research International* 2013: 796373. doi:10.1155/2013/796373. http://www.ncbi.nlm.nih.gov/pmc/articles/PMC3708409/.

Malczewski, Jacek. 2004. GIS-Based Land-Use Suitability Analysis: A Critical Overview. *Progress in Planning* 62:3–65.

Marcus, Claire Cooper, and Carolyn Francis, eds. 1998. *People Places: Design Guidelines for Public Spaces*. 2nd ed. New York: Wiley.

Marcus, Clare Cooper, and Wendy Sarkissian. 1986. *Housing as if People Mattered: Site Design Guidelines for Medium-Density Family Housing*. Berkeley: University of California Press.

Marsh, William M. 2010. *Landscape Planning: Environmental Applications*. 5th ed. New York: Wiley.

Marshall, Richard. 2001. *Waterfronts in Post-industrial Cities*. Abingdon, UK: Taylor and Francis.

Marshall, Stephen. 2005. *Streets and Patterns: The Structure of Urban Geometry*. London: Spon Press.

Marshall, Wesley E., and Norman Garrick. 2008. Street Network Types and Road Safety: A Study of 24 California Cities. University of Connecticut, Storrs, CT. http://www.sacog.org/complete-streets/toolkit/files/docs/Garrick%20%26%20Marshall_Street%20Network%20Types%20and%20Road%20Safety.pdf.

Martens, Yuri, Juriaan van Meel, and Hermen Jan van Ree. 2010. *Planning Office Spaces: A Practical Guide for Managers and Designers*. London: Laurence King Publishing.

Martin, William A., and Nancy A. McGuckin. 1998. Travel Estimation Techniques for Urban Planning. NCHRP Report 365. Washington, DC: National Research Council, Transportation Research Board.

Maryland Department of the Environment. 2007 [2000]. Maryland Stormwater Design Manual. http://www.mde.state.md.us/programs/Water/StormwaterManagementProgram/MarylandStormwaterDesignManual/Pages/Programs/WaterPrograms/SedimentandStormwater/stormwater_design/index.aspx.

Mateo-Babiano, Iderlina. 2003. Pedestrian Space Management as a Strategy in Achieving Sustainable Mobility. Working paper for Oikos PhD Summer Academy, St. Gallen, Switzerland. http://citeseerx.ist.psu.edu/viewdoc/similar?doi=10.1.1.110.5978&type=sc.

Matsui, Minoru, and Chikashi Deguchi. 2014. The Characteristics of Land Readjustment Systems in Japan, Thailand and Mongolia and an Evaluation of the Applicability to Developing Countries. Proceedings of International Symposium on City Planning 2014, Hanoi, Vietnam. http://www.cpij.or.jp/com/iac/sympo/Proceedings2014/3-fullpaper.pdf.

Maupin, Molly A., Joan F. Kenny, Susan S. Hutson, John K. Lovelace, Nancy L. Barber, and Kristin S. Linsey. 2014. Estimated Use of Water in the United States in 2010. US Geological Survey, Reston, VA, Circular 1405. http://pubs.usgs.gov/circ/1405/.

McCamant, Kathryn, and Charles Durrett. 2014. *Creating Cohousing: Building Sustainable Communities*. Gabriola, BC: New Society Publishers.

McCann, Barbara, and Susanne Rynne. 2010. Complete Streets. American Planning Institute, Washington, DC, PAS 559.

McDonough, William, and Michel Braungart. 2002. *Cradle to Cradle: Remaking the Way We Make Things*. New York: North Point Press.

McGovern, Stephen J. 2006. Philadelphia's Neighborhood Transformation Initiative: A Case Study of Mayoral Leadership, Bold Planning and Conflict. *Housing Policy Debate* 17:529–570.

McHarg, Ian L. 1971. *Design with Nature*. Philadelphia: Natural History Press.

McMonagle, J. C. 1952. Traffic Accidents and Roadside Features. *Highway Research Board Bulletin* 55:38–48.

Meachem, John. n.d. Googleplex: A New Campus Community. Clive Wilkinson Architects. http://www.clivewilkinson.com/pdfs/CWACaseStudy_GoogleplexANewCampusCommunity.pdf.

Melbourne Water Corporation. 2010. Constructed Wetlands Guidelines. Melbourne, Australia. http://www.melbournewater.com.au/Planning-and-building/Forms-guidelines-and-standard-drawings/Documents/Constructed-wetlands-guidelines-2010.pdf.

Metro Jacksonville Magazine. 2012. Sunflowers for Lead, Spider Plants for Arsenic. *Metro Jacksonville* Magazine, July 8. http://www.metrojacksonville.com/article/2010-jun-sunflowers-for-lead-spider-plants-for-arsenic.

Michael Sorkin Studio. 1992. *Wiggle*. New York: Monacelli Press.

Michelson, William. 2011. Influences of Sociology on Urban Design. In Tridib Banerjee and Anastasia Loukaitou-Sideris, eds., *Companion to Urban Design*. London: Routledge.

Miles, Mike, Laurence M. Netherton, and Adrienne Schmitz. 2015. *Real Estate Development*. 5th ed. Washington, DC: Urban Land Institute.

Miller, Norm. 2014. Workplace Trends in Office Space: Implications for Future Office Demand. Working Paper, University of San Diego, Burnham-Moores Center for Real Estate. http://www.normmiller.net/wp-content/uploads/2014/04/Estimating_Office_Space_Requirements-Feb-17-2014.pdf.

Ministry of Land, Infrastructure and Transport, Japan. n.d. Urban Land Use Planning System in Japan. http://www.mlit.go.jp/common/000234477.pdf.

Minnesota Pollution Control Agency. 2008. Minnesota Stormwater Manual. http://www.pca.state.mn.us/index.php/view-document.html?gid=8937.

Moeller, John. 1965. Standards for Outdoor Recreation Areas. American Planning Association, Chicago, Information Report No. 194. https://www.planning.org/pas/at60/report194.htm.

Montgomery, Michael R., and Richard Bean. 1999. Market Failure, Government Failure, and the Private Supply of Public Goods: The Case of Climate-Controlled Walkway Networks. *Public Choice* 99:403–437.

Moore, Robin C., Susan M. Goltsman, and Daniel S. Iacofano, eds. 1992. *Play for All Guidelines: Planning, Design and Management of Outdoor Play Settings for All Children*. 2nd ed. Berkeley, CA: MIG Communications.

Morar, Tudor, Radu Radoslav, Luiza Cecilia Spiridon, and Lidia Păcurar. 2014. Assessing Pedestrian Accessibility to Green Space Using GIS. *Transylvanian Review of Administrative Sciences* 42: E 116–139. http://www.rtsa.ro/tras/index.php/tras/article/download/94/90.

Morrall, John F., L. L. Ratnayake, and P. N. Seneviratne. 1991. Comparison of Central Business District Pedestrian Characteristics in Canada and Sri Lanka. *Transportation Research Record* (1294): 57–61.

Moudon, Anne Vernez. 2009. Real Noise from the Urban Environment: How Ambient Community Noise Affects Health and What Can Be Done about It. *American Journal of Preventive Medicine* 37 (2): 167–171.

Moughtin, Cliff, Rafael Cuesta, Christine Sarris, and Paola Signoretta. 2003. *Urban Design: Method and Techniques*. 2nd ed. Oxford: Architectural Press.

Mundigo, Axel, and Dora Crouch. 1977. The City Planning Ordinances of the Laws of the Indies Revisited, I. *Town Planning Review* 48:247–268. http://codesproject.asu.edu/sites/default/files/THE%20LAWS%20OF%20THE%20INDIEStranslated.pdf.

Murakami, Shuzo, Kazuo Iwamura, and Raymond J. Cole. 2014. CASBEE: A Decade of Development and Application of an Environmental Assessment System for the Built Environment. Japan Sustainable Building Consortium and Institute for Building Environment and Energy Conservation. http://www.ibec.or.jp/CASBEE/english/document/CASBEE_Book_Flyer.pdf.

Murdock, Steve H., Chris Kelley, Jeffrey Jordan, Beverly Pecotte, and Alvin Luedke. 2015. *Demographics: A Guide to Methods and Data Sources for Media, Business, and Government*. New York: Routledge.

Muthukrishnan, Suresh, et al. 2006. Calibration of a Simple Rainfall-Runoff Model for Long-Term Hydrological Impact Evaluation. *URISA Journal* 18 (2): 35–42.

NASA. n.d. ESRL Solar Position Calculator. US National Aeronautics and Space Administration. http://www.esrl.noaa.gov/gmd/grad/solcalc/azel.html.

Nasar, Jack L. 2006. *Design by Competition: Making Competitions Work*. Cambridge: Cambridge University Press.

National Association of City Transportation Officials. n.d. Urban Bicycle Design Guide. https://nacto.org/publication/urban-bikeway-design-guide/.

National Charrette Institute. n.d. http://www.charretteinstitute.org.

National Health and Medical Research Council. 2010. Wind Turbines and Health: A Rapid Review of the Evidence. Australian Government. http://www.nhmrc.gov.au/_files_nhmrc/publications/attachments/new0048_evidence_review_wind_turbines_and_health.pdf.

National Institutes of Health. n.d. Pubmed. http://www.ncbi.nim.nih.gov/pubmed.

National Oceanic and Atmospheric Administration. n.d. LIDAR Data Access Viewer. https://coast.noaa.gov/dataviewer/#/lidar/search/.

National Park Service. n.d. An Introduction to Using Native Plants in Restoration Projects. US Department of the Interior. http://www.nps.gov/plants/restore/pubs/intronatplant/toc.htm.

National Renewable Energy Laboratory. n.d. PVWATTS – A Performance Calculator for Grid Connected PV Systems. http://rredc.nrel.gov/solar/calculators/PVWATTS/version1/.

National Research Council. 2007. Elevation Data for Floodplain Mapping. National Research Council, Committee on Floodplain Mapping Technologies. http://www.nap.edu/catalog/11829.html.

National Research Council. 2011. Improving Health in the United States: The Role of Health Impact Assessment. National Research Council, Committee on Health Impact Assessment. Washington, DC: National Academies Press. http://www.nap.edu/download.php?record_id=13229.

National Weather Service. n.d. Precipitation Frequency Estimates. National Weather Service, US National Oceanic and Atmospheric Administration. http://www.nws.noaa.gov/oh/hdsc/index.html.

Natural Resources Canada. 2004. Micro-Hydropower Systems: A Buyer's Guide. https://docs.google.com/viewer?url=https%3A%2F%2Fwww.nrcan.gc.ca%2Fsites%2Fwww.nrcan.gc.ca%2Ffiles%2Fcanmetenergy%2Ffiles%2Fpubs%2Fbuyersguide hydroeng.pdf.

Natural Resources Canada. 2005. An Introduction to Micro-Hydropower Systems. http://www.nrcan.gc.ca/sites/www.nrcan.gc.ca/files/canmetenergy/files/pubs/Intro_MicroHydro_ENG.pdf.

Natural Resources Conservation Service. 2010. Field Indicators of Hydric Soils in the United States: A Guide for Identifying and Delineating Hydric Soils, Version 7.0. US Department of Agriculture. ftp://ftp-fc.sc.egov.usda.gov/NSSC/Hydric_Soils/FieldIndicators_v7.pdf.

Natural Resources Conservation Service. 2017. Wind Rose Data. US Department of Agriculture. http://www.wcc.nrcs.usda.gov/climate/windrose.html.

Needham, Barrie. 2007. The Search for Greater Efficiency: Land Readjustment in the Netherlands. In Yu-Hung Hong and Barrie Needham, eds., *Analyzing Land Readjustment: Economics, Law and Collective Action*, 127–128. Cambridge, MA: Lincoln Institute of Land Policy.

Nelesson, Anton. 1994. *Visions for a New American Dream: Process, Principles and an Ordinance to Plan and Design Small Communities*. 2nd ed. Chicago: Planners Press.

New Jersey Department of Environmental Protection. 2016. Stormwater Best Management Practices Manual. http://www.njstormwater.org/bmp_manual2.htm.

Newman, Oscar. 1972. *Defensible Space: Crime Prevention through Environmental Design*. New York: Macmillan.

Newman, Oscar. 1980. *Community of Interest*. Garden City, NY: Anchor/Doubleday.

New South Wales Roads and Traffic Authority. 2003. NSW Bicycle Guidelines. http://www.rms.nsw.gov.au/business-industry/partners-suppliers/documents/technical-manuals/nswbicyclev12aa.i.pdf.

New York City. 2017. Vision Zero Plan. http://www.nyc.gov/html/visionzero/pages/home/home.shtml.

New York City Department of Parks and Recreation. n.d. Approved Species List. http://www.nycgovparks.org/trees/street-tree-planting/species-list.

New York City Department of Transportation. 2009. Street Design Manual. http://www.nyc.gov/dot.

New York City Mayor's Office of Environmental Coordination. 2014. CEQR Technical Manual. http://www.nyc.gov/html/oec/html/ceqr/technical_manual_2014.shtml.

New York Department of City Planning. 2006. New York City Pedestrian Level of Service Study Phase I. http://www1.nyc.gov/assets/planning/download/pdf/plans/transportation/td_ped_level_serv.pdf.

Nijkamp, Peter, Marc van der Burch, and Gabriella Vindigni. 2002. A Comparative Institutional Evaluation of Public-Private Partnerships in Dutch Urban Land-Use and Revitalisation Projects. *Urban Studies* 39 (10): 1865–1880.

Noble, J., and A. Smith. 1992. Residential Roads and Footpaths – Layout Considerations – Design Bulletin 32. London: Her Majesty's Stationery Office.

North Carolina State University. n.d. Wetlands Identification. http://www.water.ncsu.edu/watershedss/info/wetlands/onsite.html.

Nowak, David J., and Daniel E. Crane. 2001. Carbon Storage and Sequestration by Urban Trees in the USA. *Environmental Pollution* 116:381–389.

OECD. 2006. Speed Management. Organisation for Economic Co-operation and Development and European Conference of Ministers of Transport.

Oke, T. R. 1987. *Boundary Layer Climates*. New York: Routledge.

Oke, T. R. 1997. Urban Climates and Global Environmental Change. In R. D. Thompson and A. Perry, eds., *Applied Climatology: Principles and Practices*, 273–287. London: Routledge.

Oldenburg, Ray. 1999. *The Great Good Place: Cafés, Coffee Shops, Bookstores, Bars, Hair Salons and Other Hangouts at the Heart of a Community*. Boston: Da Capo Press.

Oregon Department of Energy. n.d. Small, Low-Impact Hydropower. http://www.oregon.gov/ENERGY/RENEW/Pages/hydro/Hydro_index.aspx#Regulation.

Parolek, Daniel G., Karen Parolek, and Paul C. Crawford. 2008. *Form-Based Codes: A Guide for Planners, Urban Designers, Municipalities and Developers*. New York: Wiley.

Parsons Brinkerhoff Quade & Douglas, Inc. 2012. Track Design Handbook for Light Rail Transit. 2nd ed. National Academy Press, Transit Cooperative Research Program Report 155. http://onlinepubs.trb.org/onlinepubs/tcrp/tcrp_rpt_155.pdf.

Paschotta, Rudiger. n.d Optical Fiber Communications. In *RP Photonics Encyclopedia*. http://www.rp-photonics.com/optical_fiber_communications.html.

Pattern Language. n.d. http://www.patternlanguage.com.

Paulien and Associates. 2011. Utah System of Higher Education: Higher Education Space Standards Study. http://higheredutah.org/wp-content/uploads/2013/06/pff_2011_spacestandards_study.pdf.

Payne, Geoffrey. 1996. Urban Land Tenure and Property Rights in Developing Countries: A Review of the Literature. World Bank, Washington, DC. http://sheltercentre.org/sites/default/files/overseas_development_administration_1996_urban_land_tenure_and_property_rights.pdf.

PBC Geographic Information Services. n.d. http://www.pbcgis.com/viewshed/.

Pelling, Kirstie. 2009. Safety in Numbers. *iSquared* 8:22–26. http://www.crowddynamics.com.

Pennsylvania Department of Environmental Protection. 2003. Best Management Practices (BMP) for the Management of Waste from Land Clearing, Grubbing and Excavation (LCGE). http://www.elibrary.dep.state.pa.us/dsweb/Get/Document-49033/254-5400-001.pdf.

Philadelphia Water Department. 2011. Green City Clean Waters: The City of Philadelphia's Program for Combined Sewer Overflow Control. http://www.phillywatersheds.org/.

Planungszelle (Planning Cell). n.d. http://www.planungszelle.de/.

Play Enthusiast. n.d. *Play Enthusiast's Playground Blog.* https://playenthusiast.wordpress.com/.

Plummer, Joseph T. 1974. The Concept and Application of Life Style Segmentation. *Journal of Marketing* 38:35–42. http://bulatov.org.ua/teaching_courses/marketing_files/Lecture%2010%20ItM%20Life%20Style%20segmentation.pdf.

Poirier, Desmond. 2008. Skate Parks: A Guide for Landscape Architects and Planners. MLA thesis, Kansas State University, Manhattan. http://hdl.handle.net/2097/954.

Pollard, Robert. 1980. Topographic Amenities, Building Height and the Supply of Urban Housing. *Regional Science and Urban Economics* 10 (8): 181–199.

Pollution Control Systems. 2014. Wastewater Treatment Package Plants. Pollution Control Systems, Inc. http://www.pollutioncontrolsystem.com/Page.aspx/31/PackagePlants.html.

Pomeranz, M., B. Pon, H. Akbari, and S.-C. Chang. 2002. The Effect of Pavements' Temperatures on Air Temperatures in Large Cities. Paper LBNL-43442. Lawrence Berkeley National Laboratory, Berkeley, CA.

Portland Planning Department. 1991. Downtown Urban Design Guidelines. http://www.portlandmaine.gov/DocumentCenter/Home/View/3375.

Potter, Stephen. 2003. Transport Energy and Emissions: Urban Public Transit. In D. A. Hensher and K. J. Button, eds., *Handbook of Transport and the Environment.* Amsterdam: Elsevier.

Powell, Donald. 2011. Pillars of Design. *Urban Land*, October 18. http://urbanland.uli.org/development-business/pillars-of-design/.

Profous, George V. 1992. Trees and Urban Forestry in Beijing, China. *Journal of Arboriculture* 18 (3): 145–154. http://joa.isa-arbor.com/request.asp?JournalID=1&ArticleID=2501&Type=2.

Project for Public Spaces. 2009. What Makes a Successful Place? http://www.pps.org/reference/grplacefeat/.

Project for Public Spaces. n.d. Great Public Spaces. http://www.pps.org/places/.

Punter, John. 1999. *Design Guidelines in American Cities: A Review of Design Policies and Guidance in Five West Coast Cities.* Liverpool: Liverpool University Press.

Punter, John. 2003. *The Vancouver Achievement: Urban Planning and Design.* Vancouver: UBC Press.

Pushkarev, Boris, and Jeffrey M. Zupan. 1975a. Capacity of Walkways. *Transportation Research Record* (538).

Pushkarev, Boris, with Jeffrey Zupan. 1975b. *Urban Space for Pedestrians.* Cambridge, MA: MIT Press.

PWC Consultants. 2014. The Future of Work: A Journey to 2022. https://www.pwc.com/gx/en/managing-tomorrows-people/future-of-work/assets/pdf/future-of-rork-report-v16-web.pdf.

Ragheb, M. 2013. Vertical Axis Wind Turbines. http://mragheb.com/NPRE%20475%20Wind%20Power%20Systems/Vertical%20Axis%20Wind%20Turbines.pdf.

Rapoport, Amos. 1969. *House Form and Culture.* New York: Prentice Hall.

Ratti, Carlo, and Matthew Claudel. 2016. *The City of Tomorrow: Sensors, Networks, Hackers and the Future of Urban Life.* New Haven: Yale University Press.

Rees, W. G. 1990. *Physical Properties of Remote Sensing.* Cambridge: Cambridge University Press.

Reilly, William J. 1931. *The Law of Retail Gravitation.* New York: W. J. Reilly. https://www.scribd.com/doc/70608682/Reilly-s-law-of-retail-gravitation.

Reindel, Gene. 2001. Overview of Noise Metrics and Acoustical Objectives. AAAE Sound Insulation Symposium, 21–23 October 2001. http://www.hmmh.com/cmsdocuments/noise_metrics_emr.pdf.

Reiser + Umemoto. 2006. *Atlas of Novel Techtonics.* New York: Princeton Architectural Press.

Rios, Ramiro Alberto, Francisco Arango, Vera Lucia Vincenti, and Rafael Acevedo-Daunas. 2013. Mitigation Strategies and Accounting Methods for Greenhouse Gas Emissions from Transportation. Inter-American Development Bank. http://www10.iadb.org/intal/intalcdi/PE/2013/12483.pdf.

Roberts, Marion, and Clara Greed, eds. 2013. *Approaching Urban Design: The Design Process.* London: Routledge.

Robinson, Charles Mulford. 1911. *The Width and Arrangement of Streets.* New York: Engineering News Publishing Company.

Robinson, Charles Mulford. 1916. *City Planning, with Special Reference to the Planning of Streets and Lots*. New York: G. P. Putnam's Sons.

Rodrigue, Jean-Paul. 2013. *The Geography of Transport Systems*. 3rd ed. New York: Routledge. Summary at https://people.hofstra.edu/geotrans/index.html.

Rodrigues, Luis. n.d. Urban Design: Pedestrian-Only Shopping Streets Make Communities More Livable. Sustainable Cities Collective. http://www.smartcitiesdive.com/ex/sustainablecitiescollective/pedestrian-only-shopping-streets-make-communities-more-livable/130276/.

Roger Bayley, Inc. 2010. The Challenge Series: The 2010 Winter Olympics: The Southeast False Creek Olympic Village, Vancouver, Canada. http://www.thechallengeseries.ca.

Rogers, Anthony L., James F. Manwell, and Sally Wright. 2006. Wind Turbine Acoustic Noise. Renewable Energy Research Laboratory, University of Massachusetts at Amherst. http://www.minutemanwind.com/pdf/Understanding%20Wind%20Turbine%20Acoustic%20Noise.pdf.

Roper Center. n.d. Polling Fundamentals. Roper Center, Cornell University. http://ropercenter.cornell.edu/support/polling-fundamentals/.

Rosenberg, Daniel K., Barry R. Noon, and E. Charles Meslow. 1997. Biological Corridors: Form, Function, and Efficacy. *BioScience* 47 (10): 677–687 http://www.jstor.org/stable/view/1313208?seq=1.

Ross, Catherine L., Marla Orenstein, and Nisha Botchwey. 2014. *Health Impact Assessment in the United States*. New York: Springer.

Rossiter, David G. 2007. Classification of Urban and Industrial Soils in the World Reference Base for Soil Resources. *Journal of Soils and Sediments*. doi:10.1065/jss2007.02.208.

Rouphail, N., J. Hummer, J. Milazzo II, and P. Allen. 1998. Capacity Analysis of Pedestrian and Bicycle Facilities: Recommended procedures for the "Pedestrians" Chapter of the *Highway Capacity Manual*. Federal Highway Administration Report Number FHWA-RD-98-107. Office of Safety & Research & Development, US Federal Highway Administration.

Rudy Bruner Award. n.d. Winners and Case Studies. http://www.rudybruneraward.org/winners/.

RUMBLES. 2009. Vacuum Sewers: Technology That Works Coast-to-Coast. Rocky Mountain Section of AWWA and Rocky Mountain Water Environment Association. http://www.airvac.com/pdf/Western_States_E-print.pdf.

Russell, Francis P. 1994. Battery Park City: An American Dream of Urbanism. In Brenda Case Scheer and Wolfgang F. E. Preiser, eds., *Design Review: Challenging Aesthetic Control*. New York: Chapman and Hall.

Ryan, Zoe. 2006. *The Good Life: New Public Spaces for Recreation*. New York: Van Alen Institute/Princeton Architectural Press.

Sagalyn, Lynne B. 1989. Measuring Financial Returns When the City Acts as an Investor: Boston and Faneuil Hall Marketplace. *Real Estate Issues* 14 (Fall/Winter): 7–15.

Sagalyn, Lynne B. 1993. Leasing: The Strategic Option for Public Development. Paper prepared for the Lincoln Institute of Land Policy and the A. Alfred Taubman Center for State and Local Government, JFK School of Government, Harvard University.

Sagalyn, Lynne B. 2001. *Times Square Roulette: Remaking the City Icon*. Cambridge, MA: MIT Press.

Sagalyn, Lynne B. 2006. The Political Fabric of Design Competitions. In Catherine Malmberg, ed., *The Politics of Design: Competitions for Public Projects*, 29–52. Princeton, NJ: Policy Research Institute for the Region.

Sagalyn, Lynne B. 2007. Land Assembly, Land Readjustment and Public-Private Development. In Yu-Hung Hong and Barrie Needham, eds., *Analyzing Land Readjustment: Economics, Law and Collective Action*, 159–182. Cambridge, MA: Lincoln Institute of Land Policy.

Sagalyn, Lynne. 2016. *Power at Ground Zero: Money, Politics, and the Remaking of Lower Manhattan*. New York: Oxford University Press.

Sam Schwartz Engineering. 2012. Steps to a Walkable Community: A Guide for Citizens, Planners and Engineers. http://www.americawalks.org/walksteps.

Santapau, H. n.d. Common Trees (India). http://www.arvindguptatoys.com/arvindgupta/santapau.pdf.

Santos, A., N. McGuckin, H. Y. Nakamoto, D. Gray, and S. Liss. 2011. *Summary of Travel Trends: 2009 National Household Travel Survey*. Washington, DC: US Department of Transportation.

Sasaki Associates. 2015. Ananas Master Plan, Silang, Cavite, Philippines. Prepared for ACM Homes. http://www.sasaki.com/project/389/ananas-new-community/.

Sauder School of Business. 2011. Integrated Community Energy System: Southeast False Creek Neighborhood Energy Utility. Quest Business Case. http://www.sauder.ubc.ca/Faculty/Research_Centres/ISIS/Resources/~/media/AEE7D705491345178C4568992FB87658.ashx.

Scheer, Brenda Case, and Wolfgang F. E. Preiser, eds. 1994. *Design Review: Challenging Aesthetic Control*. New York: Chapman and Hall.

Scheyer, J. M., and K. W. Hipple. 2005. *Urban Soil Primer*. Lincoln, NE: United States Department of Agriculture, Natural Resources Conservation Service, National Soil Survey Center. http://soils.usda.gov/use.

Schmidt, T., D. Mangold, and H. Müller-Steinhagen. 2004. Central Solar Heating Plants with Seasonal Storage in Germany. *Solar Energy* 76:165–174.

Schmitz, Adrienne. 2004. *Residential Development Handbook*. 3rd ed. Washington, DC: Urban Land Institute.

Schoenauer, Norbert. 1962. *The Court Garden House*. Montreal: McGill University Press.

Schwanke, Dean. 2016. *Mixed-Use Development: Nine Case Studies of Complex Projects.* Washington, DC: Urban Land Institute.

Senda, Mitsuru. 1992. *Design of Children's Play Environments.* New York: McGraw-Hill.

Seskin, Stefanie, with Barbara McCann. 2012. Complete Streets: Local Policy Workbook. Smart Growth America and National Complete Streets Coalition, Washington, DC.

Seskin, Stefanie, with Barbara McCann, Erin Rosenblum, and Catherine Vanderwaart. 2012. Complete Streets: Policy Analysis 2011. Smart Growth America and National Complete Streets Coalition, Washington, DC.

Shackell, Aileen, Nicola Butler, Phil Doyle, and David Ball. n.d. *Design for Plan: A Guide to Creating Successful Play Spaces.* Play England. Nottingham: DCSF Publications.

Sharky, Bruce G. 2014. *Landscape Site Grading Principles: Grading with Design in Mind.* New York: Wiley.

Sherman, Roger. 1978. Modern Housing Prototypes. Open Source Publication: https://ia800708.us.archive.org/7/items/ModernHousingPrototypes/ModernHousingPrototypesRogerSherwood.pdf.

Shoup, Donald C. 1997. The High Cost of Free Parking. *Journal of Planning Education and Research* 17:3–20.

Shoup, Donald C. 1999. The Trouble with Minimum Parking Requirements. *Transportation Research Part A, Policy and Practice* 33:549–574.

Siegal, Jacob S. 2002. *Applied Demography: Applications to Business, Government, Law, and Public Policy.* San Diego: Academic Press.

Siegel, Michael L., Jutka Terris, and Kaid Benfield. 2000. *Developments and Dollars: An Introduction to Fiscal Impact Analysis in Land Use Planning.* Washington, DC: Natural Resources Defense Council; http://www.nrdc.org/cities/smartgrowth/dd/ddinx.asp.

Simpson, Alan. 2010. York: New City Beautiful: Toward an Economic Vision. City of York Council. http://www.urbandesignskills.com/_uploads/UDS_YorkVision.pdf.

Sinclair Knight Merz. 2010. Lane Widths on Urban Roads. Bicycle Network, Victoria, Australia. https://docs.google.com/viewer?url=https%3A%2F%2Fwww.bicyclenetwork.com.au%2Fmedia%2Fvanilla_content%2Ffiles%2FLane%2520Widths%2520SKM%25202010.pdf.

Singh, Varanesh, Eric Rivers, and Carla Jaynes. 2010. Neighborhood Pedestrian Analysis Tool (NPAT). *Arup Research Review*, 58–61 http://publications.arup.com/Publications/R/Research_Review/Research_Review_2010.aspx.

Sitkowski, Robert, and Brian Ohm. 2006. Form-Based Land Development Regulations. *Urban Lawyer* 28 (1): 163–172.

Sitte, Camillo. 1945. *The Art of Building Cities: City Building According to Artistic Principles.* Trans. C. T. Stewart. New York: Reinhold.

SketchUp. n.d. 3D Warehouse. https://3dwarehouse.sketchup.com/.

Slater, Cliff. 1997. General Motors and the Demise of Streetcars. *Transportation Quarterly* 51.

Smallhydro.com. n.d. Small Hydropower and Micro Hydropower: Your Online Small Hydroelectric Power Resource. http://www.smallhydro.com.

SmartReFlex. 2015. Smart and Flexible 100% Renewable District Heating and Cooling Systems for European Cities: Guide for Regional Authorities. Intelligent Energy Europe Programme of the European Union. http://www.smartreflex.eu/20151012_SmartReFlex_Guide.pdf.

Smith, H. W. 1981. Territorial Spacing on a Beach Revisited: A Cross-National Exploration. *Social Psychology Quarterly* 44 (2): 132–137.

Society for College and University Planning. 2003. Campus Facilities Inventory Report, 2003. Executive Summary. http://www.scup.org/knowledge/cfi/.

Solar Electricity Handbook. 2013. Solar Angle Calculator. Coventry, UK: Greenstream Publishing; http://solarelectricityhandbook.com/solar-angle-calculator.html.

Solarge. n.d. http://www.solarge.org/uploads/media/SOLARGE_goodpractice_dk_marstal.pdf.

Solar Power Authority. n.d. How to Size a Solar PV System for Your Home. https://www.solarpowerauthority.com/how-to-size-a-solar-pv-system-for-your-home/.

Solidere. n.d. Beirut City Center: Developing the Finest City Center in the Middle East. http://www.solidere.com/sites/default/files/attached/cr-brochure.pdf.

Solomon, Susan G. 2005. *American Playgrounds: Revitalizing Community Space.* Lebanon, NH: University Press of New England.

South Australia Health Commission. 1995. Waste Control Systems: Standard for the Construction, Installation and Operation of Septic Tank Systems in South Australia. http://greywateraction.org/content/how-do-percolation-test.

South East Queensland Healthy Waterways Partnership and Ecological Engineering. 2007. Water Sensitive Urban Design: Developing Design Objectives for Urban Development in South East Queensland. http://waterbydesign.com.au/techguide/.

Southworth, Michael, and Eran Ben-Joseph. 1997. *Streets and the Shaping of Towns and Cities.* New York: McGraw-Hill.

Souza, Amy. 2008. Pattern Books: A Planning Tool. *Planning Commissioners Journal* 72: 1–6. https://docs.google.com/viewer?url=http%3A%2F%2Fplannersweb.com%2Fwp-content%2Fuploads%2F2012%2F07%2F210.pdf.

Sovocool, Kent A. 2005. Xeriscape Conversion Study, Final Report. Southern Nevada Water Authority. http://www.snwa.com/assets/pdf/about_reports_xeriscape.pdf.

Sprankling, John G. 2000. *Understanding Property Law.* Charlottesville, VA: Lexis Publishing.

Springfield Plastics. n.d. http://www.spipipe.com/Apps/PipeFlow Chart.pdf.

Steiner, Ruth Lorraine. 1997. Traditional Neighborhood Shopping Districts: Patterns of Use and Modes of Access. Monograph 54, BART@20, University of California at Berkeley. http://www.fltod .com/research/marketability/traditional_neighborhood_shopping _districts.pdf.

Stern, Robert A. M., David Fishman, and Jacob Tilove. 2013. *Paradise Planned: The Garden Suburb and the Modern City*. New York: Monacelli Press.

Steward, Julian. 1938. Basin-Plateau Aboriginal Sociopolitical Groups. Bureau of American Ethnology Bulletin 120.

Still, G. Keith. 2000. Crowd Dynamics. PhD dissertation, University of Warwick. http://wrap.warwick.ac.uk/36364/.

Strom, Steven, Kurt Nathan, and Jake Woland. 2013. *Site Engineering for Landscape Architects*. 6th ed. New York: Wiley.

Stucki, Pascal, Christian Gloor, and Kai Nagel. 2003. Obstacles in Pedestrian Simulations. Department of Computer Sciences, ETH Zurich. http://www.gkstill.com/CV/PhD/Papers.html.

Stueteville, Robert, et al. 2001. Urban and Architectural Codes and Pattern Books. In *New Urbanism: Comprehensive Report and Best Practices Guide*. Ithaca, NY: New Urban Pub.

Sullivan, Robert G., Leslie B. Kirchler, Tom Lahti, Sherry Roché, Kevin Beckman, Brian Cantwell, and Pamela Richmond. n.d. Wind Turbine Visibility and Visual Impact Threshold Distances in Western Landscapes. Argonne National Laboratory, University of Chicago. http://visualimpact.anl.gov/windvitd/docs/WindVITD.pdf.

SunEarth Tools. n.d. Sun Exposure Calcuator. http://www .sunearthtools.com/dp/tools/pos_sun.php.

Sunset Magazine. n.d. US Climate Zones. http://www.sunset.com /garden/climate-zones/climate-zones-intro-us-map.

Sustainable Sites Initiative. 2009. SITES Guidelines and Performance Benchmarks 2009. American Society of Landscape Architects, Lady Bird Johnson Wildflower Center at the University of Texas at Austin, and the United States Botanical Garden. http://www.sustainablesites.org/report/Guidelines%20and%20 Performance%20Benchmarks_2009.pdf.

Sustainable Sites Initiative. 2017. Certified Projects. http://www .sustainablesites.org/projects/.

Sustainable Sources. 2014. Greywater Irrigation. http://www .greywater.sustainablesources.com.

Suthersan, Suthan S. 1997. *Remediation Engineering: Design Concepts*. Boca Raton, FL: CRC/Lewis Press.

Suthersan, Suthan S. 2002. *Natural and Enhanced Remediation Systems*. Boca Raton, FL: Arcadis/Lewis Publishers.

Tal, Daniel. 2009. *Google SketchUp for Site Design: A Guide to Modeling Site Plans, Terrain and Architecture*. New York: Wiley.

Tang, Dorothy, and Andrew Watkins. 2011. Ecologies of Gold: The Past and Future Mining Landscapes of Johannesburg. *Places*. The Design Observer Group, posted February 24, 2011. http:// places.designobserver.com/feature/ecologies-of-gold -the-past-and-future-mining-landscapes-of-johannesburg/25008/.

Tangires, Helen. 2008. *Public Markets*. New York: W. W. Norton.

Telft, Brian C. 2011. Impact Speed and a Pedestrian's Risk of Severe Injury or Death. AAA Foundation for Traffic Safety, Washington, DC. https://www.aaafoundation.org/sites/default /files/2011PedestrianRiskVsSpeed.pdf.

Tertiary Education Facilities Management Association. 2009. Space Planning Guidelines. 3rd ed. Tertiary Education Facilities Management Association, Inc., Hobart, Australia. http://www .tefma.com/uploads/content/26-TEFMA-SPACE-PLANNING-GUIDELINES-FINAL-ED3-28-AUGUST-09.pdf.

Tetra Tech, Inc. 2011. Evaluation of Urban Soils: Suitability for Green Infrastructure and Urban Agriculture. US Environmental Protection Agency, Publication No. 905R1103.

Texas A&M University System. 2015. Facility Design Guidelines. Office of Facilities Planning and Construction. http://assets.system. tamus.edu/files/fpc/pdf/Facility%20Design%20Guidelines.pdf.

Thadani, Dhiru A. 2010. *The Language of Towns and Cities: A Visual Dictionary*. New York: Rizzoli.

Thomas, R. Karl, Jerry M. Melillo, and Thomas C. Peterson, eds. 2009. *Global Climate Change Impacts in the United States. United States Global Change Research Program*. New York: Cambridge University Press.

Thomas, Randall, and Max Fordham, eds. 2003. *Sustainable Urban Design: An Environmental Approach*. London: Spon Press.

Thomashow, Mitchell. 2016. *The Nine Elements of a Sustainable Campus*. Cambridge, MA: MIT Press.

Thompson, Donna. 1997. Development of Age Appropriate Playgrounds. In Susan Hudson and Donna Thompson, eds., *Playground Safety Handbook*, 14–27. Cedar Falls, IA: National Program for Playground Safety.

Thompson, Donna, Susan Hudson, and Mick G. Mack. n.d. Matching Children and Play Equipment: A Developmental Approach. *EarlychildhoodNews*. http://www.earlychildhoodnews.com /earlychildhood/article_print.aspx?ArticleId=463.

Thompson, F. Longstreth. 1923. *Site Planning in Practice: An Investigation of the Principles of Housing Estate Development*. London: Henry Frowde and Hodder & Stoughton.

Tiner, Ralph W. 1999. *Wetland Indicators: A Guide to Wetland Identification, Delineation, Classification and Mapping*. Boca Raton, FL: CRC Press.

Tonnelat, Stephane. 2010. The Sociology of Public Spaces. https://www.academia.edu/313641/The_Sociology_of_Urban _Public_Spaces.

Topcu, Mehmet, and Ayse Sema Kubat. 2009. The Analysis of Urban Features that Affect Land Values in Residential Areas. In Kaniel Koch, Lars Marcus, and Jesper Steen, eds., *Proceedings of the 7th International Space Syntax Symposium*, 26:1–9. Stockholm: KTH.

Transportation Research Board. 2003. Design Speed, Operating Speed and Posted Speed Practices. NCHRP Report 504. Transportation Research Board, Washington, DC.

Transportation Research Board. 2010. *Highway Capacity Manual*. 5th ed. Washington, DC: Transportation Research Board.

Tree Fund. Pottstown, Pennsylvania. n.d. Greening Our Cities and Towns. http://www.pottstowntrees.org/H2-Best-street-trees.html.

Turley, R., R. Saith, N. Bhan, E. Rehfuess, and B. Carter. 2014. The Effect of Slum Upgrading on Slum Dwellers' Health, Quality of Life and Social Wellbeing. The Cochrane Collaboration. http://www.cochrane.org/CD010067/PUBHLTH_the-effect-of-slum-upgrading-on-slum-dwellers-health-quality-of-life-and-social-wellbeing.

Turner, Paul Venable. 1984. *Campus: An American Planning Tradition*. New York: Architectural History Foundation; Cambridge, MA: MIT Press.

Tyrvainen, Liisa. 1997. The Amenity Value of the Urban Forest: An Application of the Hedonic Pricing Method. *Landscape and Urban Planning* 37:211–222.

Tyrvainen, Liisa, and Antti Miettinen. 2000. Property Prices and Urban Forest Amenities. *Journal of Environmental Economics and Management* 39:205–223.

UK Office of Water Services. 2007. International Comparison of Water and Sewerage Service. http://www.ofwat.gov.uk/regulating/reporting/rpt_int2007.pdf.

UN Centre for Human Settlements. 1999. Reassessment of Urban Planning and Development Regulations in African Cities. United Nations Centre for Human Settlements (Habitat), Nairobi. http://www.sampac.nl/EUKN2015/www.eukn.org/dsresource8b42.pdf?objectid=147674).

UN Department of Economic and Social Affairs. 1975. *Urban Land Policies and Land-Use Control Measures*. Vol. II, *Western Europe*. New York: United Nations.

UN Environment Programme. 2004. Constructed Wetlands: How to Combine Sewage Treatment with Phytotechnology. http://www.unep.or.jp/ietc/publications/freshwater/watershed_manual/03_management-10.pdf.

UN Environment Programme. 2005. International Source Book on Environmentally Sound Technologies for Municipal Solid Waste Management (MSWM). http://www.unep.or.jp/ietc/ESTdir/Pub/msw/index.asp.

UN Environment Programme. 2010. Waste and Climate Change: Global Trends and Strategy Framework. http://www.unep.or.jp/ietc/Publications/spc/Waste&ClimateChange/Waste&ClimateChange.pdf.

United Nations. 1989. The Convention on the Rights of the Child. UN Office of the High Commissioner for Human Rights. http://www.ohchr.org/EN/ProfessionalInterest/Pages/CRC.aspx.

United States Housing Authority. 1949. *Design of Low-Rent Housing Projects: Planning the Site*. Washington, DC: Government Printing Office.

University at Buffalo. n.d. Rudy Bruner Award Digital Archive. http://libweb1.lib.buffalo.edu/bruner/?subscribe=Visit+the+archive.

University at Buffalo and Beyer Blinder Belle Architects & Planners. 2009. Building UB: The Comprehensive Physical Plan. Buffalo, NY. See also http://www.buffalo.edu/facilities/cpg/Space-Planning/AttachmentA.html.

University of California at Berkeley. 1994. Electrophobia: Overcoming Fears of EMFs. *Wellness Letter*, November.

University of Florida. n.d. Street Tree Design Solutions. http://hort.ifas.ufl.edu/woody/street-trees.shtml.

University of Oregon Solar Radiation Monitoring Laboratory. n.d. Sun Path Chart Program. http://solardat.uoregon.edu/SunChartProgram.html.

University of Wisconsin. n.d. Suggested Trees for Streetside Planting in Western Wisconsin, USDA Hardiness Zone 4. http://www.dnr.wi.gov/topic/urbanforests/documents/treesstreetside.pdf.

Urban Design Associates. 2004. *The Architectural Pattern Book: A Tool for Building Great Neighborhoods*. New York: W. W. Norton.

Urban Design Associates. 2005. A Pattern Book for Gulf Coast Neighborhoods. Mississippi Renewal Forum. http://www.mississippirenewal.com/documents/rep_patternbook.pdf.

Urban Development Institute of Australia. 2013. EnviroDevelopment: National Technical Standards Version 2. http://www.envirodevelopment.com.au/_dbase_upl/National_Technical_Standards_V2.pdf.

Urban Land Institute. 2004. *Residential Development Handbook*. 3rd ed. Washington, DC: Urban Land Institute.

Urban Land Institute. 2005. Shanghai Xintiandi. Urban Land Institute Case Studies. https://casestudies.uli.org/wp-content/uploads/sites/98/2015/12/C035012.pdf.

Urban Land Institute. 2014. The Rise. Urban Land Institute Case Studies. http://uli.org/case-study/uli-case-studies-the-rise/.

Urstadt, Charles J., with Gene Brown. 2005. *Battery Park City: The Early Years*. Bloomington, IN: Xlibris Corporation.

US Army Corps of Engineers. 1992. Bearing Capacity of Soils. Engineer Manual no. 1110-1-1905, October 30.

US Army Corps of Engineers. 2003. Engineering and Design-Slope Stability. http://140.194.76.129/publications/eng-manuals/em1110-2-1902/entire.pdf.

US Green Building Council. 2013. LEED 2009 for Neighborhood Development (Revised 2013). Congress for New Urbanism, US Natural Resources Defense Council, and US Green Building Council. http://www.usgbc.org/resources/leed-neighborhood-development-v2009-current-version.

US Green Building Council. n.d. (a). Directory of LEED-ND Projects. http://www.usgbc.org/projects/neighborhood-development.

US Green Building Council. n.d. (b). Regional Credit Library. http://www.usgbc.org/credits.

Valentine, K. W. G., P. N. Sprout, T. E. Baker, and L. M. Lawkulich, eds. 1978. The Soil Landscapes of British Columbia. British Columbia Ministry of Environment, Resource Analysis Branch. http://www.env.gov.bc.ca/soils/landscape/index.html.

Vandell, Kerry D., and Jonathan S. Lane. 1989. The Economics of Architecture and Urban Design: Some Preliminary Findings. *AREUEA Journal* 17 (2): 235–260.

Van Meel, Juriaan. 2000. *The European Office: Office Design and National Context*. Rotterdam: 010 Publishers.

Van Melik, Rianne, Irina van Aalst, and Jan van Weesep. 2009. The Private Sector and Public Space in Dutch City Centres. *Cities* (London) 26:202–209.

Van Uffalen, Chris. 2012. *Urban Spaces: Plazas, Squares and Streetscapes*. Salenstein, Switzerland: Braun Publishers.

Vasconcellos, Eduardo Alcantara. 2001. Urban Transport, Environment and Equity – The Case for Developing Countries. Earthscan. http://www.earthscan.co.uk.

Vision Zero Initiative. n.d. http://www.visionzeroinitiative.com.

Voss, Jerold. 1975. Concept of Land Ownership and Regional Variations. In *Urban Land Policies and Land-Use Control Measures*, vol. VII, *Global Review*. New York: UN Department of Economic and Social Affairs.

Voss, Judy. 2011. Revisiting Office Space Standards. Haworth, London. http://www.thercfgroup.com/files/resources/Revisiting-office-space-standards-white-paper.pdf.

Vrscaj, Borut, Laura Poggio, and Franco Ajmone Marsan. 2008. A Method for Soil Environmental Quality Evaluation for Management and Planning in Urban Areas. *Landscape and Urban Planning* 88:81–94.

Vuchic, Vukan R. 1999. *Transportation for Livable Cities*. New Brunswick, NJ: Center for Urban Policy Research.

Vuchic, Vukan R. 2007. *Urban Transit: Systems and Technology*. Hoboken, NJ: Wiley.

Wagner, J., and S. P. Kutska. 2008. Denver's 128-Year-Old System: The Best Is Yet to Come. *District Energy* (October), 16.

Walker, M. C. 1992. Planning and Design of On-Street Light Rail Transit Stations. *Transportation Research Record* (1361).

Walton, Brett. 2010. The Price of Water: A Comparison of Water Rates, Usage in 30 US Cities. Circle of Blue. http://www.circleofblue.org/waternews/2010/world/the-price-of-water-a-comparison-of-water-rates-usage-in-30-u-s-cities/.

Washington Metropolitan Area Transit Authority. 2006. 2005 Development-Related Ridership Survey, Final Report. http://www.wmata.com/pdfs/business/2005_Development-Related_Ridership_Survey.pdf.

Washington State Department of Commerce. 2013. Evergreen Sustainable Development Standard, Version 2.2. http://www.comerce.wa.gov/Documents/ESDS-2.2.pdf.

Weast, R. C. 1981. *Handbook of Chemistry and Physics*. 62nd ed. Boca Raton, FL: CRC Press.

Weggel, J. Richard. n.d. Rainfalls of 12 July 2004 in New Jersey. Working Paper, Drexel University. http://idea.library.drexel.edu/bitstream/1860/772/1/2006042020.pdf.

Weiler, Susan K., and Katrin Scholz-Barth. 2009. *Green Roof Systems: A Guide to the Planning, Design and Construction of Landscapes over Structure*. Hoboken, NJ: Wiley.

Wheeler, Stephen M., and Timothy Beatley, eds. 2014. *Sustainable Urban Development Reader*. 3rd ed. London: Routledge.

Wholesale Solar. n.d. Off-Grid Solar Panel Calculator. https://www.wholesalesolar.com/solar-information/start-here/offgrid-calculator#systemSizeCalc.

Whyte, William H. 1979. A Guide to Peoplewatching. In Lisa Taylor, ed., *Urban Open Spaces*. New York: Cooper-Hewitt Museum.

Whyte, William H. 1980. *The Social Life of Small Urban Spaces*. Washington, DC: Conservation Foundation.

Wikipedia. n.d. List of 3D Rendering Software. https://www.wikipedia.com/en/List_of_3D_rendering_software.

William Lam Associates. 1976. New Streets and Cityscapes for Norfolk: A Master Plan for Lighting, Landscaping and Street Furnishings. Norfolk Redevelopment and Housing Authority. https://books.google.com/books/about/New_Streets_and_Cityscapes_for_Norfolk.html?id=MPKUHAAACAAJ.

Wilson, James E. 1999. *Terroir: The Role of Geology, Climate and Culture in the Making of French Wines*. Berkeley: University of California Press.

Wolf, Kathleen L. 2004. Public Value of Nature: Economics of Urban Trees, Parks and Open Space. In D. Miller and J. A. Wise, eds., *Design with Spirit: Proceedings of the 35th Annual Conference of the Environmental Design Research Association*. Edmond, OK: Environmental Design Research Association.

World Bank. 1999. Municipal Solid Waste Incineration. Technical Guidance Report. http://www.worldbank.org/urban/solid_wm/erm/CWG%20folder/Waste%20Incineration.pdf.

World Bank. 2002. Cities on the Move: A World Bank Urban Transport Strategy Review. World Bank, Washington, DC. https://openknowledge.worldbank.org/handle/10986/15232.

World Health Organization. 2013. Pedestrian Safety: A Road Safety Manual for Decisionmakers and Practitioners. World Health Organization, Geneva. http://www.who.int/roadsafety/en/.

World Health Organization. 2014a. Health Impact Assessment. http://www.who.int/hia/tools/process/en/.

World Health Organization. 2014b. Working across Sectors for Health: Using Impact Assessments for Decision-Making. http://www.who.int/kobe_centre/publications/policy_brief_health.pdf?ua=1.

World Health Organization. n.d. Electromagnetic Fields and Public Health. http://www.who.int/peh-emf/publications/facts/fs322/en/.

Wyle. 2011. Updating and Supplementing the Day-Night Average Sound Level (DNL). Wyle Report 11-04 prepared for the Volpe National Transportation Systems Center, US Department of Transportation. https://www.faa.gov/about/office_org/headquarters_offices/apl/research/science_integrated_modeling/noise_impacts/media/WR11-04_Updating&SupplementingDNL_June%202011.pdf.

Yang, Bo. 2009. Ecohydrological Planning for The Woodlands: Lessons Learned after 35 Years. PhD dissertation, Texas A&M University.

Yang, Bo, Ming-Han Li, and Shujuan Li. 2013. Design-with-Nature for Multifunctional Landscapes: Environmental Benefits and Social Barriers in Community Development. *International Journal of Research in Public Health.* 10:5433–5458.

Zeisel, John. 2006. *Inquiry by Design: Environment/Behavior/Neuroscience in Architecture, Interiors, Landscape and Planning.* New York: W. W. Norton.

Zhang, Henry H., and David F. Brown. 2005. Understanding Urban Residential Water Use in Beijing and Tianjin, China. *Habitat International* 29:469–491.

Zhu, Da, P. U. Asnani, Christian Zurbrugg, Sebastian Anapolsky, and Shyamala K. Mani. 2007. Improving Municipal Solid Waste Management in India: A Sourcebook for Policymakers and Practitioners. World Bank, WBI Development Series.

Zinco, Inc. n.d. System Solutions for Thriving Green Roofs. http://www.zinco-greenroof.com/EN/downloads/index.php.

Zonneveld, Isaak S. 1989. The Land Unit – A Fundamental Concept in Landscape Ecology and Its Applications. *Landscape Ecology* 3 (2): 67–86. doi:10.1007/BF00131171.